경북대학교학술총서 20

스토리 기상학 개정판

Stories in Meteorology

윤일희

경북대학교출판부

윤일희 ihyoon@knu.ac.kr

지은이 윤일희 교수는 경북대학교 사범대학 지구과학교육과를 졸업한 뒤 서울대학교 대학원에서 기상학으로 이학석사학위와 이학박사학위를 받았다. 현재 경북대학교 사범대학 과학교육학부 지구과학교육전공 교수로 재직하고 있다. 지은 책으로는 『고등학교 지구과학 I, II』, 『대기과학의 기본과 실습』, 『스토리 기상학』, 『D-Day 예보에 참여한 기상학자들』, 『대기환경 무엇이 문제인가』, 『지구의 기후는 변화하고 있는가』 등이 있고, 옮긴 책으로는 『대기오염기상학』, 『미기상학개론』, 『미기상학 제2판』, 『현대기후학』, 『천재들의 과학노트-6 대기과학』, 『지구시스템과학 I, II』 등 다수가 있다.

경북대학교학술총서 20

스토리 기상학 개정판

초판 1쇄 2006년 6월 21일 | **개정 2쇄** 2018년 1월 9일
지은이 윤일희 | **펴낸이** 김상동 | **펴낸 곳** 경북대학교출판부
출판등록 1973년 10월 10일 ㉓97호 | **주소** 대구광역시 북구 대학로 80번지
전화 053-950-6741~3 | **팩스** 053-953-4692 | **E-mail** press@knu.ac.kr

ISBN 978-89-7180-355-4 93450

값은 표지 뒷면에 있습니다.
파본은 바꾸어 드립니다.

개정판을 내면서

2004년에 집필을 시작하여 2006년 경북대학교 학술총서(20)로 기획된 스토리기상학을 출판하면서 과연 이 책이 독자들에게 유익할지 많은 우려를 가졌었다. 그러나 2007년 문화체육관광부 우수학술도서로 선정되고, 강의나 강연에서 많은 사람들로부터 호응을 얻게 되었다. 또한 초판의 내용을 자세히 살펴보니 아쉽게도 여러 곳에서 수정할 부분들이 발견되어 개정판을 낼 필요성이 대두되었다. 개정판에서는 8장으로 구성된 전체적인 체제는 그대로 유지하였지만 부록에 수록된 기상학과 관련된 과학자 부분은 대폭 수정과 추가를 하였다. 어려운 여건 속에서도 개정판을 출판해 주신 경북대학교출판부 관계자 여러분에게 감사의 마음을 전하고 싶다.

2012년 8월 31일

윤일희

서문

기상학은 대기 현상을 규명하는 학문이다. 그러나 대기 현상을 정확히 설명하는 데는 어려움이 많았다. 아주 오래전에는 대기 현상을 접하는 경우, 경외감을 가지는 경우가 많았고 어떤 경우에는 자연에 도전하기도 하였다. 현재에도 대기 현상은 끊임없이 인류에게 시련을 안겨 주고 있다. 그러나 기상학자들은 대기 현상에 도전하여 정확하게 예측하고자 노력을 경주하고 있다.

이 책은 대기 현상을 규명하고자 노력한 과학자들에 관한 이야기들이다. 기상학의 내용을 스토리 위주로 재구성하여 교과서에서는 다루지 못하는 내용을 설명하였다.

이 책은 모두 8장으로 구성된다. 서론 격인 제1장은 기상학의 역사와 기상학과 여러 다른 학문분야와의 관계에 대해 다룬다. 제2장은 대기의 조성과 발견된 경위 그리고 대기권 탐사에 대해, 제3장은 압력에 대한 내용을 주로 진공과 기압 그리고 측정 기구의 발명 등을 중심으로 살펴보고자 한다. 제4장은 열과 온도에 관한 사항을 다루고, 제5장에서는 대기 중의 수분과 구름에 대해 살펴볼 것이다. 또한 제6장과 제7장은 힘과 바람에 관한 내용에 대해서 설명할 것이고, 마지막으로 제8장은 하늘의 장관을 이루는 대기 광학에 대해서 기술하고자 한다.

이 책은 "경북대학교 2004년도 저술 장려 연구비"에 의해서 집필되었다. 지원에 감사드린다. 또한 출판을 해 주신 경북대학교출판부 관계자들에게도 감사를 표하고 싶다. 특히 원고 교정을 꼼꼼히 해 주신 정재화, 김유라 선생님께 감사드린다.

2006년 6월

경북대 교수 윤일희

목차

제1장 기상학이란?

1. 기상학의 유래

기상학은 날씨를 예보하고 이와 관련된 과정들을 설명하는 데 도움을 줄 수 있는 대기 운동과 여러 대기 현상들을 연구하는 학문의 한 분야이다. 기상학은 짧은 주기 내의 대기 상태에 주로 관여하고, 물리 법칙들을 사용하여 대기권을 설명한다.

사람들은 매우 오래전부터, 거의 문명의 초기 단계에서부터 기상 현상에 관심을 가지고 있었다. 예를 들면, '기상학(meteorology)'라는 단어는 2천 년 전 그리스 사람들에 의해서 발명되었다. 공통기원이전 340년경 고대 그리스 철학자 아리스토텔레스(Aristotle, BCE 384 ~ 322)[1]는 날씨를 주제로 한 《기상론(*Meteorologica*)》 이라는 논문집을 발간하였다. '*meteor*'란 낱말은 그리스 단어인 'meta'(영어로 beyond)와 'eora'(영어로 suspension)로부터 유래된 것이다. 이 낱말을 가지고 아리스토텔레스는 비, 눈, 우박, 바람, 천둥 또는 번개, 지진, 혜성, 은하수 등을 언급하였다. 현재 기상학자들이 사용하는 'meteor'란 낱말은 동일한 어원에서 유래된 말이나, 때로는 천문학에서 대기 중으로 유입되는 지구 밖의 물체를 가리키는 'meteor(유성)', 'meteoroid(유성체)' 또는 'meteorite(운석)'라는 단어와 혼동하기 쉽다.

'대기(atmosphere)'란 낱말은 또한 그리스 단어인 'atmos'(영어로 vapor란 뜻임)로부터 유래된 것이다. 고대 그리스 사람들은 'atmosphere'를 '증기의 지역

1) 고대 그리스 마케도니아 스타게이로스에서 출생. 플라톤의 제자. 공통기원이전 335년에 자신의 학원인 리세움(Lyceum)을 열어 직접 가르쳤다.

(region of vapor)'이라 불렀다.

현재 대기권과 관련된 모든 현상들을 다루는 학문을 가리킬 때 대기과학(Atmospheric Sciences)이란 용어를 사용하는데 여기에는 고층기상학, 기상학, 기후학이 포함되어 있다.

고층기상학(aerology)은 주로 자유대기 이상의 고도에 대해 연구하는 기상학의 한 분야이다. 초기 고층기상학에서는 대기 구조 및 구성물질의 양과 분포를 연구하였으나, 오늘날의 고층기상학에서는 여러 대기층 내부에서 일어나는 화학 및 물리 반응을 주로 연구하고 있다. 현재 고층기상학이란 용어 자체는 예전처럼 많이 사용되지 않고 있다. 고층기상학을 기상학의 한 부분으로 인식하는 경향이 점점 커졌기 때문이다.

기상학(meteorology)은 날씨를 예보하고 이와 관련된 과정들을 설명하는데 도움을 줄 수 있는 여러 가지 대기 운동과 대기 현상들을 연구하는 학문이다. 기상학은 비교적 짧은 기간(주기) 동안의 대기 상태를 연구하며, 대기권을 설명하기 위해 물리 법칙들을 사용한다.

기후학(climatology)은 일 년 이상의 시간 규모로 관측된 대기의 평균 상태를 연구하는 학문이다. 기후학은 어떤 장소에서 발생한 수많은 종류의 날씨를 포함한다. 기후학은 드물거나 이상적인 형태의 날씨뿐만 아니라 아주 빈번하게 일어나는 날씨에 관한 것을 취급한다.

2. 기상학의 역사

기상학의 역사는 크게 보아 세 시기로 구분할 수 있는데, 시기 구분의 분절점은 공통기원 1500년과 1800년이다. 즉, 기상학의 역사는 편의상 고대에서 공통기원 1500년까지의 제1기, 공통기원 1500년부터 1800년까지의 제2기, 공통기원 1800년부터 현재까지의 제3기로 나눌 수 있다.

1) 제1기 : 고대에서 공통기원 1500년까지

제1기인 공통기원이전 600년부터 공통기원 1500년까지인 맨 처음 시대에서, 기상학은 독립된 학문이 아니라 자연과학의 한 부분이었다. 게다가 기상학은 상당 부분 비과학적인 직관에 근거를 두고 있었다. 이 기간 동안에는 바빌로니아인, 수메르인, 한국인, 중국인, 힌두인, 이집트인, 그리스인, 로마인, 아랍인 등과 같은 고대 세계 각국 사람들에 의해 과학적인 발견이 이루어졌다. 예를 들면 바빌로니아인은 초기 수학의 기초를 다졌다. 그들은 4개의 기본 방위(동·서·남·북)를 알고 있었고 기본 방위의 사이, 즉 중간 방위에 대해서도 이름을 붙여 부르고 있었다. 이집트인은 무게를 정의하여 측정하였고, 우수한 물시계를 발명하였으며, 365일을 1년으로 하는 달력을 도입하였다. 중국인은 나침반을 발명하였고, 지속적인 천문 관측과 기상학적 예측을 실시하였다. 한국인은 1441년에 세계 최초의 우량계인 측우기를 발명하였고, 1442년에는 전국적인 우량 관측망을 완성했다.

과학 발전에 가장 큰 공헌을 한 사람들은 기하학, 논리학, 철학을 발달시킨 그리스인들이었다. 그리스인들은 기상 관측을 수행하여 물리적인 이론을 만들었다. 현재도 마찬가지지만 과거에도 날씨는 인간 생활에 지대한 영향을 미쳤다.

탈레스(Thales, BCE 620 ~ 540)[2]는 기상학 지식을 실생활에 활용한 최초의 사람으로 알려져 있다. 젊은 시절 탈레스는 날씨 유형을 면밀히 관측하여, 올리브 경작이 풍년이 될 수 있는 기후조건을 알아냈다. 자신이 예측한 기후조건이 충족된 어느 여름 그는 주변의 올리브기름 짜는 기구를 모두 사들였다. 예상대로 올리브 농사는 대풍년이었고, 사들였던 기구를 되팔아 부자가 되었다. 기상학을 활용한 덕분에 부자가 된 그는 여생 동안 철학에 심취할 수 있었다.

---

2) 고대 그리스 최초의 철학자·수학자. 소아시아의 그리스 식민지 밀레토스에서 태어났다. 7현인의 제1인자이며, 밀레토스 학파의 시조이다.

탈레스만 기상학에 관심을 가졌던 것은 아니었다. 기상학을 이용해 부자가 되진 못했지만 현재 우리가 잘 알고 있는 여러 그리스인들이 기후에 관심을 가지고 있었다. 공통기원이전 400년경 히포크라테스(Hippocrates, BCE 460～377)[3]는 기후와 의학을 연구하여 논문집 《공기, 물, 장소(*Airs, Waters and Places*)》를 발표하였는데, 이 논문집에서 그는 자연 환경과 질병의 상관성을 역설하였다.

너무도 유명한 아리스토텔레스 역시 기상에 지대한 관심을 가지고 있었다. 기상학 관련 논문을 모은 책 《기상론》을 보면 이 위대한 철학자가 얼마나 철학적이고 사색적인 방법으로 대기 현상을 설명하려 애썼는지 금방 알 수 있다. 《기상론》은 총 4권으로 구성되어 있는데, 제1권에서는 혜성·바람·구름·강·샘·이슬·우박·기후 그리고 우리에게 잘 알려진 4원소(불, 물, 땅, 공기)를, 제2권에서는 바다·지진·번개·천둥을, 제3권에서는 허리케인·소용돌이·빛 등을 설명하고 있다. 마지막 제4권은 냉온건습의 각 성질에 대해 다루었다.

기상현상에 대한 아리스토텔레스의 지대한 관심은 그의 제자들에게도 그대로 전달된다. 공통기원이전 300년경 아리스토텔레스의 문하생 테오프라스토스(Theophrastus, BCE 372～287)[4]는 기상학 논문집인 《비, 바람, 폭풍, 맑은 날씨의 징후에 관해서(*On the Signs of Rain, Winds, Storms and Fair Weather*)》[5]를 집필하였다. 일종의 날씨 예보 기본서인 이 책은 날씨와 관련된 특정한 징후들을 관찰함으로써 날씨를 예측하려고 하였다. 이 책은 비가 올 징후 80개, 바람이 불 징후 40개, 폭풍이 몰아칠 징후 50개를 담고 있다. 테오프라스토스는 "해가 뜨기 전이나 해가 뜨는 아침에 관찰할 수 있는 가장 손쉬운 징후는 하늘 전체가 붉게 타는 것처럼 보이는 것이다. 이는 곧 비가 올 것임을 나타낸다."라고 했는데,

---

3) 고대 그리스 코스 섬에서 출생하였으며 의학의 아버지라 불린다.

4) 고대 그리스의 철학자, 식물학자, 연금술사로서 아리스토텔레스의 후계자이다. 에게 해 동부의 그리스 령 섬인 레스보스 섬(Lesbos)에서 태어났다. 그는 식물, 돌, 금속, 광물 등에 관한 책을 10권이나 저술하였다. 공통기원이전 315년 그는 석고(gypsum)에 관해서 처음으로 언급하였다.

5) 간단히 《징후서》라고도 한다.

이런 설명은 과학적으로 타당한 근거가 있다. 공기 중 습도 증가가 하늘을 붉게 만드는 한 가지 원인이 될 수 있기 때문이다. 하지만 대부분의 다른 주장들은 아무런 과학적 근거가 없는 허무맹랑한 것으로 밝혀졌다.

위대한 로마 문명은 기상학 발전에 중요한 업적을 더하지 못하였다. 유감스럽게도 로마인들의 관심은 하늘이 아니라 땅에 있었다. 로마인이 기여한 분야는 주로 조직, 법, 의학, 농업, 도로 축조, 수로 등의 건설 분야였다. 그나마 기상학에 관심을 가졌던 로마인으로는 루키우스 안나이우스 세네카(Lucius Annaeus Seneca, BCE 4 ~ CE 65)[6]를 들 수 있겠다. 그는 《자연에 대한 의문(*Natural Questions*)》이란 저서에서 여러 대기 현상들에 대해 논하였다. 무지개, 무리, 천둥, 번개, 바람의 원리, 구름, 비, 이슬, 우박, 서리, 눈과 얼음 등을 다룬 이 책은 그러나 유감스럽게도 그리스인들의 연구 성과를 재론한 것에 불과하다. 하지만 대기오염 문제에 대한 세네카의 언급은 오늘날을 사는 우리가 되새길 만하다 : "로마의 두꺼운 공기와, 해로운 증기와 검댕이로 뒤섞여 고약한 냄새를 내뿜는 굴뚝의 연기를 접하자마자 나는 내 정신이 아니라는 느낌을 받았다."

공통기원 4세기 말 로마 제국 멸망(서로마는 5세기에 멸망)과 함께 시작되어 르네상스의 시작과 함께 끝난 유럽 역사의 한 시기를 중세(Middle Ages)라 부른다. 우리가 중세를 '암흑의 시대'로 생각하는 것은 이 시기 유럽의 과학과 예술 분야가 매우 침체되었기 때문이다. 공통기원 4세기에 무지막지한 폭도들이 알렉산드리아에 있던 도서관과 대학을 불태웠다. 도서관에는 수십만 권의 두루마리 책들이 보관되어 있었고 이들 대부분은 하나밖에 없는 원본이었다.

공통기원 1000년이 지날 무렵 과학은 수학, 광학, 천문학 분야에서 괄목할 만한 발전을 이룩한 아랍인들에 의해 주도되었다. 아랍인들은 영토 확장을 통해 그리스와 다른 나라의 문화, 심지어는 아시아 여러 나라의 문화에 대해서까지 정통하게 되었다. 아시아 국가들의 업적은 유럽에까지 전파되었다. 예를 들면,

6) 스토아학파 철학자. 에스파냐의 코르도바 출신으로 네로황제의 스승이며 집정관을 지냈다.

종이는 중국으로부터 전달된 것이고 십진법은 인도로부터 전해진 것이다. 아랍인들은 수학 역사상 가장 중요한 발견 중 하나인 '영(0)'이란 개념을 힌두 학자들로부터 배웠으며, '대수학(algebra)'이라는 분야를 개척했다. 수학에서 사용되는 숫자 표현법은 아직도 아라비아 숫자라 불린다. 아라비아 숫자는 이탈리아의 레오나르도 피사노 피보나치(Leonardo Pisano Fibonacci, 1170 ~ 1250)[7]에 의해서 유럽에 소개되었다. 1170년경 이탈리아 사람들이 아리스토텔레스의 《기상론》을 아라비아어에서 라틴어로 번역하였는데, 이 번역서는 1474년 파도바(Padua)에서 처음으로 인쇄되었다.

중세 유럽에서 연구는 대개 도서관에서 수행되었고 고대 저술가의 문헌에 근거를 두었다. 과학은 성서의 독단적인 권위를 신봉하는 스콜라 철학으로 대체되었다. 공통기원 1250년까지 교회는 아리스토텔레스의 자연 철학에 대한 독서를 금하였지만, 후에 그의 가르침은 이탈리아의 철학자인 토머스 아퀴나스(Saint Thomas Aquinas, 1225 ~ 1274)[8]에 의해 재해석되었다. 그 결과 아리스토텔레스의 연구 성과는 아무런 의심 없이 채택·수용되었다. 아리스토텔레스의 영향은 그가 살았던 당대뿐 아니라 그의 사후 약 2,000여 년 동안이나 부정할 수 없는 절대적 믿음으로 화석화되었다. 우리는 이 시대를 '과학의 암흑시대'라 부른다.

2) 제2기 : 공통기원 1500년부터 1800년까지

공통기원 1500년경부터 1800년경까지는 전 세계적으로 과학적 사고와 연구가 일반화되는 시기였다. 역사학자들은 이 시기를 인류 역사상 최초의 '천재 시대(age of genius)'이자 최후의 '이성 시대(age of reason)'라 명명하고 있다. 1543년

7) 이탈리아 피사 출신의 수학자로서 고대수학을 되살리는 데 중요한 역할을 했고 그것에 대한 완전한 이해로부터 자신의 독창적인 계산법을 창안하여 근대 과학의 기초를 이룸. 피보나치수열로 유명하다.

8) 이탈리아 스콜라 철학자·신학자. 아리스토텔레스 철학을 가톨릭 세계관에 도입하여 체계화하는 데 크게 공헌하였다.

폴란드의 천문학자 니콜라우스 코페르니쿠스(Nicolaus Copernicus, 1473 ~ 1543)[9]는 사후에 4권으로 편찬된 《천체의 회전에 관하여(*De Revolutionibus Orbium Coelestium*)》[10]라는 책에서 지구는 거대한 태양계 내에 존재하는 작은 한 점에 불과하다고 주장했다. 아리스토텔레스가 주창한 지구 중심 우주관이 최초로 도전을 받는 순간이었다. 그리고 그 충격은 상당한 것이었다. 수천 년을 견고하게 지탱했던 우주관은 결국 서서히 무너지게 된다. 하지만 실험을 하지도, 천문 관측을 하지도 않은 점으로 볼 때 코페르니쿠스는 근대 과학자보다 고대 그리스 철학자에 더 가깝다고 말할 수 있다. 코페르니쿠스는 과학 혁명의 중간적 존재였다.

아무튼 순수 자연과학으로서의 기상학은 기상 측기의 발명과 기상 관측의 도입을 이룬 이 시기 유럽에서 태동하였다. 기상 현상에 신비주의적 사고를 적용하려는 사람은 이제 거의 없어지게 되었다. 경이로운 과학발전의 속도는 16세기 후반부터 더욱 가속화된다.

공통기원 1593년 이탈리아 천문학자·물리학자·수학자인 갈릴레오 갈릴레이(Galileo Galilei, 1564 ~ 1642)[11]는 간단한 액체 온도계(온도경)를 발명하였다. 50년 후인 1644년 이탈리아의 수학자·물리학자인 에반젤리스타 토리첼리(Evangelista Torricelli, 1608 ~ 1647)[12]는 기압을 측정하는 수은 기압계를 발명하

---

9) 폴란드 비수아 강 근처 토루인에서 출생. 1491년 크라쿠프 대학에 입학하였고, 이탈리아 볼로냐 대학에 편입하여 그리스 철학과 천문학을 배웠다. 1503년 페라라 대학에서 신학학위를 받았고, 그 뒤 파도바 대학에서 의학을 배웠다. 이러한 대학 생활 중에 아리스타르코스의 태양중심설에 관한 그리스의 고문헌을 접하고 이를 바탕으로 코페르니쿠스 우주학계, 즉 지동설 구상을 굳힌 것으로 보인다.

10) 이 책은 1523년부터 1530년 사이에 집필된 것으로 추측되는데 다만 출판을 주저한 것은 종교적으로 이단자가 된다는 당시의 시대 상황을 고려한 것으로 보인다. 이 책은 1616년 교회에서 금서목록에 포함시켰는데 1835년에 해제되었다.

11) 1564년 2월 15일 이탈리아 피사에서 태어났다. 그는 피사 대학을 나와 그 대학에서 교편을 잡았다. 1592년 파두아 대학으로 옮겨 18년간 그곳에서 수학과 천문학을 가르쳤다. 1610년 갈릴레오는 플로렌스로 이사하여 토스카나 왕국의 대공작인 페르디난트 2세(Ferdinand II de Medici, 1620 ~ 1670)의 왕궁 철학자의 지위를 얻었다.

12) 1608년 10월 15일 이탈리아의 파엔차(Faenza) 근교에서 태어난 이탈리아의 수학자·과학자. 갈릴레오의 사망 후, 대공작인 페르디난트 2세는 토리첼리를 갈릴레오의 후임으로 플로렌스의 궁중 철학자 겸 수학자로 임명하였다. 1644년 토리첼리는 그의 대표작인 《기하학 연구(*Opera Geometrica*)》를 출간하였다. 토리첼리는 1647년 10월 25일 장티푸스 열병을 앓은 직후 사망하였다.

였다. 수년 뒤인 1648년 프랑스 수학자·물리학자·철학자인 블라즈 파스칼(Blaise Pascal, 1623 ~ 1662)[13]과 프랑스 철학자·수학자·물리학자인 르네 데카르트(Renè Descartes, 1596 ~ 1650)[14]가 수은 기압계를 이용하여, 고도가 높아지면 기압은 감소한다는 사실을 입증하였다.

아일랜드의 화학자·물리학자·철학자인 로버트 보일(Robert Boyle, 1627 ~ 1691)은 1661년 온도가 일정한 경우 공기가 차지하는 부피는 그 압력에 반비례한다는 '보일의 법칙'을 확립하였다. 또한 프랑스 물리학자·성직자인 에드메 마리오트(Edmè Mariotte, 1620 ~ 1684)는 1679년 "공기 체적의 감소는 부하되는 공기의 무게에 비례한다."는 그의 관찰을 보고하였다. 잉글랜드의 물리학자인 로버트 훅(Robert Hooke, 1635 ~ 1703)[15]은 1664년 풍속을 측정하는 압력판 풍속계를 발명하였다. 1687년, 잉글랜드의 물리학자인 아이적 뉴턴(Sir Issac Newton, 1642 ~ 1727)은 '역학의 법칙'을 공식화하였다. 같은 해, 프랑스 물리학자인 기욤 아몽통(Guillaume Amontons, 1663 ~ 1705)은 흡습성 습도계를 발명하였다.

1700년대에 와서는 대기 특성들을 측정하는 데 필요한 측기들이 대폭 개선되었으며 날씨와 관련된 중요한 발견들이 이루어졌다. 1719년 독일의 물리학자인 다니엘 파렌하이트(Daniel Gabriel Fahrenheit, 1686 ~ 1736)는 물이 끓고 어는 과정을 연구하다가 '파렌하이트 온도 눈금'(화씨눈금)을 개발하였다. 잉글랜드의 기상학자인 조지 해들리(George Hadley, 1685 ~ 1768)는 1735년 지구 자전이 열대의 바람(무역풍)에 미치는 영향을 설명했고, 스웨덴의 천문학자인 안데르스 셀시우스(Anders Celcius, 1701 ~ 1744)는 1742년 끓는점을 0, 어는 점을 100으로 하는 '셀시우스 온도 눈금'(섭씨눈금)을 개발하였다. 이 눈금은 셀시우스 사후에 스웨덴의 식물학자인 카를 폰 린네(Carl von Linne, 1707~

13) 프랑스 수학자·물리학자·철학자. 클레르몽페랑 출생.
14) 프랑스 철학자·수학자·물리학자. 투렌지방의 라 에 출생. 근대 철학의 아버지로 불린다.
15) 잉글랜드 위트(Wight) 제도에 있는 프레시워터(Freshwater)에서 태어난 물리학자로 영국학술원 발전에 크게 기여하였다.

1778)에 의해서 현재와 같이 물의 어는점을 0°로, 물의 끓는점을 100°로 하는 것으로 전환되었다.

또한 미국의 정치가이자 과학자인 벤저민 프랭클린(Benjamin Franklin, 1706 ~ 1790)은 1752년 뇌우 속에서 연을 날리다가 번개의 전기 특성을 규명하였다. 그는 또한 폭풍이 북반구 중위도에서 북동쪽으로 이동한다는 사실을 기록한 최초의 사람이었다. 1743년 10월 21일, 프랭클린은 오후 9시 정각에 월식을 관측하려고 하였으나 강한 폭풍이 하늘을 덮고 말았다. 며칠이 지난 후, 월식 동안에 보스턴 상공의 하늘은 맑았으나 그 다음 날 폭풍이 들이닥쳤다는 것에 그는 무척 놀랐다. 그는 날씨에 대해 주의 깊게 연구하기 시작하였고, 폭풍의 이동 경로에 대한 중요한 발견을 했다.

스위스의 물리학자 오레스 드 소쉬르(Horace Benedict de Saussure, 1740 ~ 1799)는 1783년 모발 습도계를 발명하였다. 이것은 인간 모발은 습도가 증가함에 따라 길이가 늘어나고 공기가 건조하게 되면 길이가 짧아진다는 그 자신의 관찰에 기초를 두고 있다. 이 모발 습도계는 상대습도를 측정하는 측기로서 아직까지도 널리 사용되고 있다.

이렇게 등장한 기상 측기들을 이용해서 얻은 관측 결과를 가지고 과학자들은 당시 개발된 실험과 물리법칙에 따라 특정 기상 현상에 대한 설명을 시도했다. 유체 운동의 방정식은 1752년 스위스의 수학자인 레온하르트 오일러(Leonhard Euler, 1707 ~ 1783)에 의해서 유도되었다. 1787년 프랑스의 화학자인 앙투안 라부아지에(Antoine Lavoisier, 1743 ~ 1794)는 새로운 화학이론을 발표하기 위해 낡은 화학 술어를 버리고 새로운 '화학명명법'을 만들어 출판하였다. 또한 그는 1789년 《화학교과서(*Traité élémentaire de chimie*)》를 출판, '질량불변의 법칙'과 '원소 개념의 정의'를 확립함으로써 현대 화학의 기초를 다졌다. 1787년 프랑스 화학자인 자크 샤를(Jacques Alexandre César Charles, 1746 ~ 1823)은 대기 온도와 부피의 상관관계를 발견했다.

3) 제3기 : 공통기원 1800년 이후

19세기에 와서는 주로 물리학적 연구 성과를 토대로 각종 기상 현상이 연구되기 시작하였다. 가장 광범위하게 관측된 자료들은 지상 기온과 강수량이고 가장 오랫동안 완전하게 기록된 기후 자료 역시 기온과 강수량이다. 예를 들면 잉글랜드 중부에는 325년 동안의 측정 자료가 있으며 유럽과 미국 역시 약 200년간의 관측기록을 보유하고 있다. 오늘날 관측망을 구성하고 있는 대부분의 관측소들은 100년 미만의 기록을 보유하고 있다. 우리나라에서 근대 기상 관측이 시작된 것은 1884년 1월 1일 인천과 원산 해관에서부터이다.

1802년 프랑스의 화학자·물리학자인 조제프 게이뤼삭(Joseph Louis Gay-Lussac, 1778 ~ 1850)은 '기체팽창 법칙'을 발견하였다. 이 법칙은 공기, 산소, 수소, 질소, 암모니아, 염화수소, 이산화황, 이산화탄소 등이 모두 9 ℃ ~ 100 ℃까지 온도가 상승함에 따라 본래 부피의 0.00375(1/266.66)씩 팽창한다는 것이다. 이 팽창률은 후일 독일의 하인리히 마그누스(Heinrich Gustav Magnus, 1802 ~ 1870)[16]에 의해 1/273로 수정되었는데, 시료의 수분을 충분히 제거하고 실험하였으므로 종래보다 훨씬 정확한 측정값을 얻을 수 있었다.

1802년 12월 잉글랜드의 약제사·기상학자인 루크 하워드(Luke Howard, 1772 ~ 1864)는 아스케시안 학회(Askesian Society)에서 발표한 그의 에세이 〈구름의 분류에 대해서(*On the modifications of clouds*)〉에서 최초의 실용적인 구름 분류법을 소개하였다.

1817년 독일의 알렉산더 폰 훔볼트(Alexander von Humboldt, 1769 ~ 1859)[17]는 등온선을 사용하여 기온의 분포를 나타내는 지도를 제작하였다.

---

16) 독일의 화학자·물리학자. 베르첼리우스에게 배우고 1845 ~ 1869년 베를린 대학의 교수를 지냈다. 독일 자연철학 전성기 때의 실험주의자로서 자택 실험실에서 연구에 몰두, 비데만·헬름홀츠·틴들 등의 물리학자를 문하에 두었다.

17) 독일의 지리학자·지질학자·지구물리학자. 1769년 9월 14일 베를린에서 출생하여 1859년 5월

1821년에는 충분한 기상 자료가 축적돼 엉성하나마 최초의 일기도가 독일의 하인리히 브란데스(Heinrich Wilhelm Brandes, 1777 ~ 1834)[18]에 의해서 작성되었다. 그 후 얼마 지나지 않은 1827년에 독일의 하인리히 도베(Heinrich Wilhelm Dove, 1803 ~ 1897)[19]는 한대와 적도 기류를 분석하여 국지 기상을 설명하였다. 1835년 프랑스의 구스타브 드 코리올리(Gustav Gaspard de Coriolis, 1792 ~ 1843)[20]는 지구의 자전이 대기 운동에 미치는 효과를 수학적으로 입증했다.

20세기에 이르면 대기의 특징들이 더욱 상세히 밝혀진다. 기상학은 수학, 물리학, 화학, 전자기학과 같은 관련 학문 발달에 영향을 받아 과학적으로 급격한 팽창을 경험하였다. 1902년 프랑스의 기상학자 레옹 테스랑 드 보르(Léon Philippe Teisserence de Bort, 1855 ~ 1913)[21]는 대기층을 대류권과 성층권으로 구분하였다. 간단한 대기 운동을 기술하는 방정식에 대한 최초의 수학적인 해답은 1905년 스웨덴의 방 에크만(Vagn Walfrid Ekmann, 1874 ~ 1954)[22]에 의해서 유도되었다.

종관 기상학(Synoptic Meteorology)은 노르웨이의 기상학자인 빌헬름 비야크네스(Vilhelm Frimann Koren Bjerknes, 1862 ~ 1951)[23]와 그의 조수들에 의해 제1차 세계대전 후 개발되었다. 1904년 빌헬름 비야크네스는 〈역학과

6일 베를린에서 사망. 근대 자연지리학의 시조이며 화산학·지진학·기후학·해양학 등의 발전에 이바지했다. 그의 이름은 훔볼트해류(페루해류)를 비롯하여 산·강·만·빙하·대학 등에 남아 있다.

18) 독일의 천문학자·수학자·공학자로서 브레슬라우 대학교 수학교수로 재직하였다. 그가 저술한 《기상학에 관한 연구(*Beiträge zur Witterungskunde*)》라는 책에서 1783년 기상의 변화를 다루었고, 종관기상학적 관찰방법을 기상학에 도입했다.

19) 독일의 물리학자·기상학자로서 한대와 적도 기류를 분석하여 국지기후를 설명하고, 폭풍의 이론을 공식화하고, 대기 중의 한대 기류와 열대 기류의 조우에 대한 개념을 개발했다. 그를 '기상학의 아버지'로 부른다.

20) 프랑스의 물리학자·수학자·공학자로서 1792년 5월 21일 파리에서 출생. 그의 주요 업적은 회전 좌표계에 나타나는 힘을 기술한 것으로, 이 힘을 '코리올리 힘'이라 한다.

21) 프랑스의 기상학자. 기구를 이용하여 상층 대기를 연구하였다.

22) 스웨덴의 해양학자·물리학자. 스톡홀름 출생. 20세기 전반의 해양학 지도자 중 한 사람으로, 주요 연구는 해류의 역학 분야이다. 에크만 채수기와 에크만 유속계를 고안했다.

23) 노르웨이의 기상학자. 1862년 3월 14일에 크리스티아니아(현재 오슬로)에서 출생. 종관 기상학의 창시자. 1906년 기압의 단위로서 mmHg 대신 밀리바(millibar: 기호 mb)를 제안했다.

물리학의 문제로서의 날씨 예보(*Weather Forecasting as a Problem in Mechanics and Physics*)〉란 제목의 논문을 발표하였다. 이 논문에서 그는 날씨를 예보할 수 있는 절차를 계획하였다. 그는 날씨 예보를 위해서는 대기의 초기 상태와 이에 영향을 미치는 물리 법칙을 알고 있어야 한다고 주장했다. 빌헬름 비야크네스는 또한 대기의 상태를 올바르게 기술하기 위해 기본적인 기상 요소들(기압, 기온, 습도, 바람)을 전 세계적으로 관측할 필요가 있다고 믿었다. 그는 특정한 시간의 대기 상태에 이미 알려진 물리 법칙을 적용하여 대기의 미래 상태를 예측하려고 시도하였다. 1905년 미국으로 건너간 그는 카네기재단의 지원을 받으며 연구를 계속하였다. 이 지원은 1941년까지 36년 동안 이어졌다.

1907년 빌헬름 비야크네스(〈그림 1-1〉 왼쪽)는 크리스티아니아의 대학교수직을 수락하며 노르웨이로 돌아왔고, 1910년에는 카네기 연구소의 지원으로 《기상역학 및 해양역학》을 간행하였다. 1912년에서 1917년 사이 독일 라이프치히 대학교에서 연구하며 라이프치히 지구물리학 연구소를 세웠던 그는 1917년 다시 노르웨이로 돌아와 장차 세계에서 가장 중요한 기상 연구를 수행하게 될 베르겐 지구물리 연구소(Bergen Geophysical Institute)를 베르겐 대학에 설립하였다. 그의 업적 대부분은 1917년부터 1926년까지 베르겐 대학의 교수로 있는 동안 이룩되었는데, 《대기 소용돌이와 파동 운동에 적용되는 순환 소용돌이의 역학(*On the Dynamics of the Circular Vortex with Applications to the Atmospheric Vortex and Wave Motion*)》이란 유명한 저서도 이 시기(1921년)에 출판된 것이다. 이제는 고전이 되어 버린 이 책에서 그는 자신이 연구한 중요한 내용들을 상세히 기술하고 있다. 빌헬름 비야크네스는 그래프 방법을 도입하여 날씨 예보의 문제를 실용적인 형태로 조사하였다. 1913년 발간된 《기상역학과 수로학(*Dynamic Meteorology and Hydrography*)》 제2권에서 빌헬름 비야크네스와 그의 조수들은 그래프 분석과 계산법의 토대를 확립하였다. 그 후 그는 1926년 오슬로 대학교 교수로 지내며 1932년 은퇴할 때까지 그곳에서 연구를 계속하였다.

빌헬름 비야크네스는 그의 아들 야코브 비야크네스(Jacob Aall Bonnevie Bjerknes, 1897 ~ 1975)[24](〈그림 1-1〉 오른쪽)와 그의 조수인 할보르 쇨베르그(Halvor Sølberg, 1895 ~ 1974), 토르 베르셰론(Tor Harold Percibal Bergeron, 1891 ~ 1976)[25]과 함께 베르겐 학파(Bergen School)를 구축하였다. 야코브 비야크네스는 1918년 〈이동성 저기압의 구조(*On the structure of moving cyclone*)〉라는 제목의 박사학위논문을 발표한다. 여기서 그는 기압의 변화 못지않게 한랭 기단과 온난 기단의 상호작용이 중위도 지역 날씨형성 및 변화에 상당한 영향을 끼친다는 주장을 폈다. 기상학 역사상 가장 중요한 개념 중 하나인 전선(前線) 개념이 형성되는 순간이었다. '전선(front)'이라는 단어는 원래는 군사용어이다. 제1차 세계대전은 기상학에도 영향을 끼친 셈이다. 아무튼 전선과 저기압에 대한 야코브 비야크네스의 생각은 날씨를 이해하고 예보하는 데 일대 전기를 마련하였다.

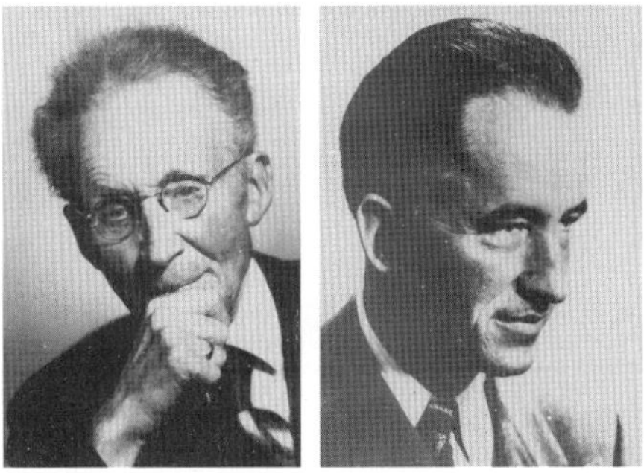

〈그림 1-1〉 노르웨이의 기상학자인 빌헬름 비야크네스(왼쪽)와 그의 아들인 야코브 비야크네스(오른쪽)로, 한대전선이론을 주창하였다.

---

24) 스톡홀름 출생. 빌헬름 비야크네스의 아들로, 오슬로 대학을 졸업하고 베르겐 기상대에서 근무한 후, 1931년 베르겐 지구물리연구소 교수가 되었다. 1939년 미국으로 건너가, 1940년 UCLA 기상학 교수가 되었으며, 1946년 미국에 귀화하였다.

25) 스웨덴의 기상학자. 중위도 강수이론을 성립시켰다.

전기·통신 기술이 발달하자 여러 지점에서 관측한 자료를 한 곳으로 신속하게 모을 수 있게 되었다. 이렇게 되자 한 곳으로 모인 자료를 분석하여 기후를 예측하는 데 관심이 모아졌다. 이 당시 관심사는 – 지금도 여전히 기상학의 주요 관심사이지만 – 폭풍우 경로에 대한 단기 예보였다. 이를 위해서는 각지에서 수집된 자료에서 유의미한 정보를 끌어내야 했다. 기상학자들은 수집된 자료를 바탕으로 대기를 지배하는 물리법칙을 수식으로 유도하기 시작했다. 이해의 폭이 넓어짐에 따라 관측에 대한 요구도 증가하게 되었다. 정확한 분석을 위해 기압, 풍속, 풍향, 시정, 구름 모양, 구름 양, 그리고 매시 기온들에 대한 보다 정밀한 관측이 요구되었다.

과학·기술의 발전사는 기상학 발전사와 그 궤를 같이한다. 그리고 전쟁은 훌륭한 촉매제가 되었다. 제1차 세계대전(1914 ~ 1918) 동안, 상층 대기의 상태를 알아야 할 필요성이 높아지자 상층 대기 관측을 위해 기구, 연, 그리고 비행기 등이 다양하게 활용되었다.

상공의 기상 조건에 대한 이러한 관심은 제2차 세계대전(1939 ~ 1945)을 계기로 더욱 고조된다. 새로운 기술은 시차 없이 기상학 발전에 사용되었다. 상층 기상관측의 필요성이 절실하게 대두되자 풍선에 관측기구를 탑재한 라디오존데가 수없이 하늘을 향했고, 항공기상학이 발전하게 되었으며, 개량된 라디오존데가 등장하게 된다. 제2차 세계대전 이후에는 구름 및 강수를 자세하게 관측할 수 있는 레이더 관측 방법들이 개발되었다. 이러한 기상 관측장비와 기법의 비약적 발전은 대기 상태에 대한 이론적 이해와 현실적 활용의 폭을 꾸준히 넓혀 왔다.

상층 대기 관측에 가장 흔하게 사용되었던 장비 중 하나가 바로 라디오존데이다. 오늘날 전 세계 1,000여 개 이상의 상층 관측소에서는 정기적으로 라디오존데를 띄워 기압, 기온, 이슬점 온도, 풍향, 풍속 등을 측정하고 있다. 초기 라디오존데 개척자로는 러시아의 기상학자인 파벨 몰챠노프(Pavel Aleksandrovich Moltchanov, 1893 ~ 1941), 핀란드의 기상학자인 빌호 바이샬라(Vilho Väisälä, 1889 ~ 1969), 프랑스의 피에르 이드락(Pierre Idrac, 1885 ~ 1935)과 로베르

뷰로(Robert Bureau, 1892 ~ 1965)를 들 수 있다. 이들 중 이드락과 뷰로는 1927년 3월 라디오존데를 풍선에 매달아 처음으로 공중에 날렸다. 또한 로베르 뷰로는 'radiosonde'라는 용어를 제정하였다. 이런 종류의 라디오존데(code radiosonde)는 성층권까지 상승하면서 대기 상태를 측정한 후, 내장된 단파 라디오를 통해 자료들을 지상으로 전송한다. 지금도 여전히 구름 속을 통과할 때는 측기를 추적할 수 없지만, 맑은 날씨에는 경위의(theodolite)를 사용하여 풍선을 추적하면 풍속과 풍향을 얻을 수 있다. 1929년 파벨 몰챠노프가 최초의 소모성 라디오존데를 고안해 냈고, 1930년 3월 30일 파블로브스크(Pavlovsk)에서 라디오존데를 띄워 관측에 성공하였다. 빌호 바이샬라는 현재와 같은 라디오존데를 발명하여 1931년 12월 처음으로 관측에 성공하였다.

이제 레이더 관측 분야로 눈을 돌려보자. 스코틀랜드의 공학자·기상학자인 로버트 왓슨-와트(Sir Robert Alexander Watson-Watt, 1892 ~ 1973)는 1938년 적 항공기의 접근을 초기 경보할 수 있는, 7 ~ 14 m 파장을 사용하는 최초의 레이더 관측소 망을 설치하였다. 그 후 1.5 m 파장을 사용하는 항공기 탑재 레이더가 개발되어 1940년대 말 실용화되었다. 레이더는 또한 항공기용 항법 장치(GEE system)와 해상의 선박용으로도 개발되었다.

20세기 기상학 발전에 가장 큰 영향을 끼친 사람으로는 스웨덴 기상학자인 카를 로스비(Carl-Gustaf Arvid Rossby, 1898 ~ 1957)를 들 수 있다. 카를 로스비는 MIT에 있던 1930년대에 고(高)고도 지역의 기압, 기온, 기타 변수들을 연구하여 이론화하기 시작하였는데, 이 이론 덕분에 기상학자들은 대기 대순환에 관한 새로운 정보를 얻게 되었다. 그는 작은 비행기를 임대해 보스턴 공항에서부터 매일 날씨 비행을 수행하여 그 결과 거대한 수평 파동의 새로운 패턴을 알게 되었다. 오늘날 이것은 '로스비파(Rossby wave)'로 알려져 있는데 로스비파는 극지방 소용돌이의 원소이다. 그는 회전하는 지구상에서의 공기의 유체 흐름에 대한 방정식을 사용하여, 극지방 바람에서 굽이치는 상황이 일어나는 조건을 예측할 수 있었다. 이에 따라 부분적으로 대기 파동의 위치변경(shifting)을 설명할 수 있게 되었다. 대규모 날씨 현상은 이러한 위치변경에 의존하기 때문에, 그의 방정식을 활용하면 - 이론적으로는 - 대규모 날씨 패턴을 예보할 수 있게 되었다. 로스비는 또한 제트류(jet stream)를 최초로 발견하고, 명명하였다. 이후 컴퓨터의 출현은 로스비의 계산과 방정식에 날개를 달아주었다. 1950년 컴퓨터에 의한 수치 예보 시스템이 최초로 구축되었고, 로스비의 연구는 보다 정교한 예보 기술 개발에 활용될 수 있게 되었다. 시간이 흐른 지금에도 로스비의 업적을 결코 과소평가할 수 없는 것은 짧은 기간 동안 압축적 발전을 거듭하면서 기상학을 독자적인 과학의 한 영역으로 확립한 중심에 바로 그가 서 있기 때문이다.

한편, 대기를 탐사하기 위해 기상위성을 궤도에 진입시킴으로써 대기 연구의 새로운 차원이 이루어졌다. 최초의 기상위성은 1960년 4월 1일 미국이 발사한 극궤도위성인 TIROS(Television and InfraRed Observation Satellite) 1호이고 그 뒤 1966년에는 정지기상위성인 ATS(Applications Technology Satellite) 1호가 발사되었다. 정지기상위성의 궤도 높이는 약 35,800 km인데, 이 고도에서 지구 자전 속도와 동일한 속도로 기상위성도 자전하면서 궤도를 유지하고 있다. 지구와 기상위성이 동일하게 운동하기 때문에 지구에서 보면 기상위성이 마치 한 곳에 정지한 것처럼 보인다. 현재 운용되고 있는 정지기상위성으로는 일본의 MTSAT[26], 미국의 GOES(Geostationary Operational Environmental Satellite), 유럽의 Meteosat, 인도의 INSAT, 중국의 Feng-Yun(風雲), 한국의 천리안 등이 있다. 극궤도위성으로는 미국의 NOAA, 러시아의 Meteor, 중국의 Feng-Yun 시리즈 정도를 들 수 있겠다.

26) MTSAT 위성은 GMS-5호 위성의 운영이 종료됨에 따라 아시아 태평양지역의 연속적인 위성자료 취득을 위해 GMS-5호 위성의 관측임무를 계승하였다. MTSAT-1R 위성은 동경 140도에서 관측을 수행하고 있으며, 2005년 2월 26일 발사에 성공하여 3월 24일 최초 관측영상의 수신에 성공했다. 자료보정, 자세제어 등의 시험운영을 거쳐 6월 28일 0300 UTC부터 정규적으로 운영되고 있다.

현재 기상관측소에서는 자동기상관측기(Automatic Weather Stations; AWS)를 설치하고 있다. 자동기상관측기로 관측하는 곳을 자동기상관측소라 한다. 자동기상관측기의 역사는 잉글랜드의 수학자·건축가·천문학자인 크리스토퍼 렌(Sir Christopher Wren, 1632 ~ 1723)이 1663년 12월 9일 영국학술원에 제출한 〈날씨 자동 기록기의 기술(*Description of weather clock*)〉이라는 문건으로부터 시작된다. 실제로 '날씨 박식기(Weather wiser)'를 만든 사람은 렌의 친구인 로버트 훅이었다. 그러나 현대적 의미의 자동기상관측기 역사는 1960년대 트랜지스터(transistor)의 개발로부터 시작된다. 극소 전자공학(microelectronics)이 자료 저장기의 개발을 가져와 펜과 종이로 기록하던 기술을 대체했을 뿐만 아니라 먼 거리에 떨어져 있는 곳에서도 기상을 관측하여 송신하는 기술을 개발했기 때문에 자동기상관측기가 광범위하게 사용될 수 있게 되었다.

기상과 기후를 연구하기 위한 국제적인 프로그램 또한 개발되었다. 예를 들면 전 세계 기상실험(Global Weather Experiment; GWE)이라 불리는 전 세계 대기연구 프로그램(Global Atmospheric Research Program; GARP)이 세계기상기구(WMO)의 140여 개 나라와 과학연합국제위원회(International Council of Scientific Unions; ICSU)에 의해서 수행되었다. 이 프로그램의 목표는 날씨 예보의 실제적인 한계성을 시험하고 대기 대순환의 통계적인 성질을 결정하는 것이다. 이런 지식은 기후의 물리적인 기초에 대한 이해를 증진시킬 것이다.

WMO와 ICSU가 공동으로 시행한 TOGA(Tropical Ocean and Global Atmosphere) 프로젝트의 목적은 대기와 해양의 상호 작용 즉, 엘니뇨현상을 규명하는 것이었다. 여기서는 대기와 해양의 열, 운동량, 수분 교환이 어떤 메커니즘을 통하여 이루어지고 있는지, 또한 어떻게 적도 태평양 해수온도의 '아노말리(anomaly)'가 먼 지역으로 전달되는지를 규명하고자 하였다.

3. 기상학 연구 단체의 최초 결성

1) 영국학술원

공통기원 1645년경 런던과 옥스퍼드에서 자연 철학자들이 비공식적인 모임을 갖기 시작하였다. 이들 자연 철학자들의 대부분은 청교도 지지자들과, 철학자인 프랜시스 베이컨(Sir Francis Bacon, 1561 ~ 1626)의 신봉자들이었다. 1660년 왕정복고(Restoration)가 이루어지면서, 그들은 스스로 "보이지 않는 대학(Invisible College)"이라 부르는 그들의 모임을 회원들의 집에서 더욱더 정기적이고 공개적으로 가졌다. 그러나 대부분의 정기적인 모임은 그레셤 칼리지(Gresham College)와 애룬들 하우스(Arundel House)에서 이루어졌다.

1660년 11월 28일, 일단의 사람들이 크리스토퍼 렌의 강의를 듣기 위해 모였고, 이들은 매주 모임을 갖기로 결정하였다. 이때 모인 사람들은 12명으로, 이들은 피터 볼(Peter Ball, 1638 ~ 1675), 로버트 보일(Robert Boyle, 1627 ~ 1691), 윌리엄 브룬커(William Brouncker, 1620 ~ 1684), 알렉산더 브루스(Alexander Bruce, 1629 ~ 1980), 조나단 고더드(Jonathan Goddard, 1617 ~ 1675), 아브라함 힐(Abraham Hill, 1633 ~ 1721), 로버트 모레이(Sir Robert Moray, 1608 ~ 1673), 폴 네일(Sir Paul Neile, 1613 ~ 1686), 윌리엄 페티(Sir William Petty, 1623 ~ 1687), 로렌스 룩(Lawrence Rooke, 1622 ~ 1662), 존 윌킨스(John Wilkins, 1614 ~ 1672), 크리스토퍼 렌(Christopher Wren, 1632 ~ 1723)이었다. 이 예비모임에서 그들은 존 윌킨스를 회장으로, 피터 볼을 회계로, 모임에 참석하지는 않았지만 윌리엄 크룬(William Croone, 1633 ~ 1684)을 간사로 선출하였다.[27]

그들은 학기 중에는 그레셤 칼리지의 로렌스 룩의 방에서, 방학 중에는 템플(Temple)에 있는 피터 볼의 방에서 모임을 가졌다. 그들은 모임에 동참하고자

27) http://www.royalsoc.ac.uk/

하는 41명의 명단을 작성하였는데 그들 대부분이 후에 가입하였다. 1660년 12월 5일, 로버트 모레이 경은 회원들에게 보고하기를, 왕이 그들의 모임을 격려하고 있으며 새로운 회원을 포함하여 총 73명의 회원 명단을 확정한다고 밝혔다.

잉글랜드 런던 출신의 시인인 아브라함 카울리(Abraham Cowley, 1618 ~ 1667)는 모임에 동참하고자 한 41명 중의 한 사람이었는데 1661년 5월 6일 회원으로 선출되었다. 1661년 후반, 카울리는 20명의 교수를 보유한 그레셤 칼리지를 옹호하는 《실험 철학의 발전을 위한 제안(*A Proposition for the Advancement of Experimental Philosophy*)》을 출판하였다. 그러나 그는 런던을 떠났기 때문에 창설 회원의 한 사람은 되지 못하였다. 영국학술원은 초기에는 관심을 가지는 모든 사람들에게 그들의 모임을 개방하였지만 1848년부터는 1년에 40명 정도의 우수한 과학자와 6명의 외국인 회원으로 가입 인원을 제한하였다.

최초로 왕의 허락을 받기 전에는, 로버트 모레이, 존 윌킨스, 윌리엄 브룬커, 로버트 보일이 월별로 돌아가며 회장 직을 맡았고 조지 엔트(Sir George Ent, 1604 ~ 1689)[28]도 가능하면 그렇게 하였다. 1662년 7월 15일 찰스 2세로부터 최초의 칙허장을 교부 받았다. 평의회(Council) 명단에는 21명이 들어 있었다: 피터 볼, 로버트 보일, 윌리엄 브레러턴(William Brereton, 1632 ~ 1680), 윌리엄 브룬커(회장), 티모시 클라크(Timothy Clarke, ? ~ 1672), 케네름 딕비(Sir Kenelm Digby, 1603 ~ 1665), 조지 엔트, 윌리엄 에르스킨(William Erskine, ? ~ 1685), 존 에블린(John Evelyn, 1620 ~ 1706), 조나단 고더드, 토머스 헨쇼(Thomas Henshaw, 1618 ~ 1700), 로버트 모레이, 폴 네일, 헨리 올덴부르크(Henry Oldenburg, 1618 ~ 1677)(간사), 더들리 파머(Dudley Palmer, 1617 ~ 1666), 윌리엄 페티, 헨리 슬링스비(Henry Slingesby, 1621 ~ 1688), 존 월리스(John Wallis, 1616 ~ 1703), 존 윌킨스, 크리스토퍼 렌, 매튜 렌(Matthew Wren, 1629 ~ 1672).

28) 잉글랜드 켄트 주 샌드위치 출신의 내과의사.

1663년 4월 22일 두 번째 칙허장에 의해서 영국학술원은 재개편되었고 '자연 지식을 고무시키기 위한 런던의 왕립학회(*Royal Society of London for the Promotion of Natural Knowledge*)'인 영국학술원을 공식적으로 결성하였다. 브룬커가 여전히 회장이었고 윌킨스와 올덴부르크가 간사를 맡았다. 그들은 국왕으로부터 헌장과 정신적인 도움을 받게 되었지만 통치자 또는 정부에 의해 설립되어 그들로부터 임금까지 보전(補塡) 받는 일부 대륙의 학술원, 연구소와는 달리 재정을 후원 받지 못했다. 따라서 그들은 독자적으로 학술원을 꾸려 가기 위해 자금의 상당 부분을 일부 회원들에게 부담하도록 했다.

한편, 1663년 5월 20일 창립 평의원[29]을 선출하였다. 임시 회원 명부에 40명의 이름이 적혀 있었는데 계획은 55명의 회원으로 한정하는 것이었다. 영국학술원 도서관에서 한 페이지로 된 초기 회원들의 서명을 볼 수 있다. 초기 회원 중에는 1660년 예비 모임을 주제한 존 윌킨스, 그 당시 가장 주목할 만한 의학자 중의 한 사람인 조나단 고더드 박사, 통계학 사용의 선구자인 윌리엄 페티, 기압계와 천둥에 관한 논문을 쓴 수학자이면서 자신의 학생인 아이적 뉴턴에게 미적분학의 단서를 찾도록 해 준 존 월리스, 선원용 나침반에 미치는 천둥의 효과를 기술한 최초의 간사인 헨리 올덴부르크 등이 있다. 우리의 관점에서 볼 때 가장 주목할 만한 초기 회원은 '$p \cdot V$ = 일정'이란 법칙을 발견한 로버트 보일, 성 바울 성당(St. Paul's Catherdral)을 지은 크리스토퍼 렌, 철사의 탄력을 알아차린 로버트 훅, 76년을 주기로 특별한 혜성이 나타난다는 생각을 한 에드먼드 핼리(Edmund Halley, 1656 ~ 1742)이다. 특이한 것은 네덜란드의 물리학자로, 파동 이론과 광학 분야에 지대한 공헌을 한 크리스티안 호이헨스(Christiaan Huygens, 1629 ~ 1695)가 외국인 평의원에 포함되어 있었다는 점이다.

초기 영국학술원의 성공은 많은 부분 로버트 훅의 노력에 기인하였다. 사무

---

29) Ashmole, Aubrey, Barrow, Boyle, Brouncker, Colwall, Croone, Digby, Ent, Evelyn, Glisson, Goddard, Graunt, Hooke, Huygens, Moray, Neile, Oldenburg, Pell, Pett (father & son), Petty, Walter Pope, Vermuyden, Wallis, Ward, Wilkins, F. Willoughby, Wren, Denham, Dryden and Waller.

엘 페피스(Samuel Pepys, 1633 ~ 1703)[30]의 기록에 따르면, 로버트 훅은 영국학술원 그 자체였다. 로버트 훅은 초창기부터 40년 동안 새로운 과학적 내용들을 실연해 보이면서 영국학술원을 위해 봉사하였다. 또한 그는 간사로서, 회장으로서 성심성의를 다하였다. 그의 친구인 크리스토퍼 렌은 영국학술원 헌장 전문을 작성하였다.

영국학술원 발달에 결정적 기여를 한 것은 과학 잡지를 출판하자는 기발한 아이디어였다. 1665년, 간사인 헨리 올덴부르크는 『철학회보(*Philosophical Transactions*)』를 발간하였다. 그런데 초기 70권 가운데 기상학과 관련된 논문이 400편이 넘는다는 사실은 17세기 당시 사람들의 자연과학에 대한 높은 관심을 가늠케 한다.

1669년에 세 번째 칙허장이 발부되었으나 토지 사용 건에 관한 것으로 변경 사항은 별로 없었다.

영국학술원은 그레셤 칼리지에 사무실을 마련하였는데, 도서관, 과학적인 관심을 일으키는 표품 저장소 또는 박물관의 필요성이 점점 커졌다. 1661년에 처음으로 도서관에 책이 전시되었다. 1666년 발생한 런던 대화재 이후, 영국학술원은 노퍽 공작의 런던 저택인 애룬들 하우스로 이전하였다. 영국학술원은 아이적 뉴턴의 회장 재임 기간 중인 1710년까지 애룬들 하우스에서 머물렀다. 그러던 그해, 스트랜드 가에서 약간 떨어진 곳에 있는 크레인 코트(Craine Court)에 집 두 채를 마련해 학술원 건물을 이전하게 되었다. 영국학술원은 1780년 왕실이 제공한 섬머싯 하우스(Somerset House)로 다시 이주하였다. 이는 1778년 회장이 된 조지프 뱅크스(Sir Joseph Banks, 1744 ~ 1820)에 의해서 이루어진 조정으로, 그가 죽을 때까지인 1820년까지 이곳에서 머물렀다. 그러나 1857년 영국학술원은 피커딜리 가에 소재한 버링턴 하우스(Burlington House)로 또다시 이사하였고 직원 두 명을 채용하였다.

---

30) 《새무얼 페피스의 일기(*The Diary of Samuel Pepys*)》라는 일기책으로 유명하고 영국학술원 회장 직도 역임하였다.

20세기에 접어들면서 학술원의 임무와 직원 수가 급속히 늘어남에 따라 버링턴 하우스는 포화 상태에 이르렀다. 그리하여 1967년, 학술원은 120명이 넘는 직원과 함께 격조 높은 섭정시대풍의 건물인 칼턴 하우스 테라스(Carlton House Terrace)로 다시 이주하였다. 이곳에서는 1827년부터 1828년까지 존 내시(John Nash, 1752 ~ 1835)가 설계한 더 몰(The Mall) 거리[31]를 내려다볼 수 있다.

2) 영국 왕립기상학회

1823년 2월 1일자 『월간 잡지(*Monthly Magazine*)』 55권 70페이지에서, 편집자는 영국에 기상학회가 결성되어 있지 않다는 것에 놀라움을 천명하였다. 하트퍼더셔 주 하펜던의 제임스 테이템(James George Tatem, ? ~ 1854)도 1823년 2월 20일자로 보낸 편지(1823년 4월 1일자로 발행된 『월간 잡지』 55권 207페이지에 게재)에서 이 놀라움에 동조하였다.

테이템의 편지는 1823년 10월 15일 런던 커피 하우스에서의 모임을 유발했다고 추측되고 있다. 테이템은 모임에 참석하지 않았지만, 〈구름의 분류에 관하여〉란 에세이[32]로 유명한 기상학의 선구자이며 영국학술원 평의원(FRS)인 루크 하워드는 참석하였다. 이 모임에서, 참석자들은 기상학회를 결성하기 위한 타당성을 면밀히 검토하였고, 그 책임자로 조지 버크벡(George Birkbeck, 1776 ~ 1841) 박사를 추대했으며 다음과 같은 결의 사항이 통과되었다.

1. 기상학의 발전을 도모하기 위한 학회의 결성 자체는 이 모임에서 전적으로

---

31) 런던에 있는 거리로, 버킹엄 궁전에서부터 서쪽으로는 해군 본부 아치까지, 동쪽으로는 트라팔가르 광장까지 뻗어 있다.

32) Howard, L., 1803 : *On the modifications of clouds, and on the principles of their production, suspension, and destruction, being an essay read before the Askesian Society in the Session 1802-3*. Taylor, Printer, London, 32 pp.

찬동한다.

2. 결성되는 학회의 명칭은 '런던 기상학회(The Meteorological Society of London)'라 한다.
3. 이 학회의 사업은 회장, 부회장, 회무, 간사, 운영위원회에 의해서 수행될 것이다. 그리고 부회장의 수와 운영위원회의 위원 수는 차후 모임에서 결정될 것이다.
4. 토머스 윌퍼드 씨가 이 학회의 간사로서 직무를 맡도록 요청될 것이다. 그리고 회원으로 가입하고자 하는 각 개인에게 다음 모임에 참석하도록 하는 요청서를 인쇄할 수 있는 권한을 일임한다.
5. 이 학회의 모든 회원들은 2 기니의 연회비를 미리 납부한다.
6. 이 학회의 회원으로 추천하고자 하는 사람이 있는 참석자는 지금 그들 이름들을 간사에게 제출하여 등록명부에 기재되도록 한다.
7. 오늘 저녁 학회의 회의록을 작성하기 위하여 간사와 협력할 세 사람의 회원이 지명될 것이다.
8. 전 영국을 망라한 과학적인 사람은 이 학회와 함께 협력할 것으로 간청될 것이고 통신문이 전달될 것이다. 그리고 이 학회는 항상 전 세계 방방곡곡의 과학 개척자들로부터 기상 관측 자료를 받을 준비가 되어 있다.
9. 이 학회는 기상학을 과학으로 장려하고자 하는 욕구 이외에는 이 학회의 적합성을 구성하기 위한 어떠한 자격도 요구하지 않는다.
10. 다음 모임 후에 3가지 제안을 투표에 의한 회원들의 과반수 찬성으로 결정할 것이다.
11. 이 모임은 오는 11월 12일 오후 8시 동일한 장소에서 차기 모임이 열릴 때까지 휴회한다.

2차 모임은 10월 15일에 합의된 사항의 결의안을 이행하기 위해서 정식으로 열렸고 많은 사람들이 참석하였다.[33] 여러 명의 신입 회원들을 받아들였고, 임원들이 지명되었다. 즉, 회장에는 조지 버크벡, 회무에는 헨리 클러터벅(Henry

Clutterbuck, 1767 ~ 1856), 간사에는 토머스 윌퍼드(Thomas Wilford)가 지명되었다. 8명의 운영위원회 위원에는 루크 하워드, 토머스 포스터(Thomas Foster, 1797 ~ 1856), 존 다니엘(John Frederic Daniell, 1790 ~ 1845) 등이 포함되어 있었다. 토머스 포스터는 자연과학자·천문학자로서 기상학 연구 논문을 많이 발표한 사람이며, 특히 주목할 만한 논문은 〈대기 현상에 대한 연구(*Researches about atmospheric phenomena*)〉이다. 존 다니엘은 그의 이름을 붙인 전지와 습도계를 발명한 사람으로 그 당시에 〈기상학 에세이와 관측(*Meteorological essays and observations*)〉을 발표하였다.[34]

1824년 1월 14일에 개최된 3차 회의는 과학으로서의 기상학에 초점을 맞춘 최초의 회의였다. 잉글랜드 북부 지방의 봄바람에 관한 논문이 맹인 식물학자·수학자인 존 고(John Gough, 1757 ~ 1825)에 의해서 읽혔다.[35] 그리고 잉글랜드 기상학자인 조지 시먼스(George James Symons, 1838 ~ 1900)에 따르면, "그들에게 제출된 일련의 기상 관측에 관한 예비 보고서를 수정하고 심의할, 위원회를 구성할 위원들이 운영위원회에 의해서 지명되었다."고 인용하고 있다. 이 보고서에 대해서 심의위원회는 "영국과 식민지의 여러 곳에서뿐만 아니라 세계 곳곳으로부터 기록계에 기록되는 순간 측정값을 정확하게 비교하기 위해서는 측기에 통용되는 눈금을 매길 필요가 있다는 점"을 권고하고 있다. 이 목적을 유효하게 실현하기 위해서, 그들은 "런던 기상학회가 대도시 또는 그 주변에 기상 관측소(Meteorological Observatory)를 설립하여 필수적인 정밀도의 예를 확립할 필요성이 절대적으로 필요하다."라고 고찰하였다.

뒤이은 모임이 1824년 2월 11일, 3월 10일, 4월 14일, 5월 12일에 개최되었

---

33) Symons, G. J., 1881 : The history of English meteorological societies 1823 to 1880, being the address delivered at the Annual General Meeting, January 19th, 1881. *Q. J. R. Meteorol. Soc.*,(new series), 7, 65-98

34) Daniell, J. F., 1823 : *Meteorological essays and observations*. Thomas and George Underwood, London, 479 pp.

35) Gough, J., 1839 : On the natural history and probable causes of the vernal winds of the north of England, as they prevail in Westmoreland. *Trans. Meteorol. Soc.*, 1, Smith, Elder and Co., London, 67-72

으며, 모든 모임에서 과학 논문들이 읽혔다. 학회 전임 회원과 통신 회원들이 받아들여졌고 또한 명예 회원들도 허용되었다. 여기에는 스코틀랜드 에든버러 대학교 자연 철학 교수인 존 레슬리(Sir John Leslie, 1766 ~ 1832)[36], 프랑스 파리 에꼴 폴리테크니크 분석 기하학 교수인 프랑수아 아라고(François Jean Dominique Arago, 1786 ~ 1853)[37], 소르본 대학교의 물리학 교수인 조제프 게이뤼삭, 파리 프랑스 칼리지 물리학 교수인 장 바티스트 비오(Jean-Baptiste Biot, 1774 ~ 1862), 스위스 제네바 대학교의 자연 철학과 교수인 마크 오귀스트 픽테(Marc-Auguste Pictet, 1752 ~ 1825), 독일 쾨니히스베르크 관측소 소장인 프리드리히 베셀(Friedrich Wilhelm Bessel, 1784 ~ 1846), 덴마크 코펜하겐 대학교 자연 철학과 교수인 한스 외르스테드(Hans Christian Oersted, 1777 ~ 1851)[38] 등이 속한다.

초기의 정열과 활동에 비추어 보면, 5월 12일 모임이 향후 12년 동안에 과학적인 특색을 갖춘 마지막 모임이라는 것은 놀랄 만한 일이다. 이 기간 동안, 학회 활동은 단지 1832년 여름과 가을에만 이루어졌다. 여러 모임들이 열렸을 때, 모든 관심사는 재정 문제였다. 그들 중의 하나는 글루터벅스의 사임에 따라 버크벡을 회무로 지명한 것이었다. 학회가 약해진 이유는, 1890년 시먼스[39]의 주장에 의하면, 루크 하워드가 토텐엄(Tottenham)으로부터 폰티프랙트(Pontefract) 근처의 요크셔 거주지로 이사했기 때문이다. 한편으로는 버크벡이 1823년에 창설된 런던 기계 연구소(London Mechnics' Institute) 일에 열중함으로써 마음을 빼앗겼고 영국 내의 여러 곳에 이와 비슷한 연구소를 설립하는 데 정열을 바쳤기 때문이라는 이야기도 있다.[40]

---

36) 스코틀랜드 출신의 물리학자·수학자로서 최초로 인공 얼음을 만들었다.
37) 프랑스 물리학자. 자기 생성 원리를 발견하였다.
38) 덴마크의 물리학자, 화학자로서 알루미늄(aluminum, [Al])의 순수한 형태를 분리하였고 전자기를 발견하였다.
39) Symons, G. J., 1890 : Jubilee Addresses. *Q. J. R. Meteorol. Soc.*, 26, 176-181
40) Kelly, T., 1957 : *George Birkbeck: pioneer of adult education*. Liverpool University Press, 380 pp.

런던 기상학회는 『런던 자연사 잡지(*London's Magazine of Natural History*)』에 여러 편의 레터(letter)와 논문들을 게재하면서, 1836년 가을부터 되살아나기 시작하였다. 이중 일부는 제임스 테이템이 쓴 것이고 나머지는 윌리엄 화이트(William Henry White)가 투고한 것이다. 화이트는 오랫동안 학회의 간사로 봉사하였고 또 다른 런던 기상학회(Meteorological Society of London)의 간사로도 봉사하였다. 1881년 시먼스의 회고에 따르면, 이 레터와 논문들은 기상학 발전을 증진하기 위하여 기상 관측자들을 합리적으로 재편성할 필요성이 있다는 점을 다루고 있었다. 또한 시먼스의 인용에 의하면, 테이템의 레터 중의 하나에서 그는 "나는 1823년에 결성된 기상학회의 회원이었지만 현재 회원인지는 모르겠다."라 말하고 있다. 이에 대해 버크벡은 테이템에게 편지를 써서 "런던 기상학회는 해산되지 않았고 단지 휴면 상태에 있다."라고 알려 주었다.

1836년 11월 15일에 열린 모임에서, 찰스 셔먼(Charles Sherman)을 회무로 지명하였고, 토머스 윌퍼드에 이어 윌리엄 화이트를 간사로 지명하였다. 이와 더불어 회원 가입을 관리하는 규칙을 통과시켰고 버크벡은 베를린 대학교 하인리히 도베 교수의 논문인 〈여러 가지 바람과 그 원인에 관하여(*On the various winds and their causes*)〉를 읽었다. 버크벡은 1839년 3월까지 회장으로 재임하였고 그 뒤 로버트 그로스버너(Lord Robert Grosvenor, 1801 ~ 1854)가 회장으로 선출되었다. 화이트는 학회가 활동적인 시기(1836 ~ 1843) 동안 간사를 계속 맡았다. 1839년 3월, 셔먼의 뒤를 이어 회무를 맡은 존 리(Dr. John Lee, 1783 ~ 1866) 박사는 1841년 3월에 존 구치(John Wheeley Gough Gutch, 1809 ~ 1862)에게 회무를 넘겨주었다.

1836년 11월부터 1843년 5월까지, 모임은 정기적으로 열리게 되었다. 대부분의 모임에서 논문들을 읽었고 많은 논문들이 『기상학회 회보(*Transactions of the Meteorological Society*)』 또는 『기상학과 물리적인 과학의 쿼털리 저널(*Quarterly Journal of Meteorology and Physical Science*)』에 게재되었다. 학회 모임에 관한 보고내용은 학회 논문집(Proceedings)에 나타나며, 논문집은 1838 ~ 1840

년, 1840~1841년, 1841~1842년으로 나누어 발간되었다. 1836~1843년 동안의 모든 모임에 대한 리뷰(review)는 1881년 시먼스에 의해 발표된 〈1823년부터 1880년까지 영국 기상학회들의 역사(*The history of English meteorological societies 1823 to 1880*)〉에서 찾을 수 있다.

한편, 영국 기상학회의 '법규와 규칙(Laws and Regulation)'에 따르면, 회원 자격은 세 등급(정회원, 준회원, 명예회원)으로 나뉜다. 정회원은 이미 선출된, 영국제도 내에 거주하는 사람, 준회원은 학회에 협력하는 사람이지만 영국제도 밖에 거주하는 사람으로 규정되어 있다. 연회비는 1 기니이고 평생 회비는 10 기니였다. 덧붙여 1839년 3월 총회 이후 선출된 사람에 대해서는 입회비 1 기니가 부과되었다.

1843년 초에 이르러, 학회에는 64명의 정회원, 59명의 준회원, 10명의 명예회원이 존재하였다. 10명의 명예회원은 런던의 존 허셀(Sir John Herschel, 1738~1822), 폰티프랙트의 루크 하워드, 타운턴(Tauton)의 앤드류 크로스(Andrew Crosse, 1784~1855), 맨체스터의 존 돌턴(John Dalton, 1766~1844), 파리의 프랑수아 아라고, 장 바티스트 비오, 마리 아베작 마카야(Marie-Armand- Pascal D'Avezac-Macaya, 1800~1875), 벨기에 브뤼셀의 램버르트 퀘트렛(Lambert-Adolphe-Jacques Quetelet, 1796~1874), 코펜하겐의 한스 에르스테드, 알토나(Altona)의 하인리히 슈마허(Heinrich Christian Schumacher, 1780~1850)이었다. 준회원 중에서 주목할 만한 과학자는 베를린의 하인리히 도베(Heinrich Wilhelm Dove, 1803~1897), 미국 필라델피아의 로버트 헤어(Robert Hare, 1781~1858), 뉴욕의 윌리엄 레드필드(William Charles Redfield, 1789~1857), 미국 오하이오의 엘리아스 루미스(Elias Loomis, 1811~1889), 희망봉의 찰스 스미스(Charles Piazzi Smyth, 1819~1900), 전임 운영위원회 위원이었고 부회장인 존 로스(Sir John Ross, 1777~1856)이었다. 존 허셀은 존 로스와 같이 운영위원회 위원(1838~1841)이었지만, 그는 결코 운영위원회에 참석하지 않았다.

잉글랜드 런던 출신의 유명한 작가·비평가·예술가인 존 러스킨(John

Ruskin, 1819~1900)도 정회원에 포함되었는데, 그는 17세의 나이로 1836년 12월에 선출되었다. 5개월 후인 1837년 5월 9일, 그는 운영위원회 위원으로도 선출되었지만 이는 곧 보류되었다. 왜냐하면 존 러스킨의 아버지가 학회에 편지를 보내, 존 러스킨이 학교 공부에 전념해야 하므로 운영위원회 위원으로는 부적합하다는 의견을 표명했기 때문이다. 그는 1836년 10월에 대학입학시험을 통과하여 크리스트 처치(Christ Church)의 대학생이 되었다. 그럼에도 불구하고, 그는 1837년 2월 14일 런던에서 개최된 학회 모임에 참석했고 그 자리에서 그는 〈산맥의 작용에 의해서 만들어지는 구름의 형성과 색깔에 관해서(*On the formation and colour of such clouds as are caused by the agency of mountains*)〉라는 논문을 읽었다. 이 논문은 발간되지는 못하였다. 또한 1839년 그는 〈기상학의 과학에 대한 현재 상태와 수행에 관한 몇 가지 지적과 방안(*a few remarks on the present state of the Science of Meteorology and on the incitements to its pursuit, with a slight sketch of the general object of the Meteorology Society*)〉이라는 논문을 제출하였는데, 이것은 『기상학회 회보』에 실렸다.[41)]

1836년부터 1843년까지 학회 자체가 학회 이름을 여러 가지로 불렀다. 때로는 학회 이름이 'The Meteorological Society of London'이었는데 이는 『런던 기상학회 회보(Proceedings of the Meteorological Society of London)』란 제목으로 편찬된 1840~1841 회기 리뷰에서 볼 수 있다. '법규와 규칙'과 『기상학회 회보』의 표지와 vii 페이지에는 간단히 'The Meteorological Society'로 되어 있다. 이 이름은 1840년 4월 빅토리아 여왕과 앨버트 공의 결혼을 축하하기 위해 그들에게 보낸 축하문에서도 사용되었다. 『쿼털리 저널』의 전체 8호는 'The Meteorological Society of Great Britain'의 즉각적인 재가와 지시하에서 편찬되었고 또한 1842년 3월 8일에 개최된 정기총회에서 읽은 운영위원회의

---

41) Ruskin, 1839 : Remarks on the present state of meteorological science. *Trans. Meteorol. Soc.*, 1, Smith, Elder and Co., London, 56-59

연차 보고서에도 'The Meteorological Society of Great Britain'으로 회부되었다. 비록 학회의 출판물 또는 운영위원회에도 기록된 것은 없지만, 'The Meteorological Society of Great Britain'이란 명칭은 1841년 말경부터 채택된 것으로 보인다. 'The Meteorological Society of Great Britain'이란 명칭은 적어도 『쿼털리 저널』이 마지막으로 출판된 1843년 10월까지는 사용된 것으로 보인다.

1836년부터 1839년까지 학회 모임은 보통 사우샘프턴(Southampton) 빌딩에 있는 '기계 연구소(Mechanics' Institution)'에서 열렸다. 재정적인 어려움에도 불구하고, 1839년 5월 학회는 평의원인 그린(J. W. Green)이 홀번(Holborn)에 소유하고 있던 '25 Bartlett's Buildings'에 사무실을 임대하였다. 그 다음 해 그린이 '25 Bartlett's Buildings'를 떠나면서 이사를 강요받게 되자, 코벤트가든(Covent Garden) 베드퍼드 가(Bedford Street) 20번지에 소재한 식물학회의 방을 얻게 되었다. 그러나 1841년 3월 16일자 재정위원회 회의록에는 "1841년 현재, 기상학회가 차지하고 있는 사무실을 식물학회가 당장 비워 줄 것을 요구함에 따라 기상학회의 재정위원회가 이를 해결하였다."라고 기록되어 있다. 기상학회는 다음 한여름까지 사무실을 비워 주는 이 해결책을 지체 없이 식물학회에 통지하였다. 계획이 변경되어 올드 본드 가 17번지에 새로운 사무실을 옮긴 1841년 6월까지, 학회는 계속하여 이 사무실을 차지하였다.

1842년 3월 8일 개최된 정기 총회에서 그로스버너 경은 학회의 재정 상태가 전 해보다 훨씬 튼튼해졌다고 보고하였다.[42] 그러나 바로 1년 후, 학회는 기본을 유지하는 데도 어려움을 겪게 되었다.[43] 회장과 회무에 의해서 기명날인된 성명서가 1843년 2월 정회원에게 보내졌는데, 그 내용의 요점은 『기상학회 회보』의 발행으로 학회가 재정적 압박을 받고 있다는 것이었다.

---

42) Grosvenor, Lord Robert, 1842 : Annual report of the Council, read at the Anniversary Meeting, 8 March 1841. *Proc. Meteorol. Soc.* Great Britain, 50-58

43) Gutch, J. W. G., 1843 : Address read at the Anniversary Meeting, 14 March. *Q. J. Meteorol. Phys. Sci.*, No. 6, 375-385

이러한 어려움으로부터 학회를 구하기 위해서, 특히 『쿼털리 저널』의 발간을 계속 유지하기 위해서, 학회는 모든 정회원에게 1기니의 기부금을 요청했다. 그러나 정회원들은 이것이 성공할 수 없는 것이라 판단하였다. 운영위원회의 예상과 기대는 무참히 깨어져 마침내 학회는 구성원들에게 학회의 기금이 고갈되어 1843년 회기를 끝으로 모임을 접어야 한다는 괴로운 선언을 하게 되었다. 마지막 모임이 1843년 5월 9일 부회장인 조지 리치(George Leach, 1794 ~ 1864)의 사회로 열렸다. 그러나 학회가 해산한 것은 아니었다.

또 다른 런던 기상학회가 1848년에 결성되었다. 이 학회의 설립자들은 모두 이전 학회의 저명한 정회원인 리처드 모리슨(Richard James Morrison, 1795 ~ 1874), 피터 시먼드즈(Peter Lund Simmonds, 1814 ~ 1897), 윌리엄 화이트, 루이 카셀라(Louis Pascal Casella, 1809 ~ 1897)였다. 그들은 1848년 6월 2일, 하턴 가든(Hatton Garden) 23번지에 있는 카셀라의 집에서 모리슨의 사회로 예비 모임을 가졌다. 1848년 8월 10일에 개최된 모임에서 모리슨이 회장, 카셀라가 회무, 화이트가 간사로 선출되었다. 시먼드즈는 운영위원회의 위원으로 지명되었다. 그러나 운영위원회 회의록에는 모리슨과 다른 사람들이 동면하던 학회를 다시 깨웠다는 언급이 어디에도 없었다. 이전 학회에 대한 어떠한 언급도 없었고, 회의록 책에는 1848년 6월 2일 런던 기상학회(the Meteorological Society of London)가 '재결성되었다'고 기록된 것이 아니라 '결성되었다'고 기록되어 있다.

예비 모임에서 입안된 설립 규약에 따르면, "학회의 목적은 기상학의 지식을 전파하고, 대기의 조건을 변화시키고 변형시키는 원인들에 대한 정보를 얻기 위한 것"이라고 기술하고 있다. 물론 이것은 훌륭한 목적이었다. 그러나 1900년 조지 시먼스는 "화이트는 천체기상학(astrometeorology)적 견해를 가지고 있었고 모리슨은 그 당시 가장 유명한 점성가였다."라고 기록하고 있다. 그러므로 새로운 학회는 천체기상학 쪽으로 기울 것이라는 예상을 할 수 있다. 또 1900년 시먼스의 다른 기록을 보면, 화이트, 모리슨, 여러 다른 사람이 가진 천문기상학적 경향이 앞선 학회의 붕괴 원인 중 하나였다고 추측할 수 있다.

그렇지만 시먼스의 추측을 뒷받침하는 사실은 학회의 운영위원회 회의록 또는 『쿼털리 저널』에 게재된 학회 모임에 대한 보고서 어디에서도 찾을 수 없다. 결국 학회의 붕괴를 가져온 가장 중요한 요인은 재정의 결핍이었다. 사실 1848년에 결성된 이 학회는 기상 관측값과 그들의 도표를 선취하고 있었다. 이 학회의 운영위원회 회의록에는 어떠한 천체기상학적 경향도 나타나지 않았다.

리처드 모리슨은 1849년 9월 18일에 개최된 총회에서 회장으로 재선출되었고 10월 9일과 11월 13일에 개최된 운영위원회 모임을 주재하였다. 그 이후 운영위원회 회의록 어디에도 그에 대한 언급이 없으며 그의 부재에 대한 설명도 없다. 1849년 12월부터 1850년 9월 기간에 부회장인 사무엘 호머섬(Samuel Collett Homersham, 1814 ~ 1886)의 사회로 이루어진 모임에서 학회는 해산을 선언하였다. 학회의 회장이 어떠한 설명도 없이 갑자기 사라진 경우는 이례적인 것으로 생각되었다. 직원들과 평의원회가 모리슨을 불쾌하게 했다고 상상할 수 있지만 이런 추측을 뒷받침하는 증거는 없다. 진실이 무엇이라 하더라도, 학회의 수명은 끝났다.

1850년 4월 3일 버킹엄셔[44] 에일즈베리(Aylesbury)[45] 근교의 하트웰 하우스 도서관에서 열린 중대한 모임에 10명의 신사[46]가 모였다. 모임의 회의록에 따르면, 신사들은 "기후 법칙과 일반적인 기상 현상의 법칙을 결정하고 과학적인 기상학의 발전과 신장을 도모하기 위한 목적을 가진 학회를 결성하기 위해서 모였다."라고 적고 있다. 그들은 이 학회를 '영국 기상학회(*British Meteorological Society*)'[47]라 칭하고 사무엘 휘트브레드(Samuel Charles Whitbread, 1796 ~ 1879)를 초대 회장으로 추대하였다.

---

44) 잉글랜드 중남부에 있는 주. 주도는 에일즈베리이다. 런던의 북서쪽에 남북으로 길게 놓인 이 주는 백악기층의 칠턴 구릉지대를 경계로 둘로 갈라진다.

45) 버킹엄셔 주의 주도. 농업과 상업의 중심지이며, 슬라우와 하이워컴과 함께 인쇄·가구제조 등의 경공업이 발달해 있다. 런던의 과밀인구를 분산시키는 방법으로 1967년 북부에 신도시 밀턴케인스를 건설하여 각종 사업체와 연구소를 입주시켰다.

46) John Lee, Samuel King, Joseph Bancroft Reade, Charles Lowndes, Samuel Whitbread, James Glaisher, Edward Joseph Lowe, Vincent Fasel, John Drew, William Rutter이다.

47) 1883년에 Royal을 허락 받아 'the Royal Meteorological Society'가 되었다.

런던 기상학회는 1850년 7월 10일에 개최된 운영위원회 모임에서 새로운 학회의 존재를 처음으로 축하하였다. 이 모임의 회의록을 보면, 이날 모임에서는 해산하는 학회의 재산 처리 문제와 정회원들에게 영국 기상학회 가입을 추천하는 문제에 대해 토의하였다. 부회장인 존 맥그리거(John McGregor, 1799 ~ 1871)는 영국 기상학회 간사인 제임스 글레이셔(James Glaisher, 1809 ~ 1903)에게 건의사항을 말하고 새로운 자리를 얻기 위해서 만나 줄 것을 요청하였다. 맥그리거가 주재한 8월 14일 운영위원회 모임에서는, 각 정회원에게 영국 기상학회에 가입할 것을 권유하는 편지를 보내기로 결의하였다. 편지에는 간사인 화이트의 'By order of the Council'이란 사인이 있었다.

1850년 9월 5일 호머섬이 주재한 마지막 운영위원회 모임에서, 런던 기상학회의 해체를 선언하였다. 그 후 화이트는 두 통의 편지를 써서 글레이셔 앞으로 보냈는데 두 통 모두 1850년 9월 10일 날짜로 되어 있었다. 1850년 9월 17일에 개최된 영국 기상학회의 운영위원회 회의록에서 보면, 한 통의 편지는 각 회원들에게 보낸 편지 사본을 회원 명부, 주소와 함께 동봉한 덮개 편지였다. 다른 한 통은 공식적으로 런던 기상학회가 해체되었다는 것을 글레이셔에게 통보하는 것이었다.

1850년 10월 10일 개최된 영국 기상학회의 모임에서, 존 구치가 보낸 편지 한 통이 읽혔다. 그 내용은 런던 기상학회 소유의 책과 논문들을 그가 소장하고 있다는 것이었다. 그는 전임 학회장인 로버트 그로스버너 경의 재가를 받으면 책과 논문들을 영국 기상학회로 배달하겠다고 제안하였다. 1851년 4월 22일 운영위원회에서, 구치가 그로스버너의 허가를 얻었음을 보고하였고 그가 소유하고 있는 책과 논문들이 두 개의 큰 케이스에 담겨 있다는 것을 통지하였다. 그 즉시 책과 논문들이 지체 없이 배달되었고 구치에게는 우표 값과 운반 요금으로 2 파운드 10 실링이 송금되었다. 이로써 런던 기상학회는 더 이상 존재하지 않게 되었다.[48]

48) Walker, J. M., 1993 : The Meteorological Societies of London. *Weather*, 48(11), 364-372

3) 영국 기상청

기상 자료를 수집하여 편집하고 날씨 예보를 발령하는 영국 정부 기관인 영국 기상청(the Meteorological Office)은 1854년 상무성(Board of Trade) 내의 작은 과로부터 시작되었다. 초대 기상청장은 로버트 피츠로이 제독(Admiral Robert FitzRoy, 1805 ~ 1865)이었다.

영국 기상청에서 피츠로이는 날씨 관측 자료의 수집을 장려하여 기압 관측소를 설립하였고 자료 수집에 전신을 사용하였다. 이러한 노력으로 영국 기상청은 날씨 예보를 내놓을 수 있게 되었고, 1861년에는 최초로 폭풍 경보를 발령하였다. 1863년 그는 《웨더 북(*The Weather Book*)》을 출판하였다. 그는 이 책에서 예보 원리를 구축하여 선원들이 날씨를 예보할 수 있는 지침을 마련하였다. 또한 이 책은 기압계를 사용하여 날씨를 예언하는 47가지의 사용법을 소개하고 있다. 피츠로이는 기압계가 모든 항구에 설치될 것으로 믿고 있었다. 선원들은 피츠로이의 사용법에 따라 눈금을 읽고 항해 여부를 결정하였다. '피츠로이 기압계(FitzRoy barometer)'는 매우 인기가 많아서 피츠로이 자신이 여러 형태로 발명하기에 이르렀다. 가정용에는 피츠로이의 설명서를 포함하여 온도계, 청우계(storm glasses), 다른 여러 가지 부품들이 포함되어 있었다. 피츠로이 기압계는 20세기 초까지도 여전히 생산되었고 복제품이 만들어지고 있다.[49]

피츠로이의 노력으로 많은 사람들이 생명을 구했지만, 그의 예보 방법이 미국의 유명한 해양학자·기상학자인 매슈 모리(Matthew Fontaine Maury, 1806 ~ 1873)에 의해서 비난을 받게 되면서 그의 인도주의적 정치적인 믿음은 신문과 정치인들 사이에서 많은 분쟁을 일으켰다. 그는 또한 그가 강력하게 믿고 있던 종교적인 견해와 그가 도왔던 자연 선택에 의한 다윈의 진화 이론 사이에 갈등을 겪고 있었다. 이러한 어려움을 해결할 수 없었던 그는 1865년 4월 30일 런던 근교 업퍼 노르우드(Upper Norwood)에 있는 자신의 집에서

49) http://www.sciencemuseum.org.uk/collections.exhiblets/weather/fitzroy

자살을 감행하였다.[50)]

영국 기상청은 1877년 재결성되었고 새로운 자문위원회가 외부 에이전시에 의해서 수행되는 연구 프로그램을 만들어 실시하였다. 선택된 주제 가운데에는 여러 상이한 상황하에서 공기의 습윤 양을 화학적인 방법을 통하여 결정하는 것도 있고 이것들을 일반 습도계의 기록과 비교하는 것도 있었다. 스코틀랜드의 물리학자인 제임스 맥스웰(James Clerk Maxwell, 1831 ~ 1879)의 제안으로 조지 스토크스(George Gabriel Stokes, 1819 ~ 1903)[51)]가 연구계획서를 작성하고 윌리엄 쇼(William Napier Shaw, 1854 ~ 1945)가 연구를 진행하였다. 그의 최종 보고서는 영국학술원의 『철학회보』에 게재되었다.[52)]

이 연구로 윌리엄 쇼는 기상 위원회(Meteorological Council)에 알려지게 되었고 또한 그에게 있어서는 영국 내의 기상학의 수준을 살펴볼 수 있는 기회가 되었다. 그는 아마도 상당히 큰 충격을 받았을 것이다. 과학은 매우 낮은 수준으로 쇠퇴된 상태였고 위원회에는 재능 있는 기라성 같은 사람들이 모여 있었지만 기상청 자체는 기본적으로 서기 기관으로서 거의 과학을 다루지 않는 곳이었다. 외부 사람들이 기상청의 가장 중요한 임무라고 생각하는 예보 업무에 관해서도 위원회 자체 위원들마저도 관심이 없는 것으로 판명되었다.

1897년 래드클리프 기상대의 관측자이면서 기상 위원회의 위원인 에드워드 스톤(Edward James Stone, 1831 ~ 1897)이 사망하자, 윌리엄 쇼는 그 빈 자리를 메우기 위해 초청받았다. 쇼는 그 자리를 받아들였다. 그는 곧 대기전기학과 응결에 관한 연구 프로그램을 마련하였다. 여기에 미래 노벨상 수상자인 찰스 윌슨(Charles Thomson Wilson, 1869 ~ 1959)이 참여하였다. 또한 그는 아조

---

50) Allaby, Michael, 2002 : Encyclopedia of weather and climate. Vol. 1, 212-213. Facts On File, Inc.

51) 잉글랜드의 수학자·물리학자로서 유체역학, 광학, 수리물리학 분야에 공헌하였고 일조계를 제작하였다. 케임브리지 대학교 교수로 재직하였고 영국 왕립학회 36대(1885~1890) 회장을 역임하였다.

52) Royal Society, 1888 : Report on hygrometric methods: First part, including the saturation method and the chemical method, and dew-point instruments. *Phil. Trans. R. Soc., A.*, 179, 73-149.

레스(Azores)로부터 매우 귀중한 관측 자료를 수신할 수 있도록 조치하여 전국적인 예보에 이들 자료들을 예보관이 사용하도록 하였다.[53)]

3년 후인 1900년, 기상 위원회의 서기이자 기상청 운영위원장인 로버트 스콧(Robert Henry Scott, 1833 ~ 1916)[54)]이 은퇴하면서 쇼는 다른 위원회의 위원을 제치고 그 자리를 넘겨받게 되었다. 그는 약간 주저하였으나 결국 그 자리를 받아들였고 45세의 나이로 케임브리지를 떠나 새로운 경력을 쌓기 시작하였다.

지휘권을 넘겨받는 과정에서 위원회의 시니어 회원인 프랜시스 골튼(Sir Francis Galton, 1822 ~ 1911)[55)]은 "쇼 당신이 어떤 것을 만들어 낼 수 있다고 생각하는가?"라는 질문을 던져 쇼를 당황스럽게 했다. 20년 후 쇼는 그가 아직도 답을 찾기 위해 노력하고 있다고 말하였다. 그러나 그는 곧 기상대의 직원을 모집하여 과학적인 훈련 프로그램을 도입하는 시도를 시작하였다. 그 결과 1902년 루돌프 렘퍼트(Rudolf Gustav Karl Lempfert, 1875 ~ 1957)[56)], 1906년 어니스트 골드(Ernest Gold, 1881 ~ 1976)[57)], 1912년 프랜시스 휘플(Francis John Welsh Whipple, 1876 ~ 1943)[58)] 등이 영국 기상청으로 들어오게 되었다. 또한 쇼는 헨리 캐번디시(Henry Cavendish, 1731 ~ 1810)로부터 맥스웰의 발명품 하나를 빌려 왔고 과학 논문 작성을 위해 월요일 저녁 토론을 시작하였다.

연과 풍선에 측기를 매달아 관측하는 상층 관측에 관한 국제 프로그램이 독일의 기상학자인 휴고 폰 헤르게젤(Hugo von Hergesell, 1859 ~ 1938)의 주도하에 1896년 시작되었지만 영국은 이를 무시하였다. 쇼는 그 프로그램에 새롭게 참여

---

53) Burton, Jim, 1995 : Pen Portraits of Presidents-Sir Napier Shaw, MA, ScD, LLD, FRS. *Weather*, 50, 89-93

54) 아일랜드 출신의 기상학자로, 영국 왕립기상학회 18대 회장(1884 ~ 1885)으로 재임하였고 영국 기상대의 최장수 운영위원장(1867~1900)으로 근무하였다.

55) 잉글랜드 출신의 과학자·탐험가·고고학자. 지도에 기상 자료를 기입하고 넓은 지역에 걸쳐 날씨 상태를 보여 주는 종관 일기도(synoptic chart)를 작성하는 시도를 한 최초의 과학자이다.

56) 잉글랜드 기상학자. 1902년 과학적인 자격을 갖춘 최초의 직원으로 영국기상대에 들어갔고 42대(1930 ~ 1931) 영국 왕립기상학회장을 역임하였다.

57) 영국 왕립기상학회 44대 회장(1934 ~ 1935)을 역임한 잉글랜드 출신의 기상학자로서 D-Day 예보에 참여하였다.

58) 잉글랜드 지구물리학자로, 영국 왕립기상학회 45대(1936 ~ 1937) 학회장을 역임하였다.

하여 윌리엄 다인스(William Henry Dines, 1855 ~ 1927)[59], 찰스 케이브(Charles John Philip Cave, 1871 ~ 1950)[60]와 같은 자원 봉사자들을 이 작업에 참가하도록 도와주었다. 이것은 기상청으로서는 최소한의 비용으로 수행한 것이다.

기상청 자체는 1905년에 대대적인 개편을 단행하였다. 평의원회가 폐지되고 전반적인 지휘는 쇼와 함께 내부 운영위원회(inter-departmental committee)에서 맡게 되었으며 'Director'를 'Chairman'으로 임명하였다. 그러나 기상청은 공무원 신분을 가지지 못하여 국회의 예산은 변동되지 않았다. 쇼는 사우스 켄싱턴(South Kensington)에 새로운 기상청 자리를 제의 받았는데, 도서관 시설에 대한 그의 주장이 받아들여져 1910년 10월 그곳으로 영국 기상청 본부 자리를 옮겼다.

제1차 세계대전 동안 기상 업무는 모든 육군 부대에서 이루어졌고, 1920년 그들은 항공부(Air Ministry) 산하로 통합되었다. 해군 기상 업무는 1937년 해군 본부로 이관되었다. 1990년 4월 영국 기상청은 방위부의 행정 관청이 되고 1996년 4월 1일 상거래 펀드를 만들어 소비자에게 상업적인 계약을 할 수 있도록 허용되었다. 1990년 5월 '기후 예측과 연구를 위한 해들리 센터(Hadley Center for Climatic Predictions and Research)'가 영국 기상청의 한 부분으로 개소하였다.

영국 기상청 150년의 역사에서 본부는 단지 3번밖에 이전하지 않았다. 첫 번째는 1940년 2월 잉글랜드 베드퍼드셔 주 던스터블(Dunstable)로, 두 번째는 1961년 잉글랜드 남부에 위치한 버크셔 주 브랙널(Bracknell)로, 마지막은 2003년 12월에 잉글랜드 남서부에 위치한 데본셔 주 엑서터(Exeter)로 이전한 것이 전부였다.[61] 현재 영국 기상청 본부는 건물이 아주 매력적인데, 첨단 시설을 갖추어 2004년부터 운영되고 있다.

59) 잉글랜드 기상학자로서 다인스 자기기상계를 발명하였다.

60) 잉글랜드 기상학자로서 영국 왕립기상학회의 34대(1913-1914)와 39대(1924-1925) 회장을 재임하였다.

61) Williams, Ivor, 2004 : The Met Office moves west. *Weather*, 59, 309-310

4. 기상학과 역사

1) 몽골군의 일본 정벌

대기 조건의 모든 변화는 어떤 사람에게는 즐거움을 주고 다른 사람에게는 슬픔을 가져온다. 역사의 중대한 사건에서 국가의 운명은 보통 예기치 않은 변화무상한 날씨와 관련이 있다. 예를 들면 서기 1281년 6월, 중국의 정복자이자 칭기즈칸(Genghis Khan, 1167~1227)의 손자인 몽골의 쿠빌라이 황제(Kubilai Kahn, 1260~1294)는 4,400척에 140,000 대군을 이끌고 일본을 침범하였다. 그의 육군은 아주 강력했기 때문에 만약 갑작스러운 날씨 변화가 일어나지 않았다면 쿠빌라이 황제의 일본 정벌은 거의 성공할 수 있었을 것이다. 경고도 없이 태풍의 회오리바람이 바다로부터 일었다. 폭풍은 황제의 전선들을 해안으로 몰면서 잡아채고 부숴버렸다. 이 대변동의 결과 몽골의 병사 절반 이상이 죽었다. 이 사건은 그 당시 쿠빌라이 왕궁을 방문한 이탈리아 여행가인 마르코 폴로(Marco Polo, 1254~1324)에 의해서 기술되었다. 마르코 폴로는 많은 전사들이 바다에 빠져 죽고 일부만 해안가에 도달했기에 일본군에 의해서 살육된 사람들은 얼마 되지 않았다고 보고하고 있다. 몽골 육군을 격파한 폭풍우인 가미가제(Kamikaze: divine wind(神風))는 일본국가의 특별한 수호신으로 탄생되었다.

2) 스페인 무적함대의 잉글랜드 침범

1588년 8월 스페인의 왕인 필립 2세(King Philip II, 1527~1598)는 엘리자베스 여왕(Queen Elizabeth, 1533~1603)이 집권하고 있던 영국을 공격하기 위해서 130척의 전함에 27,000명을 실은 무적함대(Armada)를 출동시켰다. 만약 날씨가 방해하지만 않았다면 잉글랜드는 사뭇 다른 역사를 가지게 되었을 것이다. 스페인에게는 불행하게도, 5일 동안 맹렬한 폭풍우가 불어 많은 전함들을 바위가 많은 스코틀랜드 해안으로 몰아 파괴해 버렸다. 필사적인 탈출로 나머지 전함들은 서쪽으로 도망쳤다. 1588년 9월 18일, 철수하던 무적함대의 선두 함대는 아일랜드 부근 비스케이 만에서 또 다른 극심한 폭풍을 만나게 되었다. 사흘 뒤 이 강력한 폭풍은 아일랜드 서해안 앞바다를 강타했는데 이때 대선단에서 낙오한 전함들은 바람에 밀려 적국인 아일랜드 해안에 난파되고 말았다. 스페인의 무적함대는 폭풍으로 인해 영국과의 그 어느 전투 때보다도 많은 전함을 잃고 함대의 반 정도만이 되돌아 올 수 있었다. 〈그림 1-2〉는 스페인 무적함대에 영향을 준 저기압을 무적함대 선장들이 항해 일지에 적은 기상기록을 가지고 유추한 것이다.

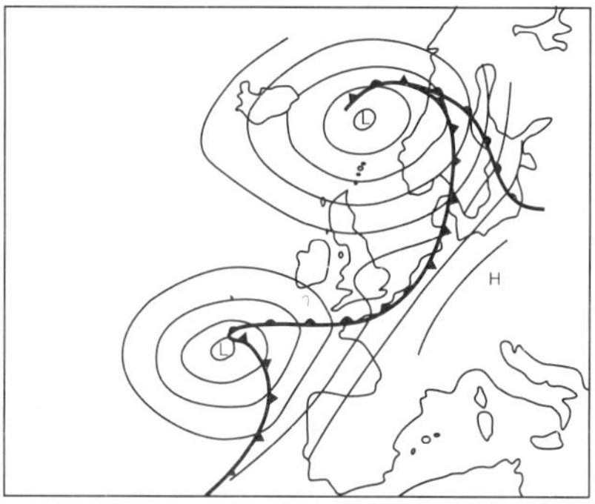

〈그림 1-2〉 스페인 무적함대에 영향을 준 1588년 9월 18일 저기압의 위치[62]

3) 워털루 전투

프랑스의 황제 나폴레옹 보나파르트(Napoléon Bonaparte, 1769 ~ 1821)의 권력도 나쁜 날씨로 종말을 고하였다. 나폴레옹의 군사력은 러시아에서 맞은 1812년의 극심한 겨울 동안 약화되었고 최종적으로 1815년 6월 15일부터 18일 동안 벌어진 우중의 작전에서 붕괴되었다. 나폴레옹의 마지막 군사행동의

62) 브라이언 페이건 지음, 윤성옥 옮김, 2000: 기후는 역사를 어떻게 만들었는가, 중심, 371 pp.

결정적인 전투가 6월 18일 벨기에의 워털루 지방 근처에서 벌어졌다. 프랑스 육군은 먼저 웰링턴 공작(Duke of Wellington, 1769 ~ 1852)[63]의 지휘하에 있던 영국과 네덜란드 연합군과 전투를 벌이고 그 후 블뤼허 왕자(Prince Blücher, 1742 ~ 1819) 휘하의 프로이센 군대와도 전투를 벌였다. 17일 프랑스 군대가 영국과 네덜란드 연합군을 공격하는 과정에서 이른 오후에 뇌우가 발생하여 폭우가 쏟아졌다. 비는 땅을 늪지로 변하게 하고 중무장한 프랑스 군대의 전진 속도를 떨어뜨렸다. 그러나 웰링턴의 경무장 군대는 신속하게 이동할 수 있어, 더 나은 위치로 철수할 수 있었다. 17일 밤부터 18일까지 내린 비는 땅을 더욱 질펀하게 만들어 정오가 되기 전까지 전투는 벌어지지 못하였다. 처음 몇 시간 동안의 전투에서는 프랑스군이 우세하였다. 그러나 오후 4시경에 도착한 프로이센 병사들은 전투의 양상을 바꾸었고 나폴레옹의 군대는 대패하였다. 1815년 6월 16일 워털루 전투 지역은 고기압의 영향으로 맑은 날씨를 보였으나, 6월 17일에는 잉글랜드에 중심을 둔 저기압이 발달하면서 전투 지역에 영향을 미쳐 오후에 뇌우가 발생하고 비를 내리게 하였다(〈그림 1-3〉). 6월 18일에는 이 저기압이 전투 지역을 완전히 빠져 나가 다시 맑은 날씨를 보였다.

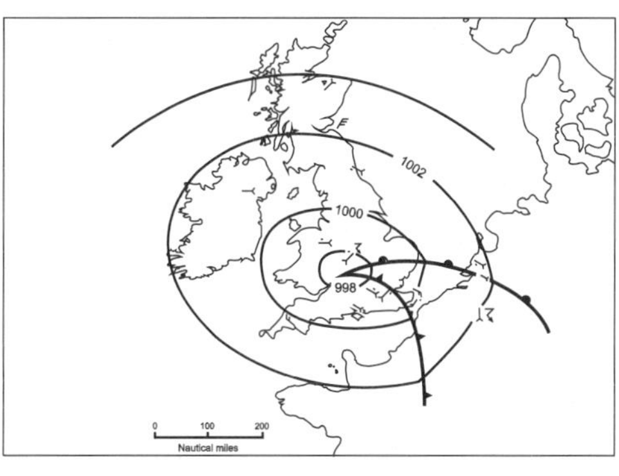

〈그림 1-3〉 1815년 6월 17일의 종관 일기도[64]

63) 본명은 아서 위즐리(Arthur Wellesley)로, 아일랜드의 더블린에서 출생. 1814년에 '웨링턴 공작'의 작위를 받았고 1815년 워털루 전투에서 승리하였다.

4) D-Day 상륙 작전

대부분의 기상학자들은 제2차 세계대전 동안 유럽의 연합군 상륙 작전이 부적절한 날씨 때문에 1944년 6월에 24시간 동안 연기되었다는 것을 알고 있다. 그러나 이러한 이야기는 일반인들에게는 잘 알려져 있지 않다. 연합군의 상륙 작전의 전술을 결정하는 데 있어 최초의 필요조건은 조석에 관한 것이었다. 독일군은 노르망디 해안에서 최대의 썰물이 일어날 때의 지점을 예측하여 그곳에 직각으로 광범위하게 요새를 구축하였다. 최대의 썰물이 일어나는 지점에서 상륙 작전을 강행해야 병사들이 적을 볼 수 있고 적의 요새를 피할 수도 있기 때문이다. 또한 만약 같은 날 그러한 조석이 두 번 일어난다면 작전상 굉장히 유리해질 수 있었다. 그러므로 조석의 관점에서 보면, 1944년 6월 중 상륙 가능한 날짜는 5~7일 또는 19~21일로 요약되었다.

노르망디 상륙작전은 육군과 해군, 그리고 공군이 함께 참여하는 공동 작전이었으므로, 각 군을 모두 만족시키는 날씨 조건은 매우 까다로웠다. 우선 해군의 경우 병력을 안전하게 상륙시키기 위해서는 해안으로 향하는 바람(onshore wind)이 4.4~5.3 m·s^{-1}를 초과해서는 안 되며, 또 수백 척의 상륙 선박이 적절한 대형을 유지한 채 해변에 있는 목표물에 대해 정확한 함포공격을 가하기 위해서는 적어도 5 km의 시정이 확보되어 있어야 했다. 공군의 경우를 살펴보면 전투기와 고공 폭격기는 구름이 끼는 것이 불편했던 반면, 저공 폭격기들은 오히려 900 m의 구름 밑면 고도를 필요로 했다. 그래야만 폭격 후 재빠르게 구름 속으로 숨을 수 있기 때문이었다. 또 안개와 하층 층운이 발달할 경우 글라이더로부터 병력을 착륙시키는 작전은 사용 불가능했다. 육군의 경우는 - 해군 및 공군과는 달리 - 날씨의 영향을 크게 받지 않지만 작전 전에 비가 많이 내릴 경우 탱크와 중장비의 이동이 어렵거나 불가능해질 수 있었으므로

---

64) Wheeler, Dennis and Gaston Demaree, 2005 : The Weather of the Waterloo campaign 16 to 18 June 1815: did it change the course of history? *Weather*, 60, 159-164

날씨로부터 완전히 자유롭지는 못했다.

상륙 작전에는 영국의 3군, 미국군, 유럽 연합군들이 포함되었기 때문에, 필요한 예보를 제공하는 기상 편제도 복잡하였다. 테딩턴(Teddington)[65]에 주둔하고 있던 미국 육·공군 사령부의 기상대(Widewing)는 미국 군대에 대한 예보를 전적으로 책임졌다. 던스터블에 소재한 영국 기상대는 영국과 연합군의 육군과 공군을 위한 예보 업무를 책임졌고, 영국 해군을 위한 예보는 런던에 있는 해군 본부가 맡고 있었다. 연합 원정군 최고 사령부(SHAEF)에 있던 영국 공군 대령(Group Captain) 제임스 스태그(James M. Stagg, 1900 ~ 1975)[66]가 연합군 총사령관인 드와이트 아이젠하워(Dwight David Eisenhower, 1890 ~ 1969) 장군의 기상 자문역으로 임명되었다. 초기 계획 단계에서 스태그는 던스터블, 해군 본부의 예보 센터, 미국 측과 정기적인 전화 협의체제를 구축하였다.

작전 참모들에게는 긴 기간에 대한 기상예보가 꼭 필요했다. 작전 초기단계에서부터 참모들은 최소 5일짜리 일기예보가 준비되어야 한다고 고집했고, 1944년 2월부터는 일요일 아침부터 가상 공격 개시일인 목요일까지 5일간의 일기예보를 작성하여 월요일 아침 작전 참모에게 정기적으로 제공하게 되었다.

시작부터 스태그는 두 곳의 주요 기상대인 던스터블(통보관은 찰스 더글러스와 스베레 페테르센)과 와이드윙[통보관은 벤저민 홀츠만(Benjamin Grad Holzman, 1910 ~ 1975)과 어빙 크릿(Irving R. Krick, 1906 ~ 1996)]에서 작성된 5일 예보를 조화시키는 데 어려움을 겪었다. 찰스 더글러스(Charles Kenneth Mackinnon Douglas, 1893 ~ 1982)[67]는 이론과 경험을 겸비한 확실한 예보관이었다. 1차 세계대전 당시 영국공군 비행단의 조종사와 기상 관측자로 참전했고, 그 이후 쭉 기상 예보관으로 영국 기상청에서 근무하였

---

65) 런던의 한 곳의 지명으로, 템스 강에 가장 큰 갑문이 이곳에 있다.

66) 스코틀랜드 출신의 기상학자로서 D-Day 상륙 작전의 일기예보로 유명하다. 영국 왕립기상학회 56대(1959-1961) 학회장으로 재임하였다.

67) 스코틀랜드 출신 기상학자로, 종관 예보 분야에 공헌하였다.

다. 그는 당시의 관측 기법으로 작성된 36 ~ 48시간 이전의 예보는, 매우 예외적인 경우를 제외하고는, 추측에 지나지 않는다는 믿음을 갖고 있었다. 스베레 페테르센(Sverre Petterssen, 1898 ~ 1974)[68]은 던스터블에 새롭게 만들어진 상층 대기과에서, 1943년 초부터 6시간 간격으로 여러 고도에서 측정한 자료들을 바탕으로 만든 상층 일기도를 이용하여 5일짜리 일기예보를 준비했다.

반면에 와이드윙의 크릿은 과거 기록으로부터 유사한 기상 상황을 선택하여 현재 상황에서 어떤 현상이 일어날 것인가를 고려하는 유사법을 사용하였다. 이러한 유사법을 사용함으로써 와이드윙 예보관들은 던스터블 예보관들보다 48시간 이후의 예보를 더 비중있게 다루었다. 스태그는 어느 한편에 치우침이 없이 최고 사령관에게 합의된 기상 예보를 보고하는 어려운 임무를 가지고 있었다. 그럼에도 불구하고 그 자신의 경험으로는 더글러스의 견해를 가장 선호하였다. 최고 사령부에서 스태그의 역할이 어려울 수밖에 없는 이유는 와이드윙을 책임지고 있던 미국 공군 대령인 도널드 예이츠(Donald Norton Yates, 1909 ~ 1993)와의 관계 때문이었다. 그러나 다행스럽게도 스태그와 예이츠는 모두 좋은 품성을 지녀 별 문제 없이 임무를 수행할 수 있었다.

아마도 모든 부대는 그들 앞에 동일한 일기도를 펼쳐 놓고 있다고 하더라도 동일한 상황으로 판단하는 것은 아니었다. 일기도는 급하게 그려졌고 특히 대서양으로부터의 관측은 매우 적었다. 대서양의 관측은 미국 해군과 영국 해군 함정으로부터 이루어져 전문이 암호로 작성되었고 그것을 풀어 일기도를 작성한 것이므로 오류가 발생할 가능성이 많았다. 그러한 오류는 후에 통보 받게 되고 일부 일기도는 수정되지 못하였다. 다른 경우는 가치는 있었지만 4개의 정찰 비행편대로부터 상층과 지상 보고에 오류가 포함되어 있었다. 이들 정찰대는 지브롤터로부터 대서양 북서 지방, 콘월로부터 대서양 남서 지방, 북부 아일랜드와 서 스코틀랜드로부터 서쪽 또는 북서쪽 지방을 800 km 이상 날아서 관측하였다.

68) 노르웨이의 기상학자로서 D-Day 예보관으로 활약하였고 새로운 날씨 분석과 예보 방법을 만들었다.

1944년 5월 스태그의 부관인 조지 로빈슨(George Robinson, 1913 ~ 1996)[69]은 2월부터 준비된 5일 예보의 성공을 분석하였다. 평균적으로 1-2일 예보는 정확하였지만 5일 동안 첫 번째 날보다는 두 번째 날이 더 신뢰성이 떨어졌고 그 이상의 날이 되면 예보와 관측이 합치되는 경우가 급격하게 줄어들었다. 이와 동시에 더글러스 역시 던스터블의 예보를 협의 참석자 사이에서 타협된 내용과 비교하여 그들 자신이 생산한 던스터블 예보가 더 정확하다는 사실을 알게 되었다. 이런 연구의 결과 때문에 공격 개시일이 다가옴에 따라 던스터블은 와이드윙으로부터 반대 의견을 접하게 되어 그들의 예보를 수정하는 데 소극적이 되었다.

6월 5일로 예정된 공격 개시일이 다가오자, 날씨 예보는 더욱 중요해졌다. 작전에 참여하는 많은 함정들이 영국 서해안 여러 항구에 흩어져 정박하고 있었고, 일부는 북북의 오크니(Orkneys) 내의 스카파 플로우(Scapa Flow)에, 또 다른 일부는 작전 지역까지 도달하는 데 며칠씩이나 걸리는 먼 위치에 있었기 때문이다. 6월이 시작되자 6월 5일의 날씨가 작전에 적합할지 아닐지를 분명하게 말해야 하는 제임스 스태그와 다른 예보관들은 큰 부담을 느꼈다. 불행하게도 6월 5일 날씨에 대한 던스터블과 와이드윙의 예보는 서로 매우 달랐다.

상륙 지역의 5월 날씨 대부분은 약한 바람을 동반한 청명한 날이 많았지만 6월에 들면서 날씨가 매우 불안정해졌다. 초기에는 5일 예보가 매주 일요일마다 준비되었지만 이 당시에 와서는 매일 5일 예보가 준비되었고, 최고 사령관의 명령이 있을 경우에는 하루에도 몇 번씩 날씨예보를 준비해야 했다. 6월 1일, 일련의 저기압이 대서양을 가로질러 동쪽으로 진로를 정하고 있었고 스코틀랜드 북부 근처에도 있었다(〈그림 1-4〉). 와이드윙 예보자들은 고기압의 마루가 다음 며칠간 아조레스로부터 확장하여 상륙지 해안을 덮을 것이므로 6월 5일 노르망디 해안은 청명하고 바람이 약한 날씨가 될 것으로 예상했다. 물론 기압

69) 잉글랜드 리즈 출신의 기상학자. 영국 기상청에서 근무하였고 1965-1967년 영국 왕립기상학회 회장을 역임하였으며 1968년에 미국으로 이주했다.

마루가 재결성되기 전인 셋째 날과 넷째 날에는 일시적으로 날씨가 약간 나빠질 것이라는 예측도 빼놓지 않았다. 반면 던스터블은 그린란드와 캐나다 북북 지방에 위치하고 있던 고기압이 남쪽으로 내려와 매우 차가운 공기를 북대서양으로 몰아넣는 것을 예의 주시하였다. 상층 일기도 상에서도 뉴펀들랜드로부터 스코틀랜드까지 대서양을 가로지르는 열적 경도가 증가하는 것이 분명했기 때문에 더글러스와 페테르센은 이 열적 경도 증가가 주 저기압의 발달, 아마도 북 스코틀랜드의 어느 곳에서 일어날 것으로 합의하였다. 상륙지 해안의 6월 5일 날씨는 이와 비슷하게 강한 바람과 하층 구름이 많이 끼어 있었다.

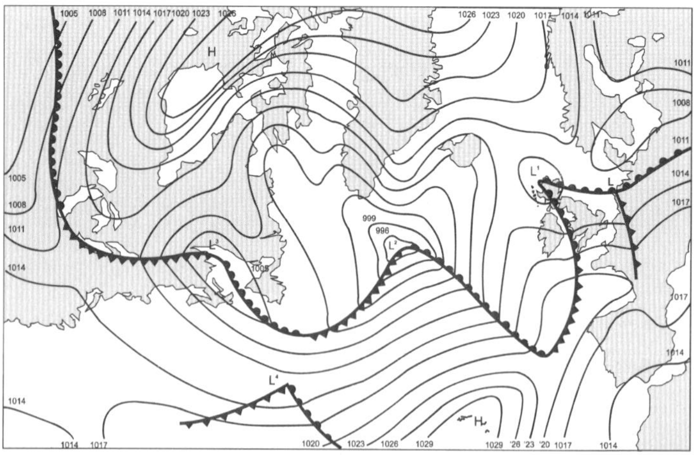

〈그림 1-4〉 1944년 6월 1일, 1300 GMT에서의 기상 상황을 나타내는 지상 일기도

언뜻 보기에는 기상학적으로 이 두 예보 사이에 아무런 차이도 없어 보인다. 던스터블에서는 저기압 경로가 동쪽으로 이동한다고 생각한 반면 와이드윙에서는 저기압이 북동쪽으로 선회함에 따라 해협 지역에 기압 마루가 만들어질 것으로 예견하였다. 예보 기간의 처음 이틀(6월 2일)이 지나자 유사 상황에 의존하고 있던 와이드윙에서는 40여 년 동안의 유용한 자료를 조사하였지만 실제 근접하는 유사 상황은 존재하지 않았다. 사실 그 뒤에 발달한 저기압은

영국 북부 지방 상공에서 그 시기에 가장 발달된 것으로 기록된 특이한 경우였다. 6월 5일 윅(Wick)에서는 기압이 976.8 hPa로 떨어졌다.

던스터블과 와이드윙 사이의 이런 견해 차이는 6월 3일까지도 계속되었고, 최고 사령관에게 날씨를 자문해야 할 위치에 있었던 스태그를 매우 당혹스럽게 만들었다. 6월 3일 늦은 무렵 기상 상황은 호전되었다. 아조레스 고기압 지역이 약화되고 서쪽으로 편향하였으며 스코틀랜드의 북서쪽에 위치한 저기압이 갑자기 발달하여 영국제도 상공의 바람은 증가하고 있었다. 처음으로 날씨가 맑아졌고, 발달하고 있는 저기압의 한랭전선은 영국과 상륙지 해안을 가로질러 남쪽으로 이동하면서 앞뒤 모두에서 강한 바람이 동반되었다(〈그림 1-5〉).

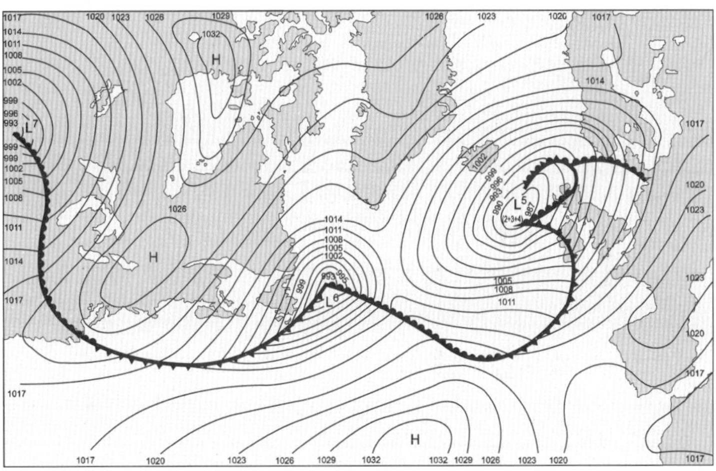

〈그림 1-5〉 1944년 6월 4일, 1300 GMT에서 기상 상황을 나타내는 지상 일기도

6월 4일 오전 4시 15분에 아이젠하워 장군과 그의 참모들이 함께한 회의에서, 스태그는 자신만만하게 전선 앞의 구름 양은 10/10으로 오랫동안 유지될 것이고 구름 밑면의 높이는 1,500 m이고 바람은 서남서풍이 4 또는 5, 때때로 6등급이 될 것이라고 예보하였다. 한랭전선은 5일 상륙 지점을 지나갈 것으로 예상되었다. 이 예보의 설득력으로 인하여 아이젠하워는 공격 시간을 24시간

연기하였다. 6월 5일 월요일 이른 시간, 예보관들은 대서양에서 다음 날씨계가 전개되는 것에 동의하였다. 수요일부터 금요일까지의 날씨는 다소 변동이 있긴 하지만 상당히 맑은 기간이 될 것으로 예상되었다. 이와 관련된 이야기는 1971년 발간된 스태그의 책 《오버로드 작전을 위한 예보(*Forecast for Overload*)》에 전부 진술되어 있다.

이 예보에 근거하여 상륙 작전은 6월 6일 화요일에 개시되었다. 6일 아침 시정은 노르망디 해안을 따라 좋았으며 하늘에는 구름이 5/10 미만으로 덮여 있었고 바람은 서풍 또는 서북서풍으로 풍속은 3에서 4등급이었다. 바람과 너울은 가장 노출이 심한 동부 해안에 약간의 문제를 발생시켰다. 특히 전날 폭풍으로부터 발생한 너울은 바다를 약간 거칠게 하였다. 그 다음 며칠간은 약한 북서풍 계열의 미풍이 비교적 불안정하게 계속되었다. 이로 인해 작전이 잠시 동안 방해를 받았지만 곧 구름이 걷히고 시정도 좋아졌다. 상륙 부대의 병력 증강은 계속 이어졌고 날씨로 인한 어려움은 없었다.

독일 측 견해로 보면 상륙 작전은 놀라운 일이었다. 그들은 5일의 날씨가 상륙을 불가능하게 할 것이라 생각했으므로 날씨가 여전히 불안정한 6일에 연합군이 그런 결정을 하리라 예상하지 못하였다. 왜냐하면 독일 예보관들은 5일 예보가 완벽하지 않다는 점은 인정하면서도 이 날만큼은 자신들의 예보가 아주 적절하다고 확신했기 때문이다.[70)]

5. 기상학과 예술

대기, 날씨와 기후의 과학인 기상학은 여러 방면으로 일상생활에 영향을 미치고 있고 철학, 문학, 음악, 미술, 무대예술 등과 끈끈하게 연결되어 있다.

70) Ratcliffe, R. A. S., 1994: Weather forecasting for D-Day, June 1944. *Weather*, 49(6), 198-202

1) 기상학과 음악

음악 분야에서도 대기 상태는 작곡가와 작사가에게 장르에 제한 없이 영혼이 구속되는 근원이 된다. 이런 사실은 수없이 많은 예들이 뒷받침하고 있다. 이탈리아의 작곡가 겸 바이올리니스트인 안토니오 비발디(Antonio Vivaldi, 1678 ~ 1741)[71]의 고전음악인 〈사계(*Four Seasons*)〉는 1725년에 작곡된 것으로, 4계절을 음악적인 대조를 통해 잊히지 않는 선율로 표현하였다. 또한 뇌우를 음악적으로 아름답게 표현한 예를 우리는 독일의 작곡가인 루트비히 반 베토벤(Ludwig van Beethoven, 1770 ~ 1827)의 〈6번 교향곡(*6th Symphony*)〉과 이탈리아의 작곡가인 지오아키노 로시니(Gioacchino Rossini, 1792 ~ 1868)[72]의 오페라 〈세빌리아의 이발사(*The Barber of Seville*)〉에서 찾을 수 있다.

2) 기상학과 미술

화가들도 항상 대기 현상에 민감하다. 화가들은 햇빛, 하늘 색깔, 구름, 일출, 일몰, 무지개 등을 조심스럽게 살핀다. 예를 들면, 이탈리아의 레오나르도 다빈치(Leonardo da Vinci, 1452 ~ 1519)[73]는 그의 논문집인 《그림에 대한 연구(*Treatise on Painting*)》에서 "안개를 통해 보이는 물체는 관측자로부터 더 멀리 떨어져 있는 것처럼 보이므로 실제 크기보다 더 크게 나타난다."고 언급하고 있다.

일부 화가들은 자신들의 작품 완성을 위해 기상학의 도움을 받기도 했다. 잉글랜드 풍경화가인 존 컨스터블(John Constable, 1776 ~ 1837)은 자신의 유

71) 베네치아 출생. 바흐를 비롯한 당시의 많은 작곡가들에게 큰 영향을 주었다.
72) 38곡의 오페라를 비롯하여 칸타타·피아노곡·관현악곡·가곡·실내악곡(현악4중주곡 등)·성악곡 등 여러 방면에서 많은 작곡을 한 그는 이탈리아 오페라의 전통을 계승·발전시킨 이탈리아 고전오페라의 최후의 작곡가로 널리 알려져 있다.
73) 이탈리아 르네상스기의 화가·조각가·과학자·기술자·철학자. 피렌체 근교에서 출생.

화 작품에 도움을 줄 구름 형성에 대한 아이디어를 찾고 있던 중 1820년 루크 하워드의 〈구름 분류에 관하여〉라는 에세이를 읽고 1822년 〈구름 연작(*cloud study*)〉이라는 제목의 유화를 완성했다.

자연의 아름다움에 심취한 화가들은 푸른 하늘과 마음을 설레게 하는 일몰의 풍경을 소재로 우리의 기억에 남을 만한 많은 작품을 남겼다. 노르웨이의 유명한 화가인 에드바르 뭉크(Edvard Munch, 1863 ~ 1944)는 〈길을 따라 걷고 있을 때(*I was walking along the road*)〉라는 제목으로 다음과 같은 글을 썼다. "일몰. 나는 약간의 우울감을 느꼈다. 하늘은 갑자기 붉은 빛으로 변하였다. 나는 멈춰서 난간에 기대어 극도의 피곤함으로 짙푸른 피오르 해안과 도시 상공에 마치 피와 검이 걸려 있는 것과 같이 이글거리는 구름을 쳐다보았다. 나는 두려움에 떨며 서 있었다. 그리고 나는 끊임없이 절규하는 자연을 느꼈다: 나는 모든 절규를 들을 수 있는 것처럼 보였다. 나는 이 광경을 그리게 되었는데, 구름은 실제 피를 사용해서 그렸다."

같은 자연을 대상으로 한 그림이라도 지역·유파에 따라 표현방식은 조금씩 달랐다. 이탈리아 유파의 경우 하늘을 특히 푸르게 그렸기 때문에 다른 유파의 그림들과 쉽게 구분된다. 중부와 북부 유럽의 예술가들은 더 부드럽고 더 엷은 색조를 사용하였다. 어슴푸레한 푸른 하늘 또는 엷은 안개가 낀 회색의 하늘 아래에서 산호 빛 핑크와 버드나무 연두, 반색조의 풍경은 그림자를 드리우지 않는 분산된 햇빛으로 가득 채워져 있었다. 반면 아메리카 서부 풍경은 푸른색, 연두색, 붉은색, 오렌지색의 보색으로 그려졌다.

3) 기상학과 문학

문학은 아직도 날씨와는 다른 분야를 걷고 있다. 영국의 문호 윌리엄 셰익스피어(William Shakespeare, 1564 ~ 1616)[74]의 《로미오와 줄리엣(*Romeo and*

74) 잉글랜드의 시인·극작가. 세계 연극사상 최대의 극작가이며 영국 문학사를 장식하는 대시인이다.

Juliet)》에서 전체적인 구성은 더운 날의 영향을 받는 것으로 되어 있다. 티볼트(Tybalt)[75]가 살해된 숙명적인 결투는 연극의 주요 인물에 대해서 온도의 영향을 불러일으킨 것이다.

폴란드 태생인 영국의 작가 조지프 콘라드(Joseph Conrad, 1857 ~ 1924)는 소설 《태풍(*Typhoon*)》에서 악천후의 공포를 상세하게 기술하였다. 이와는 대조적으로 그리스의 시인 호메로스(Homer, BCE ca. 800 ~ ca. 750)는 《오디세이(*Odyssey*)》에서 바람, 비 또는 눈으로 결코 흔들지 못한, 신이 즐겼던 장소인 올림퍼스 산정의 이상적인 날씨에 대해서 기술하고 있다.

4) 기상학과 무대 예술

연극(drama)과 무용(dance)은 씨뿌리기와 수확이라는 계절 축제와 긴밀히 연관되어 이루어지는 야외 공연으로서 고대 이집트, 그리스, 인디아, 한국, 일본, 아프리카에서 시작되었다. 그러므로 이러한 공연 예술에서 극적 효과와 인간의 감성과 영적인 상태를 상징화하기 위해 날씨를 계속 이용하였다는 점은 자연스러운 일이다.

고대 일본의 전통 연극인 카구라(*Kagura*)는 쌀 경작과 관련된 것으로, 일본의 태양과 하늘의 여신인 아마테라수(Amaterasu; 天照)가 하늘의 암석 동굴로 피난할 때, 어떻게 지구가 어둠 속으로 빠져 들어가는지를 이야기하고 있다. 카구라 공연은 자연과 화해하기 위해 춤과 연극을 사용하여 지구가 햇빛을 되찾게 된다는 것을 상징적으로 보여 준다. 많은 아메리카 원주민의 문화에서 나바호족[76]의 나바호 투 하탈(*Navajo Too Hataal*)과 같은 춤 의식은 자연력을 찬양하거나 달래기 위해서 공연되어 온 것으로 이 의식을 통하여 인간에게

18세기 이래 영국에서는 셰익스피어학이라는 독립된 학문이 발전하였고 모든 비평원리의 선례로 이용되며, 극단에서는 셰익스피어의 극이 배우의 등용문으로 되어 있다.

75) 줄리엣의 사촌 오빠.

76) 미국 뉴멕시코·애리조나·유타 주에 사는 원주민.

재앙이 감해지도록 기원하였다.

전통적인 서구 연극에서 윌리엄 셰익스피어의 희곡은 특히 인간의 감성과 기상 조건과의 관계에 민감하였다. 〈겨울 이야기(*The Winter's Tale*)〉[77]와 〈한여름 밤의 꿈(*A Midsummer Night's Dream*)〉[78]에서는 계절성이 중요하였고, 비극인 〈리어왕(*King Lear*)〉[79]에서는 날씨가 결정적인 구성 요소였다. 3막의 무대 연출은 사납게 몰아치는 뇌우를 반영시켜 리어 왕과 가족이 극심한 혼란에 빠지도록 하였다. 리어 왕이 폭풍이 몰아치는 히스가 무성한 광야에서 방황하도록 함으로써, 심지어 잉글랜드의 왕도 자연의 힘 앞에서는 무력하다는 것을 보여 주었다.

바다의 폭풍을 몸짓으로 구성한 셰익스피어의 〈템페스트(*The Tempest*)〉[80]는 1979년 미국 무용가인 글렌 테틀리(Glen Tetley, 1926 ~ 2007)[81]로 하여금 발레(Voluntaries)를 포함한 7개의 무용 작품을 낳게 하였다. 폭풍우가 몰아치는 해상에서의 난파 모습이 수많은 발레와 오페라에서 형상화되었다. 영국의 낭만파 시인인 조지 바이런(George Gorden Byron; 6th Baron Byron, 1788 ~ 1824)[82]이 1814년에 발표한 시 〈해적(*The Corsair*)〉도 여러 무용 작품을 낳았다. 여기에는 1845년 프랑스의 작곡가인 루이 베를리오즈(Louis- Hector Berlioz, 1803 ~ 1869)의 〈해적 서곡(*Ouverture du Corsaire*)〉과 1848년 트리에스테(Trieste)[83]에서 초연한 주세페 베르디(Giuseppe Verdi, 1813 ~ 1901)[84]의 3막 오페라 〈해적(*Il Corsaro*)〉에서부터 프랑스 작곡가 아돌프 아당(Adolphe Charles Adam, 1803 ~ 1856)이 작곡하고 프랑스 안무가 조제프 마질리에(Joseph Mazilier, 1801 ~ 1868)에

---

77) 셰익스피어가 1610년에 발표한 로맨스 극이라고 하는 희비극의 대표작 중의 하나이다.
78) 1595년 무렵 셰익스피어가 발표한 작품으로, 아테네 교외에서 밤의 숲을 무대로 환상의 세계를 그린 낭만적인 희극이다.
79) 셰익스피어가 1605년에 발표한 것으로 4대 비극 중의 하나이다.
80) 1611년에 발표된 셰익스피어 마지막 단독작으로 로맨스 극의 대표작이다.
81) 미국 오하이오 주 클리블랜드 출신으로 20세기 가장 유명한 안무가이다.
82) 잉글랜드 켄트 주 도버에서 출생하여 케임브리지 대학교 트리니티 칼리지를 다녔다. 1807년에 첫 시집 《한가로운 시간(*Hours of Idleness*)》을 출판하였고, 1809년에 상원의원이 되었다.
83) 이탈리아 북동부에 있는 항구도시.
84) 이탈리아의 파르마 현 브세토 근교 론콜레(Roncole)라는 농촌에서 태어나 이탈리아 밀라노에서 88세의 일기로 세상을 떠난 이탈리아가 낳은 최대의 오페라 작곡가이다.

의해서 안무되어 1856년 파리 오페라 단에서 초연된 고전 발레인 〈해적(*Le Corsaire*)〉까지 다양하게 정리할 수 있다. 이 발레는 극적인 번개의 섬광과 갑자기 나는 천둥소리를 완성시켜 난파 장면을 절정으로 만든 점에서 비평가와 청중들에게 호평을 받았다. 또한 프레데리크 쇼팽(Frederic Chopin, 1810 ~ 1849)[85], 레오 드리브(Léo Delibes, 1836 ~ 1891)[86], 체자레 푸니(Cesare Pugni, 1805 ~ 1870)[87] 등 여러 작곡가에 의해서 새롭게 편곡되었다.

1843년 독일 드레스덴에서 초연된 빌헬름 바그너(Wilhelm Richard Wager, 1813 ~ 1883)[88]의 오페라 〈방황하는 네덜란드인(*Die Fliegende Hollander*)〉에서는 감정적인 고통을 설명하기 위해서 폭풍이라는 주제(motif)를 사용하였다. 체자레 푸니가 작곡한 음악으로 1843년 초연한 발레 〈옹딘(*Ondine*)〉에서는 육지와 바다 사이의 날씨의 대조가 중심 구성 요소였다. 이 발레는 한스 헨체(Hans Werner Henze, 1926 ~)[89]가 작곡한 음악으로 에콰도르 출신의 영국 안무가인 프레데릭 애쉬튼(Sir Frederick Ashton, 1904 ~ 1988)에 의해서 여러 번 다시 만들어졌으며 1958년 발레리나 마고 폰테인(Margot Fonteyn, 1919 ~ 1991)[90]이 이를 훌륭하게 공연하였다. 이 발레에서 바다의 신 님프(nymph)는 오랫동안 뱃사람을 동경하여 육지 생활에는 잘 견디지 못하나 난폭한 바다에서는 자비를 얻을 수 있다는 것을 표현하고 있다.

애쉬튼의 또 다른 발레 작품으로 1937년에 초연된 〈스케이트 타는 사람들(*Les Patineurs*)〉의 결말에서는 눈이 우아하게 떨어졌으나 연극 역사에서 가장 유명한

---

85) 폴란드 바르샤바 출생의 작곡가·피아니스트. 주요 작품의 대부분이 피아노곡인데, 그의 개성적이며 참신한 기법은 서정성을 기조로 웅장함·기품·멜랑콜리 등 다채로운 성격을 겸비하였다. '피아노의 시인'으로 칭송 받고 있다.

86) 프랑스의 작곡가이며 파리 국립음악원에서 피아노, 오르간, 화성을 공부. 브루나(Benoist), 아당(Adolphe Adam)에게 작곡을 사사 받았다.

87) 이탈리아 제노아 출생의 작곡가.

88) 음악을 중심으로 한 독일의 종합적 예술가. 라이프치히 출생. 작곡가·지휘자·시인(그의 오페라 대본은 모두 자작).

89) 독일 베스트팔렌 출생. 현대 독일의 오페라 작곡가의 한 사람.

90) 영국 출생의 20세기 후반의 가장 유명한 발레리나.

겨울 장면인 페테르 차이코프스키(Peter Ilyich Tchaikovsky, 1840 ~ 1893)[91]의 발레 〈호두까기 인형(*The Nut cracker*)〉 1막 2장에서 내리는 눈의 장면은 덜 온화하였다. 안무가인 레프 이바노프(Lev Ivanovich Ivanov, 1834 ~ 1901)가 안무를 맡아 1892년 상트페테르부르크에서 초연된 이후 〈호두까기 인형〉은 전 세계에 걸쳐 크리스마스 시즌의 대표적인 작품이 되었다. 눈 내리는 유명한 장면에서 마술적인 기술이 가미된 많은 부분은 무용수들이 빙빙 돌고, 껑충 뛰고, 회전하는 무대 전체를 인공적인 안개와 눈으로 채웠다.

본질적인 드라마와 계절의 변화는 유명한 무용 교과서를 제공한다. 파리 사람들은 체자레 푸니가 작곡하고 쥘 페로(Jules Perrot, 1810 ~ 1892)가 안무를 맡아 1848년에 상연된 〈사계(*Les Quatres Saisons*)〉에 열광하였다. 각 계절에 유명한 발레리나를 배치하여 거의 무용 경연이 되도록 구현하였다. 이야기하는 과정에서 선행적으로 가지는 분위기(mood)와 형식(form)을 취하는 현대 무용에서 계절은 인간의 에너지를 표현하고 발산하기 위한 중요한 상황을 제공한다. 가장 극적인 예는 이고르 스트라빈스키(Igor Stravinsky, 1882 ~ 1971)[92]가 작곡하고 바스라프 니진스키(Vaslav Nijinsky, 1890 ~ 1950)[93]가 안무를 담당한 작품 〈봄의 제전(*Le Sacre du Printemps*)〉이다. 1913년 파리에서 초연된 이 발레는 음악과 안무 모두가 깜짝 놀랄 정도로 현대성을 지니고 있어 청중들의 분노를 자아냈다. 후에 다른 안무가에 의해서 재상연되고 새롭게 만들어진 작품에서는 현대성이 많이 억제되었다.

다른 유명한 무용 작품들에는 1944년 발표된 마사 그래함(Martha Graham, 1894 ~ 1991)[94]의 〈애팔래치아의 봄(*Appalachian Spring*)〉과 1979년에 발표된 제롬 로빈스(Jerome Robbins, 1918 ~ 1998)[95]의 〈사계(*The Four Seasons*)〉가

---

91) 러시아의 유명한 작곡가.

92) 러시아 태생의 미국 작곡가.

93) 폴란드계의 러시아 무용가 겸 안무가. 키에프 출생.

94) 미국 펜실베이니아 주 태생의 여성 무용가 겸 안무가. 미국 현대무용에 있어 새로운 형태의 움직임을 창조한 인물 중의 한 사람이다.

95) 미국 태생의 무용가 겸 안무가. 현대 무용의 거장이라 불린다.

포함된다. 아론 코플랜드(Aaron Copland, 1900 ~ 1990)[96]가 작곡한 곡으로 구성된 그래함의 작품에서 봄은 새로운 대륙에서 젊은 한 쌍이 결혼 생활을 시작하는 것을 표현하고 있다. 베르디의 곡으로 구성된 로빈스의 작품은 여름의 무더위와 겨울의 추위를 표현하기 위해서 움직임, 의상, 색상, 번개들이 기술적으로 배합되었다.

오페라, 무용, 연극 연출가들은 실내 무대 위에 실감나는 날씨를 창출하기 위해서 여러 가지의 음향 효과와 무대 장치들을 사용한다. 무대 장치에는 번개 발생 장치와 더불어 눈과 구름 발생기, 안개, 바람과 비 발생기 그리고 천둥 장치 등이 있다. 17세기 이탈리아 오페라에서 정교한 구름 발생기가 빈번하게 사용되었다.

18세기 포도 수확기라는 의미인 'thunder-run'은 대포알을 나무로 만든 관을 통해 무대 뒤 마루 위에 떨어뜨려 소리를 내는 장치로, 아직도 잉글랜드 브리스틀 올드빅(Old Vic)[97]에 존재하지만 다루기가 어려워 거의 사용되지 않는다. 천둥 발생 판(thunder sheet)은 공중에 길고 얇은 철판 또는 합판을 매달아 손으로 급격하게 당겨 진동을 일으키면 천둥소리가 발생하는 것인데, 아직도 대부분의 무대에서 무대 장치로 만족스럽게 쓰이고 있다.

미국 극장 역사에서 연극은, 극작가 겸 극장 주인인 존 데일리(John Augustin Daly, 1838 ~ 1899)의 1868년 작품 〈번개의 섬광(*A Flash of Lightning*)〉에서부터 1917년에 발표된 미국의 극작가인 유진 오닐(Eugine O'Neill, 1888 ~ 1953)[98]의 〈안개(*Fog*)〉에 이르기까지, 기상 현상과 깊은 관련성을 가지고 있다. 윌리엄 인지(William Motter Inge, 1913 ~ 1973)[99]의 1955년 작품인 〈버스 정류장(*Bus Stop*)〉은 캔자스의 블리자드(blizzard)로 시작하였다. 폭풍은 연극의 특성을 함께 가져오는 구실로 제공되었다. 이 희곡은 1956년 동일한 이름으로, 메릴린

96) 미국 브룩클린 태생의 작곡가 겸 연주자.
97) 영국의 극장 및 극단 이름. 런던 템스 강 남쪽에 1818년 로열 코버그 극장이라는 이름으로 개설되었는데 뒤에 여왕이 된 빅토리아왕녀의 방문을 기념하여 로열 빅토리아 극장으로 개칭하였고, 그것이 나중에 올드빅이란 이름으로 친숙해지게 되었다.
98) 미국 뉴욕 태생의 최고의 극작가로, 1936년 노벨문학상을 수상하였다.
99) 미국의 작가 겸 극작가.

먼로(Marilyn Monroe, 1926 ~ 1962)[100] 주연의 영화로도 만들어졌다.

한편, 두 유명한 연극에서는 비가 중요한 연출 요소가 되기도 하였다. 존 콜튼(John Colton, 1886 ~ 1946)과 클레멘스 란돌프(Clemence Randolph)가 공동 각색한 〈비(*Rain*)〉와 리처드 나쉬(N. Richard Nash, 1913 ~ 2000)의 〈레인메이커(*The Rainmaker*)〉가 그것인데, 가뭄이 들어 비가 내리지 않는 것과 관련된 것이다. 이들 연극은 후에 모두 영화와 뮤지컬로 다시 만들어졌다. 〈비(*Rain*)〉는 열대지방을 무대로 하는 서머싯 모음(Somerset Maugham, 1874 ~ 1965)의 이야기에 기초를 둔 것으로, 1922년 존 콜튼과 클레멘스 란돌프에 의해서 연극으로 각색되었고 1932년에는 동일한 이름으로 조안 크로퍼드(Joan Crawford, 1908 ~ 1977)가 주연한 영화로 만들어졌으며 1944년에는 뮤지컬 〈세이디 톰슨(*Sadie Thompson*)〉이란 제목으로 상연되었다. 〈레인메이커〉는 1956년 버트 랭카스터(Burt Lancaster, 1913 ~ 1994)와 캐서린 헵번(Katharine Hepburn, 1907 ~ 2003) 주연의 영화로 만들어졌으며 1963년에는 〈*110 in the Shade*〉라는 제목의 브로드웨이 뮤지컬로 탄생하였다. 여기서 가뭄은 빈곤으로 표현되고 비는 인간 열정의 각성을 표현한 것이다. 1946년 초연된 스릴러 〈에바스미스의 죽음(*An Inspector Calls*)〉이 1990년대 영국의 극작가인 존 프레슬리(John Boynton Priestley, 1894 ~ 1984)에 의해서 재 상연될 때, 공연 도중 무대 위에 비가 내려 관중들을 깜짝 놀라게 한 점에 대해서 런던과 뉴욕의 연극 애호가들은 새롭게 환호를 하였다.

무용과 마찬가지로 연극도 계절과 관련을 가지게 되었고 이들 관련성은 16세기 유럽에서 성행하였던 궁전 가면극 시절 이후부터 보편적으로 연회에 포함되었다. 현대의 예는, 1948년 공연된 테네시 윌리엄스(Tennessee Williams, 1911 ~ 1983)[101]의 〈여름과 연기(*Summer and Smoke*)〉, 1966년 제임스 골드만(James Goldman, 1929 ~ 1998)[102]에 의해 발표된 〈겨울 사자(*The Lion in*

100) 미국 로스앤젤레스 출생으로 할리우드의 육체파 여배우.
101) 미국 미시시피 주 콜럼버스 출생의 극작가. 〈욕망이라는 이름의 전차〉 등으로 유명하다.
102) 미국 일리노이 주 시카고 출생의 극작가 겸 시나리오 작가.

Winter)〉가 포함된다. 〈겨울 사자〉는 1968년에 케서린 헵번과 피터 오툴(Peter O'Toole, 1932 ~ 1982)[103] 주연의 영화로 만들어지기도 하였다. 1942년에 발표된 손톤 와일더(Thornton Wilder, 1897 ~ 1975)[104]의 우화극인 〈가까스로(*The Skin of Our Teeth*)〉는 기상학적으로 유명하다. 개막 장면에 배치된 상황은 마치 현대 뉴저지 주에 다가오는 빙하 시대와 같이 전 세계를 위협하였다. 2막에서의 대홍수는 일반 대중에게 경종을 울리게 되었다.

실제 일어나는 날씨를 보여 줄 수 있는 활동 사진술과 비디오는 대중적으로 성공했다. 영화감독과 텔레비전 프로듀서들은 날씨를 일련의 구성 선상에 구체화시킨다. 이러한 맥락에서, 폭풍을 프랑스 혁명으로 은유화하여 표현한 데이비드 그리피스(David Wark Griffith, 1875 ~ 1948)[105]의 고전적인 영화인 〈폭풍 속의 고아들(*Orphans of the Storm*)〉은 수많은 영화에서 날씨가 중추적인 역할을 하도록 한 것으로 기억되고 있다. 1936년 상연작인, 도로시(Dorothy)의 모험을 담은 〈오즈의 마법사(*The Wizard of Oz*)〉에서 토네이도는 하나의 기억할 만한 예이다.

날씨의 다른 양상 또한 인간의 행동과 감성을 반영하는 구성 요소로 사용되었다. 1937년 콜롬비아 영화사가 제작한 이다 루피노(Ida Lupino, 1914 ~ 1995)[106]와 랠프 벨라미(Ralph Bellamy, 1904 ~ 1991)[107] 주연의 영화 〈결혼합시다(*Lets Get Married*)〉는 정당 영수의 유명한 딸이 선거일에 비가 올 것이라고 정확하게 예보한 기상예보관과 어떻게 결혼하게 되는가를 보여 주는 내용이다. 조지 거슈인(George Gershwin, 1898 ~ 1937)[108]의 민속 오페라인 〈포기와

103) 영국 배우. 아일랜드 출생. 런던왕립연극학교에서 수학한 뒤 올드빅극장에서 무대배우로 활동하였다. 영화 〈아라비아의 로렌스(1962)〉에서 국제적인 명성을 얻었으며, 그 후 〈베켓(1963)〉, 〈겨울사자(1968)〉, 〈굿바이 미스터 칩스(1969)〉, 〈라 만차의 사나이(1972)〉 등에 출연하였다. 또한 연극 〈베니스의 상인〉, 〈햄릿〉 등에 출연하였다.

104) 미국 위스콘신 주 매디슨 출생. 소설가 겸 극작가.

105) 미국의 유명한 영화감독.

106) 잉글랜드 런던 출생의 여배우 겸 영화감독.

107) 미국 일리노이 주 시카고 출생의 할리우드 배우.

108) 미국 뉴욕 태생의 작곡가.

베스(*Porgy and Bess*)〉는 1959년 성공적으로 영화화되었다. 여기에 나오는 '서머타임(Summertime)'이란 노래는 온난한 날씨가 가난한 사람에게 생명을 가져다준다는 것을 기술하고 있다. 이 곡은 1968년 록 가수인 제니스 조플린(Janis Joplin, 1943 ~ 1970)[109]에 의해서 히트하게 되었다. 1943년 상연된 뮤지컬 영화인 〈폭풍 부는 날씨(*Stormy Weather*)〉는 레나 혼(Lena Mary Calhoun Horne, 1917 ~ 2010)[110]의 인상적인 노래로 만들어졌다.

진 켈리(Gene Kelly, 1912 ~ 1996)[111]가 연기하고 무용하고 감독한 1952년의 고전적인 영화인 〈사랑은 비를 타고(*Singin' in the Rain*)〉는 음침한 날씨를 극복하여 인간의 행복을 보여 주는 것으로 비의 일상적인 상징적 의미를 반전한 작품이다. 앨런 앨다(Alan Alda, 1936 ~)[112]가 감독한 1981년 영화인 〈사계(*The Four Seasons*)〉는 계절 변화의 주기에 영향을 받는 인간관계를 나타낸 것으로 1984년 텔레비전 극으로 방영되었다. 플로리다 주의 고온 다습한 여름 더위는 1984년 로렌스 캐스단(Lawrence Kasdan, 1949 ~)[113] 감독의 〈보디 히트(*Body Heat*)〉로 실제보다 더 과장되게 표현된 반면 비정상적인 고온의 겨울 날씨는 1942년 빙 크로즈비(Bing Crosby, 1904 ~ 1977)[114]가 주연한 영화 〈홀리데이 인(*Holiday Inn*)〉에서 중심적인 구성요소가 되었고 이 영화는 1954년에 〈화이트 크리스마스(*White Christmas*)〉로 다시 만들어졌다. 거대한 폭풍은 마틴 스콜세지(Martin Scorsese, 1942 ~)[115] 감독의 스릴러인 〈케이프 피어(*Cape Fear*)〉에서 선과 악의 싸움을 과장되게 부각시켰다.

---

109) 미국 텍사스 주 포트 아서 출생의 여자 록 가수.
110) 미국 뉴욕 태생의 가수 겸 배우.
111) 미국 펜실베이니아 주 피츠버그 출생의 배우·무용가·영화감독.
112) 미국 뉴욕 태생의 연기자 겸 감독. TV를 주 무대로 활동했으며, 1972년 TV 시리즈 버전의 〈M*A*S*H〉에 출연하면서 황금기를 맞았다.
113) 미국 플로리다 주 마이애미 출생의 작가·배우·감독.
114) 미국 워싱턴 주 출생. 대중가수 겸 영화배우.
115) 미국 뉴욕 주 퀸즈 출생. 감독·제작자·에디터·작가.

제2장 대기란?

1. 지구 대기의 기원

지구 대기는 태양계 내의 여러 다른 행성의 대기와는 다르다. 다른 행성은 지구와 같이 생물체가 존재할 수 있는 기체의 혼합물을 가지고 있지 않다. 대기는 항상 오늘날 우리가 호흡하는 비교적 안정된 동일 기체 혼합물로 구성된 것은 아니다. 왜냐하면 대기를 조성하는 현재의 기체 혼합물은 대단히 점진적인 변화, 즉 지구가 탄생한 46억 년 전부터 시작되어 서서히 일어난 진화 과정의 결과이기 때문이다.

수십억 년 전의 지구 대기는 현재와는 완전히 다른 것으로 과학자들은 믿고 있다. 1차 원시 대기(primary primitive atmosphere)는 수소, 헬륨, 그리고 다른 간단한 기체(메테인, 암모니아 등과 같은 수소화합물)들을 포함하였다. 이 원시 대기는 구성 성분들이 너무 가볍고 이동성이 컸기 때문에 공간으로 날아가 버렸다. 지구 존재의 첫 단계 동안은 셀 수 없이 많은 유성과의 충돌이 지표면에 상상할 수 없을 정도의 열을 발생시켰다. 이 열은 지구의 암석을 녹였다. 이런 과정에서 많은 기체들이 용해된 상태의 지구로부터 방출되었다. 이 과정을 '기체 방출(degassing)'이라 한다.

지구가 계속적으로 냉각됨에 따라 구름이 두텁게 형성되어 비가 강하게 내리기 시작하였다. 처음에는 물이 지표면에 도달하기 전에 증발하거나 지표면에 도달하더라도 빠르게 끓어서 대기 중으로 날아가 버렸다. 이 단계는 지표면이 빠르게 냉각되는 데에 도움을 주었다. 지구가 충분히 냉각되었을 때 극심한 비가 계속되어 해양저를 채우게 되었다. 이런 현상은 대기 중의 수증기 양을 감소시킬 뿐만 아니라 많은 이산화탄소를 쓸어가 버렸다. 이런 과정에서 2차 원시 대기(secondary primitive atmosphere)가 형성되었다.

현재 우리는 매우 흥미로운 패러독스(역설)에 직면하고 있다. 만약 지구의 원시 대기가 화산폭발에 의한 기체 방출이라면 자유 산소(free oxygen)는 포함되지 않았을 것이다. 왜냐하면 자유 산소는 이 과정 동안에 방출되지 않기 때문이다. 그렇다면 어떻게 현재와 같은 산소가 풍부한 대기가 생겨나게 되었는가? 과학자들은 대기 중에 자유 산소의 두 가지 가능한 발생원을 제안하였다. 상층 대기로 운반된 수증기가 태양의 자외선 복사 반응에 의해서 수소와 산소로 해리된다는 것은 알려진 사실이다. 대단히 가벼운 기체인 수소는 대기를 탈출하는 반면, 비교적 무거운 산소 원자는 대기 중에 잔존하게 되고 이들이 결합하여 산소분자를 형성한다. 대기 중의 자유 산소의 일부가 이런 방법으로 형성된 것에 대해서 거의 의심할 여지가 없다 하더라도, 이런 대단히 느린 과정으로는 현재 대기의 산소 함유율을 설명하기에 적절하지 못하다.

두 번째 중요한 산소의 발생원은 녹색식물에 의한 것으로 믿고 있다. 광합성(photosynthesis) 과정에서 식물체는 물과 대기 중의 이산화탄소를 유기물질로 변화시켜 산소를 만들기 위해서 햇빛을 사용한다. 산소 생산의 이 방법은 자유 산소가 대기 중에 존재한 시기 이전에 지구상에 생명체가 필요함을 명백하게 내포하는 것이다. 과학자들은 최초의 생명체는 아마도 산소 없이 그들의 신진대사를 수행하는 박테리아일 것으로 믿고 있다. 오늘날에도 이러한 혐기성 박테리아의 많은 것들이 여전히 존재한다. 그 다음 원시 녹색식물들은 진화하여 대부분의 자유 산소를 더 나은 생명체에 공급하게 되어 결과적으로 대기 중의 산소 양은 아주 느리게 증가하였다. 이 옛날 시대의 지질학적 기록으로부터의 증거는 최초 자유 산소는 물속에 녹아 있던 물질 특히 철과 결합한 것으로 나타난다. 그런 다음 이러한 금속이 산화되면서 이에 따른 부수적인 자유 산소들이 대기 중에 축적되기 시작하였다. 5억 7천만 년 전, 고생대 시작 무렵의 화석 기록에 의하면 산소를 필요로 하는 유기체들이 바다 속에 풍부하게 존재하였음을 알 수 있다. 2천만 년 후, 고생대 데본기 동안에는 육상 식물이 광범위하게 퍼지기 시작하였다. 그렇게 됨으로써 대기의 구성은 직접적으로 지구상의 생물체와 관련되었고 그들의 조성은 산소가 없는 환경에서 자유 산소를 상당하게 포함하는 환경으로 진화하게 되었다. 산소가 대기권에 축적됨에 따라, 오존의 일정 양도 또한 형성되어 태양의 자외선 복사로부터 지구를 보호하는 층으로 봉사하게 되었다. 해수는 치명적인 우주 복사를 막아주는 또 하나의 방패이다. 따라서 지구상의 생명체는 보호가 충분한 해수면 아래에서 시작되었다. 오존층이 충분히 넓게 생성됨에 따라 식물과 동물이 안전하게 해양을 떠나 대륙에서 서식하게 되었다.

2. 대기와 관련된 고대 이론

대기란 무엇인가? 우리 모두에게 대기는 어떤 존재인가? 대기는 공간을 차지하고 있는가? 대기는 무게를 가지고 있는가? 이들 질문에 대한 해답은 현재에는 아주 분명하다. 그러나 정확한 답이 알려진 것은 불과 250년 전의 일이다. 그 시기 전에는 오직 초보적인 추측과 믿음만이 존재하였다.

대기에 관한 가장 오래된 지식은 변덕스러운 대기 변화 때문에 생명을 위협받던 농민과 뱃사람들의 오랜 경험으로부터 얻은 것이었다. 고대 그리스는 대기가 물질이라고 인식한 최초의 나라이다.

밀레투스의 탈레스는 기본적인 물의 순환을 잘 이해하고 있었다. 즉, 물은 공중으로 증발하여 구름이 되고, 구름은 비가 되어 지표로 되돌아온다는 것이었다. 그러나 그는 지구가 물의 세계에 뜬 원반이라고 생각하는 오류를 범하였다.

탈레스의 제자인 아낙시만드로스(Anaximandros, BCE 610 ~ 545)[1]는 바람이

1) 소아시아 이오니아 지방의 밀레투스에서 출생하였다. 그는 스스로를 탈레스의 후계자라고 했으며, 《자연에 대하여(*Periphuseōs*)》라는 저서가 있었다고 전하나 남아 있는 것은 일부분뿐이다.

라는 것이 신들이 관장하는 그 무슨 신비로운 것이 아니라 자연의 '대기의 흐름'이라고 논하였다. 또한 아낙시메네스(Anaximenes, BCE 550 ~ 475)[2]는 대기는 우주의 근본적인 원소로서, 냉각이 되면 물이 되고 압축이 되면 땅이 된다고 생각하였다. 대기는 '*pneuma*(정신)'라 부르는 정수(essence)를 포함하고 있다고 추측하였고 대기가 인간 존재를 지지하는 동일한 방법으로 이 정수가 우주를 지탱하고 있다고 믿었다. 또한 그는 지표면에 반사되는 햇빛의 강도가 점진적으로 감소되는 결과로서 대기는 고도에 따라 더 차가워진다고 믿었다. 한편 아낙시메네스는 "지구 대기는 천둥과 번개에 반응하는, 에테르(ether)라 불리는 불과 같은 물질로 만들어져 있다."라고 주장하였다. 아낙사고라스(Anaxagoras, BCE 500 ~ 428)[3]는 탈레스의 저술을 연구하여 열이 대기를 상승시킨다는 진리를 역설하였고, 또한 상승하는 대기가 냉각되면 구름이 된다는 것을 이해하고 있었다.

시칠리아의 시인·철학자·예언자로 유명한 엠페도클레스(Empedoklēs, BCE 493 ~ 433)[4]는 공통기원이전 5세기경 《자연에 대하여(*Peri Phuseos*)》라는 책에서 "공기는 4원소의 중의 하나이다(그 밖의 세 가지는 흙, 불, 물). 모든 물질은 이 네 가지 원소로부터 파생된 것이다."라고 주장하였다.

엠페도클레스의 사상은 아리스토텔레스에 의해 확장되었다. 그도 전 지구는 네 가지 원소로 구성되어 있다고 믿었다. 토양, 물, 공기 그리고 불이 연속적으로 지각을 구성하고 있다고 생각하였다. 지구상의 모든 것들은 이들 원소들로부터 유래된 것으로 간주하였다. 불과 물은 서로 상반되는 원소이지만 물과 공기는 서로 결합한다. 또한 아리스토텔레스는 다른 원소 '*quintessence*(다섯 번째의 원소란 뜻)'를 고안하였는데 이는 일반적으로 하늘에 저장되어 있다고 생각하였다.

4원소는 네 가지 기본 특징인 뜨거움(hot), 차가움(cold), 습함(moisture),

---

2) 아낙시만드로스의 제자인 그리스 철학자. 행성과 항성의 차이를 구분한 최초의 그리스인이다. 우주의 기본 물질은 공기, 물, 땅, 불이라고 믿었다. 그는 또한 무지개를 설명하였다.
3) 이오니아에서 태어났고 아테네에서 활약했으며, 페리클레스와 가까이 지냈다.
4) 시칠리아 섬의 명문 출신. 정치가·의사로서의 활약도 전해진다. 《자연에 대하여》와 《정화(*Katharmoi*)》의 두 작품이 있는데 현존하는 것은 그 일부뿐이다.

건조함(dry)과 관련된다(〈그림 2-1〉). 원소들은 한 원소에서 다른 원소로 변화할 수 있으며 개개의 원소는 다른 원소 내에 잠재적으로 숨어 있었다. 이들을 변형시키는 자연력은 태양이었다. 태양은 물로부터 습윤 물질과 건조 물질을 만들며 토양으로부터 더운 물질과 찬 물질을 이끌어 내었다. 이 건조한 호기가 "바람의 기원 물질이자 자연 물질"이고 또한 지진과 혜성에 의해서 반응하였다. 이런 조합으로부터 서늘하고 습한 물질들이 대기를 형성하고 대기는 구름, 비, 눈, 서리 또는 이슬로 변할 수 있게 되었다.

아리스토텔레스의 지성의 힘은 그 시대에만 우세했을 뿐만 아니라, 그 후 약 2,000년 동안 영향을 미쳐 학문세계를 막다른 골목으로 이끌어 수천 년 동안 학문이 정체되는 운명을 맞이하게 되었다.

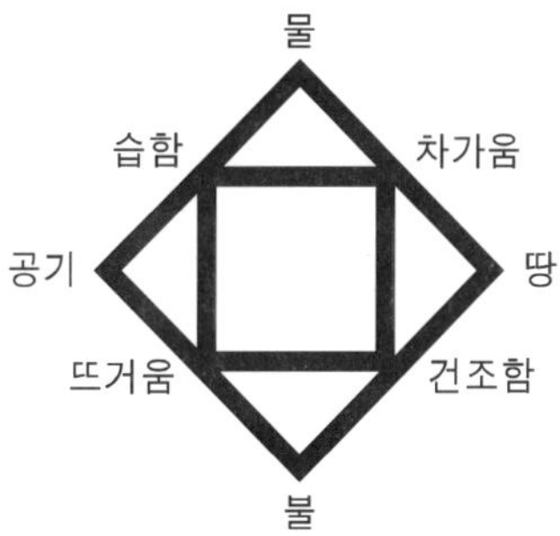

〈그림 2-1〉 아리스토텔레스의 4원소설을 설명하는 다이아그램

3. 대기의 물리적 성질

1) 대기의 체적과 무게

공통기원이전 4세기경 아리스토텔레스는 공기가 체적을 가지고 있다는 사실을 실험적으로 증명하였다. 또한 그는 대기가 무게를 가질 것으로 예상하였다.

그의 가설을 조사하기 위해서 동물의 빈 방광의 무게를 단 다음 이 방광 속에 대기를 가득 채워 무게를 달았다. 그의 측정이 정확하지 않았기 때문에, 놀랍게도 두 경우의 무게가 일정하다는 것을 발견하였다. 이 결과에 의해 아리스토텔레스는 공기는 무게를 가지고 있지 않고 대기의 가벼움은 영원하다고 결론지었다.

아리스토텔레스 이후 몇 세기 동안, 사람들은 대기는 무게를 가지고 있지 않다고 믿었다. 1638년 이탈리아의 유명한 천문학자 겸 수학자인 갈릴레오 갈릴레이는 대기가 측정할 수 있는 물질인지 아닌지를 결정하기 위한 실험을 고안하였다. 그는 밸브를 장착한, 크고 좁은 목의 유리 플라스크에 주사기로 많은 양의 대기를 주입하였다. 그런 후 그는 조심스럽게 플라스크의 무게를 달고 대기를 빼고 다시 플라스크의 무게를 달았다. 이 실험을 통해 그는 대기가 실제 무게를 가진다고 결론을 내렸다.

공기가 무게를 가진다는 생각은 갈릴레오 갈릴레이 실험 이후 수십 년 동안 상식과 모순의 경계선 상에 있었다. 1664년 찰스 2세(Charles II, 1630 ~ 1685) 왕이 대기가 무게를 가지고 있음을 알아보는 실험에 참관하기 위해 영국학술원을 방문하였을 때, 왕실의 사람들은 이 실험이 매우 괴상하다고 생각하여 바보 같은 웃음을 자아냈다. 왜냐하면 어느 누구도 대기가 무게를 가진다는 것을 보지 못했기 때문이다.

그렇다면 실제 대기의 무게는 얼마일까? 높이에 따른 이상적인 대기상태를 설정한 '미국 표준대기(U.S. Standard Atmosphere)'에 따르면, 지표 부근의 공기 1 m^3는 1.225 kg의 무게를 갖는다. 이것의 의미는 1 L의 병 속에 들어 있는 공기는 1.225 g의 무게를 가진다는 것이다.

2) 대기의 밀도

체적에 대한 질량의 비를 밀도라 한다. 밀도의 개념은 아주 오래되었다. 공통 기원 1025년, 페르시아에 거주하던 아라비아 물리학자 알-비루니(Abu Raihan

Mohammad Ibn Ahmad Al-Biruni, 973~1048)[5]는 어떤 물체의 밀도를 찾는 〈그림 2-2〉와 같은 '오버플로 캔(overflow can)' 방법을 고안하였다. 더 정확하게 말하면 알-비루니는 비중(specific gravity)의 개념을 도입한 것이다. 비중이란 물체의 무게와 동일한 체적의 물 무게 사이의 비이다. 무게에 사용된 단위가 무엇이든 간에, 이 비는 어떤 주어진 물질에서는 동일하다. 비 s는 다음 식으로 주어진다.

$$s = \frac{\text{물체의 무게}}{\text{동일한 체적의 물 무게}}$$

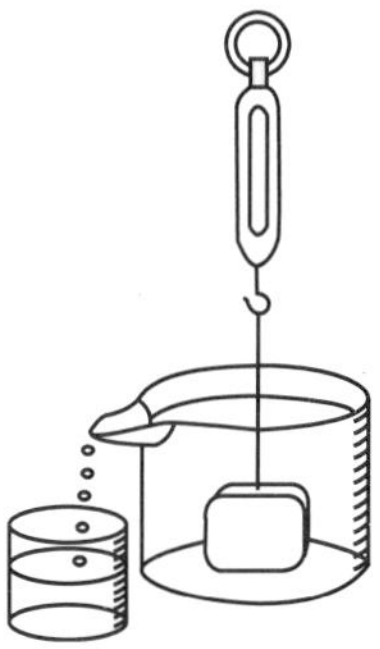

〈그림 2-2〉 물체의 밀도를 측정하기 위해
알-비루니가 고안한 '오버플로 캔' 실험

이 비는 물질의 밀도가 물의 밀도보다 얼마나 더 크게 나타나는가를 보여준다. 국제단위계에서 물의 밀도 단위는 $kg \cdot m^{-3}$이다. 결과적으로 이런 시스템에서 물질의 비중과 밀도는 수치적으로 동일하다.

아쉽게도 알-비루니의 방법은 공기의 밀도를 찾는 데 적용할 수 없었다.

5) 이란 이슬람교 철학자로, 우랄 산맥 근처의 케바(Kheva) 시에서 출생한 유명한 과학자이기도 하다. 그는 여러 권의 책과 논문집을 저술하였다. 《인도의 역사와 지리(*Kitab- al-Hind*)》, 《고대 역사와 지리(*al-Qanum al-Masudi*)》, 《치료 물질(*Kitab al-Saidana*)》, 《가치 있는 돌(*Kitab al-Saidana*)》 등이 그것이다.

공기는 물보다 더 가볍다. 병을 공기로 가득 채워 물 속에 잠그면, 공기는 표면으로 올라온다. 그러므로 어떻게 대기의 밀도를 찾을 수 있겠는가?

독일의 물리학자·기상학자인 오토 폰 게리케(Otto von Guericke, 1602~1686)[6]는 그 자신이 고안한 실험을 수행하였다. 1654년 그는 자신이 발명한 추출 공기 펌프를 가지고 유리 용기로부터 공기를 제거하였다. 결과적으로 그는 용기의 무게가 대기를 추출하기 전의 무게보다 가볍다는 것을 알아내었다. 빈 용기의 무게와 대기로 채워진 용기의 무게를 비교하고 빈 용기의 무게와 물로 채워진 용기의 무게를 비교함으로써, 공기의 비중 s = 1/947 즉 공기는 물보다 947배 덜 밀하다고 계산하였다. 물의 밀도가 1000 $kg \cdot m^{-3}$이기 때문에 대기의 밀도는 1.05 $kg \cdot m^{-3}$이다. 오늘날 대기 밀도의 표준값(해수면에서 0 ℃인 경우)은 1.29 $kg \cdot m^{-3}$이다.

대기의 밀도는 온도가 증가하면 감소한다. 이 현상은 항공에서 중요한 영향을 미친다. 매우 무더운 날에는 대기가 엷어져, 이륙 거리가 아주 길어지게 된다. 만약 활주로가 짧다면 대형 비행기는 그런 조건 하에서는 출발하지 못하게 된다. 이런 경우의 예는 미국 애리조나 주 피닉스 시의 '스카이 하버 에어포트(Sky Harbor Airport)'에서 여러 해 여름 발생한다. 기온이 45 ℃에 이르면 공항의 활주로는 대부분의 항공기가 이륙하기에 짧게 된다.

3) 대기권의 높이

대기권의 높이를 처음으로 구한 사람은 공통기원 1025년 아라비아의 과학자인 알하젠(Alhazen, 965~1045)[7]이다. 알하젠은 박명(twilight)이 대기 중의

---

6) 1602년 11월 12일 독일 마그데부르크(Magdeburg)에서 출생하였다. 그는 라이프치히 대학(1617-1620), 헬름스테트 대학(1620)을 다녔고 예나 대학(1621-1622)에서는 법학을, 라이덴 대학에서는 법학, 수학, 공학을 공부하였다. 1626년 그는 마그데부르크 시의 참사회원이 되었고, 1646년 마침내 마그데부르크의 시장이 되었다. 1672년에는 《진공 실험에 대하여(*Experimenta nova Magdeburgica de vacuo spatio*)》라는 저서를 발간하여 자연과학에서 실험적 방법을 강조하였다. 폰 게리케는 1686년 5월 11일 함부르크에서 사망하였다.

입자들로부터 햇빛이 반사되어 일어난다고 이해하고 있었다. 그는 박명의 지속 기간을 측정하여 약 36분(=0.6시간)이란 평균값을 얻었다. 이 기간 동안 지구가 공전하는 거리는 $\frac{0.6\ \text{h}}{24\ \text{h}} \times 360° = 9°$이다. 〈그림 2-3〉에 따르면, R / (R + H) = cos 9°로서 여기서 R은 지구의 반지름(에라토스테네스의 결과에 의하면 6,115 km)이고 H는 대기권의 높이다. cos 9° = 0.988이므로

$$H = \frac{R(1 - cos 9°)}{\cos 9°} = 6,115 \frac{1 - 0.988}{0.988} \text{ km} = 74.3 \text{ km}$$

가 된다.

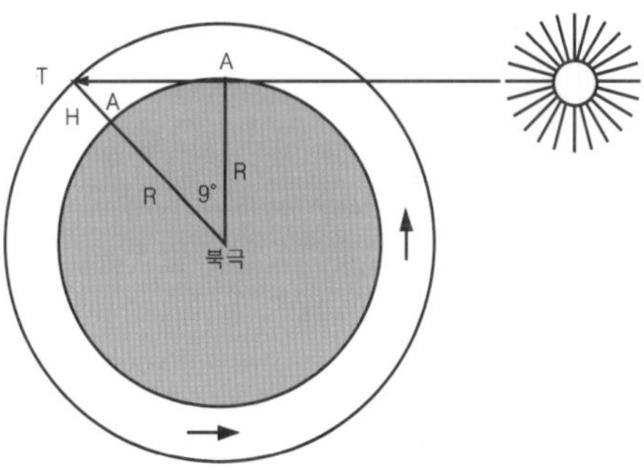

〈그림 2-3〉 알하젠의 대기권 높이 계산 방법

현재에는 대기권의 분명한 꼭대기는 존재하지 않는 것으로 알려져 있다. 다만 이는 대기권을 어떻게 정의하는가에 달려 있다. 대기권을 밀도만으로 정의한다면, 고도 31.2 km까지만 유효하다. 왜냐하면 이 고도 이상에서는 지표면에서의 밀도의 단지 1 % 정도밖에 나타나지 않기 때문이다. 지구 표면보다 공기 밀도가 10,000배 정도 작은 어떤 높이를 대기권의 꼭대기로 정의하는 사람도 있다. 그 높이는 지상 약 70 km인데 이는 알하젠이 추정한 값과 거의

7) 본명은 Abu Ali Hasan Ibn Al-Haitham으로 오늘날의 이라크 바스라에서 출생. 광학 분야에 많은 업적을 남겼다.

일치한다. 지구 중력에 붙잡혀 있는 기체들로 대기권을 정의한다면, 그 고도는 약 9,600 km까지 확장된다. 지구 중력에 붙잡혀 있는 복사 입자들이 존재하는 공간까지를 대기권이라 정의한다면, 그 끝은 25,600 km이다. 지구 자기장에 의해서 영향을 받는 하전 입자들까지도 고려한다면 대기권의 최종 고도는 태양을 마주 보는 쪽에서는 약 56,000 km로 생각할 수 있다.

4. 대기의 연금술

재료 물질의 특징과 성분에 대해서 연구하는 과학을 화학(chemistry)이라 한다. 초기 형태의 화학을 연금술(alchemy)이라 부른다. '*alchemy*' 란 낱말은 아라비아어인 '*alkima*'에서 유래된 것으로 '*al*'은 뚜렷한 물품이란 뜻이고 '*kima*'는 금속을 주조한다는 의미의 그리스어 '*chyma*'에서 유래된 것이거나 고대 이집트의 나라 이름인 'dark land'란 의미의 '*chem*'에서 유래된 것이다. 연금술은 이집트의 그리스 학자들에 의해서 시작되었다. 그러나 여러 화학 원소들은 그리스 이전에 발견되었다. 예를 들면, 구리(copper)는 공통기원이전 3,000년경에 이집트 사람들에게 알려져 있었다. 청동(bronze)[8]은 고대 이집트와 메소포타미아 문명에서도 알려져 있다. 그리고 철(iron)은 공통기원이전 약 2,000년경에 히타이트 족(Hittites)에 의해서 생산되었다.

그리스 철학자인 아낙사고라스는 물질의 구조가 4원소로 되어 있다는 아리스토텔레스의 4원소설을 믿지 않았다. 그의 견해에 따르면 물질은 어떻게 그것이 작게 되는가를 고려하지 않고서는 변화하지 않는다는 것이다. 예를 들면 암석 조각이 부서져 가루가 되더라도 암석으로 여전히 남아 있다는 것이다. 이와 마찬가지로 고대 그리스 철학자인 밀레투스 출신의 레우키포스(Leukippos, BCE 480 ~ 420)와 그의 제자인 아브데라 출신의 데모크리토스(Democritus,

8) 구리와 주석의 합금.

BCE 460 ~ 370)[9] 둘 모두는 "물질은 원자(atom)[10]라 불리는, 매우 작아 더 이상 분할할 수 없는 입자들로 구성되어 있다."라고 생각하였다. 데모크리토스는 원자는 일정한 운동을 하고 있지만 모양과 배열에 따라 다르게 나타난다고 생각하고 있었다.

공통기원 640년 이슬람교도의 이집트 정복 이후, 그리스 연금술 관련 논문들이 아라비아어로 번역되었다. 연금술에 대한 지식과 기술의 소개가 초기 라틴어 번역이 성행하였던 스페인을 경유하여 12 ~ 13세기에 서유럽에 이루어졌다.

하나의 물질이 다른 물질로 변형된다는 아이디어는 유럽에서 실행된 연금술의 가장 중요한 문제였다. 주된 목적은 별 가치 없는 혼합물 또는 만병통치약 'panaceum'으로부터 '완벽한 금속(금)'을 얻고자 하는 것이었다. 그러한 목표는 결코 달성되지 않았다 하더라도, 이러한 연구는 다른 중요한 발견들로 이어졌다. 예를 들면, 1709년에 독일 작센 주의 선거후(Elector of Saxony)는 금의 제조법을 찾기 위해 연금술사인 요한 뵈트게르(Johan Friedrich Böttger, 1682 ~ 1719)를 고용하였다. 뵈트게르는 금 대신에 백자기를 만드는 방법을 발견하였다. 그 당시 백자기는 금보다 더 비싸기도 하였다.

16세기 잉글랜드의 철학자인 프랜시스 베이컨은 다음과 같이 쓰고 있다: "연금술은 그의 아들에게 정원 어느 곳에 금을 숨겨 놓았다고 말하는 사람과 비교된다. 땅을 판 아들이 금은 발견하지 못한다 하더라도 포도 뿌리에 흙을 덮어줌으로써 풍요로운 포도 수확을 얻을 수 있었다."

아리스토텔레스 사후 19세기 동안 연금술은 여전히 투기적인 연구의 실험재료였다. 프랑스의 철학자인 데카르트는 그의 논문집 《방법 서설》에서 대기는 하나의 기본 물질로 구성되어 있다고 간단히 표현하였다. 이 기본 물질의 입자들은 크기와 모양이 다양하다. 대기의 기본 입자들은 섞여 있는 것이 아니라 층상으로

9) 발칸 반도의 에게 해 북동 해안지방인 트라키아의 아브데라에서 출생. 그는 우주의 모든 물체는 더 이상 쪼개지지 않는 아주 작은 입자로 이루어져 있다고 주장했으며, 이 입자를 '아토모스(atomos)'라고 이름 지었다.

10) 그리스 단어 '*atoma*'에서 유래된 것으로 '분할할 수 없는'이란 뜻이다.

되어 있다. 고체의 기본 원소는 갈고리 모양을 하고 서로 결합되어 있다. 액체는 매끄럽고 미끈거리는 입자들로 만들어져 있어 결합되지 못한다. 데카르트의 설명은 유럽에서 대단한 관심을 일으켜 일부 과학자들은 신비로운 기본 원소들을 찾는 데 골몰하기 시작하였다.

독일 할레 대학의 의학과 화학 교수였던 게오르크 슈탈(Georg Ernest Stahl, 1660 ~ 1734)[11]은 연소되기 쉬운 물체는 플로지스톤(phlogiston)[12]을 포함하고 있다는 아이디어를 소개하였다. 플로지스톤은 물질이 타거나 또는 녹이 슬 때마다 불꽃을 끄기 위해서 공기에 방출되는 가상의 물질이다. 예를 들면, 플로지스톤은 숯이 타고 광석이 금속으로 변환되는 과정에서 숯으로부터 금속 광석으로 전환될 수 있다. 연소의 생산물은 플로지스톤 없이도 존재하지만 연소는 이룰 수 없다. 녹슨 물질들은 무게를 얻을 수 있고 연소되는 물질들은 무게를 잃기 때문에, 플로지스톤의 무게는 늘어나거나 줄어드는 것으로 여겨졌었다.

플로지스톤설은 화학을 정성적으로 설명하고 있을 때 적용되었지만, 정확한 측정이 이루어지자마자 플로지스톤설은 그 운명을 다하였다. 왜냐하면 물체를 태우면 그것이 가벼워지는 것이 아니라 무거워지기 때문이다. 즉, 물체가 무거워진다는 것은 무엇인가 물체에서 빠져나간 것이 아니라 결합했다는 것을 의미한다.

18세기 시작 무렵에는, 4원소설을 거부하고 두 개의 원소 즉 물과 불을 선호하는 공론이 더 선호되었다. 물은 토양으로 변화할 수 있고 공기는 물과 불의 조합의 결과라고 믿었다. 그래서 공기는 다양한 동물, 식물, 광물질에 흡수되어 있다는 것이다.

18세기 말까지도 대기의 성질은 잘 알려지지 않았다. 예를 들면, 프랑스의 저명한 화학자인 앙투안 라부아지에는 다음과 같이 기술하고 있다: "대기와는 다른 종류가 존재하는가? 자연이 우리에게 제공하는 다른 대기가 존재하는가?

---

11) 1660년 10월 21일 독일 안스파흐(Anspach)에서 출생. 1683년 의학으로 예나 대학교를 졸업하여 1687년 궁중 의사가 되었다. 1734년 5월 24일 베를린에서 사망하였다.

12) 그리스 낱말 '*flogistikos*'에서 유래된 것으로 '연소시키는 그 무엇'이라는 뜻을 가지고 있다.

또는 우리가 예외적인 물질을 만들 수 있거나 공기의 변형을 성공시킬 수 있을까? 다음의 논의는 대기의 조성이 어떻게 발견되었는지를 보여 줄 것이다."

5. 대기 구성 성분의 발견

1700년경 화학계는 플로지스톤이라는 개념에 지배되고 있었다. 플로지스톤이란 가상의 물질로서, 물질이 불타거나 녹슬 때에는 언제나 이것이 대기 중으로 방출된다고 생각하였다. 그럼에도 불구하고 18세기의 화학자들은 고체와 액체의 분석을 계속하여 대기 성분들을 분리하기 시작하였다.

1) 고정 공기 – 이산화탄소

1753년 프랑스 태생의 영국 화학자인 조지프 블랙(Joseph Black, 1728~1799)[13]은 석회암(limestone)[14]과 마그네시아 알바(magnesia alba)[15]의 성질을 연구하고 있었다. 석회암 또는 마그네시아 알바가 산과 반응할 때, 그것들이 이상한 종류의 공기를 발생시킨다는 것을 발견하였다. 새로운 대기 성분은 타고 있는 종이의 불을 끌 수 있고 작은 동물을 질식시킬 수 있었다. 블랙은 이 대기 성분이 특히 인간 호흡에서도 나오며 맥주의 발효 시에도 발생하므로 항상 대기 중에 존재한다는 것을 발견하였다. 이 신비로운 기체는 석회와 마그

13) 1728년 4월 16일 프랑스의 보르도(Bordeaux)에서 출생. 1746년 글래스고 대학교에 입학하였다. 그는 처음에는 언어와 철학을 공부했지만, 아버지의 요구에 따라 1748년 의학과 해부학으로 전공을 바꾸었다. 글래스고에서 의사 시험을 통과한 뒤, 의학 공부를 마치기 위해 1751년 에든버러로 옮겼다. 그는 이곳에서 박사학위 연구 논문에 몰두하였고 1754년 의학박사학위 논문을 제출하였다. 그의 박사학위 논문은 '마그네시아 알바(magnesia alba)'를 가열하였을 때 나타나는 효과들에 관한 연구 결과를 설명한 것이다. 그는 1799년 12월 6일 에든버러에서 사망하였다.

14) 분필 또는 탄산칼슘.

15) 탄산마그네슘.

네슘의 파생물에 의해서 흡수될 수 있으며 또한 여러 종류의 동물, 식물, 광물질에 의해서도 흡수되기 때문에 그는 이것의 이름을 '고정 공기(fixed air)'라 명명하였다. 오늘날에는 이 기체를 '이산화탄소(carbon dioxide)'라 한다.

이산화탄소는 무색하고 무취한 기체이다. 물에 녹으면 시큼한 탄산(H_2CO_3)을 만들며 이것은 맥주 또는 소다수에 사용된다. 이산화탄소는 광대한 지구 순환의 부분이다. 여기서 탄소는 세 가지 활동적인 저장소 사이를 순환하고 이런 과정에서 여러 가지 화학 변화를 겪게 된다. 이들 저장소는 대기권, 육지, 해양이다. 이산화탄소는 식생의 부패뿐만 아니라 화산 폭발, 석탄, 석유 또는 천연 가스와 같은 화석 연료의 연소, 동물의 호흡으로부터 나온다.

2) 가연성 공기 - 수소

1766년 프랑스 태생의 영국의 석학인 헨리 캐번디시(Henry Cavendish, 1731 ~ 1810)[16]는 금속에 황산 또는 염산을 처리함으로써 '수소(hydrogen)'를 발견하였다. 그는 이 새로운 기체를 '가연성 공기(inflammable air)'라 명명하였고 이를 금속으로부터 방출되는 순수한 플로지스톤으로 생각하였다.

프랑스의 저명한 화학자인 라부아지에는 가연성 공기는 붉은 뜨거운 총신을 통하여 물을 통과시키면 방울방울로 만들어진다는 것을 보여 주었다($3Fe + 4H_2O \rightarrow Fe_3O_4 + 4H_2$). 1784년 3월 파리의 그의 실험실에서 수행된 실험에서, 라부아지에는 82 파인트(pint)[17]의 가연성 공기를 만들었다. 따라서 라부아지에는 'inflammable air'라는 이름을 간단히 '물 구성자(water former)'를 뜻하는 '*hydrogen*(수소)'으로 변경하였다.

---

16) 1731년 10월 10일 프랑스 니스에서 출생. 그는 1749년부터 1753년까지 케임브리지 대학을 다녔으나 학위를 받지 않은 채 대학을 떠났다. 캐번디시는 수소를 분리했고 중력 상수 값을 결정하였다. 그럼에도 불구하고 그는 매우 적은 수의 논문만을 발표하였다. 그의 업적의 대부분은 제임스 맥스웰이 캐번디시의 노트를 출판할 때까지 사후 100년 가까이 알려지지 않았다.

17) 액량의 단위로서 영국에서는 0.57 리터이고 미국에서는 0.47 리터이다.

수소 원자는 우주의 약 90 %를 구성하고 있다. 수소는 우리의 대기에는 많지 않다. 왜냐하면 수소는 공기보다 11배 정도 가볍기 때문에 우주 공간으로 탈출할 수 있기 때문이다. 대기권에서 대부분의 수소는 산소와 결합하여 물의 형태로 존재한다.

3) 유독한 공기 - 질소

1770년 스코틀랜드의 화학자인 다니엘 러더퍼드(Daniel Rutherford, 1749 ~ 1819)[18]는 물 냄비 안에 거꾸로 놓인 항아리 속으로 들어오는 공기 시료를 채집하였다. 러더퍼드는 항아리 속에 인 조각을 태웠다. 인은 산소를 흡수하여 물 냄비 속에 용해되는 증기를 만들었다. 결과적으로 항아리 속의 물의 높이는 올라갔다. 덧붙여서, 조심스러운 가성 칼리(KOH)가 항아리 속의 고정 공기(이산화탄소)를 흡수하기 위해서 사용되었다. 이는 처음 채집된 공기 체적의 3/4에 해당하는 양으로 남은 기체는 즉각 불꽃으로 사라졌다. 1772년 러더퍼드는 이 기체를 '*noxious air*'라 명명하였다. 러더퍼드에 의해서 발견된 이 기체는 지금 '*nitrogen*(질소)'으로 불리고 있다.

질소는 무색, 무취, 무미, 유독하지 않은 기체로, 화학적으로는 반응성이 대단히 좋지 않다. 질소는 지구 순환의 일부분이며 대기권과 지표 사이에서 순환한다. 질소 분자가 태양복사 또는 번개에 의해서 가열될 때, 이는 산소와 결합하여 질산염을 만드는데, 이 질산염은 강수 과정에서 토양 속으로 유입된다. 토양 속에서 질산염(nitrate)은 생명체의 일부가 된다. 식물과 동물이 죽게 되면, 질소 화합물들은 깨어져 암모니아로 된다. 암모니아는 미생물에 의해서 질산염(소금 또는 질산의 에스테르), 질소화물(nitrides, 예: 산화물) 그리고 순수한 질소로 변하여 대기권으로 다시 되돌아간다.

---

18) 에든버러 대학교에서 조지프 블랙의 학생이었다.

4) 플로지스톤을 결핍시키는 공기 - 산소

스웨덴의 화학자인 카를 셸레(Carl Wilhelm Scheele, 1742 ~ 1786)와 영국의 석학 조지프 프리스틀리(Joseph Priestley, 1733 ~ 1804)는 독자적으로 산소(oxygen)를 발견하였다.

스웨덴의 셸레는 1772년, 공기는 두 성분의 혼합물이라는 사실을 알게 되었다. 그 중 하나는 연소를 방해하는 데 비해 다른 하나는 연소를 촉진하였다. 그는 산화수은을 가열하는 등의 여러 실험을 통하여 산화를 촉진하는 기체의 샘플을 준비했지만, 발견 결과를 즉시 발표하지는 않았다. 그는 1773년에 기체 샘플을 준비했지만 1777년에 출판한 책《공기와 불에 대한 화학 논문집(*Chemische Abhandlung von der Luft und dem Feuer; Chemical Treatise on Air and Fire*)》에서 비로소 그런 사실을 밝혔다.

1774년 8월 1일에 수행된 프리스틀리의 실험에서, 그는 붉은 산화수은(HgO)의 조각을 공기가 들어 있는 V자형의 물통 속에 거꾸로 세워진 배기 그릇 속에 놓고 렌즈로 가열하여 태웠다. 이 과정에서 알려지지 않은 기체가 방출되었다. 프리스틀리는 처음에는 이 기체가 질소라고 생각하였으나 후에 생각을 바꿨다. 따라서 프리스틀리는 이 새로운 기체를 플로지스톤을 결핍시킨다는 뜻의 '*dephlogisticated air*'라고 명명하였다. 현재 프리스틀리가 발견한 이 기체는 산소로 알려지고 있다. 프리스틀리는 '*dephlogisticated air*'가 동물의 생명 유지에 필수적이라는 사실을 발견하였다. 왜냐하면 이 기체를 입에 갖다 되면 숨쉬기가 쉬웠기 때문이다. 프리스틀리는 또한 햇빛이 비치는 곳에서 녹색 식물은 '*dephlogisticated air*'를 방출한다는 사실을 알아냈다.

1774년 10월, 프리스틀리는 파리에 도착하여 라부아지에와 여러 프랑스 화학자를 만났다. 그는 여기서 붉은 산화수은을 가지고 한 실험에 대해 설명하였다. 프리스틀리가 잉글랜드로 돌아온 직후, 라부아지에는 가역 순환 실험을 반복하여 산소의 변화하는 양을 측정하였다. 먼저 그는 수은을 태워 산소와 결합시키고 산화물을 만들었다($2Hg + O_2 \rightarrow 2HgO$). 동시에 라부아지에는 연소가 일어나는 동안 닫힌 용기에 포집되는 산소 양을 정확하게 측정하였다. 그 다음에는 산화수은을 격렬하게 가열하는 반대의 과정을 진행했다. 그랬더니 수은은 남고 이전에 흡수한 것과 동일한 양의 산소가 용기 속으로 방출되었다 ($2HgO \rightarrow 2Hg + O_2$). 이 실험 동안 처음 흡수되고 후에 방출된 산소의 체적은 액체의 기둥 내에 떨어지는 장치로 측정되었다. 그의 실험을 바탕으로 라부아지에는 1789년 발간된 그의 저서 《화학 교과서》에서 가역 순환 실험에 대한 결론을 맺었다.

라부아지에는 '*dephlogisticated air*'가 공기의 1/5를 차지하고 있다는 사실을 확인하였으며, 이 기체에 '*oxygen*'이라는 새 이름을 붙였다. 이 낱말은 그리스어에서 유래된 것으로 그 뜻은 '산 생성자(acid producer)'이다. 그러나 이는 잘못된 것이다. 당시 그는 새로운 기체가 모든 산의 주성분인 것으로 잘못 생각하고 있었던 것이다. 산에 대한 특징은 40년 후에 발견되었다.

1772년경 파리의 보석상인 마일라드(Maillard)는 다이아몬드는 공기가 없는 경우에는 연소되지 않는다고 라부아지에에게 알려 주었다. 라부아지에는 이 언급을 확인하기 위해서 한 실험을 수행하였다. 분말 상태의 숯을 채운 찰흙통에 마일라드가 제공한 3개의 다이아몬드를 넣고 여러 시간 동안 강하게 가열했다. 다이아몬드는 타지 않았다. 이것에 근거를 둔 다른 실험들이 여러 해 동안 수행되었는데, 라부아지에는 타는 물질과 화학적으로 결합하는 연소 과정에서 산소가 중요한 역할을 한다는 것을 증명하였다. 또한 그는 플로지스톤 학설이 주장하던 녹은 금속에서 그 무엇을 뺀 것이 아니라 금속에 그 무엇이 더해진 것이라 증명하였다. 여기서 그 무엇이 바로 산소였다. 따라서 플로지스톤 이론은 사라졌다.

산소는 무색, 무미한 기체이다. 산소는 아주 반응성이 좋아 대부분의 원소와 결합할 수 있다. 대기권에서 산소는 2개의 원자를 가진 산소 분자(O_2), 3개의 원자를 가진 오존(O_3)[19] 그리고 상층 대기에 존재하는 1개 원자의 산소 원자(O)

의 형태로 존재한다. 오존(ozone)은 1840년 독일의 화학자인 크리스티안 쇤바인(Christian Friedrich Schönbein, 1799 ~ 1868)이 발견했지만 공기 속의 존재는 1913년까지는 확인되지 않았다. 대부분의 오존은 지상 30 km 이상의 대기층에서 발견된다. 이런 고도에서의 오존은 자연적으로 만들어져 오존층(ozone layer)을 형성한다. 오존층은 생명체에 유해한 태양의 자외선 복사의 대부분을 흡수한다. 그러므로 대기권 내에 존재하는 오존층은 지구상의 생명체를 자외선으로부터 보호하는 역할을 한다.

네덜란드의 화학자인 파울 크뤼첸(Paul Crutzen, 1933 ~)은 1965년 상층 대기에서 산소의 여러 가지 다른 형태(allotropes; 동소체)에 대한 연구 프로젝트를 수행하고 있던 다른 과학자의 조수로 일하고 있었다. 그래서 그는 박사학위논문으로 성층권 화학이라는 주제를 정하게 되었다. 그는 1968년 〈대기 중 나타나는 오존에 대한 건조와 습윤 광화학 이론에 등장하는 매개변수의 결정(*Determination of parameters appearing in the 'dry' and the 'wet' photochemical theories for ozone in the atmosphere*)〉이란 논문으로 기상학 박사학위(Filosofie Licentiat; Ph.D)를 받았다. 또한 그는 1973년 〈성층권과 대류권의 오존 광화학과 초고층 비행기에 의한 성층권의 오염에 대해서(*On the photochemistry of ozone in the stratosphere and troposphere and pollution of the stratosphere by high-flying aircraft*)〉란 논문으로 과학박사학위(Filosofie Doctor; D. Sc)를 취득하였다.

1974년 두 명의 미국 과학자인 마리오 몰리나(Mario Molina, 1943 ~)와 셔우드 롤런드(Sherwood Rowland, 1927 ~ 2012)는 어떤 인공 물질이 오존층을 파괴하고 있다는 결론을 내렸다. 이들 물질 중의 하나는 스프레이 통과 냉방 시스템에 사용되는 클로로플루오로카본(chlorofluorocarbons; CFCs)였다. 오존층의 약화는 인간에게 암을 유발할 뿐만 아니라 식물과 동물에게도 심각한 영향을 미쳤다. 몰리나와 롤런드의 연구 결과로 인해 1987년 몬트리올 의정서(Montreal Protocol)라 불리는

---

19) 'ozone'은 그리스어에서 유래된 것으로 '냄새나다(smell)'라는 뜻이다.

국제 협약이 체결되었고, 1990년 6월에는 40개국 이상의 산업 국가들이 오존층을 약화시키는 화학물질의 사용을 2000년까지 완전히 금지하는 새로운 국제 협약을 체결하였다. 그들의 연구로서 몰리나와 롤런드는 파울 크뤼첸과 함께 1995년 노벨 화학상을 공동 수상하였다.

5) 기타 대기 성분

1892년 런던의 왕립 연구소의 교수였던 레일리 경(Lord Rayleigh, 1842 ~ 1919)[20]은 암모니아로부터 얻은 순수한 질소는 공기에서 얻은 질소보다 약 0.5 % 정도 무게가 적게 나간다는 것을 발견하였다. 이 사실은 공기에는 미지의 다른 기체가 존재한다는 것을 의미하는 것이었다. 1895년 1월 레일리 경과 동료 화학자인 윌리엄 램지(Sir William Ramsay, 1852 ~ 1916)[21]는 미지의 세계를 향해 분광기를 대고 전기 불꽃으로 기체를 발광시켜 적은 양의 기체를 분리하는 데 성공한 후, 이 기체를 '아르곤(argon)'[22]이라 명명하였다. 또한 그들은 새로운 기체는 대기 공기의 1 % 미만으로 구성된다는 것을 증명하였다. 대기 기체들의 성질을 측정하는 것을 포함한 레일리 경의 연구로 그는 1904년 노벨 물리학상을 수상하게 되었고 램지는 1904년 노벨 화학상을 수상하였다.

1868년 인도에서 발생한 일식 동안, 프랑스 천문학자 피에르 장쌍(Pierre Jules Cesar Janssen, 1824 ~ 1907)은 태양 스펙트럼 내의 밝은 노란 선을 관측하였다. 그는 이 선을 태양에 존재하는 미지의 원소에 의한 것이라 생각했고 이를 헬륨(helium)[23]이라 명명하였다. 다음 해에 램지는 지구의 광물을 분석하여 동일한 원소를 확인하였다. 후에, 램지는 영국의 화학자인 모리스 트래버

---

20) 본명은 John William Strutt이다.
21) 스코틀랜드의 글라스고우(Glasgow)에서 1852년 10월 2일 출생. 1916년 7월에 자신이 연구하던 라듐 방사능 때문에 병을 얻어 7월 22일에 세상을 떠났다.
22) 그리스어 'a-'(no)와 'ergon'(work)에서 딴 것으로 '불활성'이란 뜻이다.
23) 그리스어 'helios'에서 유래된 것으로 '태양'이란 뜻이다.

스(Morris William Travers, 1872 ~ 1961)와 공동으로 분광기를 사용하여 대기 중에서 세 가지의 기체 즉, 크립톤(krypton)[24], 네온(neon)[25], 크세논(xeno n)[26]을 분리하였다. 크립톤은 1898년 6월 9일에 액화 공기를 전부 끓여 증발시킨 잔류물에서 발견했다. 네온은 6월 14일에 액화 공기를 분별 증류하여 분리해 내었다. 그리고 그들은 6주 후 크립톤을 재분별 증류하는 과정에서 크세논을 찾았다.

6. 기체 분자

플랑드르(Flanders)[27]의 의사·연금술사인 얀 반 헬몬트(Jan Baptista van Helmont, 1580 ~ 1644)는 그의 실험 중의 일부에서 증기(vapor)들을 만들었다. 그래서 그는 증기들이 각각의 성질을 나타내는 별개의 물질이라는 것을 인식한 최초의 사람이 되었다. 액체와 고체와는 다르게, 증기는 그것들이 들어가는 어떤 공간을 즉각적으로 채운다. 이것은 그것들이 혼돈의 상태로 존재한다는 의미로 생각되었다. 그는 증기들의 혼돈 상태를 플랑드르 사람들이 말하는 발음에 따라 기체를 뜻하는 'gas'라는 단어로 만들었다. 그는 또한 현재 이산화탄소라고 불리는 기체를 확인하였다.

1808년 프랑스 화학자인 조제프 게이뤼삭[28]은 기체들의 결합에서 나타나는

24) 그리스어 'kryptein'에서 유래했는데 '숨기다'라는 뜻이다. 주기율표 18족인 비활성기체에 속하는 원소로서 원자 번호 36이다.

25) 그리스어 'neos'에서 딴 것으로 '새롭다'는 뜻이다. 주기율표 18족인 비활성기체에 속하는 원소로서 원자 번호 10이다.

26) 그리스어 'xeno'을 딴 것으로 '생소한 사람'이란 뜻이다. 주기율표 18족인 비활성기체에 속하는 원소로서 원자 번호 54이다.

27) 중세의 독립국으로 현재의 벨기에 서부·프랑스 북부·네덜란드 서부를 포함한 북해연안지방을 통치하였다.

28) 프랑스의 물리학자·화학자. 기체의 운동과 화학분석 방법을 처음으로 연구한 사람으로, 기상학의 기초를 마련했다.

흥미로운 규칙성(regularity)을 발견하였다. 예를 들면, 수소와 산소의 체적을 측정한 후 수소와 산소를 결합시켰더니 산소보다 수소가 2배 많이 반응한다는 것을 발견하였다. 즉, 수소 2 체적에 산소 1 체적을 더하면 수증기 2 체적이 만들어진다. 다른 기체들을 사용한 일련의 실험 후에 그는 다음과 같은 법칙을 공식화하였다: "동일한 온도와 기압 조건하에서, 화학반응에 참여하는 기체들의 체적의 비는 작은 정수로 나타난다."

이 발견은 이탈리아 토리노 대학의 물리학 교수인 아메데오 아보가드로(Amadeo Avogadro, 1776 ~ 1856)[29]를 이리저리 생각하게 만들었다. 이것을 설명하기 위해서 1811년 발표된 논문 〈단위 입자의 상대적 질량과 이들의 결합비를 결정하는 하나의 방법〉에서 아보가드로는 다음과 같이 결론지었다: "어떤 기체의 분자의 개수는 동일한 체적인 경우에는 항상 동일하거나 또는 항상 체적에 비례한다." 또한 아보가드로는 2 체적의 수소가 1 체적의 산소와 결합하게 된다면, 이는 산소의 개개 분자가 수소의 2 분자 사이에 나누어질 수 있을 경우에만 가능하다는 것을 깨달았다. 이것은 분자는 쪼개질 수 없다고 믿었던 그 당시로는 실현 불가능하게 보였다. 이런 모순을 극복하기 위해서, 아보가드로는 혼합 분자들을 가정하였다. 그는 그의 두 번째 가설로써 이 결론을 공식화하였다: "기본 기체들의 입자들은 원자로 될 필요가 없기 때문에, 그들은 2개 또는 그 이상의 동일한 원자들을 포함하는 분자들이 될 것이다."

수소와 산소의 분자들이 2개의 원자를 가지고 있다고 가정한다면, 수소의 2 분자는 산소의 1 분자와 반응한다($2H_2 + O_2 \rightarrow 2H_2O$)고 아보가드로는 주장하였다.

아보가드로는 그가 죽은 지 몇 년 후에 그의 이름을 딴 물리 상수(아보가드로 수)를 가지게 되었다. 그 상수는 1 몰 안에 들어 있는 기체 분자의 개수(6.02

29) 1776년 8월 9일 이탈리아의 토리노(Torino)에서 태어났다. 그의 이름을 전부 쓰면 로렌조 로마노 아메데오 카를로 아보가드로 디 콰레냐 에 체레토(Lorenzo Romano Amedeo Carlo Avogadro di Quareng e Cereto)이다. 1856년 7월 9일, 80세의 일기로 고향인 토리노에서 사망하였다.

x 10^{23})에 대한 정보를 제공하였다. 온도와 기압의 표준 상태에서 1 몰은 2.24 x 10^3 cm^3(22.4 L)를 차지한다.

7. 대기 구성 성분들의 양

[표 2-1]은 지상 80 km 미만의 지구 표준 대기 내에 존재하는 여러 가지 기체들의 체적 백분율을 보여 주고 있다.

질소와 산소는 대기 내에서 가장 많은 양을 가진 기체이다. 건조공기인 경우 그들의 총량은 약 99.03 %이다. 대기 기체 중 변량 기체의 하나인 수증기의 농도는 수증기가 자연적인 물의 순환의 일부분이기 때문에 시간과 장소에 따라 변화한다. 이산화탄소(CO_2)의 농도는 연 식생 주기와 연관되어 나타나는 주기적인 진동을 보여 준다. 대기 중의 이산화황(SO_2)의 양은 상층 대기로 유입되는 화산 폭발에 기인되어 변동될 것이다. 대기의 변량 기체들은 인공적인 산업 활동의 결과로서 대기 중에서 그 양이 변화한다. 예를 들면, 오존, 이산화질소(NO_2), 일산화탄소(CO)는 연료를 고온에서 연소시키는 자동차에 의해서 대기 중으로 방출된다. CO_2와 SO_2는 나무와 석탄을 태울 때 만들어진다. SO_2는 쉽게 삼산화황(SO_3)으로 산화된다. 습윤공기 내의 SO_3는 물과 반응하여 황산(H_2SO_4)을 만든다. 황산은 구름 내에서 수백 km까지 수송될 수 있다. 구름으로부터 이것이 제거될 때, 산성비가 내리는 것이다.

대기권에 존재하는 모든 기체들 중에서 산소, 자연적으로 생성된 오존, 수증기, 질소, 자연적으로 생성된 이산화탄소는 지구상의 생명체를 유지하는 중요한 기능을 가지고 있다. 만약 대기권 내에 산소가 없다면 질식하여 사망할 것이다. 만약 오존이 없다면, 우리는 햇볕에 타서 죽을 것이다. 물(수증기)이 없다면, 목말라 죽을 것이다. 이산화탄소와 질소가 없다면, 굶주려 죽을 것이다.

[표 2-1] 대기권을 구성하고 있는 영구 기체와 변량 기체들의 체적 구성비

영구 기체	기호	체적 구성비(%)	변량 기체	기호	체적 구성비(%)
질소	N_2	70.08	수증기	H_2O	0 ~ 4
산소	O_2	20.95	이산화탄소	CO_2	0.038
아르곤	Ar	0.93	메테인	CH_4	0.00018
네온	Ne	0.0018	아산화질소	N_2O	0.00003
헬륨	He	0.0005	일산화탄소	CO	0.00002
수소	H_2	0.00005	오존	O_3	0 ~ 0.00001
크립톤	Kr	0.00001	이산화황	SO_2	0.000001
크세논	Xe	0.000009	클로로플루오로카본	CFC_s	0.000002

8. 대기권의 탐사

1) 기상 연에 의한 관측

1749년 스코틀랜드 글래스고 대학교의 학생이었던 알렉산더 윌슨(Alexander Wilson, 1714 ~ 1786)[30]과 토머스 멜빌(Thomas Melville, 1723 ~ 1809)은 연을 가지고 최초의 날씨 실험을 행하였다. 그들은 상층 공기가 지면 근처의 공기보다 더 한랭한지 아니면 더 온난한지에 대해서 의문을 가지고 있었다. 그들의 실험은 연을 날리는 조정 기계를 필요로 하였다. 이 실험은 최초의 기구 비행보다 30년 앞선 것이고 기상기록계를 장착한 비행기에 의한 날씨 비행보다 150년 앞선 것이었다.

윌슨과 멜빌은 6개의 종이 연을 제작하였고 작은 온도계를 각각의 연에 매달았다. 연들이 지상에 충돌할 때 온도계가 깨어지는 것을 막기 위해서, 개개의 온도계를 헝겊 줄로 싸서 묶었다. 개개 꾸러미는 천천히 타는 퓨즈를 가지고 있었고 하얀 리본이 부착되어 있었다. 연에 꾸러미를 묶었던 실을 통하여 도화

30) 스코틀랜드 세인트 앤드류스에서 출생한 천문학자이다.

선이 타들어 감에 따라 하얀 리본은 아래쪽으로 향하는 하강 바람을 따라 나부꼈다. 이것은 과학적인 자료를 얻은 최초의 시도로 기록되고 있다.

윌슨과 멜빌의 실험은 성공적이었다. 그들은 그들의 연구를 발표하였다. 그러나 그들의 연구는 잉글랜드에서 1825년 윌슨 교수의 논문집이 발간될 때까지 70년 동안 간과되었다. 이 논문집은 2년 후인 1827년 미국에서 재출판되었다. 미국의 유명한 기상학자인 제임스 에스피(James Pollard Espy, 1785 ~ 1860)[31]는 그 자신이 연을 가지고 날씨 실험을 하던 도중에 윌슨과 멜빌의 연구 결과를 읽게 되었다.

이와 비슷한 시기에 잉글랜드의 북극탐험가인 윌리엄 패리(Captain Sir William Edward Parry, 1790 ~ 1855)와 조지 피셔(Reverend George Fisher, 1794 ~ 1873)가 2차 북극탐험을 수행하는 동안(1822 ~ 1823년), 그들은 북미의 북동 해안 밖에 위치한 이글루릭(Igloolik) 섬에서 연을 이용하여 날씨 관측을 하였다.

1835년 프랭클린 연 클럽(Franklin Kite Club)이 미국에서 결성되었다. 이 클럽은 과학 실험을 위해 연을 날리는 목적으로 1주일에 한 번씩 모임을 가졌다. 1841년 출판된 《폭풍의 철학(*Philosophy of Storms*)》의 저자인 에스피도 이 클럽의 회원이었다. 잉글랜드의 큐 관측소(Kew Observatory)의 프랜시스 로널드즈(Sir Francis Ronalds, 1788 ~ 1873)와 윌리엄 버트(William Radcliffe Birt, 1804 ~ 1881)는 1847년 6면을 가진 연을 개발하고 도르래 시스템을 이용하여 기상학자들이 연에 기상 측기들을 장착하여 올릴 수 있도록 하였다.

에스피의 연구, 프랭클린 클럽의 결성, 여러 기상학자들의 연을 이용한 연구는 약 10년 동안 전 세계의 과학자들을 자극했다. 그러나 불행하게도 날씨 기구의 발명과 사용으로 인하여 연에 의한 날씨 연구는 그 후 40년 동안 거의 빛을 잃게 되었다.

---

31) '폭풍의 왕'이라 불리는 제임스 에스피는 1785년 5월 9일 미국 펜실베이니아 주 웨스트몰랜드 카운티에서 태어나 1860년 1월 24일 오하이오 주 신시내티에서 사망하였다. 그는 1836년 폭풍의 대류 이론을 개발하였고 1941년 《폭풍의 철학》을 발간하였다.

영국의 기상학자인 에드먼드 아치볼드(Edmund Douglas Archibald, 1841 ~ 1913)는 1887년 연줄을 대신하여 고강도 피아노 줄의 사용을 도입하였다. 피아노 줄은 앞서 사용되었던 아마로 만든 연줄보다 강도는 두 배, 무게는 1/4, 가격은 1/2이었다. 그 전에는 철사 줄이 피아노 줄로 사용되었지만 아치볼드는 지상 360 m 상공의 바람을 측정하기 위하여 그의 연에 바람 측정계(wind meter)를 부착할 때 강철선을 사용하였다. 또한 아치볼드는 연에 카메라를 달아서 실험 결과에 신뢰를 얻게 되었다.

연을 이용한 날씨 관측의 전성시대가 도래하였다. 그러나 영국 기상학자들에 의해서 개발된 연 또는 1892년 미국의 기상학자인 알렉산더 맥아디(Alexander George McAdie, 1863 ~ 1943)[32]에 의해서 고안된 육면체 가변 연(hexagonal variation kite)들은 비교적 불안정하였고 증가하는 날씨 예보의 요구를 대처할 수 없었다. 이 당시 두 곳에서 거의 동시에 연의 개발이 이루어졌는데 그 중 하나는 1894년 미국의 윌리엄 에디(William Abner Eddy, 1850 ~ 1909)가 개량한 다이아몬드 모양의 연이었고 다른 하나는 1893년 오스트레일리아의 로렌스 하그레이브(Lawrence Hargrave, 1850 ~ 1915)[33]가 개발한 상자 모양의 연으로서 이들은 즉각 실용화되었고 과학 실험용으로 일반화되었다. 이때부터 20세기 중반까지 날씨 관측용 연 띄우기는 생기 넘치고, 왕성하고, 지속적으로 이루어졌다.

---

32) 1863년 8월 4일에 출생하여 1943년 11월 1일에 사망하였다. 미국의 기상학자로 고층 대기 조건의 탐사에 연을 사용한 선구자이다. 대학을 졸업한 후, 1882년 육군무선통신대(the Army Signal Service)에 입대하였고 뒤이어 미국 기상국에 민간인으로 입사하였다. 맥아디는 대기 전기와 오로라 현상과의 관계를 연구하였고 대기 중과 지상 모두에서 위험한 번개에 대해서 기술하였다. 그는 기상학에서 사용되는 단위는 미터법으로 표준화되어야 한다고 믿었다. 맥아디는 미국 지진학회의 창시자이고 시에라네바다 산맥에 있는 맥아디 산(13,799 ft)은 그의 이름을 따서 지어진 것이다.

33) 항공 선구자이자 발명가인 로렌스 하그레이브는 1850년 1월 29일 잉글랜드 그리니치에서 태어나 1915년 6월 6일 사망하였다. 1877년 오스트레일리아로 이주하여 뉴사우스웨일스(New South Wales; NSW) 주의 왕립 학사원의 회원으로 선출되었다. 1878년 시드니 천문대에 천문관측자로 들어가 1883년까지 근무하였다. 그 후 인간이 하늘을 날 수 있도록 비행기 개발에 여생을 바쳤다.

윌리엄 에디는 1890년 온도계를 달고 올라가는 다이아몬드 모양의 연의 행렬을 사용하기 시작하였다. 그러나 그는 곧 그것들의 한계성에 실망하게 되었다. 그 때 에디는 남태평양 원주민이 수백 년 동안 사용하던 이물을 단 연에 대해서 소문을 듣게 되었는데 비록 그가 아직까지 한 번도 본 적이 없는 연이긴 하지만, 그러한 연을 재현하기 위해서 그는 여러 가지 형태로 실험을 하였다. 그는 1893년 두 가지 큰 문제를 해결할 수 있었다. 에디는 1893년 시카고에서 열린 세계 박람회(World's Fair)에서 일본 고유의 연을 보았다. 그는 또한 남아프리카의 한 남자에게서 편지 한 통을 받았는데, 그 편지에는 그 남자가 인도네시아로부터 귀환하던 도중에 한 상인에게서 들은 연에 대한 설명이 담겨 있었다. 이런 새로운 정보로 무장한 윌리엄 에디는 말레이시아 연을 채택하여 동일한 규격으로 변형시키고 횡단 막대를 휘게 만들었다. 프랑스에서도 연의 디자인을 향상시켜 간단하고 가벼운 연을 만들었고, 측기에는 자기 기록 장치를 개발함으로써 연을 이용한 날씨 관측을 꽃피우게 되었다.

1894년 8월 동안 윌리엄 에디는 그가 고안한 연의 효율성을 증명하기 위해서 보스턴에 소재한 블루 힐 기상관측소(Blue Hill Meteorological Observatory; 〈그림 2-4〉)[34]에 그의 연을 가지고 갔다. 애보트 로취(Abbott Lawrence Rotch, 1861 ~ 1912)는 개인적으로 매사추세츠 주 밀턴에 블루 힐 관측소를 운영하고 있었다. 8월 4일 에디는 연을 이용하여 기온을 자동으로 기록하는 초기 모델을 제작하였다. 그날 에디가 개량한 총면적이 9 m^{2}인 5개의 연이 1.13 kg의 무게를 지닌 측기를 가지고 약 420 m 상공까지 올라갔다. 다음 해에도 에디는 행렬을 이룬 연을 사용하여 측기를 올리기 위해서 블루 힐 관측소를 이용하였다.

그러나 하그레이브의 상자 연이 날씨 연구에 더욱더 적절하다는 사실이 밝혀지게 되었다. 사실 윌리엄 에디 자신도 1893년 12월 하그레이브에게 편지를 써서 그의 날씨 실험에 상자 연을 사용할 수 있도록 요청하였다. 1895년부터

34) 대기의 연구와 측정을 위한 사설 과학 센터로, 애보트 로취에 의해서 1885년 보스턴 근교에 설립되었다. 이곳에서는 많은 선도적인 날씨 실험과 발견이 이루어졌다.

블루 힐 관측소와 미국 기상국(U.S. Weather Bureau)[35] 모두에서 30년 이상 계속하여 기상 연구에 상자 연을 사용하였다.

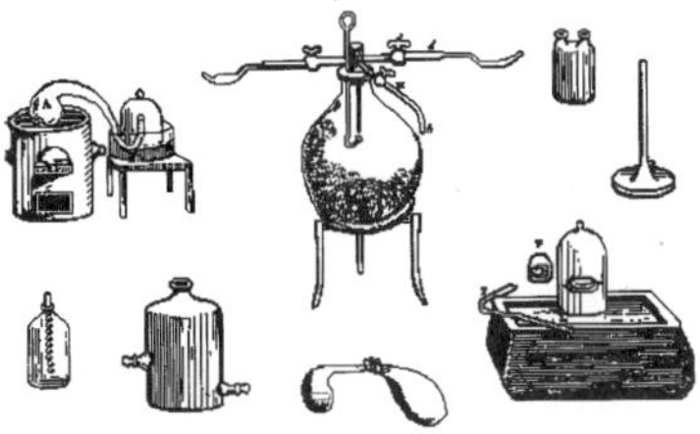

〈그림 2-4〉 초기 화학 실험에 사용된 기구들

1898년 4월 27일 최초의 기상국의 연이 캔자스 주 토페카(Topeka)에서 올려졌다. 그 이듬해인 1899년, 기상국은 날씨 측정 장비를 약 300 m 상공에 안정적으로 올리기 위해서 연 띄우는 시스템을 새롭게 개발했다. 그것은 주된 연줄에 약 60 m 간격으로 상자 연을 부착하는 방식이었다. 한편, 상공에 띄운 연을 조절하려면 강력한 육상 동력이 필요했는데, 증기로 작동되는 튼튼한 윈치를 사용함으로써 1896년부터는 그러한 동력 공급이 가능하게 되었다. 이 윈치는 윌리엄 톰슨(Sir William Thompson, 1821 ~ 1907)이 심해 탐사용으로 개발한 기계를 변형한 것이다. 윈치 줄의 길이는 약 12,000 m이고 굵기는 약 0.76 cm로서 2,400 m 간격으로 꼬아 이었다. 연줄에 가해지는 힘을 측정하기 위해서 윈치 줄에 검력계(dynamometer)를 부착하였다.

연이 기상 연구에 사용될 수 있었던 것은 그 당시 미국 기상국의 2명의 책임자의 안목과 열정에 의한 것이었다. 기상국의 책임자인 찰스 마빈(Charles Frederick Marvin, 1858 ~ 1943)은 17개의 연 관측소를 개설하여 정규적인 날씨 관측에 연이 이용되도록 하였고, 윌리스 무어(Willis Luther Moore, 1856 ~ 1927)는 1890년대 초반에 행렬을 지운 연의 사용을 장려하였다. 이 두 사람은 대기를

35) 1967년에 National Weather Service(NWS)로 이름이 바뀌었다.

탐사하는 데 연의 사용을 권장한 연 옹호자였다. 또한 마빈은 자기기상계(meteorograph)를 고안하여 1896년에 이를 완성하였다. 연을 이용하여 고도에 따른 기온, 풍속, 습도, 기압 등을 측정하는 데 자기기상계가 사용되었다(〈그림 2-5〉).

〈그림 2-5〉 찰스 마빈이 고안한 자기기상계(위 그림)와
이것을 부착한 하그레이브의 상자 연(아래 그림)

마빈이 21년간(1913 ~ 1934) 미국 기상국의 책임자로 있는 동안, 날씨 관측을 위한 연의 이용은 정밀한 과학으로 자리 잡게 되었다. 연 디자인, 사용된 재료, 띄우는 방법과 내리는 방법, 띄우는 장소, 작동 방법에 대한 상세한 내용들이 정부 문서에 기록되어 있다.

날씨 관측에는 3가지 다른 크기의 연이 사용되었다. 그것들은 강한 바람용 연(48 km/h 이상), 중간 바람용 연(19 ~ 48 km/h), 약한 바람용 연(13 ~ 16 km/h)으로 분류된다. 기상국에서는 1933년까지 중간 바람용 연이 사용되었다.

미국 기상국이 성장함에 따라, 그들은 고도에 따른 날씨 기록으로부터 정확한 정규적인 보고를 얻을 수 있는 정기적인 실험으로 관심을 돌렸다. 이 실험은 날씨에 관계없이 거의 매일 연을 띄웠다는 것을 의미한다. 겨울 동안에는 실험에 사용된 연을 되감기 전에 연줄에서 얼음과 서리를 제거하였다. 또한 연줄로 사용된 피아노 줄은 녹이 스는 것을 방지하기 위해서 정기적으로 기름을 칠하였다. 이러한 확실한 유지 보수로 인하여 연을 띄우는 것 자체가 낭만적인 작업이란 생각을 가지도록 하였다.

연과 기구에 측기를 매달아 관측하는 상층 관측에 관한 국제 프로그램이 독일의 기상학자 휴고 폰 헤르게젤의 주도로 1896년부터 시작되었지만 영국은 이를 무시하였다. 그러나 영국 기상대 대장인 윌리엄 쇼는 윌리엄 다인스, 찰스 케이브와 같은 자원 봉사자들을 이 프로그램에 참석하도록 도와주었다. 1904년 헤르게젤 교수는 프린세스 엘리스 Ⅱ(Princess Alice Ⅱ)라는 배 위에서 4,500 m 상공까지 연을 띄워 대기 상태를 측정했는데, 이것은 해상에서 연을 띄워 상층 대기를 연구한 최초의 실험이었다.

20세기가 시작되었을 때, 많은 유럽과 미국 기상국에서는 날씨 연구에 연을 이용하고 있었다. 1902년 잉글랜드의 기상학자인 윌리엄 다인스는 그의 동료인 윌리엄 쇼[36]와 함께 정부로부터 재정 지원을 일부 받아 개인적으로 연 실험을 수행하였다. 영국 최초의 연 관측소가 스코틀랜드 서쪽 해안가인 크리넌(Crinan)에 설치되었다. 바람이 강하지 않은 날을 택하여 다인스와 쇼는 바다에서 연 관측을 위해서 증기 예인선을 이용하였다. 후에 해군 함정들은 이들의 방법을 채택하였다. 그들은 또한 옥스쇼트(Oxshott)와 파이턴 힐(Pyrton Hill)에서도 연을 이용하여 날씨 관측을 하였다.

미국의 경우, 미국 기상국과 블루 힐 관측소 같은 사설 연구소에서는 연 실험에 하그레이브의 상자 연을 이용했다. 반면 러시아 과학자들은 사각형으로 구분된 상자 연 대신 바람에 직면하는 부분은 곡선으로 된 반원형 연을 만들었다. 영국의 연은 다이아몬드 모양이고 대부분 그 표면적이 2.7 ~ 7.2 m^2였다.

---

36) 잉글랜드 버밍엄에서 출생하여 케임브리지 임마누엘 칼리지를 졸업하였다. 1900 ~ 1920년 동안 영국 기상대 대장으로 재임하였고 36대(1918 ~ 1919) 영국 왕립기상학회장을 역임하였다. 381편의 논문을 발표하였다.

날씨를 관측하고 모니터하는 연 관측소들은 미국과 유럽의 여러 곳뿐만 아니라 1902년에는 유틀란트 반도(Jutland)[37], 1903년에는 스코틀랜드 국립 남극 탐험대, 1905년에는 인디아, 1907년에는 이집트에 설립되었다. 또, 유럽에서 연을 띄우기 위한 최초의 영구 정부 설치 관측소가 덴마크의 최북단에 위치한 비보르크(Viborg)에 세워졌다. 덴마크, 스웨덴, 프랑스 정부는 관측소 설치에 대해 자문을 해 주고 사람을 보내 협력하였다.

오늘날에는 날씨 관측소에서 연을 가지고 날씨 실험을 수행하는 경우는 드물다. 그러나 예외적으로 콜로라도 주립 대학교의 관측소에서는 연을 이용하여 아직도 날씨 실험을 한다.

2) 기구에 의한 관측

1783년 6월 5일, 프랑스 남부의 작은 시골 마을 앙노네(Annonay)에서 종이 제조업자인 형 조제프 미첼(Joseph Michel Montgolfière, 1740 ~ 1810)과 동생 자크 에티엔(Jacque Etienne Montgolfière, 1745 ~ 1799) 몽골피에 형제가 종이로 만든 열 공기(hot-air) 기구를 발명하였다. 그해 7월 몽골피에 형제는 앙노네에서 무인 열기구로 최초의 실험을 단행하였다. 또한 그들은 9월 19일 파리의 베르사유에서 열 공기 기구에 바구니를 매달아 닭, 양, 오리 등을 싣고 8분 동안 2.4 km를 비행하는 최초의 무인 비행을 성공하였다. 그리고 그들은 11월 21일 프랑스 파리에서 열 공기 기구에 두 명[38]을 태우고 900 m 상공을 20분 동안 비행하는 역사적인 유인 비행을 이루어 냈다.

몽골피에 형제의 열 공기 기구 소식이 파리에 전해지자, 프랑스 과학 아카데미는 자크 샤를에게 기구에 필요한 기체를 발명하도록 요청하였다. 샤를은 수소가 열 공기보다 기구를 띄우는 데 훨씬 더 좋은 기체라는 것을 알게 되었다.

---

37) 독일 북부의 반도로, 덴마크가 그 대부분을 차지하고 있다.
38) 피라들 데 로제(Jean Francois Pilatre de Rozier)와 마르키스 다란드(Marquis D'ardandes)이다.

친구인 니콜라 루이(Nicholas-Louis Robert, 1760~1820)와 안 장(Anne-Jean Robert, 1758~1820) 로베르 형제의 도움을 받아, 1783년 8월 27일, 그는 샹드마르스(Champs de Mars; 현재의 에펠 탑 근처)에서 많은 파리 시민들이 지켜보는 가운데 직경이 4 m에 달하는 그의 첫 번째 기구를 하늘에 띄웠다. 기구는 비단으로 만들어진 것으로, 내부는 수소를 보존하기 위해서 표면에 가죽 용액을 발랐다. 500 kg의 철 조각에 225 kg의 황산을 부어 만든 수소 기체는 9 kg 무게의 물체를 들어올리기에 충분한 양이었다. 오후 5시, 출발을 알리는 대포가 발사되었다. 작은 기구는 상승하였고 곧이어 북쪽으로 사라졌다. 말을 탄 사람들이 기구를 쫓았다. 약 45분 후 기구는 914 m 가량을 상승한 뒤 고네스(Gonesse; 현재 샤를 드골 공항 근처) 부근 작은 마을의 들판에 내려앉았다. 그런데 기구를 보고 놀란 농부들이 그것을 파괴해 버렸다. 12월 1일, 자크 샤를과 니콜라 로베르는 새로 제작된 '라 샤를이엘(*La Charlière*)'호라는 수소 기구를 타고 약 514 m 높이까지 올라가 파리 상공을 2시간 동안 비행했다. 이로써 그들은 수소 기구로 비행을 한 최초의 사람이 되었다. 그 이후의 비행에서 샤를은 거의 3,000 m 높이까지 도달하였다. 이것은 그를 대중적인 영웅으로 만들었고, 루이 16세(Louis XVI, 1754~1793) 왕은 루브르(Louvre) 궁전으로 샤를의 연구실을 옮기도록 요청하였다.

한편, 잉글랜드에서는 미국 의사인 존 제프리스(John Jeffries, 1745~1819)와 프랑스의 기구 조종사인 프랑수아 블랑샤르(François Jean Pierre Blanchard, 1753~1809)에 의해 보다 더 야심적인 기상 연구 비행이 이루어졌다. 1784년 11월 30일 오후 2시 34분, 런던의 그로스버너 광장 부근에서 이륙한 수소 기구는 다트포드(Dartford)까지 29 km의 긴 거리를 1시간 21분 동안 비행했다. 이 비행을 통해 제프리스는 지상에서 11 ℃인 기온이 2.7 km 상공에서는 −2 ℃가 되는 것을 관측하고, 높이가 상승함에 따라 기온은 감소한다는 것을 알아냈다. 기구 비행을 통한 이러한 사실의 발견은 샤를도 마찬가지였다. 제프리스가 높이에 따라 기압이 일정하게 감소한다는 것을 기록하는 동안, 그는 습도의 변동도 뚜렷하게 나타날 것이라 예상하였다. 1785년 1월 7일, 이들은 수소 기구를 이용하여 영불해협을 횡단하였다.

기상학적인 목적으로 더 많은 기구상승이 다음 세기에도 이어졌다. 1804년 8월 27일, 두 명의 프랑스 과학자인 비오와 게이뤼삭은 최초의 과학 르네상스를 위하여 수소를 채운 기구를 타고 파리 상공으로 올라갔다. 게이뤼삭과 비오는 약 7 km 높이까지 비행하였고 공기의 특성에 관해서 관측했다. 그들은 비행에 동물도 데려갔는데 그 동물이 높이에 따라 어떤 행동을 보이는지를 주의 깊게 관찰했다. 또한 그들은 상층 공기를 분석하기 위해서 공기 샘플을 채집하였다. 그것들을 분석하여 대기의 조성은 높이에 따라 변하지 않는다는 결론을 얻었다. 즉 질소와 산소의 비율 면에서는 상층의 공기나 지상의 공기가 다르지 않다는 것을 알았다. 공기는 그것을 구성하는 성분의 비가 높이에 따라(80 km까지) 항상 일정한 혼합물임을 처음으로 인식한 것이다. 게이뤼삭은 혼자서 이런 비행을 반복하여 3주 후 플라스크에 공기 샘플을 담아 왔다. 그는 높이에 따라 온도가 어떻게 변화하는지도 관측하였다.

1843년 영국학술협회는 상층 공기의 실험적인 관측을 시작하였지만 몇 년 동안 그 결과는 만족스럽지 못하였다. 수소를 채운 기구 부양 방법이 1852년 큐 기상대의 존 웰시(John Welsh, 1824 ~ 1859)에 의해서 새로이 시작되었다. 그는 그리니치 천문대에서부터 글레이셔를 따라온 사람 중의 한 명인데, 산의 정상에서보다 더 높은 곳에서 구름을 조사하고자 하는 그의 욕망이 이루어지게 된 것이다. 1862년 노련한 기구 조종사인 헨리 콕스웰(Henry Coxwell, 1819 ~ 1900)은 과학 탐사를 위해서 '맘모스(*Mammoth*)'란 특수한 기구를 제작하여 글레이셔에게 함께 관측할 것을 제안하였다. 이륙 장소로는 울버햄튼(Wolverhampton)이 선정되었는데 그 이유는 그곳이 기구 조종사가 바다에 빠지는 위험을 최소화할 수 있는 지점이었기 때문이다.

제임스 글레이셔는 1862년부터 1866년까지 총 28회의 기구 상승을 시도했다. 이 중 일부는 요금을 받고 사람을 태워 수정궁(Crystal Palace)과 여러 곳을 구경시켜 주기 위함이었고, 일부는 오직 콕스웰과 함께 대기를 관측하는 것이 목적이었다. 영국학술협회는 한 번에 50 파운드를 지불하였다. 기구 상승의 주된 목적은 기온과 습도의 감소율을 측정하는 것이었다. 이러한 상승은 기상학과 기구 조종술 역사에 모두 유명하다. 첫 비행에서 그는 대류권 중간에 형성되어 있는 역전층을 만났고 1862년 9월 5일의 비행에서는 약 11,200 m 상공까지 도달한 후 정신을 잃기도 하였다. 또한 연직 바람 시어를 만나기도 하였지만 19세기의 기술수준으로는 이를 정량적으로 측정할 방법이 없었다. 그 결과들은 『영국학술협회 보고서(Reports of the British Association)』를 통해 자세하게 소개되었고 기구 상승에 관한 내용은 1871년 영어판으로 편집한 《공기 속으로의 여행(*Travels in the air*)》이란 책에 기술되어 있다.

그러나 기구 상승에서 관측된 눈금을 전적으로 신뢰할 수는 없었다. 온도계가 자칫 직사광선에 노출되기 쉬웠기 때문에 온도 값을 더 효과적으로 얻는 방법에 대해서 연구하기 시작하였다. 더 나아가, 19세기 말엽에 개발되고 있던 종관 날씨 예보 방법에 사용될 만큼 탐측이 충분하게 이루어지지 않았고 또한 광범위하게 이루어지지 않았다.

1887년 독일의 기상학자인 리하르트 아스만(Richard Assmann, 1858~1918)은 온도와 습도 값을 더 정확하게 얻기 위해서 통풍 건습계(aspirated psychrometer)를 발명하였고 뒤따라 더욱더 신뢰성 있게 기록하기 위하여 휴고 폰 헤르게젤은 보쉬-헤르게젤(Bosch-Hergesell) 자기기상기록계를 고안하여 온도와 습도뿐만 아니라 기압도 기록하도록 하였다. 1894년 아스만은 독일 베를린, 러시아 상트페테르부르크, 스웨덴 예테보리(Göteborg)에서 동시에 기구 상승을 실시하여 최초의 상층 대기 관측소 망을 구축하였다.

거의 같은 시기에 아스만이 지휘하고 있던 로열 프로이센 기상연구소(Royal Prussian Meteorological Institute)의 특별부서가 상층 대기 연구에 전념하였고 이런 과정에서 린덴베르크(Lindenberg)에 독립 연구소로서 고층 대기 관측소(aerological observatory)가 설립되었다. 이 관측소는 상층 대기의 연구, 연과 기구 탐측을 위한 기구 개발, 후에는 비행기 상승을 위한 연구로 유명한 연구 센터가 되었다.

3) 글라이더에 의한 관측

1926년 독일 다름슈타트 공과대학(Darmstadt Technical University)의 비행 기상학 교수인 발터 게오르기(Walter Georgii, 1888 ~ 1968)는 정상파(standing wave), 열기포(thermal), 적란운을 연구하기 위해서 글라이더를 이용한 연구 비행을 결성하였다. 우르술라 비베크-피엘스틱케르(Ursula Vieweg-Pielsticker) 박사는 최초의 날씨 조종사 중의 한 사람이었다. 초기에는 기상기록계를 사용하여 열기포에 대한 전국 단위의 정량적인 자료를 얻었고 이후에는 4개의 기록 장치를 가진 정밀한 기록 장치(Askania-Vierfach-Schreiber)를 연구에 사용하였다. 1929년 바제르큐페(Wasserkuppe)[39] 경연대회에서 오스트리아의 조종사인 로베르트 크론펠트(Robert Kronfeld, 1904 ~ 1948)는 그의 글라이더 '바인(Wein)'[40]호에 기상기록계를 장착하여 적란운과 관계되는 폭풍 전선을 따라 비행하여 143 km라는 비행거리 세계 신기록을 달성하였다. 다른 기상학 연구 비행의 성과를 살펴보면, 상승 기류에서는 30 $m \cdot s^{-1}$의 속력을 최초로 달성하였고 뇌우 구름 속의 하강 기류 지역에서는 15-20 $m \cdot s^{-1}$의 속력을 달성하였다.

바제르큐페 경연대회에서 얻은 경험을 바탕으로 발터 게오르기 교수는 더욱 광범위한 기상 연구를 수행할 수 있는 더 큰 세일플레인(sailplane)[41]의 건조를 요청하였다. 그 결과 알렉산더 리피슈(Alexander Martin Lippisch, 1894 ~ 1976)와 그의 팀은 목적형 글라이더인 '오프스(Obs)'호를 고안하였다. 이 글라이더에는 조종사 이외에도 고층 대기를 기상측기로 관측하는 관측자가 동승

---

39) 'water peak' 또는 'water hilltop'이란 뜻이다.
40) 'Vienna'란 뜻이다.
41) 익면하중(비행기의 무게를 날개 면적으로 나눈 무게)이 작은 글라이더.

하도록 되어 있었다. '오프스'호는 1932년 바제르큐페 경연대회에 처음으로 등장하였고 다음 해부터 다름슈타트에서 연구 비행을 위해 널리 사용되었다. 1934년 '오프스'호는 소링(Soaring)[42]에 관한 기상 콘퍼런스가 열린 뮌헨으로 옮겨졌다.

글라이더는 대기 역학을 탐사하는 데 이용할 수 있는 비교적 간단하고 비싸지 않은 비행 수단이다. 글라이더는 엔진에 의한 요란이 전혀 없기 때문에 상층 대기 연구용으로 가장 적절한 수단이라는 것이 증명되었다. 그러나 동력을 가진 비행기도 상층 대기 연구 분야에서 제외할 수 없었다. 연구 수단으로서의 세일플레인을 가장 성공적으로 응용한 것 중의 하나는 그것을 에어로플레인(aeroplane)과 조화시킨 것이다. 에어로플레인이 세일플레인을 싣고 고공으로 올라가 세일플레인을 활공시키면 그것은 임의의 높이에서 자유 비행으로 상층 대기를 관측하게 된다.

최근에 개발된 연구 수단 중에서 괄목할 만한 또 다른 것은 기내에 들어갈 수 있는 작은 동력 엔진을 장착한 매우 정교한 세일플레인이다. 이 글라이더는 스스로 출발할 수도 있을 뿐만 아니라 조종사가 임무를 마치고 안전하게 지상으로 내려앉을 수 있다. 더 나아가 기압, 온도, 습도 및 다른 고층 변수들을 측정하기 위한 기상 센서에 지구 위치 시스템(Global Positioning System; GPS)을 이용한 장비들은 글라이더의 비행경로를 따라 완벽하게 재구성된 대기 조건을 분석할 수 있도록 한다.

4) 경항공기에 의한 관측

20세기 초반 동안, 공기보다 더 무거운 물질로 만든 기계장치의 고안과 시연이 개선됨에 따라, 리하르트 아스만은 상층 대기 탐측에 항공기를 이용하는 것을 제안하였고 1911년에 항공기 디자이너인 아우구스트 오일러(August

42) 글라이더 따위로 상승 기류를 이용하여 나는 것.

Heinrich Euler, 1868 ~ 1957)를 자극시켜 상층 대기 연구용 항공기의 기관을 개량하도록 하였다. 그 다음 해, 폰 히데센(von Hiddessen) 대위는 기상기록계가 설치된 오일러의 단엽비행기를 프랑크푸르트 암 마인에서 이륙시켜 1,100 m 상공까지 올라가면서 기압과 온도를 기록하였다. 비록 엔진 진동으로 측기 눈금이 다소 불안정한 자국을 남겼지만, 아스만은 이것을 시도해 볼 가치가 있는 것으로 간주하고 만약 아주 안정적으로 측기를 설치할 수 있는 거치대가 개발된다면 이런 방법이 합당하게 될 것이라 생각하였다. 아스만과 마찬가지로 헤르게젤도 항공기를 이용한 고층 대기 연구가 곧 가능해질 것이라 생각하여 1913년 이런 목적에 투입될 조종사로서 쿠르트 베게너(Kurt Wegener, 1878 ~ 1964)를 훈련시키기 시작하였다.

비록 제1차 세계대전이 고층 대기 연구의 개발을 지연시켰다 하더라도, 양측 모두 퇴보하지 않고 발전하였다. 예를 들면, 1916년 영국의 찰스 더글러스 대위는 영국비행단(Royal Flying Corps) 조종사로 프랑스에서 복무하는 동안 상층 대기 온도를 기록하고 구름을 관측하여 사진을 찍었다. 그는 그 후 항공기 상승에 참가하였다. 그 다음 해, 독일 할레 대학교의 대기물리학 교수인 알베르트 비간트(Albert Wigand, 1882 ~ 1932)는 기상기록계를 군사정찰기에 장착하기 시작하였다. 이것은 독일 육군 기상대가 날씨 비행의 가치에 대해 확신을 갖는 계기가 되었다.

1919년 독일 항공기 설계자인 휴고 융커스(Hugo Junkers, 1859 ~ 1935)는 데사우(Dessau)에서 동체 전체가 금속으로 된 최초의 비행기인 Ju F 13을 제작하였다. 비간트는 융커스가 항공기 상승의 아이디어에 관심을 갖도록 하여, 그 다음 해에 마침내 융커스의 비행기로 최초의 날씨 비행이 이루어졌다. 또한 1921년에는 비무장의 전투기 몇 대가 날씨 비행을 위해서 차출되었다. 독일과 거의 동시에 영국에서도 영국 공군에 의해 최초의 날씨 비행이 행해졌는데, 1920년대 동안 연 200회 이상의 항공기 상승이 앤도버(Andover), 덕스퍼드(Duxford), 판버러(Farnborough)와 같은 공군기지에서 이루어졌다.

매일 날씨 비행 스케줄은 린덴베르크 고층대기연구소와 함부르크 독일 해군 기상대(Deutsche Seewarte)에서 구축되었다. 휴고 폰 헤르게젤 휘하의 고층대기 연구소에는 구르트 베게네와 슈나이더(Schneider)가 비행사로 있고, 독일 해군 기상대에는 풀스뷰텔(Fuhlsbüttel) 비행장으로부터 비행하는 로베르트 푀르스테르(Robert Förster)가 있었다. 풀스뷰텔 기지는 독일 최초의 지역 날씨비행관측소(Wetterflugstelle 또는 WeFlugSt)가 되었다. 1929년 4곳의 지역 날씨비행관측소인 함부르크, 다름슈타트, 쾨니히스베르크, 뮌헨에서 날씨비행이 가동되었다. 베를린, 브레스라우, 쾰른, 프랑크푸르트를 포함한 여러 관측소들이 1930년대 초반 관측 망으로 합류하였다. 기상기록계를 장착한 이러한 지역 날씨비행관측소의 비행기는 매일 적어도 5,000 m 상공까지 상승하는 비행 스케줄이 잡혀 있었다. 그리하여 1930년대 중반 프랑크푸르트 기상학교의 리하르트 쉐르하크(Richard Scherhag, 1907 ~ 1970) 교수는 이러한 비행을 통해 얻은 자료와 고층 대기의 직·간접 보고서들을 바탕으로 500 hPa(5,400 m)의 순환 패턴을 작성할 수 있었다. 상층 대기 분석에서의 이러한 선도적인 작업은 그때 당시 아직 제트류로 명명되지 못한 것에 대한 지식을 제공하여 그 이해를 돕는 등 종관 기상학 분야의 주요 발전을 이룰 수 있게 하였다.

전쟁 기간 동안에는 매일, 종관 기상 분석을 위해 지상과 상층대기관측소로부터 국제적인 기준의 보고를 받기 시작하였다. 그러나 전시 상황하에서 관측자료의 많은 부분이 제대로 입수되지 못하였고, 이 때문에 1930년대 후반 독일에서는 대체 자료원을 고려하게 되었다. 예를 들면, 독일 항공부는 1938년 베를린과 가토우(Berlin-Gatow) 간에 장거리 날씨정찰편대의 결성을 명령하였다. 이 편대를 운용하는 훈련에서 톱니 모양의 비행 프로파일과 같은 새로운 방법들이 도입되었다. 이런 유형의 비행에서 고도는 비행경로 방향의 수평 날씨조건에 상층전문(TEMP)과 지상 전문(OBS)을 함께 얻기 위해서 여러 번 변화하였다.

정치적인 상황이 나빠짐에 따라, 더 나은 날씨정찰 부대(Met Recce)의 결성이 준비되었다. 공군 기상대(Luftwaffen-Wetterdienst) 내에 새로 창설된 장거리 날씨정찰편대는 모든 날씨정찰부대 발달에 핵심이 되어, 특수 장비가 장착된 비행기뿐만 아니라 경험과 훈련을 겸비한 중대(Staffel) 규모의 새로운 부대를 만들 수 있도록 하였다. 이러한 새로운 날씨정찰편대(Wekusta 또는 Westa)는 새로 창설된 공군기단사령부에 배속되었다. 모든 날씨 장비들은 정찰 비행기를 개조한 쌍발엔진 폭격기 'Do 11'과 'He 111'에 장착되었다. 'Fw 58 Weihe', 'Ju W 34', 'Ju 52'와 같은 일부 구형 항공기도 비행 훈련과 연락 비행에 사용되었다. 1940년 6월 프랑스 함락과 영국제도 부근의 해상지역의 날씨비행 출격으로 만들어진 날씨정찰편대의 전문에 뒤따라, 영국공군과 그 후 미국공군에서도 또한 독일과 비슷한 날씨정찰편대의 창설 단계와 비슷하게 이루어졌다. 이런 경우 독일과 연합국 날씨 비행기와 겹치는 경우도 있었다.

제2차 세계대전이 끝난 후, 전통적인 자료원들이 다시 날씨 보고를 해 옴에 따라, 날씨정찰편대도 해산되었다. 그 결과 앞서의 상층 전문이 계속되지 못하였고 고층 대기 관측은 초기 측풍 기구(pilot ballon)와 라디오존데 부양에 제한을 가하였다. 위성관측의 진보로 인하여 항공기에 의한 날씨 관측은 특별한 연구 프로젝트에서만 이루어지게 되었다.

1962년 뮌헨 남쪽 교외의 오베르파펜호벤(Oberpfaffenhoven)에 소재한 독일 항공 우주국(Deutsche Zentrum für Luft- und Raumfahrt; DLR)에 대기물리 연구소(Institut für Physik der Atmosphäre)가 창설되었다. 그것의 초기 역할은 고층대기 연구를 촉진하는 것이었다. 오늘날 'Dassault Falcon 20E 5', 'Dornier Do 228'과 같은 고성능 항공기는 DLR이 기초한 전 세계 고층대기 연구 프로젝트의 수단으로 사용된다. 이러한 항공기는 대류권과 성층권 하부에서 일어나는 대기 변수들을 감지, 관측, 평가하는 기계들이 장착되어 있으므로 그 기계들을 이용하여 고층 대기를 연구하는 임무를 수행한다. C-130 헤르쿨레스(Hercules)와 같은 특수 제작된 영국 항공기 또한 기상 연구 비행에 사용된다.

5) 라디오존데에 의한 관측

시간이 지남에 따라 무인 기구 탐측(sounding)은 상층 대기를 안전하게 측정하기 위한 정규적인 방법으로 자리 잡게 되었다. 표준 측정 시스템은 헬륨 또는 수소 기구와 라디오존데(radiosonde)라 불리는 측기 꾸러미로 구성되어 있다.

제2차 세계대전 무렵에는 측기를 비행기에서 낙하시켜 측기가 내려오면서 높이에 따른 기온 변동을 알 수 있도록 하였다. 이들 '낙하존데(dropsonde)'는 여전히 일기도 상에 기상 변수들을 기입하므로 이들 자료를 사용하기 위해서는 실제 사용할 수 있는 자료로 복원시켜야만 하였다.

제2차 세계대전 후, 비교적 가볍고 값이 싼 라디오존데를 이용하여 저렴하게 라디오 원격 측정을 할 수 있게 되면서 정규적인 대기 탐사가 가능하게 되었다. 첫째, 이들 측기로부터 송신되는 라디오 신호는 실시간으로 종이 위에 직접 기입되도록 해야만 한다. 둘째, 수신된 자료로부터, 유의 기압 고도의 지오퍼텐셜 고도를 계산하는 것이 가능해야만 한다. 측기가 개량됨에 따라, 대기 프로파일을 자동으로 기입하는 것이 가능해졌고 후에는 컴퓨터가 중요 지점을 선별하여 자동적으로 상층 전문으로 만들도록 하였다. 이 전문은 세계기상기구에 의해서 국제적으로 통용되도록 고안된 코드이다.

라디오존데는 기압, 기온, 습도를 측정하고 이들 자료를 전파를 통하여 지상 수신소에 전달하면서 30 km까지 상승할 수 있다. 라디오존데는 세계기상기구(WMO)의 정규 국제 프로그램을 통하여 전 세계 950개의 관측소에서 하루 두 번 올려진다.

라디오존데와 기상 로켓을 이용한 연구를 통해, 지구 대기는 온도 구조에 따라 여러 층으로 나눌 수 있음이 밝혀졌다. 대류권은 대기권에서 가장 낮은 곳에 위치하고 두께도 제일 얇지만 밀도가 가장 높은 층이다. 그 위의 층인 성층권은 오존층이 태양복사를 흡수하기 때문에 높이에 따라 기온이 증가한다.

대류권과 성층권 사이의 전이 층을 대류권 계면(tropopause)이라 한다. 기상학자들은 성층권의 높이가 50 km라는 것을 알고 있다. 성층권 위의 전이 층을 성층권 계면(stratopause)이라 부른다. 이 층 위를 중간권(mesosphere)[43]이라 하며 80 km까지 확장된다. 중간권은 높이에 따라 기온이 감소하며 여기서는 대부분의 운석들이 타게 된다. 중간권 위의 전이 층을 중간권 계면(mesopause)이라 부른다. 이 층 위의 층을 열권(thermosphere)[44]이라 하는데, 열권 내에서는 태양 에너지가 기온(즉, 공기 분자들의 운동)을 높인다. 이 고도에서 공기의 밀도는 사실상 영이다. 그러므로 옥외 온도계는 그러한 높이에서는 작동하지 않는다.

6) 레윈존데 관측

제2차 세계대전은 상층 대기 자료에 대한 요구를 증대시켰고 라디오존데 부품 개발과 관측망의 성장을 가속화했다. 더군다나 기술의 발전으로 전파 방향 탐지 기술 즉 전파 경위의 기술을 이루어 라디오존데가 올라가는 도중에도 전파를 추적할 수 있어 상층 바람 자료를 쉽게 얻을 수 있게 되었다. 이러한 관측은 레윈존데(rawinsonde) 관측으로 알려지게 되었다. 상공으로 올라가는 라디오존데를 추적하기 위한 장치인 초기의 전파 경위의는 사람 손으로 조작되었다. 그러나 1950년대에 자동 전파 경위의(Automated radio-theodolites; ART)가 보급되어 자동으로 라디오존데를 추적하게 되었고 이것은 오늘날까지도 사용되고 있다.

초기 레윈존데 관측소는 컴퓨터를 이용한 자료 처리 시스템이 없었기 때문에 많은 작업이 수작업으로 이루어져 상층 대기 자료를 처리하고 전송하는 데 많은 시간이 필요하였다. 관측은 일반적으로 두 사람에 의해 이루어졌다. 그러

43) 그리스어로부터 유래된 것으로 '중간(middle)'이란 뜻을 가진다.
44) 그리스어에서 유래된 것으로 '열(heat)'이란 뜻을 가진다.

나 세 번째 사람은 종종 자료의 질 조절, 전체 과정의 점검, 날씨가 좋지 않을 때 또는 자료 분석 조건이 까다로울 때 두 사람을 보조하였다.

레윈존데 탐측에 필요한 작업 양을 줄이기 위해서, 레윈존데 자료를 컴퓨터로 처리하는 기술이 1960년대 후반부터 1970년대 초반 동안 개발되었다. 1980년대에는 원격측정법(telemetry)에 대한 기술과 컴퓨터가 발전함에 따라 레윈존데 관측은 수작업 양이 현격하게 감소하고 거의 전자동으로 작업이 이루어지게 되었다. 1980년대 중반 미국국립기상대(National Weather Service; NWS)는 레윈존데 관측을 자동화하는 데 큰 기여를 했다. 개인용 컴퓨터를 사용하고 자동 접속 회로를 이용하여 비행 자료를 처리·전송하게 되면서, 최소한의 사람으로 상층 대기 관측이 가능하게 되었다. 레윈존데 관측이 한 사람의 조작으로 이루어지고 자료 처리에 필요한 시간은 1 시간 미만으로 단축되었는데도 자료의 질은 오히려 개선되었다.

한편, 컴퓨터 자료 처리 기술의 발전과 병행하여 상공의 바람을 결정하는 새로운 기술이 출현하기 시작하였다. 레윈존데 시스템은 로란(LORAN)과 오메가(Omega)[45]와 같은 전파 항법 보조 장치(radio-navigation aids; NAVAID)의 장점을 이용하여 개발되었다. NAVAID 라디오존데는 고정된 지상 송신소로부터 전파 신호를 수신하는 전자 장치를 탑재하고 있다. 라디오존데는 지상 서브시스템에 수신한 신호를 전송하거나 수신된 신호를 속도 또는 위치 정보로 처리하여 전송한다. 상층 바람은 라디오존데로부터 수신된 신호 그대로 저장되거나 이러한 정보로부터 유도된다.

1990년대에도 라디오존데 센서, 자료 처리기, NAVAID의 개선을 통하여 레윈존데 기술 개발은 계속되었다. 가장 중요한 발전은 상층 바람을 결정하는 데 전 세계 위치 시스템을 사용하는 레윈존데 시스템의 개발이었다. NAVAID와 같이, GPS 라디오존데는 GPS 수신기와 GPS 위치 정보를 지상으로 전송하는 전자 장치를 탑재하고 있으며 이 위치 자료로부터 상층 바람을 유도한다.

45) 오메가 방식은 1997년 10월에 그 사용이 중단되었다.

미국국립기상대는 현재 사용되고 있는 ART 지상 시스템을 GPS 장착 라디오존데 시스템으로 대체하는 데 노력을 기울이고 있다.

상층 대기 관측 기술은 윈드프로파일러와 같은 현용 원격 관측 시스템을 개발하고 민간 제트 항공기에 온도와 습도 센서를 장착하는 방향으로도 발전했다. 레윈존데와 비교해 보면, 이들 시스템은 상층 대기 자료를 훨씬 자주 제공받을 수 있다는 장점이 있는 반면, 연직 관측 범위가 줄어들고 자료 해상도가 떨어진다는 단점도 있다.

라디오존데와 대기 모델들이 광범위하게 사용됨에 따라, 세계기상기구는 정규적인 종관 관측을 위한 존데의 부양 시간에 대해서 규정하였다. 현재 대부분 부양 시간은 0000과 1200 UTC이고 관측되는 자료는 대기권 내의 표준 기압고도이다. 즉, 지상, 1000, 925, 850, 700, 500, 400, 300, 250, 200, 150, 100, 70 hPa이다. 이들 기압을 대략적인 해발고도로 나타내면 국제 표준 대기인 경우 0, 107, 762, 1,524, 3,048, 5,486, 7,315, 9,144, 10,363, 11,278, 13,106, 15,545, 17,983 m이다. 이러한 프로파일을 보정하면 직접 항공 예보(aviation forecasting)에도 사용될 수 있다.

항공기는 특정한 비행 고도(고도계 고도)를 비행해야만 하고 조종사는 그들이 직면하는 구름의 종류와 날씨에 대해서 알고 싶어한다. 관측된 라디오존데 자료를 이용하면, 예보자(또는 컴퓨터 모델)들이 구름 양과 높이를 쉽게 결정하는 것이 가능하다. 존데 자료, 지상과 위성의 관측 자료, 아울러 이들 자료를 바탕으로 작동되는 컴퓨터 모델은 날씨 형태와 날씨계의 발달 및 움직임을 예보하는 능력을 향상시킬 뿐만 아니라 안전한 항공 여행을 가능하게 한다.

라디오존데 자료는 다른 용도로도 사용되는데, 그러한 목적의 경우 라디오존데는 보통 12시간 간격보다 더 자주 띄워진다. 이들 자료들은 대기권을 통과하는 방사능 물질 또는 오염 물질에 대한 영향을 예보하는 데도 사용될 것이다.

제3장 기압이란?

1. 진공

압력(pressure)과 진공(vacuum)은 현재에는 기본적인 현상으로 받아들여지고 있지만 고대 철학자들에게는 심오한 철학적인 논쟁거리였다. 탈레스와 플라톤(Plato, BCE 427 ~ 347)[1]을 포함한 많은 그리스 철학자들은 진공의 개념을 거부하였다. 또한 공통기원이전 4세기경 아리스토텔레스는 자연은 진공을 싫어한다고 주장하였다. 그 결과 일반적인 무자위(suction pump)는 진공이 형성되는 것을 막기 위해서 자연적으로 물이 끌어올려지기 때문에 작동되는 것이라 생각하였다.

지오바니 바리아니(Giovanni Battista Baliani, 1582 ~ 1666)[2]에 의해서, 펌프는 약 10 m 높이 이상으로 물을 올릴 수 없고 사이펀은 동일한 높이의 언덕 위로는 작동하지 않는다는 점이 알려지게 되었다. 바리아니는 갈릴레오 갈릴레이에게 편지를 써서 이런 효과를 기술하였고 갈릴레오는 이 현상을 자세하게 설명하여 답장을 보냈다. 바리아니는 물을 끌어올리는 것이 진공의 힘이고 어떤 높이(약 10 m)에서는 물의 양이 너무 많아져, 마치 너무 무거운 짐은 로프가 견디지 못하는 것처럼, 진공의 힘이 더 이상 유지되지 않는다고 제안하였다.[3] 그러나 그의 설명은 올바르지 않았다.

---

1) 그리스 철학자. 아테네 출생. 젊을 때 소크라테스에게서 많은 영향을 받았다.

2) 이탈리아 제노아 출신의 물리학자·역학자·수리학자. 갈릴레오와는 1614년부터 수십 년간 친분을 맺었다. 그의 가장 중요한 업적은 〈자연적으로 가속되는 운동에 관한 논문(*De motu naturali gravium solidorum et liquidorum*)〉이다. 또한 바리아니는 물의 운동과 자연 철학에 대한 의문점을 실험적인 방법을 통해 기술하였다.

3) Middleton, W. E. Knowles, 1964 : The History of the Barometer: Johns Hopkins Press.

갈릴레오는 진공이 존재할 수 있다는 것을 실험적으로 보여 주었다. 갈릴레오는 두꺼운 벽으로 된 유리 실린더에 물을 채우고 목재로 만든 정지장치(stopper)를 끼운 다음 그것을 끌어내리는 실험장치를 제작하였다(〈그림 3-1〉). 실험 결과 갈릴레오는 유리 실린더 벽과 수면을 분리시키는 공간을 관측하였고 그것이 진공이라고 가정하였다.

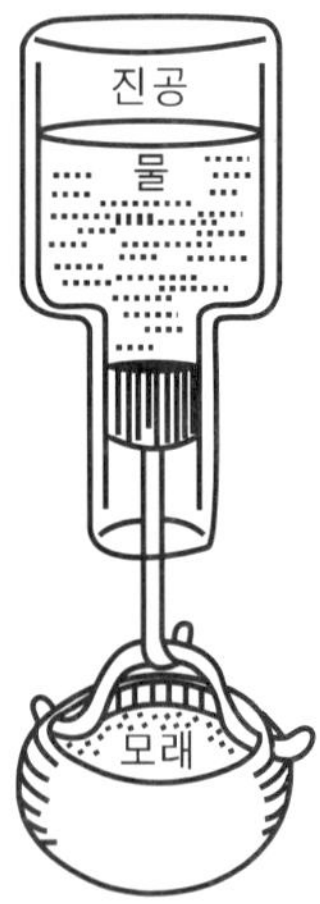

〈그림 3-1〉 갈릴레오 갈릴레이의 진공 실험장치

2. 기압계의 역사

기압계의 초기 역사는 17세기 기계론적인 철학과 아리스토텔레스 철학 사이에 벌어진 싸움의 흥미로운 예이다. 이 싸움의 주제는 주로 진공이 가능한지 아닌지에 관한 것이었다. 그런데 17세기 중반 직전 진공을 실험하는 과정에서, 진공의 존재를 믿고 있지 않던 아리스토텔레스 철학의 명제에 대해 의문이 제기되었다. 기압계는 17세기 후반까지 대기 압력을 측정하는 장치로 사용되지는 않았다. 기압계의 초기 역사에서 그것은 순수하게 실험실에서 실험용으로만 사용되었고 주로 대기 압력을 측정하는 것이 아니라 단순히 진공을 만드는 용도로 사용되었다. 최초의 창작물로서의 기압계로부터 그것이 기압 측정용 측기로 승인될 때까지, 많은 학자들은 편지를 주고받으며 기압계에 대한 논쟁을 벌였고 그 당시 대가들은 경쟁적으로 실험을 수행했다. 학자들은 이러한 실험에서 관측된 현상들을 설명하기 위해 노력하는 한편, 기계론적 철학자와 아리스토텔레스학파 철학자들은 기압계 실험을 통해 많은 기록들을 채워 나갔다. 이 기간의 마지막에도 아리스토텔레스학파의 철학자들은 여전히 에테르의 존재를 견지함으로써 진공의 존재를 부정하였다. 그러나 그들도 기계론적 철학자들이 정량적 실험을 수행하여 기압계에서 관측된 현상이 에테르가 아니라 기압이라는 것을 입증한 후에는 마침내 굴복하지 않을 수 없었다. 기계론적 철학은 설명적인 방법으로 승리하였고 아리스토텔레스학파의 철학은 단순히 그들의 상상으로 존재하던 이 문제에 관한 아집에 의해 빛을 잃게 되었다.

기압계에 대한 이야기는 관측으로 시작하는 것이 바람직하다. 앞(제3장 1절)에서 바리아니에 대해 설명한 적이 있다. 그것을 다시 한 번 기술하면, 그는 펌프가 약 10 m 높이 이상으로 물을 올릴 수 없고 사이펀은 동일한 높이의 언덕 위로는 작동하지 않는다는 것을 알게 되었다. 그는 갈릴레오에게 편지를 써서 이런 효과를 기술했고 갈릴레오는 그것을 자세히 설명하여 그에게 답장을 보냈다. 바리아니는 물을 끌어올리는 것이 진공의 힘이고 어떤 높이(약 10 m)에서는 물의 양이 너무 많아져, 마치 너무 무거운 짐은 로프가 견디지 못하는 것처럼, 더 이상 진공의 힘이 유지되지 않는다고 제안했다. 그의 설명은 올바르지 않은 반면, 갈릴레오가 관측을 설명하기 위하여 진공의 존재를 인용하고자 했던 사실은 그가 기계론적 철학자라는 것을 확연히 보여 주는 것이다. 왜냐하면 아리스토텔레스학파는 그러한 사실을 결코 발설하지 않았기 때문이다. 전통적인 스콜라 학파인 아리스토텔레스학파 사람들은 결코 진공은 존재하지 않는다는 점을 견지하였다. 그들의 그러한 믿음에는, 공간을 그것을 채우고 있는 물질의 확장이라 정의한 아리스토텔레스의 논증에 근원을 둔 몇 가지 이유가 있었다. 즉 그것은 공간이 비어 있다는 것이 논리적으로 불가능하다는 의미였다. 아리스토텔레스학파의 철학은 역사적으로 지배적인 학설이었으나, 17세기에 대두된 갈릴레오와 같은 기계론적인 철학자들은 새로운 관점에서 세계를 볼 수 있는 방법을 개발하였고 거기에 진공의 존재 가능성을 포함시켰다.

갈릴레오의 아이디어는 1638년 발간된 그의 논문집인 《두 개의 신과학에 관한 수학적 논증과 증명(Discorsi e dimonstrazioni mathematiche intorno a due nuove scienze attenenti alla meccanica)》을 통해서 로마에 알려졌다. 라파엘로 마지오티(Raffaello Magiotti, 1597 ~ 1656)[4]와 가스파로 베르티(Gasparo Berti, 1600 ~ 1643)[5]는 이러한 생각에 고무되어 사이펀을 가지고 진공을 찾는 것보다 더 나은 방법으로 진공을 만들어 보기로 결정하였다. 마지오티는 그러한 실험을 고안하였고, 1641년 6월 베르티는 마지오티, 아타나시우스 키르허(Athanasius Kircher, 1602 ~ 1680)[6]와 함께 이 실험을 수행하였다. 실험 현장에는 니콜로 쥬치(Nicolo Zucchi, 1586 ~ 1670)[7]도 참석하였다. 실험은 긴 튜브에 물을 가득 채운 다음 양쪽 끝을 봉하여 그것을 물이 채워져 있는 용기 속에 넣는 것이었다. 튜브의 아래쪽 끝을 열게 되면 그 구멍을 통하여 용기 속으로 물이 쏟아진다. 그러나 튜브 속의 물은 일부분만이 흘러나오고 튜브 내의 물의 높이는 어떤 정확한 높이 즉 약 10 m에서 멈추었다. 이 정확한 높이는 바리아니와 갈릴레오가 사이펀에서 관측한 것이었다. 이 실험에서 발견한 가장 중요한 것은 물을 채울 때 공기와는 아무런 접촉도 없었던 튜브 속에 공간이 남아 있었다는 것이다. 이것은 물 위의 공간 속에 진공이 존재한다는

---

4) 이탈리아의 물리학자. 그는 갈릴레오를 좋아한 3명의 추종자(Magiotti, Castelli, Torricelli) 중 하나였으나 결코 갈릴레오의 학생은 아니었다. 그는 용기의 밑바닥 배출구로부터 유출되어 나오는 유체의 평균 속도는 상부 압력(head pressure)의 제곱근에 비례한다는 '토리첼리의 가설'을 실험적으로 증명해 보였다.

5) 이탈리아의 물리학자 · 천문학자. 베르티의 연구는 대기압에 관한 토리첼리와의 긴밀한 연구 관계에서 특히 중요하다.

6) 1602년 5월 2일 독일 가이사에서 출생하여 1680년 11월 28일 이탈리아 로마에서 사망한 지리학자 · 천문학자 · 광학자이다.

7) 이탈리아의 광학자 · 천문학자 · 역학자. 1630년 목성의 대 반점을 최초로 관측하였다.

가능성을 제시하는 것처럼 보였다.

물 위의 공간이 설명되어야만 했지만, 아리스토텔레스학파의 사람들은 여전히 진공의 존재에 대해서 찬성하지 않았다. 그들은 진공을 부정하는 증거를 찾아 진공의 존재 가능성을 대체하는 설명을 제시하였다. 빛은 튜브 속의 공간을 통해 전달되는 것이 명백한 사실이고 또한 그것은 진공을 통해 이동할 수 없다는 것이 일반적으로 믿어지기 때문에 공간은 진공을 가질 수 없다는 것이었다. 덧붙여, 베르티 실험의 실제 관측자 중의 한 사람이었던 키르허는 튜브 속에 벨을 놓고 튜브 바깥에서 자석을 이용하여 망치를 튜브 속에 떨어뜨리는 실험을 고안하였다. 음향이 진공 속을 이동할 수 없다는 것에는 모두가 동의하기 때문이었다. 후에, 그는 확신을 가지고 이 실험을 수행하였는데 실험에서 벨 소리가 들렸다. 이것으로 아리스토텔레스학파의 사람들은 진공이 튜브 속에 존재하지 않았다는 것을 충분히 입증하였지만, 튜브 속 물 위에 생성된 공간에 대해서는 정확하게 설명할 필요가 여전히 남아 있었다.

아리스토텔레스학파의 사람들은 2가지 가능한 설명을 제안하였다. 하나는 물이 일종의 작은 증기를 방출함으로써 그 증기가 공간을 채워 물기둥을 아래로 내려가도록 하였다는 것이다. 널리 받아들여진 논증인 다른 하나는 공간이 에테르라 불리는 물질로 채워져 있다는 것이었다. 이것은 데카르트에 의해서 강력하게 제시된 설명이다. 에테르는 극도로 희박한 물질인데, 그것은 물이 빠지면서 생긴 공간을 채우기 위해 유리관 속의 아주 작은 세공을 통해서도 흐를 수 있다. 어떻게 별빛이 하늘을 통해 멀리 떨어진 별들로부터 도달할 수 있는가를 설명하기 위해서 아리스토텔레스학파의 사람들이 사용한 에테르는 그것이 물질이기 때문에 빛과 소리를 전도시킬 수 있다고 하였다. 이런 사실을 가지고 아리스토텔레스학파 사람들은 진공을 반증하였고 관측된 현상을 위해 독자적인 설명을 부가하였다. 물 위에 존재하는 공간 내에 진공이 존재한다고 생각하였던 기계론적 철학자들은 이러한 사태를 참담하게 바라보았다.

한편, 공기가 측면 무게를 가지고 있지 않다는 것은 전통적인 사고 특히 아리스토텔레스학파 사람들의 사고였다. 심지어 갈릴레오도 간단한 진리로 공기의 무중력을 받아들였다. 토리첼리는 이런 가정에 의문을 가지면서, 이 가정 대신에 공기는 무게를 가지고 있고 공기의 무게가 튜브 속의 물기둥을 위로 들어 올린다는 것을 제안하였다. 그는 약 10 m에 머문 물의 높이는 그것을 밀어 올리는 공기 무게의 힘을 반영하는 것이라 생각했다. 다시 말하면 그는 기압계를 측정을 위한 기구인 저울로 바라보았다. 그는 이러한 방식으로 기압계를 조망한 최초의 사람이기 때문에, 토리첼리를 기압계의 발명가로 간주한다.

에반젤리스타 토리첼리라는 사람이 다른 각도로 전체 문제를 바라봄에 따라 모든 것이 변화하기 시작하였다. 그는 물 기압계(water barometer)로 수행한 실험에 관한 내용을 공개적으로 발표하지 않고 1644년 6월 11일 미켈란젤로 리치(Michelangelo Ricci, 1619 ~ 1682)[8]에게 편지를 써서 자신의 실험 내용을 설명하였다. 다음은 편지 내용 중 일부분이다:

> 많은 사람들은 진공이 존재하지 않는다고 말하고 있으며, 다른 사람들은 자연의 모순과 어려움에도 불구하고 진공의 존재를 논하고 있다; 나는 어려움 없이 그리고 자연으로부터 저항 없이 진공이 존재한다고 말할 사람은 아무도 없다는 것을 알고 있다. 나는 이런 관점에서 논의하고자 한다: 만약 우리가 진공을 만들고자 할 경우, 만약 저항을 느낄 수 있을 정도로 우리가 이끌어 낼 수만 있다면 이것으로부터 명백한 원인을 찾을 수 있을 것이다. 그렇지만 나에게는 일부 다른 원인으로부터 이루어지는 작용과 매우 간단한 계산으로 진공을 만들고자 하는 것이 어리석은 짓으로 보인다. 나는 우리가 진공을 만들고자 노력할 때 작용하는 저항보다 더 큰 저항이 내가 지적한 원인 즉, 대기의 무게에 의해서 제공된다는 것을 발견하였다.[9]

8) 이탈리아 로마 태생의 신학자·로마법학자. 토리첼리의 친구이며 그와 함께 수학자인 베네데티 카스텔리에게 수학하였다.

그 해 늦게 미켈란젤로 리치는 파리에 근무하던 프랑스 신부인 피에르 메르센(Pierre Martin Mersenne, 1588 ~ 1648)에게 편지를 써서 토리첼리 실험에 대해서 상세하게 설명하였다. 폭넓은 교제 관계를 갖고 있던 메르센은 유럽 전체에 토리첼리 실험을 퍼트렸다. 메르센은 1644년 말 토리첼리에 의한 실험을 직접 참관했다.

만약 토리첼리가 기압계 내에서 관측되는 현상의 원인이 공기의 무게에 의한 것이라고 정확하게 알고 있었다면, 물보다 더 무거운 물질을 실험에 사용할 경우 그것은 튜브 속에서 물보다 더 떨어져야 한다는 것도 알게 되었을 것이다. 더 무거운 액체를 사용하는 아이디어는 토리첼리 자신의 것이 아니었다. 베르티의 실험을 참관하였던 마지오티는 후에 토리첼리에게 보낸 편지에서 만약 해수를 사용한다면, 튜브 속의 물의 높이가 더 내려갈 것이라고 주장하였다. 그리고 갈릴레오도 와인과 수은을 포함한 다른 물질들을 사용할 경우, 물을 사용한 때보다 펌프 또는 사이펀 내의 물질의 높이가 더 높거나 더 낮게 될 것이라고 토리첼리에게 제안하였다. 누구의 아이디어를 취하였는지는 모르지만, 토리첼리는 그의 실험에 이 아이디어를 최초로 심각하게 받아들여, 그의 절친한 친구인 빈첸치오 비비아니(Vincenzio Viviani, 1622 ~ 1703)[10]에게 기압계 실험에 수은을 사용하면 어떤 일이 일어날 것이라고 예상하여 알려 주었다. 1644년 초 비비아니는 '토리첼리의 실험'을 수행하였고 수은은 물의 높이보다 14배 정도 낮은 높이에서 정지한다는 것을 볼 수 있었다. 수은은 물보다 14배 무거운 것으로 알려져 있었다. 그 당시 수은은 'quicksilver'로 불렸으며 이탈리아 토스카나(Tuscany) 지방에서 채굴되고 있었다. 이 실험을 통해서, 튜브 밖의 대기의 무게가 튜브 속 액체가 아래로 내려가는 것을 막는다는 토리첼리의 아이디어는 확실해지는 듯했다.

---

9) Torricelli, Evangelista, 1664 : "Letter to Michelangelo Ricci Concerning the Barometer." Classic Chemistry Archive. Ed. Carmen Giunta. Le Moyne College. 21 Jan. 2002 http://web.llemoyne.edu/faculty/giunta/torr.html.

10) 이탈리아 물리학자·수학자로서 피렌체에서 출생하였다.

유리관 속의 수은 위의 공간이 완전히 비어 있다는 것을 보여 주기 위해서, 토리첼리는 부수적인 실험을 시연하였다. 수은을 가득 채운 유리관을, 일부는 수은으로 채우고 그 위에 물을 채운 용기 속에 거꾸로 세워 놓았다(〈그림 3-2〉). 그런 다음 토리첼리는 조금씩 조금씩 수면으로 유리관을 들어올렸다. 이와 동시에 물이 유리관 속으로 들어와 유리관의 꼭대기까지 물이 찼다. 이 실험은 유리관 속 수은의 높이를 유지하는 힘이 외부로부터 이끌린 것임을 증명하고 있었다. 토리첼리는 "우리는 기본적인 공기 바다의 밑바닥 속에서 살고 있다."라고 결론지었다. 또한 그는 80 km 대기권 내에 존재하는 공기층의 누적 무게가 압력을 가하여 76 cm의 수은주를 버티게 하는 것이라 생각하였다.

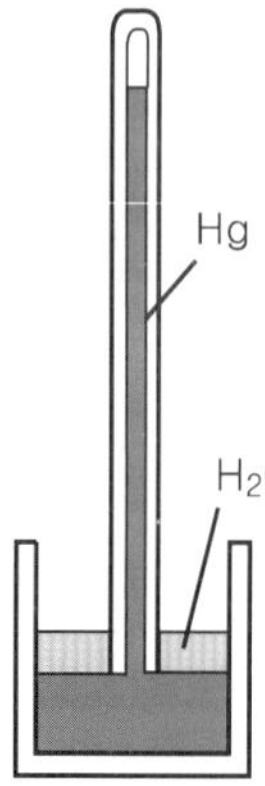

〈그림 3-2〉
토리첼리의 실험

그러나 장애물은 여전히 남아 있었다. 액체를 올리는 것이 진공의 인력이라는 비난을 받고 있던 중에도, 토리첼리는 여전히 액체 위의 공간은 실제 진공이라고 믿었다. 이 결론에 대한 아리스토텔레스학파의 논의는 여전히 답을 찾지 못했고 아리스토텔레스학파의 철학자들은 수은을 사용하여 얻은 새로운 관측의 결과를 설명하기 위하여 그들의 설명을 계속 수정하고 있었다. 예를 들면 그들은, 몇몇 아리스토텔레스학파 사람들이 제안하였듯이, 수은도 물의 경우처럼 증기를 발산한다고 주장하였다. 그 증기는 공간을 채우고 수은 기둥을 아래로 내려가도록 하는데, 수은의 증기가 물의 증기보다 힘이 더 강하기 때문에 수은 기둥을 더 아래쪽으로 밀려 내려가도록 한다는 것이다.

기압계 내의 공간이 진공이라는 것에 대한 본래 아리스토텔레스학파의 논의는 베르티의 실험이 수행된 몇 년 후에 엠마누엘 매낭(Emmanuel Maignan, 1601 ~ 1676)[11]이 베르티의 실험을 설명하는 과정에서 부차적으로 그 해답을 찾게 되었다. 매낭의 설명에서, 그는 튜브 안의 액체 위 공간에서 종소리가

11) 프랑스 물리학자·신학자로서 툴루즈에서 출생하였다.

난 것은 키르허가 생각한 바와 같이 진공의 반증이 될 수 없다는 점을 지적하였다. 왜냐하면 종은 여전히 물리적으로 기기에 부착되어 서로 연결되어 있으므로 진동을 일으키며, 이 음은 비록 공간이 진공이라 하더라도 전파될 수 있기 때문이다. 매낭은 빛 자체가 실제로 물질이기 때문에 진공을 통해서도 빛이 이동할 수 있다고 제안함으로써 공간을 통과하는 빛의 전파 문제에 반응하였다. 그러나 빛에 대한 그의 개념은 그 당시로는 너무 앞선 것이어서 일반적으로 받아들여지지 않고 아리스토텔레스학파의 사람들도 그것을 받아들이지 않았다. 그리고 왜 수은이 물보다 더 낮은 위치까지 내려오는지에 대한 아리스토텔레스학파 철학자들의 설명은 여전히 요지부동인 것처럼 보였다.

그런데 아리스토텔레스학파의 설명에 새로운 견해가 가해져 결국 그것이 잘못되었다는 판단을 얻게 되었다. 그러한 견해는 블라즈 파스칼의 것이었다. 파스칼은 피에르 페티(Pierre Petit, 1621 ~ 1646)와 함께 파스칼은 메르센으로부터 토리첼리의 실험을 전해 들은 후 그것을 반복하여 실험에 숙달되도록 하였다. 파스칼은 여러 가지 모양의 길이가 다른 유리관을 가지고 실험하였다. 파스칼은 물보다 연한 붉은 포도주를 사용했기 때문에 유리관의 길이는 12 m가 넘었다.

파스칼은 기압계 내의 공간을 채우는 것이 액체로부터 방출되는 증기라는 아리스토텔레스학파의 제안을 시험하기 위해 하나의 실험을 고안하였다. 파스칼은 미리 결과를 예상하여 아리스토텔레스학파 사람들을 초대하여 공개적으로 실험을 수행하였다. 그는 물과 와인 두 가지로 실험을 했는데, 아리스토텔레스학파 사람들은 와인이 더 아래쪽으로 내려갈 것이라 예상했다. 그러나 결과는 그들의 예상처럼 되지 않았다. 기계론적 철학자들은 그러한 실험 결과에 대해 충분히 설명할 수 있었다. 왜냐하면 와인의 무게가 물 무게보다 덜 나가기 때문에 공기로부터 동일한 힘을 받으면 위쪽으로 더 많이 밀릴 수 있기 때문이다.[12]

동일한 원리에 근거를 두면 무자위에 대한 갈릴레오의 문제는 마침내 풀리게

12) Westfall, Ricgard S., 1977 : The Construction of Modern Science. Cambridge: Cambridge University Press.

된다. 펌프질은 압력 결손을 발생시킨다. 대기압의 값은 10 m 물 높이의 압력과 동일하다. 그러므로 물은 지하 10 m 미만의 깊이에서만 끌어 올릴 수 있고 그 이상의 깊이에서는 올릴 수 없다.

대부분의 교과서에서는 토리첼리의 실험이 이루어진 시기를 1643년으로 기술하고 있다. 비록 토리첼리가 1643년에 이미 그러한 실험에 대해 생각하고 있었다 하더라도, 이듬해 6월에 미켈란젤로 리치에게 보낸 그의 편지는 그가 1644년에 실험을 시행하고 그것으로부터 얻은 결과를 보고한 것이라 생각된다. 앞서 리치의 실험에서와 같이 실험 활동에 대한 것은 거의 비밀로 부쳐졌다. 왜 그랬을까? 그들 모두는 갈릴레오와 친분을 맺고 있어 갈릴레오가 그의 이단적인 견해로 인하여 1633년 가톨릭교회의 종교재판소로부터 재판을 받았다는 것을 알고 있었다. 갈릴레오의 이단적 견해란 그가 새로 발명한 망원경을 가지고 코페르니쿠스의 태양중심설(Heliocentric theory; 지구가 태양 주위를 공전한다는 주장)을 입증할 만한 천문학적 발견을 한 것에 근거를 두고 있다. 그들은 자신들의 실험이 세상에 알려졌을 때 갈릴레오보다 덜 관대하게 벌이 가해질 것이라 생각하였다. 진공의 개념은 데모크리토스와 루크레티우스(Titus Lucretius Carus, BCE ca. 94 ~ 51) 같은 원자론자(atomist)의 이론을 신봉하는 복잡한 종교적인 교리에 대립되는 것이기 때문에 교회에 의해서 이단으로 취급되었다. 그 당시 교회는 신과 같은 존재였다. 그들은 모든 것을 잃지 않기 위해서 토리첼리 사후까지 다시는 이를 언급하지 않았다.

토리첼리와 동시대에 살았던 많은 사람들이 새로운 기압계를 발명하였다. 예를 들면 1645년 페르디난트 2세(Ferdinand II, 1610 ~ 1670)와 형제인 지오바니 카를로(Cardinal Giovanni Carlo, 1611 ~ 1663)는 로마에서 '토리첼리의 실험'을 재현하였다. 이 실험에는 모양과 크기가 다른 유리관들을 다양한 방향으로 기울여 사용하였다(〈그림 3-3〉). 그들은 이 실험을 통해 수은 위의 각 유리관의 체적이 상이하기 때문에 유리관 내의 수은주 높이의 변화는 오직 대기 힘에 의해서 일어난다는 결론에 도달하였다.

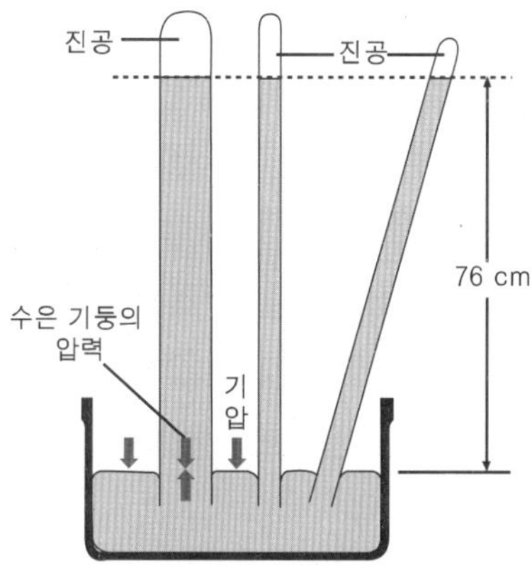

〈그림 3-3〉 유리관들을 다르게 하여 수행한 기압 실험

3. 기압계의 종류

기압계에는 수은을 사용하는 수은 기압계와 수은을 사용하지 않고 기압에 민감한 매질을 사용하여 압축과 팽창을 측정하는 아네로이드 기압계가 있다. 수은 기압계는 여전히 기압을 측정하는 가장 정확한 계측기의 하나이다. 그런데 현재는 아네로이드 기압계가 정확성 면에서 수은 기압계와 차이가 없고 또 그것이 수은 기압계보다 튼튼하고 휴대하기에 간편하다는 중요한 장점을 지니기 때문에 많은 부분에서 수은 기압계를 아네로이드 기압계로 대체하고 있다. 그러나 수은 기압계는 여전히 주요한 표준 계측기로 사용되고 있다.

1) 수은 기압계

토리첼리 실험 그 자체가 수은 기압계의 시초였다. 수은 기압계는 후에 눈금을 세분하고, 오차를 보정하고, 정확성을 증대시키고, 휴대하기 간편하도록 수은을 다른 액체로 대체하는 등 여러 면에서 개선되었다. 현재에는 큐형 기압계와 포르틴 기압계가 주로 사용되고 있다.

전 세계에 걸쳐 종관 기상과 기후 응용에 사용되는 큐형 기압계(Kew pattern barometer)는 17세기 당시 원래 작게 디자인된 것과는 다르지만 기압을 재는 데 중요한 도구이다. 수은을 담아 놓는 낭(cistern)은 먼지를 막기 위해 가죽 고리쇠에 의해서 봉인된다. 작은 구멍이 나 있어 기압 변화가 낭을 통하여 확산되도록 한다. 낭의 구멍은 정확히 50 mm 인 반면, 낭으로부터 수은이 올라오는 유리관은 1.6 mm의 구멍이 나 있다. 위로 올라오는 경로인 넓은 부분은 공기 트랩을 제공하고 이것이 다시 좁아져 최종 꼭대기에 이르는 8 mm의 구멍은 넓은 오목한 면(meniscus)을 제공하며, 평탄한 유리관 표면은 정확한 눈금을 읽도록 한 것이다. 수은은 세 번 정제된 것을 사용하고 밀도에 영향을 미칠 수 있는 불순물을 제거해야 한다. 또한 수은이 유리관 옆면에 달라붙지 않아야 오목한 면이 깨끗하게 형성될 수 있으므로 수은은 필터를 거치게 한다. 수은주의 높이 변화가 일어나는 범위를 측정하기 위해서, 수은주 기둥에 흠집을 낸 창을 가진 관에는 mmHg 또는 inch Hg, mb 또는 hPa의 값들이 새겨져 있다. 위아래로 미끄러져 움직이는 부척(vernier scale)은 0.1 hPa까지 눈금을 읽을 수 있도록 한다. 이 디자인의 장점은 단지 부척만 달면 된다는 것인데, 낭과 관의 구멍들은 공장에서 정확히 제작되기 때문이다. 부척은 낭 안의 수은 높이의 변화를 설명할 수 있도록 한다. 큐형 기압계에는 몇 가지 모델이 있다. 그 중 하나는 해수면에서부터 450 m 높이까지 사용되는 것으로 기압 범위는 870에서 1060 hPa이다. 다른 하나는 1070 m 이상의 해발고도에서 사용되는 것으로 그 범위는 780에서 1060 hPa까지이다.

두 번째로 가장 일반적으로 사용되는 수은 기압계인 포르탕 기압계(Fortin anemometer)는 1800년 프랑스의 물리학자·측기제조자인 장 포르탕(Jean Nicholas Fortin, 1750~1831)이 고안한 이래 그 개념을 그대로 유지하고 있다. 포르탕 기압계는 큐형 기압계와는 달리 보정을 두 번 해야 한다. 그 첫 번째는 큐형 기압계와 마찬가지로 수은주의 꼭대기에서 이루어지는 것이고 두 번째는 낭 속의 밑바닥에서 이루어지는 것이다. 낭 속의 수은 높이는 유리 용기를 통하여 볼 수 있으며 그 안에는 아래쪽을 가리키는 지시침이 고정되어 있다. 유연한 가죽으로 만들어진 낭의 밑면은 나사를 돌려 위아래로 움직일 수 있는 평판에 의해서 지주된다. 지시침(주로 상아로 만들어짐)과 수은 높이가 정확히 일치할 때까지 나사를 조정해야 한다. 이 일치점이 기준점(fiducial point)이 된다. 일치점은 부척에 의해 측정되는 유리관 내의 수은 높이를 정확히 구분해 준다. 예외적으로 부척은 낭의 높이 변화에 대한 보정을 현재에는 하지 않아도 된다. 큐형 기압계와 같이, 포르틴 기압계도 두 종류의 모델이 있으며 그 중 하나는 저고도용이고 다른 하나는 고고도용이다.

포르탕 기압계가 큐형 기압계보다 운반이 좀 더 용이하다는 장점이 있으나 모든 수은 기압계는 결코 운반이 쉽지 않다. 따라서 초기의 수은 기압계 디자인의 변화는 이런 어려움을 해소하는 데 집중되었으며 배 위에서 사용되는 기압계일 때에는 특히 더하였다. 그러나 이 문제는 아네로이드 기압계의 출현 이전까지 해결되지 못하였다.[13)]

2) 아네로이드 기압계

아네로이드 기압계(aneroid barometer)의 개념은 고트프리트 폰 라이프니츠(Gottfrid Wilhelm von Leibniz, 1646~1718)가 요한 베르누이(Johann Bernoulli, 1667~1748)[14)]에게 쓴 편지 내용 중 “공기의 무게가 증가 또는 감소함에 따라 스스로 압축되고 이완되는 작은 폐쇄된 풀무 모양의 금속통(capsule)”이라고 기술한 1700년경으로 거슬러 올라간다. 그러나 그 당시에는

13) Strangeways, I. C., 2002(a) : Back to basics: The ‘met.enclosure’: Part 8(a)- Barometric pressure, mercury barometers. *Weather*, 57, 132-139

14) 다니엘 베르누이의 아버지이다.

이런 풀무 모양의 금속통을 만들 만한 기술이 없었다.

1797년, 프랑스의 화학자·화가인 니콜라 콩테(Nicolas Jacques Conte, 1765 ~ 1805)는 이와 유사한 개념을 제안했다. 그의 개념에 따르면, 그것은 포켓 시계의 크기와 모양을 한 챔버(chamber)로, 안은 비어 있고 아랫부분은 딱딱한 황동, 윗부분은 얇고 유연한 강철로 되어 있다. 또한 그것은 얇은 강철 부분이 찌그러지면 내부 스프링에 의해 유지되는 지시 바늘이 움직이도록 고안돼 있었다. 이것이 제작되기는 하였지만, 온도에 너무 민감하게 반응하였다. 이 개념은 1843년 최종적으로 'aneroid(그리스어로 액체가 아님이란 뜻)'란 이름으로 불리게 되었고 1844년부터 1846년까지 3년 동안 프랑스의 루시앙 비디(Lucien Vidie, 1805 ~ 1866)는 그것을 실용적인 계측기로 탈바꿈 시켜 프랑스, 영국, 미국에서 특허를 획득하였다. 또 비록 완전히 일치하는 것은 아니지만, 다른 유사한 게이지(gauge)가 독일 철도 기술자인 쉬니츠(Schniz)에 의해서 1846년에 특허로 출원되었다. 이 게이지는 내부에 압력을 받게 될 때 타원 모양의 단면적을 가진 굽은 관의 곡률이 변하도록 되어 있다.

1848년, 비디의 게이지는 독일 철도 회사에서 증기 압력 게이지로 사용되었다. 3개월 후 프랑스 측기제작자 외젠느 부르동(Eugene Bourdon, 1808 ~ 1884)은 독자적으로 발명한 것이지만 비디의 것과 매우 유사한 게이지를 특허 출원하였다. 비디 게이지와 부르동 게이지는 1851년 런던에서 개최된 박람회에 각각 전시되었고 둘 다 위원회 메달을 수상하였다. 그러나 그 후 비디가 부르동을 고소하면서 법정 싸움이 시작되었다. 비디는 이 소송에서 졌고 두 번 연속된 항소에서도 졌다(비디의 디자인은 콩테의 디자인과 너무 흡사했기 때문에 항소가 기각된 것이다). 3번째 항소에서는 비디가 이겼으나 이미 그의 명성은 손상을 입었을 뿐만 아니라 특허 기간도 만료되고 특허 갱신도 거절당하였다. 반면 부르동은 그의 게이지(Bourdon tube)가 산업 현장에서 널리 사용되는 행운을 얻어 많은 돈을 벌었다. 비디는 그렇게 하지 못한 실패한 사업가로 전락하였고 금전적인 보상은 다른 사람들이 받았다.

이런 격렬한 법적 싸움에도 불구하고, 오늘날 아네로이드 기압계에는 비디의 풀무 모양 디자인이 사용되고 있다. 수은 기압계와 마찬가지로 많은 아네로이드 기압계 모델들도 결국에는 가정용으로 만들어지게 되었다. 아네로이드 감지 부분은 직경 5 cm, 깊이 3 mm의 좁은 주름이 진 원형의 풀무 모양의 금속통이다. 압력 변화로 금속통이 압축·이완됨에 따라 스프링이 위와 아래로 움직이며 이 움직임은 로드(rod)에 의해서 확대된다. 그런 다음 이 움직임은 아버 체인(arbor chain)과 중앙에 있는 가는 스프링을 통하여 지시 바늘이 원운동을 하도록 한다. 또한 한쪽 면은 고정되어 있고 다른 면은 움직일 수 있도록 하여 공기 압력으로 풀무 모양의 금속통이 찌그려지지 않도록 보호하는 스프링에 의해서 평형이 유지되도록 한다. 일부 디자인에서는 스프링이 밖으로 나오도록 하고 또 다른 디자인에서는 풀무 모양의 금속통 안에 있도록 하였다. 담금질한 강철로 된 금속통을 사용하는 여러 종류의 기압계에서는 스프링을 두 겹으로 강화하였다. 금속통의 압축·이완은 금속통에 연결된 레버에 전달되고 증폭되어 레버와 연결된 지시 바늘을 움직이도록 한다. 아네로이드 기압계의 압력 범위는 수은 기압계의 범위와 유사하다.[15)]

온도 변동은 풀무 모양의 금속통과 레버 메커니즘 내의 작은 차원에 변화를 일으킨다. 이를 보상하기 위해서, 소량의 공기가 금속통 안에 잔존하여 온도가 증가함에 따라 공기를 팽창시켜 예상하지 못한 온도 움직임에 정반대 방향으로 작용하도록 한다. 작은 움직임을 크게 나타낼 수 있는 레버 중의 하나를 온도 변화에 따라 보상하도록 하는 두 금속판으로 만드는 모델도 있다. 수은 기압계와는 달리, 대기압의 평형은 수은의 무게로 하는 것이 아니라 스프링으로 하기 때문에 중력 변동에 대한 보상은 필요 없게 된다. 현재 물질과 정밀 공학에서 사용하고 있는 아네로이드 기압계는 수은 기압계만큼 정확하기 때문에 많은

15) Strangeways, I. C., 2002(b) : Back to basics: The 'met.enclosure': Part 8(b)-Barometric pressure, aneroid barometers. *Weather*, 57, 204-209

부분에서 수은 기압계를 대체하고 있으며 심지어는 전문 분야에도 사용되고 있다.

그러나 아네로이드 기압계도 정기적인 점검이 필요하다. 금속통과 지지 스프링의 탄성이 서서히 변화하고 공기가 금속통으로 유입될 가능성이 있기 때문에 매년 표준 측기를 사용하여 점검해야 한다. 임의의 점에서 눈금을 읽을 때 발생하는 오차 범위는 ±0.3 hPa을 넘어서는 안 되고, 좋은 아네로이드 기압계는 한 달 동안 ±0.2 hPa의 정확성을 유지해야 한다. 눈금 읽기는 0.1 hPa까지 이루어져야 한다. 보다 더 정밀하고 전문적인 계측기를 가지고 각각의 보정을 수행하고 계측기마다 고유의 보정 값을 적어 놓은 카드를 각 기압계에 부착해야 한다. 보정은 전 범위를 넘어 변동할 수 있으므로 이런 기압계는 주기적으로 재점검을 할 필요가 있다.

3) 자기 기압계

자기 기압계(barograph)는 종이 차트(기록지) 위에 기압 변동을 기록하는 기압계이다. 풀무 모양의 아네로이드 금속통이 발명되기 전까지는 수은주의 높이 변화를 기록하기 위해 고안된 자기 기압계가 100종이 넘었다. 이들 기압계는 기압 변화 흔적을 기록하기 위하여 여러 종류의 메커니즘을 활용하였다. 여기에는 바퀴 모양 기압계에서의 편차, 사진 방법, 전기 기술 등이 이용되었다. 아네로이드 금속통의 출현으로 수은 기압계는 쇠퇴하기 시작하였다. 가장 간단한 비기록 기압계(non-recording barometer)인 경우에는 하나의 아네로이드 금속통만으로도 지시 바늘을 움직이는 데 충분하지만, 자기 기압계는 여러 개가 층으로 쌓여져 있는 아네로이드 금속통이 필요하다(〈그림 3-4〉). 이것은 기록지에 대한 펜의 마찰을 극복하는 데 필요한 힘을 제공한다. 너무 많은 기계적인 확대는 펜을 튀게 만든다. 예외적인 디자인에서는 금속통의 붕괴를 막는 데 사용되는 스프링이 금속통 위에 연결되어 있는 커다란 놋쇠 무게로 대체된다.

비기록 기압계와 같이, 정확성은 약 ±0.3 hPa이고 이 값의 정확성은 펜과 레버 마찰, 유지 보수, 정규적인 표준 측기와의 보정에 따라 결정된다. 눈금은 0.1 hPa까지 읽어야 한다.

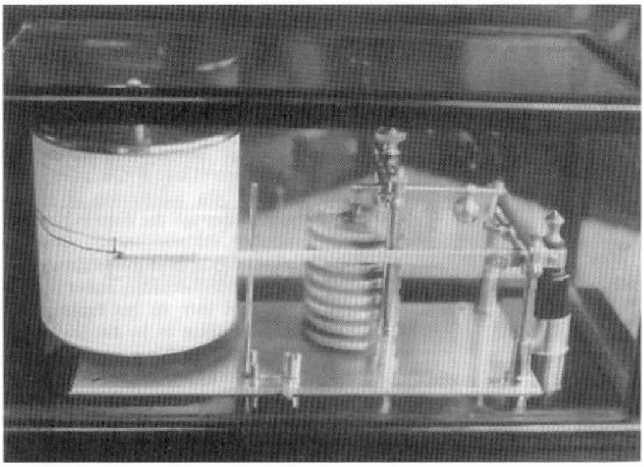

〈그림 3-4〉 여덟 개의 아네로이드 금속통을 가진 자기 기압계

4. 기압의 연직 분포

파스칼은 토리첼리의 견해가 옳아서 대기가 무게를 가진 바다처럼 존재한다면, 물이 깊이에 따라 그 누적 무게로 인하여 압력이 증가하듯이 대기는 높이에 따라 압력이 감소해야 된다고 생각했다. 이것은 기압계로 측정되는 공기의 무게가 고도에 따라 감소해야 한다는 것을 의미한다. 왜냐하면 측기가 놓이는 곳이 지표면으로부터 더 높은 곳이면 높은 곳일수록, 그 높이에서 가지는 공기의 무게는 더 작아지기 때문이다. 파스칼은 그의 추측을 증명하는 가장 간단한 방법은 산 정상에서 기압을 측정하는 것이라 생각했다.

1646년 그는 클레르몽페랑(Clermont-Ferrand)에서 그리 멀리 떨어지지 않은 사화산인 해발고도 1,465 m의 퓌드돔(Puy-de-Dome)에서 이러한 아이디어를 시험하기 위하여 클레르몽페랑으로 돌아왔다. 그러나 파스칼은 건강 체질이 아니어서 극심한 소화 불량과 불면증에 시달렸다. 퓌드돔은 매우 가파른 경사를 가지고 있었기 때문에 그가 올라간다는 것은 불가능하였다.

1647년 그는 질병의 진단을 받기 위해 파리로 돌아왔다. 파리에는 산이 없었으므로 그가 직접 실험을 수행할 수가 없었다. 마침내 파스칼은 1648년 남부 프랑스 오베르뉴(Auvergene)의 산악 지대에 살고 있던 그의 처남인 플로린 페리에(Florin Périer, 1605 ~ 1672)[16]에게 편지를 써서 중대한 실험을 수행해 줄 것을 요청하였다.

퓌드돔 실험은 1648년 9월 19일에 수행되었다. 페리에는 유명한 성직자와 평신도 몇 명을 그의 고장인 클레르몽페랑으로 초대하여 실험을 함께했다. 먼저 그들은 산 아래 지표면에 기압계를 설치하여 수은주의 높이를 측정하였는데 정확히 28 인치였다(파리에서 사용되던 길이의 단위 1 인치는 2.7 cm였다). 그런 다음 페리에와 일부 사람들은 퓌드돔의 정상으로 올라가서 정상에 다른 기압계를 설치하였다. 정상의 공기는 엷어서 눈금이 24.7 인치를 가리켰다. 페리에는 정상의 장소를 5번이나 바꿔 가면서 기압을 측정하여 아주 합당한 눈금을 얻었다. 페리에와 그의 일행은 산을 내려오면서 부차적인 측정을 시행하여 기압계 눈금이 점점 증가하고 있다는 것을 발견하였다. 산을 내려온 후, 산에 가지고 갔던 기압계로 다시 기압을 측정해 보니 28 인치의 값을 얻을 수 있었는데, 이로써 그의 측정의 확실성이 입증된 셈이다. 그 결과 공기는 높이에 따라 압력이 감소하는 탄성 물질이라는 파스칼의 믿음은 증명되었다.

파스칼은 더 많은 연구들을 수행하여 수압 프레스(hydraulic press)를 발명하고 파스칼의 원리로 알려진 정역학 방정식을 수식화했다. 그의 법칙에 따르면, 액체 내의 외부 압력은 모든 방향으로 동일하게 재분배된다. 파스칼의 연구 결과는 1662년 그의 사후에 발간된 논문 〈액체의 평형에 관하여(*On Equilibrium*

16) 프랑스의 물리학자이다.

of Liquids)〉에서 찾을 수 있다.

5. 기압의 힘

독일의 기상학자·물리학자인 오토 폰 게리케는 대기가 엄청난 힘을 발휘한다는 것을 최초로 증명하였다. 진공의 존재를 증명하기 위해서 1650년 폰 게리케는 봉인된 통에 물을 채운 다음 그가 제작한 무자위로 공기를 빼내었다. 나무로 만들어진 통이 충분히 강하지 못했기 때문에 그 결과는 실망스러웠다. 그 다음 그는 나무로 만든 통을 구형의 구리 통으로 대체하였다. 이것도 공기를 빼내자 부서져 버렸다. 마침내 폰 게리케는 두꺼운 구형 통을 사용하여 진공을 유지하는 데 성공했다.

다른 실험에서 폰 게리케는 대기압 측정을 시도하였다. 그는 두 개의 청동 반구를 제작하였는데 한 부분에는 열거나 닫을 수 있도록 밸브를 달았다. 그리고 두 개의 반구를 맞추어 밸브를 닫고 공기를 빼내었다. 그는 나무로 만든 구조물에 두 개의 반구를 매달고 아래쪽 반구에는 갈고리로 연결된 선반을 매달았다. 그런 다음 선반에 여러 물건들을 올려놓아 두 개의 반구가 서로 떨어지도록 하였다.

1657년 폰 게리케는 독일 황제 페르니난트 3세(Ferdonand III, 1608 ~ 1657)와 마그데부르크(Magdeburg) 내의 유명 인사 앞에서 이와 유사한 실험을 시연하였다. 그 실험은 여러 마리의 말들로 하여금 서로 맞붙은 두 개의 반구를 떼어 놓도록 하는 것이었다. '마그데부르크 반구 실험'은 대기압의 힘을 극적으로 보여 준 것이었다. 이와 같은 연구는 실험적 방법을 확립함과 동시에, 후에 로버트 보일 등에 의한 기체역학의 기초가 되었다. 1672년, 폰 게리케는 《진공에 대하여(*Experimenta nova Magdeburgica de vacuo spatio*)》라는 저서를 발간하여 자연과학에서의 실험적 방법을 강조하였다.

6. 기압 법칙

기압을 지배하는 법칙은 영국의 로버트 보일에 의해서 확립되었다. 또한 보일은 기압계를 지칭하는 용어로 '*barometer*'를 도입한 공적을 가지고 있다(이전에는 기압계를 'Torricelli tube(토리첼리 관)' 또는 'weather glass(청우계)'라 불렀다). 보일은 그의 실험에 실험실 조수인 로버트 훅을 동반하였다.

보일과 훅은 여러 대기 현상을 규명하기 위해서 기압계를 사용하였다. 훅은 폰 게리케의 펌프를 개량하여 용기(vessel)로부터 직접 공기를 제거할 수 있도록 하였다. 보일과 훅의 실험은 진공 내에서는 깃털과 동전이 동시에 떨어지고 종소리가 들리지 않는다는 것을 보여 주는 것이었다. 또한 그들은 진공 속에서는 어떤 물체도 타지 않고, 어떤 동물도 생존할 수 없다는 것을 발견하여 공기는 연소와 호흡 모두 필요하다는 것을 보여 주었다. 이런 실험에도 불구하고, 보일은 진공의 존재를 여전히 의심하고 있었다.

공기 펌프를 실험하는 과정에서 발견한 가장 주목할 만한 성과 중의 하나는 공기의 스프링(spring of the air)이라 불리는 것이었다. 공기 스프링은, 피스톤을 밀었다 놓으면 그것이 뒤로 밀리는 것과 관련된 현상이다. 어떤 사람은 자전거 펌프를 이용하여 이 사실을 조사하기도 하였다. 1661년 보일과 훅은 이와 관련된 실험을 수행하였는데 이 실험에서 그들은 〈그림 3-5〉와 같은 J자 모양을 한 두꺼운 유리관을 사용하였다. 짧은 쪽의 유리관은 봉인되었다. 그들은 수은을 유리관 내에 채웠지만 짧은 부분에는 확실한 공기 체적이 존재하였다. 긴 부분의 수은 높이는 짧은 쪽보다 더 높았다. 보일과 훅은 이러한 장치를 통해 기압과 체적을 동시에 측정할 수 있었다. 연속적으로 이루어진 44회의 전문적인 측정으로부터, 그들은 현재 '보일의 법칙(Boyle's law)'이라 부르는 결론을 이끌어 내었다. 이 법칙은 온도가 일정할 경우 기압 P와 공기 체적 V의 곱은 항상 일정하다(즉 $P \cdot V =$ 일정)는 것이다.

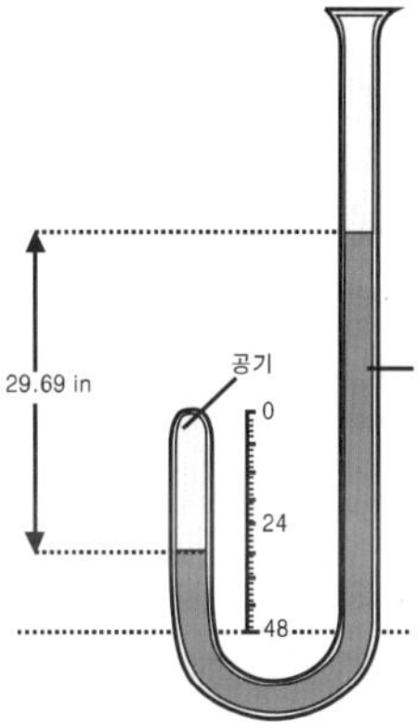

〈그림 3-5〉 보일이 수행한 J관의 실험

보일은 1662년 《공기의 탄성과 그 효과들을 다루고 있는 새로운 물리·역학적 실험들(*New Experiments Physio- Mechanical, Touching the Spring of Air and its Effects*)》 2판의 부록에 이 결과를 실었다. 그의 독창적인 실험 결과의 일부분이 아래 [표 3-1]에 제시되어 있다.

[표 3-1]에서 압력과 체적의 곱은 거의 일정하다는 것을 알 수 있다. 평균으로부터 가장 큰 차이는 평균값의 0.8 %에 해당하는 11.5(마지막 칸 5번째 줄)이다.

[표 3-1] 보일의 실험 결과

J관의 짧은 부분의 눈금으로, 봉인된 공기 체적 V에 비례	J관의 긴 부분과 짧은 부분의 차로서, in Hg로 표시	공기에 적용되는 압력 P(in Hg)(대기압 29.1에 2번째 칸의 값을 더함)	1번째 칸의 값과 3번째 칸의 값의 곱인 P·V
48	0	29.1	1397
40	6.2	35.3	1412
32	15.1	44.2	1414
24	29.7	58.8	1411
16	58.1	87.2	1395
12	88.4	117.5	1410

평균 = 1406.5

프랑스의 사제 겸 물리학자인 에드메 마리오트는 1679년 〈공기의 성질에 관해서(*De la nature de l'air; On the nature of air*)〉란 논문을 썼다. 여기에서 그는 "공기 체적의 감소는 부하되는 공기의 무게에 비례하여 이루어진다."라는 그의 관측 결과를 보고하였다. 이러한 설명은 기체가 차지하는 체적과 압력 사이의 관계이다. 이런 법칙은 앞서 잉글랜드의 물리학자인 로버트 보일에 의해서 발견된 것으로, 마리오트도 아주 독립적으로 발견하였지만 마리오트는 보일의 연구내용의 일부를 알고 있었다. 그는 공기가 가열되면 팽창하고 냉각되면 수축한다는 것을 발견하였다. 그러므로 온도가 일정하게 유지되면, 압력과 체적의 관계 역시 일정하게 유지된다. 보일은 이점을 간과하였다. 이러한 관계는 영어권에서는 '보일의 법칙'으로, 프랑스어권에서는 '마리오트 법칙'으로 알려져 있다. 또한 이들을 통합하여 '보일-마리오트 법칙(Boyle-Mariotte law)'이라 부르기도 한다. 마리오트의 공헌의 중요성은 프랑스 견해를 지지하는 것으로 판명되었다.

아일랜드 물리화학자인 토머스 앤드류(Thomas Andrew, 1813 ~ 1885)는 어떤 온도 이하(임계온도)에서 이산화탄소가 '보일의 법칙'을 따르지 않는다는 것을 최초로 관찰하였다. 후에 앰게트(E. Amget)는 대기에서보다 더 높은 압력을 유지하기 위해서 탄광에 놓여 있는 긴 연직 파이프를 이용하여 이 문제를 조사하였다. 그는 각각의 기체 분자는 개별적인 체적을 가지고 있기 때문에 분자 운동이 일어날 만한 공간은 공기가 차지하는 체적보다 훨씬 작아야 한다고 설명했다. 그 결과 그는 방정식 '$P(V-a) =$ 일정'이 '보일-마리오트 법칙'보다 V의 값이 작은 경우에 쉽게 관측된다는 것을 발견하였다.

1801년 잉글랜드의 화학자·기상학자인 존 돌턴[17]은 동일한 온도에서 혼합 기체의 개개 압력의 합은 혼합 기체 전체 체적이 갖는 압력과 동일하다는 법칙

---

17) 1793년 돌턴은 그의 저서 《기상관측과 에세이(*Meteorological observations and essay*)》를 발간하였다. 이 책은 최초의 기상학 교과서로 간주되며 두 개의 절(section)로 이루어져 있었다.

을 공식화하였다. 결과적으로 혼합 기체의 총 압력은 개개 구성 기체에 의한 압력의 합과 동일하다는 것이다. 이를 '돌턴의 분압 법칙(Dalton's Law of Partial Pressures)'이라 한다.

제4장 열과 온도란?

1. 열과 온도

일상적인 언어에서 열(heat)이란 단어는 온도(temperature)와 동의어로 사용된다. 그러나 과학에서 이 두 낱말은 아주 다르게 취급된다. 열은 사물을 더 따뜻하게 또는 더 차갑게 만들 수 있는 요인이고, 온도는 냉각화 또는 가열화의 효과를 측정하는 양이다.

몇 세기 동안 열의 특징은 자연 세계에서 불가사의한 것 중의 하나였다. 로마의 저술가인 루크레티우스는 그의 저서인 《만물의 본성에 대하여(*De rerum natura*)》에서 열을 유체 형태 내의 물질의 한 형태로 간주하였다. '*caloric*'[1)]이란 낱말은 온난화되거나 냉각화되거나 하는 이 특별한 헤아릴 수 없는 유체를 부르는 데 사용되었다. 또한 칼로릭(caloric)은 무게가 없고 눈에 보이지도 않는 것이라 생각되었는데, 라부아지에조차도 이것을 그의 원소 목록에 포함시켰다.

그러나 칼로릭 이론은 같은 용기 내에서 동일한 체적의 물과 수은을 가열했을 때, 이들의 온도가 왜 다르게 변화하는지에 대해서 설명하지 못했다. 수은의 온도는 물의 온도의 거의 두 배 정도 증가하였다. 이와 유사하게, 동일한 무게의 철과 물을 난로 위에 나란히 놓았을 때 철은 곧 만지지 못할 정도로 뜨거워졌으나 물은 여전히 미적지근하였다. 더군다나 서로 다른 온도의 수은과 물을 동일한 양으로 혼합한 경우, 혼합 후의 온도는 왜 초기 수은의 온도보다는 초기 물의 온도에 더 영향을 받는지를 이해하지 못하였다.

---

1) 라틴어 'calor'에서 유래된 낱말로 'heat(열)'라는 뜻을 가지고 있다.

1764년 스코틀랜드 화학자인 조지프 블랙(Joseph Black, 1728 ~ 1799)은 온도계로 측정한 열의 강도인 온도와 물질을 가열하거나 냉각시키는 데 필요한 에너지의 양인 열의 양이 서로 다른 것임을 인지하였다. 블랙은 다음과 같은 예를 제시하였다: "동일하게 가열된 2 파운드의 물은 1 파운드의 물이 포함하고 있는 열의 양보다 2배 많은 열의 양을 가져야 한다. 왜냐하면 2 파운드의 물을 가열하는 데 걸리는 시간이 1 파운드 물을 가열하는 데 걸리는 시간보다 2배 더 길기 때문이다."

블랙은 서로 다른 온도 T_1과 T_2를 갖는 물을 동일한 체적으로 혼합하여 평균 온도 $(T_1 + T_2)/2$의 혼합물을 얻었다. 또한 그는 동일한 질량의 여러 가지 물질에 동일한 온도 변화를 일으키기 위해서는 열의 양이 필요하다는 것을 관찰하였다. 그리하여 블랙은 1 g의 물질의 온도를 1 ℃ 변화시키는 데 필요한 열의 양을 '비열(specific heat)'이라 정의하였다. 이 정의에 근거를 두어 열의 단위가 정의되었으므로 그것은 '칼로리(calorie)'라는 이름을 얻게 되었다. 1 cal는 1 g의 물을 14 ℃에서 15 ℃까지 1 ℃ 온도 변화시키는 데 필요한 열의 양이다.

조지프 블랙은 또한 어떤 조건에서는 열이 온도 변화 없이 흡수될 수 있다는 사실을 발견하였다. 1761년 그는 물이 어느 점까지 냉각될 때 냉각과정은 계속되지만 온도는 일정하게 유지된다는 것을 보여 주었다. 이와 유사하게, 물이 가열되어 끓는점까지 도달하는 경우에도 가열과정은 계속되지만 온도는 일정하게 유지되었다. 블랙은 용융, 빙결, 증발, 응결 현상은 열의 이동을 동반하는데 이를 숨은열(latent heat)[2]이라고 결론지었다. 숨은열은 온도가 일정한 상태로 상이 전환되는 동안 방출되거나 흡수된다.

1764년 조지프 블랙과 그의 조수인 윌리엄 어빈(William Irvine, 1743 ~ 1787)은 물이 얼음으로 결빙되기 위해서 필요한 열의 양이 얼마인지를 정량적으로 보여 주었다. 그것은 물 1 g당 82 cal의 양이었다. 또한 얼음 1 g을 녹이는

2) 'latent'는 라틴어에서 유래된 것으로 '숨어 있는(hidden)'이란 뜻이다.

데 필요한 열의 양도 82 cal였다. 블랙의 결과는 0 ℃에서 용융 또는 결빙될 때의 숨은열이 79.9 $cal \cdot g^{-1}$이라는 현재 값과 비교된다. 증발의 숨은열의 현재 값은 0 ℃에서 597.3 $cal \cdot g^{-1}$이다.

2. 온도계의 발명

온도(temperature)는 '뜨거움'과 '차가움'의 정도로 특징 지워지는데, '온도계(thermometer)'는 이러한 온도를 측정하는 기계이다. 온도계는 어떤 물체가 가열되면 팽창하고 반면 냉각되면 수축한다는 원리에 의해서 작동된다. 고대 그리스 사람들은 이 현상을 알고 있었다.

공통기원 62년경 알렉산드리아의 헤론(Heron, ca. 10 ~ ca. 75)은 《뉴마티카(*Pneumatica*)》[3]를 출판하였다. 여기에서 헤론은 제단의 불이 타게 되면 문이 열리고 불이 꺼지면 문이 닫히는 그 유명한 '신전 문(temple doors)'에 대해서 기술하고 있다. 이 장치는 교묘하였다(〈그림 4-1〉). 제단의 불은 원통 B의 공기를 팽창시키고 공기가 팽창함에 따라 물의 일부는 사이펀 S를 통하여 용기 V로 흘러 들어간다. 그러면 용기 V는 물의 무게로 인해 아래로 움직이게 되고 그것이 체인을 잡아당겨 마침내 문이 열린다. 이 과정은 제단의 불이 꺼지면 반대로 일어난다.

〈그림 4-1〉 헤론의 신전 문이 여닫히는 원리

《뉴마티카》에서 헤론은 다른 훌륭한 장치를 설명하였다. 그것은 분수[4]로, 이 분수는 저수지의 자유수

3) 이 책은 두 권으로 되어 있으며 공기, 증기 또는 수압에 의해서 작동하는 기계적인 도구들을 연구한 것이다.

면보다 훨씬 높이 올라갔다. 헤론의 업적은 16세기에 라틴어로 번역되어 많은 유럽 석학들의 관심을 끌었다.

갈릴레오의 제자이자 이탈리아의 전기 작가인 이탈리아의 빈센치오 비비아니에 따르면, 갈릴레오는 온도 측정에 물체가 가지는 열적 성질의 지식을 적용하였다. 소문에 의하면 서기 약 1593년 갈릴레오는 온도계의 조상을 만들었다. 이 측기는 너비가 있는 빨대 모양의 유리관을 하나의 작은 유리 용기에 집어넣는 형태로 고안되었다. 유리관은 부분적으로 물로 채워져 있었다. 관 속의 물의 팽창과 수축은 구부 내의 가열 또는 냉각에 대한 측정치였다. 또한 갈릴레오는 소금물, 붉은 포도주 또는 알코올과 같은 온도에 민감한 액체들을 가지고도 실험하였다. 갈릴레오의 온도계는 눈금을 가지고 있지 않았다.

이 측기는 1617년경 주제페 비안카니(Geusseppe Biancani, 1566 ~ 1624)에 의해서 '온도경(thermoscope)'[5]이라는 이름을 얻었다. 후에 이 측기에 눈금이 부착되었을 때 그것의 이름은 온도계로 바뀌었다. '*thermometer*'란 단어는 1653년 예수회 목사인 장 레르숑(Jean Leurechon, 1591 ~ 1670)이 쓴 책 《수학적인 재창조(*Récréation mathématique)*》에서 처음으로 사용되었다.

갈릴레오가 새로운 측기를 발명했다는 소문은 유럽을 통하여 빠르게 퍼져나갔고 많은 모조품들이 수많은 개량을 거쳐 제작되었다. 갈릴레오 온도계는 1657년 폴란드, 1658년 프랑스, 그리고 1661년에 잉글랜드에 도착하였다. 한편 기압계의 발명으로 온도계가 기압의 변화에 영향을 받기 쉽다는 사실이 밝혀졌다. 갈릴레오의 후원자인 메디치가의 페르디난트 2세는 최초로 봉인된 온도계를 발명하였는데 이것은 압력 변동과는 무관한 것이었다.

1695년 프랑스의 물리학자인 기욤 아몽통은 1593년 갈릴레오가 발명한 공기 온도경(air thermoscope)을 개량하였다. 갈릴레오의 온도경은 튜브 속 공기의 팽창과 수축에 의해 물의 높이가 변화하도록 디자인되었는데, 이 측기의

4) '헤론의 분수(Heron's fountain)'라 한다.
5) 측온기라고도 한다.

단점은 물이 기압 변화에 영향을 받는다는 것이었다. 갈릴레오는 기압 변화가 물에 미치는 영향에 대해 알지 못했지만, 아몽통은 그것을 알고 또 기압의 변화를 어떻게 효과적으로 제거하는지도 알고 있었다. 그는 물 대신에 수은을 사용하여 공기가 고정된 체적을 가질 때까지 그것을 채워 수은의 높이를 보정하였다. 튜브 속 공기의 온도는 기압을 변하게 하는데 변화된 기압은 수은에 영향을 미친다. 이때 변화된 압력을 측기가 측정하는 것이다. 아몽통의 온도계는 갈릴레오 것보다 더 정확하였고 그의 측기 한계 내에서는 물이 항상 동일한 온도에서 끓는다는 것을 보여 주었지만 과학적인 실험에 보편적으로 사용되기에는 정확성이 다소 떨어졌다.

3. 온도 눈금

여러 종류의 온도계가 다양한 온도 눈금으로 전 유럽에 걸쳐서 만들어졌다. 2명의 영국인인 로버트 보일과 로버트 훅은 온도계에 눈금을 붙일 때 얼음의 용융점을 고정점으로 사용하기를 제안하였다. 또한 1665년 네덜란드의 물리학자인 크리스티안 호이헨스는 두 개의 고정점을 사용할 것을 제안하였다.

1) 파렌하이트 온도 눈금

독일의 물리학자인 가브리엘 파렌하이트는 1709년 최초로 정밀성을 갖춘 실용적인 알코올 온도계를 만들었다. 초기 온도계 고안자들과는 달리 파렌하이트는 구부(bulb) 속에 액체를 채워서 액체 기둥의 팽창과 수축이 온도 변화를 나타내도록 하였다. 이것은 굉장한 개선이었지만 알코올 온도계는 아주 높은 온도를 측정할 수 없었다. 왜냐하면 알코올은 끓는점(순수한 에탄올은 78.3 ˚C에서 끓었다)이 매우 낮기 때문이다. 그는 알코올과 물을 혼합하는 시도를 하였다. 이것은 끓는점을 올렸지만 혼합물의 체적은 온도가 상승하거나 하강하는 경우 일정한 비율로 변화하지 않아 온도계 제작에서 눈금을 정하는 것이 매우 어려웠다. 마침내 1714년 그는 수은을 사용하는 시도를 행하였다. 수은은 물보다 더 높은 온도에서 끓었고 더 낮은 온도에서 결빙하였다. 그래서 수은 온도계는 알코올 온도계보다 더 광범위한 온도 범위를 측정할 수 있다. 먼저 그는 수은의 순도를 높이는 방법을 고안하였다. 왜냐하면 불순물은 온도계의 유리 표면에 달라붙기 때문이다. 이것을 성취함에 따라, 그는 수은이 비록 알코올보다는 변화하는 양이 적다 하더라도 온도 변화에 따라 매우 일정하게 그 체적이 변화한다는 사실을 발견하였다.

그런 다음 그는 덴마크의 물리학자 오라우스 뢰머(Olaus Rømer, 1644~1710)가 앞서 사용한 온도 눈금에 따라 3개의 고정점에 근거를 둔 '파렌하이트 온도 눈금(Fahrenheit temperature scale)'을 고안하였다. 눈금의 한 점은 0으로 표시되었는데 그것은 얼음, 물, 바다소금의 혼합물에 온도계를 넣었을 때 발견된 것이다. 눈금의 두 번째 점은 물과 얼음의 온도로 정의되는 것으로, 32로 표시되었다. 눈금의 세 번째 점은 체온을 나타내는 것으로, 96으로 표시되었다. 파렌하이트는 초기에 온도계 액체로 알코올을 사용하였지만 1717년경 그것을 수은으로 교체하였다. 수은은 불투명체이고, 넓은 온도 범위에서도 액체로 유지되고, 상온에서는 증발하지 않으며 순수한 상태에서 쉽게 얻어진다는 여러 가지 장점을 가지고 있다. 파렌하이트 사망 몇 년 후, 해수면에서의 물의 결빙 온도(32 ℉)와 끓는 온도(212 ℉)가 화씨 눈금의 고정점으로 일반화되어 사용되었다. 1724년 파렌하이트는 그의 온도계 제작법을 설명하는 논문을 『철학회보』에 제출하였다.

2) 셀시우스 온도 눈금

1742년 스웨덴 웁살라 대학교의 천문학과 교수로 있던 안데르스 셀시우스는 스웨덴 왕립 과학 아카데미(Royal Swedish Academy of Sciences)에 논문을 제출하였다. 그는 이 논문에서, 자연적으로 일어나는 두 가지 고정점에 기초를 둔 백분도 눈금으로 모든 과학적인 온도 측정이 가능하다는 제안을 했다. 이것은 끓는점을 0, 어는점을 100으로 한 것인데 그의 이름을 따서 '셀시우스 눈금(섭씨 눈금)'이라 부른다. 1744년 그가 죽은 후 스웨덴의 식물학자인 칼 폰 린네의 권고에 따라 끓는점을 100, 어는점을 0으로 편리하게 교체했다. 거의 50년 전까지만 하더라도 셀시우스 눈금의 단위를 100분도(centigrade[6])로 불렀으나 스웨덴 과학자를 기리는 국제 협약에 따라 다시 '셀시우스 눈금'으로 부르게 되었다. 현재 셀시우스 눈금은 파렌하이트 눈금이 대중들에게 더 선호되는 미국을 제외하고는 전 세계에서 두루 사용되고 있다. 셀시우스 눈금과 파렌하이트 눈금을 비교하면 두 기준점에서의 온도는 다음과 같이 고려된다.

	℃	℉
물의 어는점	0	32
물의 끓는점	100	212

두 눈금 사이의 수학적 관계식을 찾기 위해서, 셀시우스 눈금의 온도를 T_c, 파렌하이트 눈금의 온도를 T_f라고 가정한다. 예를 들면, 물의 어는점은 0 ℃이고 32 ℉이다. 그러나 끓는점에서는 이런 관계식이 맞지 않는다. 적절한 결과를 얻기 위해서는 180으로 나누고 100을 곱하면 된다.

$$T_c = \frac{100}{180}(T_f - 32) = \frac{5}{9}(T_f - 32)$$

이 새로운 공식은 두 고정점에서 모두 맞게 된다. 파렌하이트 눈금의 온도를

6) 라틴어 'centum(100)'과 'gradus(degree)'란 단어에서 유래되었다.

알고 셀시우스 눈금의 온도를 얻기 위해서는 다음 식을 사용하면 된다.

$$T_f = \frac{9}{5}T_c + 32$$

3) 켈빈의 온도 눈금

아일랜드의 물리학자인 윌리엄 톰슨(William Thomson, 1824 ~ 1907)[7]은 열역학에 흥미를 가져 카르노 원리를 이용하여 자연법칙에 근거한 절대온도 눈금을 만들기에 이르렀다. 그의 절대온도계는 프랑스 물리학자 자크 샤를의 발견에서 비롯되었는데, 샤를은 기체 온도가 1 ℃씩 떨어질 때마다 0 ℃일 때 부피의 1/273만큼 줄어든다는 사실을 알아냈다. 톰슨은 −273 ℃에서 절대영도(0)가 되는 것은 부피가 아니고 분자들의 에너지라고 제안했다. 실제로 톰슨은 이것이 모든 물질에서 성립함을 발견했고 −273 ℃는 절대영도로, 우주에서 존재할 수 있는 가장 낮은 온도라 생각해야 한다고 결론지었다. 그런 다음 그는 −273 ℃를 0으로 표시하는 새로운 절대온도눈금(켈빈 눈금)을 1848년에 제안하였다. 이 눈금은 열역학을 연구하는 데 유익하게 쓰이고 서로 다른 두 온도 사이에서 작동하는 기관으로부터 얻을 수 있는 일의 양을 정확히 결정해 주었기 때문에 물리학자들은 곧 이 눈금을 사용하기 시작했다.

절대영도는 모든 분자 운동이 사라지는 온도이다. 켈빈 온도의 눈금차는 셀시우스 눈금차와 동일하고 절대영도(0 K)는 −273.15 ℃에 상응한다. 오늘날 정밀한 보정을 위해서 1013.15 hPa의 표준기압 하에서 물의 삼중점을 아래쪽의 고정점으로, 끓는점을 위쪽의 고정점으로 하고 있다. 물의 삼중점은 0.01 ℃이기 때문에 얼음의 녹는점 0 ℃와 거의 동일하게 보편적으로 사용된다.

---

7) 켈빈 경(Baron Kelvin)이라고도 불린다.

〈그림 4-2〉은 절대온도, 섭씨온도, 화씨온도 눈금을 대조한 것이다.

〈그림 4-2〉 절대온도, 섭씨온도, 화씨온도 눈금의 대조표

4. 온도계의 종류

1) 유리관 액체 온도계

온도에 따라 변화하는 어떤 성질은 온도계에 기본으로 사용되지만, 가장 일반적인 성질은 유리관 속에 들어 있는 액체의 팽창이다. 파렌하이트에 의해서 도입된 바와 같이 온도계에 일반적으로 사용되는 액체는 여전히 수은이다. 또한 어는점이 -38.8 ℃ 미만의 에틸알코올[8]도 사용된다. 알코올의 팽창계수가

8) 실제 에틸알코올의 어는점은 -115 ℃이다.

수은의 팽창계수보다 훨씬 더 크지만, 알코올은 액체 온도계에 사용되기에는 그렇게 유용하지 않다. 왜냐하면, 알코올의 조성은 시간에 따라 서서히 변하고 유기물을 만들며 온도 변화가 급격하게 일어나면 알코올이 유리관에 달라붙기 때문이다. 또한 알코올은 액체 기둥이 끊어지기 쉬우며 열전도율이 아주 낮기 때문에 수은보다 훨씬 느리게 반응한다. 온도가 올라가면, 구부에 담긴 액체는 유리관보다 더 빨리 팽창하여 작은 구멍을 통해 액체 기둥을 밀어 올리게 된다. 기상학에서 사용하는 온도계는 보통 0.5 ℃ 단위로 눈금이 매겨져 있는데, 주의 깊게 측정하면 0.1 ℃까지 추정할 수 있다.

기상 관측용 온도계는 얼마간의 허용 오차를 갖는다. 수은 온도계인 경우, −40 ~ 0 ℃ 사이의 최대 오차는 −0.3 ~ +0.2 ℃이다. 0 ℃ 이상부터는 −0.2 ~ +0.05 ℃의 오차를 갖는다. 알코올 온도계인 경우 −40 ℃ 미만에서의 최대 오차는 ±0.06 ℃이다. −40 ~ 0 ℃ 사이 그리고 25 ℃ 이상에서는 ±0.25 ℃의 오차를 갖는다. 0에서 25 ℃ 사이의 허용 오차는 ±0.1 ℃이다. 어느 곳에서 측정하든 간에 온도 눈금은 이러한 한계 내의 오차를 갖게 된다. 정밀한 작업인 경우에는 온도계와 표준 온도계의 눈금을 0.1 ℃ 간격으로, 주기적으로 비교해야 한다. 초기 보정 허용 오차는 별문제로 하고, 오차의 주된 근원은 유리 구부의 변화로 인한 것인데 시간이 흐름에 따라 구부가 서서히 수축되면서 오차가 발생하게 된다. 처음 1년 동안에는 약 0.01 ℃가 오르게 되고 그 후 낮아지게 된다. 만약 액체 기둥이 눈높이와 맞지 않을 때에는 시차 오차(parallax error)가 도입되는데 그 값은 ±0.2 ℃ 정도이다.

유리관 수은 온도계(mercury-in-glass thermometer)는 직경 약 10 mm의 구부를 가지며 기류의 속도가 5 $m \cdot s^{-1}$인 경우, 약 1분의 시간 상수를 갖는다. 그러나 온도는 불균등하게 변하는 경향이 있으므로 비록 어떠한 온도 변화도 시간 상수보다 더 빠르게 나타날 수는 없다고 하지만 실제 온도계가 어떻게 반응할지 이론적으로 예측하기는 매우 어렵다. 그러나 다행스러운 점은 급격한 온도 변화에 심하게 영향을 받더라도 온도계가 너무 빠르게 반응하지는 않는다는 것이다.

온도는 5~10분 사이의 시간 간격으로 평균되며 이에 상응하는 시간 상수는 1분이다. 그러나 온도계가 노출되는 백엽상도 또한 시간 상수를 갖는다.

2) 최저 온도계

최저 온도계(minimum thermometer)는 알코올을 액체로 사용하는 것으로, 일반 온도계나 최고 온도계와는 다르다. 온도계 유리관 속의 알코올에는 금속 슬라이드(지시침; index)가 들어 있는데, 이 슬라이드 즉 지시침은 자유롭게 움직이다가 액체의 메니스커스(meniscus)가 형성되면 정지하게 된다. 메니스커스란 유리관 속 액체 표면이 반달 모양을 이루는 것을 말한다. 최저 온도계를 뒤집으면 지시침은 메니스커스 면까지 떨어져 메니스커스의 한 면에 놓이게 되면 새롭게 설정된다. 온도가 올라갈 때는 지시침이 그대로 있지만, 온도가 떨어지면 메니스커스는 지시침을 구부 쪽으로 잡아당겨 표면 장력 때문에 메니스커스가 깨어지지 못하도록 한다(〈그림 4-3〉 위 그림). 그러므로 가장 낮은 위치가 가장 낮은 온도를 나타낸다.

3) 최고 온도계

최고 눈금을 잡아 놓을 수 있는 최고 온도계(maximum thermometer)는 수은 기둥 내에 잘록한 부분(constriction)이 있다는 것을 제외하고는 일반적인 유리관 수은 온도계와 유사하다(〈그림 4-3〉 아래 그림). 최고 온도계는 온도가 내려가면 수은 기둥의 잘록한 부분이 깨어지는데, 이때 수은이 구부로 되돌아오지 못하도록 하여 최고 온도를 측정할 수 있게 한다. 만약 온도가 아주 높이 올라가면 수은 기둥이 다시 형성되고 수은은 새로운 최고점으로 상승하게 된다. 그런 다음 온도가 내려가면 새로운 최고 온도가 유지되는 것이다. 체온계를 복도시키는 것과 같이 최고 온도계를 아래로 세게 흔들면 수은 기둥은 다시 연결된다. 오차와 해상도는 일반 온도계와 동일하다.

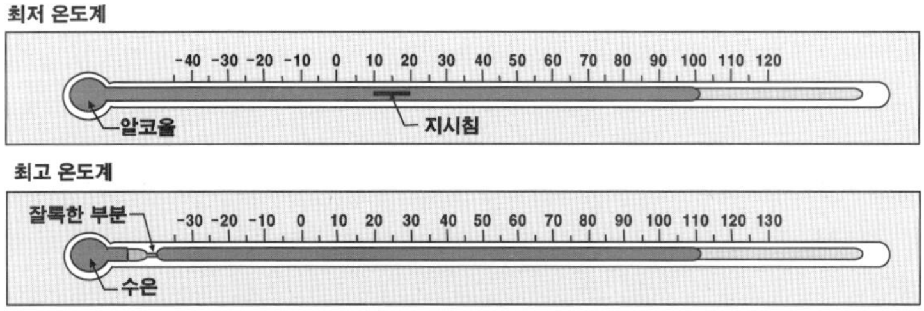

〈그림 4-3〉 최저 온도계(위 그림)와 최고 온도계(아래 그림)

4) 결합형 최고·최저 온도계

최고와 최저 온도를 함께 측정할 수 있는 식스 온도계(Six's thermometer)는 'U'자 모양의 관으로 되어 있으며 각 끝 부분에 구부를 가지고 있다. 구부 중의 하나는 알코올로 전부 채워져 있고 다른 부분은 일부만 알코올로 채워져 있다. 관의 밑 부분은 수은으로 채워져 있다. 온도가 올라가면, 구부 속의 액체가 팽창하여 알코올이 일부만 차 있는 구부 쪽으로 수은을 밀게 된다. 온도가 떨어지는 경우는 정반대 현상이 나타난다. 수은 기둥의 양 끝 부분이 현재 온도를 나타낸다. 양쪽의 수은 위에는 알코올을 움직이는 지시침이 들어 있다. 수은이 위로 움직이면 지시침들은 한 면 또는 다른 면의 위쪽으로 알코올을 밀게 되고, 수은이 아래로 움직일 경우에는 지시침들이 아래쪽으로 내려와 알코올이 정지하도록 한다. 지시침들은 대개 금속 물질이므로 자석을 수은 아래로 지나가게 하면 복귀될 수 있다. 이런 형태의 온도계는 앞서 언급한 온도계보다 정확도가 아주 떨어진다. 이 온도계의 눈금은 1 ℃ 간격으로만 매겨져 있기 때문에, 식스 온도계는 정밀한 작업에는 적절하지 못하다.

5) 바이메탈(쌍 금속판) 자기 온도계

이론적으로 바이메탈 자기 온도계(bimetallic thermograph)는 태양복사를 기록하는 데 사용되는 바이메탈 자기 일사계와 유사하다. 바이메탈 판의 민감도는 나선형으로 촘촘하게 코일을 감은 것(helix)이 쭉 펴졌을 때 가장 강하다. 금속판이 새 것인 경우에는 숙성 과정을 거쳐야 하므로 사용 전에 여러 차례 가열과 냉각을 해야 한다. 급격한 온도 변화는 금속판을 파괴할 수 있다.

영점 눈금은 전체 헬릭스를 회전시켜 정하는데, 헬릭스의 한 쪽 끝은 고정시키고 헬릭스의 길이 변화로 범위를 조정한다. 고정되지 않은 끝은 레버(지렛대)로 펜을 움직여 기록지에 잉크 자국을 남긴다. 기록지는 모터(스프링 또는 배터리로 구동한다)에 의해 회전하는 원통 판에 부착되어 있다(〈그림 4-4〉). 이때 기계적 연결 부위들과 기록지 위의 펜이 마찰하면서 주된 오차가 발생한다. 이 오차는 정비를 잘하면 최소화할 수 있다. 최상의 자기 온도계라 하더라도 그 예상 정확도는 ±0.5 ˚C에 지나지 않는다. 실제 눈금은 이 정확도보다 훨씬 큰 오차를 가지며 특히 초기 조정이 잘되지 않은 경우에는 지속적으로 점검을 해야 한다. 이 자기 온도계도 정밀 계측기는 아니다.

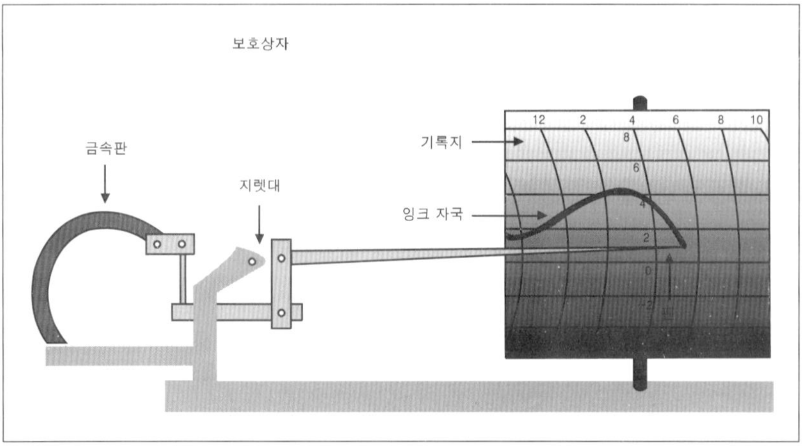

〈그림 4-4〉 바이메탈 자기 온도계의 구조도

5. 온도와 관련된 기체 법칙

1) 보일의 법칙

1661년 로버트 보일과 로버트 훅은 어떤 한 실험을 수행하여 이 결과로부터, 만약 온도가 일정하게 유지된다면 기압과 체적의 곱도 항상 일정하다는 결론(p · V = 일정)을 얻었다. 이를 '보일의 법칙'이라 한다. 곧이어 다른 중요한 기체 관계식도 온도계와 기압계를 사용한 실험으로 발견되었다.

2) 베르누이의 원리

스위스 물리학자·수학자인 다니엘 베르누이(Daniel Bernoulli, 1700 ~ 1782)는 1724년 완성한 그의 가장 중요한 업적인 《유체동역학(*Hydrodynamics*)》을 1738년에 출판하였다. 이 책에서 그는 압력, 속도, 유체 내 평형의 이론적이고 실제적인 면에 대해서 논의하였고 유체의 압력과 속도 사이의 관련성을 증명하였다. 이것은 에너지 보존의 결과이다. 에너지 보존의 개념은 1세기 후에 정확하게 공식화되었다. 그는 온도가 높아지면 기체 내 분자들의 속력이 증가한다고 가정함으로써 온도가 기체 압력에 미치는 효과를 설명할 수 있음을 깨달았다. 즉, 분자의 속력이 올라감에 따라 분자들은 용기의 벽을 더욱더 세차게 때려 압력이 올라가도록 한다는 것이다. 이러한 압력과 속도 사이의 관계식은 현재 베르누이 원리(Bernoulli principle)로 알려져 있으며 그러한 원리의 결과를 베르누이 효과(Bernoulli effect)라 한다.

3) 샤를의 법칙

1787년경, 프랑스의 물리학자·수학자인 자크 샤를은 그의 가장 유명한 발견을 이루었다. 그보다 오래전인 1699년, 기욤 아몽통은 같은 온도에서 상승하는 여러 기체들의 경우 동일한 양으로 팽창한다는 것을 발견하고 그것을 학계에 발표했었다. 샤를은 산소, 질소, 수소를 사용하여 아몽통이 도출한 결론에 도달할 때까지 실험을 반복하였고 이에 따라 그는 기체가 팽창할 때의 정확한 양을 계산할 수 있었다. 그는 온도가 매 1 ℃ 상승하면 부피는 0 ℃일 때 가지는 부피의 1/273씩 증가한다는 것을 발견하였다.

$$p - p_0 = \frac{p_0}{273.15} \; T$$

여기서 p_0는 $T = 0$ ℃에서의 초기 기압이다. 이것의 의미는 만약 기체가 −273 ℃로 냉각된다면, 그것의 부피는 영이 된다는 것이다. 이것은 '절대영도(absolute zero)'로 알려져 있다.

샤를은 이러한 실험 결과들을 발표하지는 않았지만, 조제프 게이뤼삭에게 이러한 사실을 알려주었다. 게이뤼삭은 1802년에 이 법칙을 포함한 논문을 발표하였다. 또한 게이뤼삭은 체적을 포함하는 유사한 방정식을 얻었다. 그는 일정한 압력에서 가열된 기체는 매 온도(℃)마다 초기 체적 V_0의 1/273.15배만큼 체적이 증가한다는 것을 발견하였다.

$$V - V_0 = \frac{V_0}{273.15} \; T$$

여기서 V_0는 $T = 0$ ℃에서의 초기 체적이다.

게이뤼삭이 이러한 실험을 반복하여 일반적인 법칙을 이끌어 냈으므로 프랑스에서는 이 법칙을 '게이뤼삭 법칙(Gay-Lussac's law)'이라 부른다. 그러나 프랑스 이외의 나라에서는 이를 '샤를의 법칙(Charles's law)'이라 부르고 있다.

4) 이상 기체 법칙

모든 개별 기체 법칙들을 결합한 하나의 법칙이 존재하는데 이는 모든 기체 매개변수 질량, 체적, 온도의 변화를 정의한다. 이 법칙은 '이상 기체 법칙(ideal gas law)' 또는 '상태 방정식(equation of state)'이라 부르며 다음과 같은 형태로 나타난다: $p \cdot V = m \cdot R \cdot T$ 또는 $p = \rho \cdot R \cdot T$이고 여기서 p는 기압(hPa), V는 공기 체적(m^3), T는 절대온도, m은 기체의 질량(kg), ρ는 기체 밀도($kg \cdot m^{-3}$), 그리고 R은 건조공기에 대한 기체상수로서 287 $m^2 \cdot s^{-2} \cdot K^{-1}$이다. 실제 기체들의 양상은 이상 기체 법칙과 거의 비슷하다. 이는 왜 이상 기체 법칙을 만족하는 기체들을 '이상기체(ideal gas)'라 부르는지 그 이유를 설명하는 것이다. 대기 중에 관측되는 상태인 경우, 공기는 이상 기체 법칙을 아주 잘 따른다.

6. 끓는점

1680년 프랑스 물리학자 드니 파팽(Denis Papin, 1647 ~ 1714)[9]은 액체 상태에서 압력이 낮아지게 되면 끓는점이 내려가고, 압력이 증가하게 되면 끓는점이 올라간다는 것을 발견하였다. 압력 범위가 759 ~ 1000 hPa인 경우, 이 법칙을 〈그림 4-5〉에 나타내었다.

기압 750 hPa은 보통 해발고도 약 2500 m에서 관측된다. 에베레스트 산 정상의 기압은 약 300 hPa이고 그곳에서의 물의 끓는점은 70 ℃이다. 이 온도는 찻잎으로부터 최고의 맛을 추출하기에는 충분하지 못한 온도이다. 그러므로 그러한 고도에서 좋은 차 맛을 기대하기는 어렵다.

9) 프랑스 블루아에서 출생. 대기압을 동력으로 이용한 연구로 유명하다.

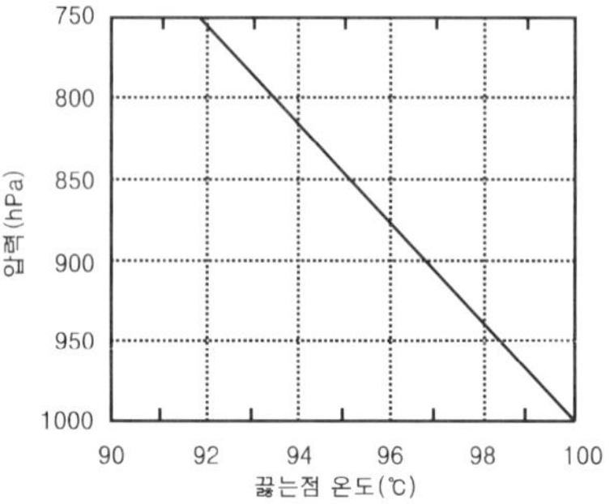

〈**그림 4-5**〉 온도와 압력에 따른 끓는점의 변화

7. 단열 과정

잉글랜드의 기상학자·화학자인 존 돌턴은 열적으로 절연된 공기가 압축되면 온도가 올라가고 팽창하면 온도가 내려간다는 것을 관찰하여 온도의 단열 변화(adiabatic change)의 원리를 발견하였다. '*adiabatic*'이란 낱말은 그리스어 '*adiabatos*'에서 유래된 것으로 '*impassible*'이란 뜻인데, 열의 손실 또는 획득 없이 어떤 현상이 일어남을 의미한다. 단열 과정(adiabatic process)이란 용어는 스코틀랜드 공학자인 윌리엄 랭킨(William John Rankin, 1820~1872)에 의해서 처음 사용되었다.

단열 과정은 1881년 프랑스의 화학자인 앙리 르샤틀리에(Henri Louis Le Chatelier, 1850~1936)에 의해서 공식화된 '르샤틀리에의 원리(Le Chatelier's Principle)'라는 일반적인 법칙을 따른다. 이 원리에 따르면, "어떤 외부적인 변화가 시스템에 부여된다면, 시스템은 그것에 대항하기 위해서 재배치될 것이다."라는 일반 법칙이 성립한다.

공기의 압축·팽창과 관련한 현상을 르샤틀리에의 원리를 통해 살펴보자. 공기의 시료가 압축될 때 그것의 체적은 감소한다. 그러면 공기는 온도를 상승시킴으로써 이러한 체적 변화에 맞서게 된다. 공기의 온도가 상승하면 그것은 다시 팽창한다. 반대로, 공기의 시료를 팽창시키면 체적이 증가하는데, 공기는 다시 온도를 내려 이러한 변화에 대응한다. 온도가 내려간 공기는 결국 수축하게 된다.

단열 변화는 대기권 내의 연직 운동에 동반되어 나타난다. 상승하는 건조공기는 높이에 따라 주변 기압이 감소하므로 팽창하고 르샤틀리에의 원리에 일치하여 단열적으로 냉각된다. 마찬가지 원리로, 하강하는 공기는 수축되면서 단열적으로 승온된다. 대기권 내에서 공기의 연직 운동에 동반되는 온도 변화는 약 1 ℃/100 m라는 일정한 감률로 나타나며 이를 건조단열감률(dry adiabatic lapse rate)이라 한다.

8. 열 전달

열은 전도, 대류, 복사에 의해서 한 물체에서 다른 물체로 전달된다. 열이 물질 내에서 급격하게 움직이는 분자들의 충돌의 결과로 전달되는 경우를 전도(conduction)라 한다. 대류(convection)는 가열된 물질의 흐름에 의한 열의 전달이다. 복사(radiation)는 전자기 파동에 의한 에너지의 수송이다.

미국의 물리학자인 벤저민 톰프슨(Benjamin Thompson, 1753 ~ 1814)[10]은 액체 내의 대류 유동(current)을 관측하기 위해서 흐름 지시계(flow indicator)를 고안하였다. 그는 약 1/2 티스푼의 노란 호박 가루를 넣은 긴 실린더 목을 가진 1 L 유리관을 사용하였다. 그런 다음 유체 내에 호박가루가 떠다니도록 하기 위해서 증류수에 알칼리성 용액을 혼합하였다.

냄비 속의 물이 끓을 때에는 전도, 대류, 복사 3가지 과정 모두 일어난다. 먼저, 냄비 밑바닥의 얇은 물 층은 전도에 의해서 가열된다. 그런 다음 흡수된

10) 1793년 바바리아 대공에 의해서 톰프슨은 신성 로마제국의 백작으로 추서되어 럼포드 백작(Count Rumford)이 되었다.

열은 대류에 의해서 물속에 재분배되고 복사 에너지 형태로 방출된다. 이외에도 어떤 에너지는 증발에 의한 숨은열의 형태로 공기에 전달된다.

9. 열과 에너지

1798년 벤저민 톰프슨은 드릴로 황동 대포에 구멍을 뚫을 때 마찰에 의해서 강력한 열이 발생한다는 것을 관찰하였다. 톰프슨은 독일 뮌헨의 한 병기공장에서 초기 온도가 15 ℃인 황동 실린더에 구멍을 내는 실험을 수행하였다. 두께가 0.63 인치, 길이가 4 인치인 강철 드릴은 약 10,000 파운드의 힘으로 실린더를 압착했다. 또한 드릴은 2 마력의 동력으로 1분에 32번 회전시켰다.

드릴이 960번 회전 운동을 한 30분 후, 실린더의 온도는 50 ℃까지 증가하였다. 실험 전후에, 실린더와 구멍으로 뚫려 나온 조각의 무게를 조심스럽게 측정했다. 실린더의 질량은 113.13 파운드였고 구멍으로 뚫려 나온 조각은 실린더 질량의 1/948 무게를 나타내었다. 톰프슨은 그러한 작은 조각이 커다란 실린더의 온도를 많이 증가시킬 만큼 칼로릭을 발생시킨다는 것이 믿기지 않았다.

두 번째 실험에서 톰프슨은 황동 실린더에 구멍을 낼 때 초기 온도가 15 ℃인 2 갤런의 물을 사용하였다. 1시간 후, 물의 온도는 8 ℃만큼 상승하였다. 2시간 후에 75 ℃, 2시간 20분 후에 85 ℃가 되었고, 2시간 30분 후에는 마침내 물이 끓기 시작하였다. 톰프슨은 구멍을 뚫는 과정에서 발생한 열의 양은 직경 3/4 인치의 촛불 10개가 내놓는 열의 양보다 더 많은 것으로 계산하였다. 왜냐하면 마찰에 의해 생긴 열은 거의 무진장한 것으로 보였기 때문에, 그는 '칼로릭'이 물질 전체를 가열할 수 없다고 인식하여 칼로리 이론(caloric theory)을 거부하였다.

1840년대 잉글랜드 맨체스터의 제임스 줄(James Prescott Joule, 1818～

1889)은 기계적 에너지(mechanical energy)를 열로 전환하는 연구를 하였다. 그는 물이 채워진 철제 용기 속에서 여러 개의 노(paddle)가 회전하도록 하는 실험 장치를 고안하였다(〈그림 4-6〉). 노는 연직 막대기에 감겨진 로프에 부착되어 있고 그 연직 막대기는 도르래와 연결되어 있었다. 무거운 물체가 아래로 떨어질 때 그 기계적 에너지는 도르래를 통해 막대기에 전달되고 마침내 물속의 노를 회전시켰다. 물속에서 회전하는 노는 물과의 마찰에서 열을 발생시켜 물의 온도를 상승하게 했다. 줄은 떨어지는 무게의 기계적 에너지를 측정한 다음 상승한 온도를 측정하였다. 이 실험은 열이 물질이 아니라 에너지의 형태라는 것을 증명해 주었다.

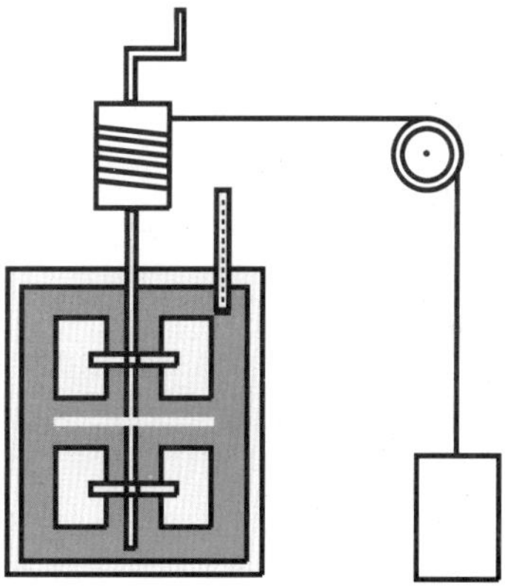

〈그림 4-6〉 기계적 에너지를 열로 전환하는 줄의 실험장치

줄의 이러한 과학적 공헌을 기념하여 그의 이름을 딴 줄(J)을 에너지 단위로 사용하고 있다. 에너지의 단위(또한 일의 단위)인 1 J은 움직이는 물체의 단위 질량(1 kg)과 단위 속도의 제곱($1\ m^2 \cdot s^{-2}$)의 곱이다. 즉 $1\ J = 1\ kg \cdot m^2 \cdot s^{-2}$. 줄의 실험은 열의 기계적 상당량이 1 cal = 4.186 J이라는 것을 보여 주었다.

10. 열역학

열역학(thermodynamics)은 열과 에너지 전달의 과학이다. 열역학은 증기 엔진 기술 개발의 결과로서 18세기, 19세기 그리고 20세기 초반에 발달하였다. 그러나 어떤 열역학 아이디어는 적어도 2000년 전에 존재하였고 서기 1세기에 살았던 두 명의 그리스 사람 즉 비잔티움의 필론(Philon, BCE 25 ~ CE 40)[11]과 알렉산드리아의 헤론[12]의 서적에서 그 아이디어를 찾을 수 있다.

필론은 납을 가열하여 만든 지구 모양의 구로부터 물로 채워진 용기 속에 공기가 들어가서 방울을 만드는 실험을 설명하였다. 헤론은 원시적인 증기 제트엔진을 제작하여 그의 논문집 《뉴마티카》에서 그것에 대해 기술하였다. 그가 '*aeolipile*'[13]이라 부른 엔진은 속이 빈 공인데, 중심축을 따라 회전하도록 만들어졌다. 용기에 물이 채워지고 가열되면, 증기는 용기의 정반대 면에 설치된 2개의 관을 통해 밖으로 배출된다. 이것이 기계를 회전시킨다.

이 당시와 17세기 동안에 열에너지 분야에 이룩된 업적은 거의 드물었다. 이 기간 동안 오토 폰 게리케가 공기 펌프(air pump)를 개발하였다. 드니 파팽과 크리스티안 호이헨스는 폰 게리케로부터 실린더 내의 피스톤의 아이디어를 얻어 증기 기관(steam engine)을 개발하였다. 또한 그들은 연소 기관의 원형인 화약 기관(gunpowder engine)을 만들었다.

잉글랜드의 토머스 사베리(Thomas Savery, 1650 ~ 1715)는 '광부의 친구(*Miner's friend*)'라 불리는 증기 펌프를 만들었다. 이 펌프는 증기의 압력과 증기가 응결될 때 얻어지는 진공에 의해서 동력을 얻게 된다. 또 다른 잉글랜드인 토머스 뉴커먼(Thomas Newcomen, 1663 ~ 1729)은 이와 유사한 아이디어를 독자적으로

11) 유태인의 성서 신학과 그리스 철학과의 조화를 시도하고, 플라톤적 전통(이데아론)과 스토아주의(로고스 설), 그리고 동방 사상(중간적 존재자)의 요소들을 결합하여 하나의 체계를 세웠다.

12) 고대 그리스의 기계학자·물리학자·수학자. 고대 그리스 알렉산드리아에서 활약하였다. 이론보다 수학·역학의 응용 방면에서 능력을 발휘하였으며, 조준의로 토지를 측량하거나 월식을 이용하여 로마에서 알렉산드리아까지의 거리를 측정하였다.

13) 그리스어 'Aeolus(god of winds; 바람의 신)'와 'pila(ball; 구)'에서 유래되었다.

사용하여 개량형의 증기 기관을 고안하였다.

1824년 프랑스의 공학자·물리학자인 사디 카르노(Nicolas Leonard Sadi Carnot, 1796 ~ 1832)는 그의 논문 〈불의 동력 및 그 힘의 발생에 적당한 기계에 관한 고찰(*Réflections sur lq puissqnce motrice du feu et sur les machines propres à devélopper sette puissqnce*)〉에서 증기의 일반적인 이론을 제시하였다. 그것은 일반적인 열기관에 관한 것이었다. 일반적인 열기관(소위 말하는 카르노 기관)의 작동은 4행정(four stage)으로 제한된다. 증기가 실린더 속으로 들어올 때 등온 팽창, 단열 팽창, 콘덴서 내의 등온 압축 그리고 단열 압축의 과정을 거친다.

카르노는 또한 그의 연구에서 몇 가지 가정을 제시했다. 그 중 하나는 영속적인 운동(자체적으로 발생되는 운동)의 불가능성이다. 일을 수행하는 수차의 유사성을 이용하여, 카르노는 열은 일을 발생시키기 위해서 온도가 더 높은 물체에서부터 온도가 더 낮은 물체로 흐른다고 주장하였다. 카르노의 아이디어는 새롭고 어려웠기 때문에 그 당시의 사람들에게 관심을 끌지 못하였다.

1842년 독일의 의사·물리학자인 율리우스 폰 마이어(Julius Robert von Mayer, 1814 ~ 1878)는 많은 개념을 분명하게 하는 이론을 제시하였다. 마이어는 네덜란드 동인도 회사의 항해 선박의 의사로, 자바 섬까지 항해하는 동안 환자를 치료하였다. 자바 섬에서 그는 원주민 환자의 정맥의 피가 아주 붉은 빛을 띠는 것을 관찰하였다. 이런 피는 보통 산소를 많이 포함한 동맥의 피에서 발견되는 것이었다. 그는, 1840년 라부아지에의 연소이론에 근거하여, 모든 육체는 체온을 유지하기 위해 산화 과정이 필요한데 열대 기후에서의 육체는 한대 기후에서의 그것보다 산화 과정이 덜 요구된다고 결론지었다. 1842년에 발표된 논문 〈무생물계에서의 힘에 대한 고찰(*Remarks on the Forces of Inorganic Nature*)〉에서 그는 또한 전 세계의 총에너지는 일정하다고 결론지었다.

독일의 루돌프 클라우지우스(Rudolf Julius Emanuel Clausius, 1822 ~ 1888)는 이론 물리학자였지만 열역학에도 중요한 업적을 남겼다. 클라우지우스는 '열과 일 당량 관계의 원리'를 확장하여 '열역학 제1법칙'을 확립하였다. 또한 그는 열운동론의 입장에서 '열의 동력'에 관한 프랑스 물리학자인 사디 카르노의 논문을 검토하였으며, 열의 분포의 변화에 의하여 동력을 얻어낼 수 있다고 하는 카르노의 견해를 영국의 물리학자인 제임스 줄과 독일의 물리학자인 율리우스 폰 마이어가 세운 '열과 일 당량 관계의 원리'와 결부시켜, 카르노의 생각을 확장하여 1865년 '열역학 제2법칙'에 관한 논문을 발표하였다. 1867년 그는 엔트로피(entropy)[14)]라는 개념을 도입하여 '자연계의 엔트로피는 극대를 향하여 증가한다'는 사실을 밝힌 것도 그의 커다란 업적이다. 클라우지우스는 이와 관련하여 8편의 논문을 썼다. 그는 열기관의 효율에 관한 사디 카르노의 원리를 재언급하였다. 클라우지우스는 프랑스 공학자인 에밀 클라페롱(Émile Benoit Paul Clapeyron, 1799 ~ 1864)의 클라페롱 방정식(Clapeyron's equation)을 확장하여 1870년 '클라우지우스-클라페롱 방정식'을 만들었다. 이 방정식은 어떤 물질의 두 상이 평형 상태를 이루고 있을 때 압력과 온도와의 관계를 밝힌 것이다.

열역학의 주요 3법칙 중 먼저 2개는 클라우지우스에 의해서 공포되었고 세 번째는 영국의 윌리엄 톰프슨에 의해서 공포되었다. 이들을 간단히 설명하면 다음과 같다.

(1) 에너지는 생성되거나 파괴될 수 없다. 단지 한 형태의 에너지가 다른 형태의 에너지로 변할 뿐이다.
(2) 열은 더 뜨거운 물체에서 더 차가운 물체로 진행한다. 영원히 자동적으로 계속되는 기관은 만들 수 없다.
(3) '절대영도' 즉 0 K 또는 −273.15 ℃의 온도 아래까지 물체가 냉각되는 것은 불가능하다.

---

14) 그리스어 '*trope*'에서 유래된 것으로 뜻은 'transformation(변형)'이다.

11. 계절

거대한 열기관과 같은 지구의 대기는 유효 에너지를 거대한 기단의 움직임으로 변형한다. 사실상 이 기관의 모든 연료는 태양으로부터 공급된다. 다른 모든 열원(예, 지구 내부)의 기여는 0.02 % 미만이다.

지구와 태양 사이의 거리는 평균 1억 5천만 km이다. 지구의 공전 궤도가 완전한 원 궤도가 아니고 타원 궤도이기 때문에, 그 거리는 일년 동안 변동한다. 매년 1월 3일경 지구는 태양과 가장 가까운 거리(근일점)인 1억 4천7백만 km에 위치한다. 그로부터 약 6개월 후인 7월 4일 지구는 태양과 가장 멀리 떨어진 거리(원일점)인 1억 5천2백만 km에 있게 된다. 이처럼 근일점과 원일점에 차이가 나지만 7월 4일의 태양 직사광선은 1월 3일의 그것보다 약 7 % 정도가 강할 뿐이다. 그러므로 타원 궤도는 지구가 받는 태양복사 에너지의 양에 그다지 영향을 미치지 않고 또한 계절적인 온도 변화를 일으키는 역할도 미미하다. 지구와 태양 사이의 거리 변동이 계절 변화를 일으키지 않는다면 어떤 요인이 계절 변화를 일으키는 것일까?

태양의 남중고도각(Sun's angle)은 두 가지 방법으로 지표면에서 받는 에너지의 양에 영향을 미친다. 첫째는 태양이 남중했을 때 지표면에 도달하는 태양광선의 양이 가장 많다. 태양이 낮아지면 낮아질수록, 많이 퍼지고 지표면에 도달하는 복사도 적어지게 된다. 둘째는 태양의 각도는 광선이 통과하는 대기 두께의 양을 결정한다. 태양이 머리 위에 위치하게 되면, 광선은 단지 1 대기 높이의 두께만을 통과하지만 수평선과 이루는 각이 5°인 경우에는 약 11배의 대기 두께를 통과해야 한다. 경로가 길면 길수록, 대기에 의한 흡수와 산란이 더 많아지게 되어 지표면에 도달하는 태양복사의 강도가 약해진다.

태양광선 빔(beam)과 지표면 사이의 각도는 지구 자전의 결과(일 변동)인 동시에 공전의 결과(연 변동)이기도 하다. 지축은 태양 주위를 도는 궤도면에 23.5°로 경사져 있다. 이 각도를 지축의 경사각(inclination of the axis)이라 부른다. 지구가 태양 주위를 여행하는 동안 지축은 공간의 동일한 방향을 가리키고 있기 때문에, 태양광선에 대한 지축의 방위는 시종일관 변화한다. 만약 지축이 경사지지 않았다면, 계절 변화가 일어나지 않을 것이다.

매년 어느 한 날, 지축은 북반구에서는 태양으로부터 23.5° 경사진다. 6개월 후 지구가 반대 방향에 위치하게 될 때 북반구는 태양 쪽으로 23.5° 경사진다. 이런 극단적인 경우를 제외하면, 지축은 태양광선에 대해서 23.5° 미만의 경사각을 가지게 된다. 이러한 변화는 일 년 동안 '남중 태양'을 남위 23.5°에서 북위 23.5°까지 이동시킨다.

1년의 4일 정도는 하늘을 횡단하는 태양의 연 이동에 근거하여 특별한 중요성이 부여된다. 6월 21일 또는 22일, 지구는 지축이 북반구에서 태양 쪽으로 23.5° 경사를 이루는 곳에 위치한다. 태양은 북회귀선(Tropic of Cancer)이라 불리는 가상의 선인 북위 23.5°에서 수직으로 비추게 된다. 북반구에 사는 사람들은 이 날을 하지(summer solstice)라 하는데 일 년 중 낮의 길이가 가장 긴 날이다. 6개월 후 12월 21일 또는 22일은 동지(winter solstice)라 불리는 날로 일 년 중에 밤의 길이가 가장 긴 날이다. 이 때 지구는 북반구에서는 태양의 반대쪽으로 23.5° 경사를 이루는 곳에 위치한다. 태양광선은 남회귀선(Tropic of Capricon)이라 불리는 남위 23.5°에서 수직으로 비춘다.

분점(equinox)들은 두 지점(solstice) 사이에서 일어난다. 분점에서는 낮과 밤의 길이가 12시간이며 태양이 적도를 수직으로 비추고 지축은 태양광선에 직각을 이룬다. 궤도 운동에서는 케플러 법칙에 의해서 속력 변화가 일어나기 때문에, 동지와 춘분 사이의 날수는 약 89일이나 춘분과 하지 사이는 93일이다. 북반구에서 9월 22일 또는 23일을 추분(autumn equinox)이라 하고 3월 21일 또는 22일을 춘분[vernal(spring) equinox]이라 한다.

제5장 수분이란?

1. 대기 중의 물

고대 그리스 사람들은 물을 4개의 기본 원소 중의 하나로 취급하였다. 그들은 지구상의 물의 순환을 아주 정확하게 이해하고 있었다. 그리스 사람들은 대기 중의 구름을 형성하기 위해서 물이 지표면 위로 올라간 후에 다시 강수의 형태로 지표면으로 되돌아온다는 것을 알았다. 그러나 그들은 순환 과정의 일부 단계에서 물이 눈에 보이지 않는 이유에 대해서는 충분히 이해하지 못하였다. 이 문제를 해결하기 위해서, 아리스토텔레스는 상승한 물이 공기로 바뀌고 그것들이 구름 방울을 형성하기 위해서 다시 물로 바뀐다고 가정하였다.

밀레투스에 살았던 아낙사고라스는 열이 공기를 상승시킨다고 이해하였다. 또한 그는 지표면 부근에서 온난해진 공기가 공중으로 올라가면 냉각되는데, 공기가 냉각되는 바로 이때 구름이 만들어진다고 믿었다.

17세기 프랑스 철학자 르네 데카르트는 그의 유명한 저서인《방법서설(*Discourse on Method*)》의 부록에서 공기와 물은 두 개의 다른 원소라고 분명하게 언급하였다(〈그림 5-1〉). 또한 데카르트는 물은 작은 뱀장어 모양의 매끄러운 입자들로 구성되어 서로 합쳐져 꼬여 있지만 갈고리 모양으로 구부러져 있지는 않다고 제안하였다. 그러나 그러한 제안은 분명한 확신에 의한 것은 아니었다. 그는 물의 입자들의 결합 강도에 따라서 물은 고체에서 액체 또는 기체로 변할 수 있다고 생각했다. 예를 들면, 물 입자들이 태양열을 받아 강하게 움직이게 되면 그것들은 서로에게서 쉽게 분리될 수 있다. 분리된 물 입자들은 공중으로 날아가 눈에 보이지 않는 수증기를 형성하는데, 이와 같은 과정으로 증발이 일어난다고 결론지었다. 그는 또 물이 눈에 보이지 않을 때에도 물의 입자들은 공기의 입자와는 달리 모양을 그대로 유지한다고 적어두고 있다.

〈그림 5-1〉 데카르트가 상상한 증발의 모습으로, 액체 상태인 물이 구상의 수증기 입자로 변해 하늘로 올라가는 모습

일부 고대 철학자도 수증기는 물과 불(또는 열)로 구성되어 있고 무게는 가지고 있지 않다고 믿었다. 또 다른 믿음은 물이 부분적으로 토양으로 변한다는 것이었다. 이 믿음은 물이 증발된 후에 보통 고체의 잔여물이 남는다는 관측으로부터 나왔다. 많은 학자들이 이 아이디어를 지지하였는데 그중에 요한 반 헬몬트와 로버트 보일이 있었다. 보일은 식물의 성장이 오직 물의 탓이란 사실을 가지고 위의 학설을 지지하였다. 1769년 프랑스의 화학자인 라부아지에가 조심스러운 칭량을 통해, 물이 증발한 후 남은 고체 잔여물이 물의 성쇠의 결과가 아니라 유리에서 용해된 지표 물질인 규토(silica)였다는 것을 발견하고 나서야 이 이론은 비로소 파기되었다.

1666년 이탈리아의 사제 우르바노 아비소(Urbano d'Aviso, 1618 ~ 1686)는 수증기는 불에 의해서 채워진 공동의 작은 물방울들로 구성되어 있다고 결론지었으며 많은 과학자들이 이 개념을 받아들었다. 그들 중의 한 사람은 출중한 천문학자인 에드먼드 핼리로, 후에 그는 자신의 이름을 딴 혜성(핼리혜성)으로 유명해졌다. 일부 과학자는 실제로 그들이 고배율의 렌즈를 통하여 공동의 작은 물방울을 보았다고 주장하였다. 이들 중의 한 사람은 최초로 사람 모발 습도계를 만든 오레스 드 소쉬르이다.

1781년 조지프 프리스틀리는 가연성 기체(산소)와 비연소 기체(수소)의 혼합물로 실험을 시작하였다. 그는 두 기체를 밀폐 용기에 넣고 그 안에 전기 불꽃을 통과시켰다. 불꽃은 강력한 폭발을 유발하고 용기의 벽면에 그을음을 만들었지만 그것들의 존재를 설명하려는 노력은 하지 않았다. 그는 영국의 과학자인 헨리 캐번디시에게 그의 실험에 대한 정보를 주었다.

1783년 헨리 캐번디시는 조지프 프리스틀리의 친구인 존 워타이(John Warltire, 1726 ~ 1810)의 도움을 받아 프리스틀리의 실험을 시행하였다. 그들은 가연성 기체 두 체적과 비연소 기체 한 체적을 혼합하여 실험했을 때 그 과정 동안 어떠한 무게 손실도 없이 모든 공기들이 물로 응결되는 것을 관찰하였다. 그 결과, 캐번디시는 오랫동안 4개의 기본 원소 중의 하나로 생각되어 왔던 물이 사실은 수소와 산소로 이루어진 것이므로 그것은 원소가 전혀 아니라고 결론지었다. 또한 물과 마찬가지로 공기와 땅도 기본 원소가 아닌 것으로 밝혀졌다. 이런 결과들로 마침내 '4원소' 이론은 거부되었다.

2. 대기 중의 물의 양을 나타내는 방법

1) 이슬점 온도

1751년 프랑스 몽펠리에 소재 왕립 과학 아카데미의 의학교수인 샤를 르로이(Charles Le Roy, 1726 ~ 1799)는 중요한 발견을 하였다. 그는 물이 담긴 유리 상자에 얼음을 넣어 물의 온도를 내리자 어떤 온도 이하로 유리가 냉각됨에 따라 유리 상자의 바깥쪽에 이슬이 나타나는 것을 관찰하였다. 그는 이를 '이슬점 온도(dew point temperature)'라 불렀다. 유리가 가열되면 이슬은 사라졌고 이 과정은 유리 상자가 가열되고 또는 냉각될 때까지 반복되었다.

2) 상대습도

샤를 르로이는 여러 날씨 조건들의 효과에 대해서 연구하였다. 그는 추운 날보다 더운 날의 공기가 더 많은 수증기를 포함한다는 것을 발견하였다. 따라서 습도의 실제 측정치는 상대적이어야 한다고 결론지었다. 공기 중의 수증기의 실제 질량은 주어진 온도에서 그가 관측할 수 있는 수증기의 최대량에 관련되어야만 한다는 것이다. 최종적으로 그는 '상대습도(relative humidity)'의 개념을 공식화하였다.

상대습도는 0에서 1까지의 범위를 가진다. 상대습도는 보통 백분율(%)로 표시하는데 이 경우의 범위는 0 ~ 100 %까지이다. 공기가 완전히 건조할 경우, 상대습도는 0 %이다. 반대로 상대습도가 100 %일 경우 공기는 포화되었다고 한다. 포화된 동안에는 증발률과 응결률이 평형을 이룬다. 이 평형은 온도가 변화하면 바뀌게 된다. 포화의 개념을 적용하면, 상대습도는 실제 온도에서 포화된 수증기의 질량에 대한 실제 수증기의 질량의 비로 정의될 수 있다.

$$\text{상대습도} = \frac{\text{수증기의 실제 질량}}{\text{포화된 수증기의 질량}} \times 100(\%)$$

르로이는 소금이 물에 녹듯이 수증기도 공기 중에 용해된다고 믿었다. 그는 또한 소금이 용액 밖으로 침전(precipitation)될 수 있는 것처럼 공기 중의 수증기도 액체인 물로 다시 나타난다고 믿었다. 그는 비, 눈, 이슬, 우박 등을 설명하기 위해서 'precipitation'이란 낱말을 최초로 사용하였다. 여러 덧붙인 실험에서 물은 진공에서도 증발할 수 있다는 것이 밝혀졌기 때문에, 공기 중에 용해되어 있는 수증기가 밖으로 빠져나온다는 그의 가정은 사실이 아닌 것으로 판명되었다. 그러나 'precipitation'이란 낱말은 여전히 사용되고 있다. 르로이의 이론은 드니 디드로(Denis Diderot, 1713 ~ 1784)와 장 르 롱 달랑베르(Jean le Ronde d'Alembert, 1717 ~ 1783)[1]에 의해서 편집된 유명한 프랑스어판 《백과사전(Encyclopedie)》(1751 ~ 1772)에 수록되었다.

1802년 색명 연구로 유명한 존 돌턴은 수증기는 하나의 기체로서 대기를 구성하는 기체들 중의 하나라고 인식하였다. 돌턴은 실제 온도에서의 평형(포화)수증기압에 대한 실제 수증기압의 비로 상대습도를 나타낼 수 있음을 유도하였다.

$$상대습도 = \frac{수증기의\ 실제\ 압력}{포화된\ 수증기의\ 압력} \times 100(\%)$$

상대습도는 두 가지 방법으로 변화한다. 첫 번째 방법은 불포화 공기의 주어진 체적 내의 수증기의 양은 증발에 의해서 증가될 수 있다. 공기가 포화 상태에 도달하게 되면, 증발률과 응결률은 동일하게 되고 상대습도는 100 %로 유지된다.

또한 상대습도는 온도 변동에 따라 변화할 수 있다. 기온이 5 ℃에서 공기 1 kg 내의 실제 수증기의 양을 5.42 g이라 가정한다. [표 5-1]로부터, 5 ℃에서 수증기의 평형 함유량 또한 5.42 g/kg임을 알 수 있다. 따라서 이 공기는 포화된 것으로 그것의 상대습도는 5.42 g/kg : 5.42 g/kg = 100 %가 된다. 그러나 이때 만약 수증기의 실제 양은 그대로 있고 기온이 15 ℃로 증가한다면, 상대습도는 50.6 %로 감소한다. 왜냐하면 15 ℃에서의 수증기의 평형 함유량은 10.71 g/kg이므로 5.42/10.71 = 50.6 %이기 때문이다.

---

1) 프랑스의 수학자·철학자로서 '달랑베르의 정리'로 유명하다.

3) 혼합비

습도의 특성을 나타내는 방법에는 여러 가지가 있다. 그것들 중의 하나는 혼합비(mixing ratio)인데, 혼합비란 건조공기의 질량에 대한 주어진 체적에서의 수증기의 질량의 비로 정의된다.

$$\text{혼합비} = \frac{\text{수증기의 질량}}{\text{건조공기의 질량}}$$

포화상태의 이 물리량을 포화 혼합비(saturation mixing ratio)라 한다. 아래 [표 5-1]에서와 같이 해수면에서 편평한 액체 표면상의 포화 혼합비는 온도에 따라 달라진다.

[표 5-1] 온도에 따른 포화 혼합비(g/kg)

온도(˚C)	포화 혼합비(g/kg)
-40	0.10
-30	0.30
-20	0.78
-10	1.77
0	3.77
5	5.42
15	10.71
20	14.91
30	28.02
40	51.43

이외에도 단위 체적의 공기 중에 포함되어 있는 수증기의 질량을 나타내는 절대습도($g \cdot m^{-3}$)와 습윤공기 1 kg 내에 들어 있는 수증기의 질량을 나타내는 비습($g \cdot kg^{-1}$)이 사용되고 있다.

3. 습도계의 역사

'*humid*'란 말은 그리스어 '*hygros*'에서 유래된 것으로 수분(moist)이란 뜻이다. 습도를 측정하는 측기를 습도계(hygrometer)[2)]라 부른다.

독일 쿠사의 추기경·철학자·행정관인 니콜라스 크리프트(Nicholas Cryfts, 1401 ~ 1464)는 습도를 측정하는 측기를 처음으로 발명한 사람이라 믿어지고 있다. 1450년경에 제작된 측기는 한쪽에는 많은 양의 건조한 양털이, 다른 쪽에는 그것과 동일한 무게의 돌멩이가 놓여 있는 천칭으로 구성되어 있었다(〈그림 5-2〉). 니콜라스 크리프트는 공기가 습하게 되면 양털의 무게가 증가하고 공기가 건조하게 되면 양털의 무게가 감소한다는 것을 관찰하였다. 이 형태의 습도계는 18세기 초엽까지 사용되었다.

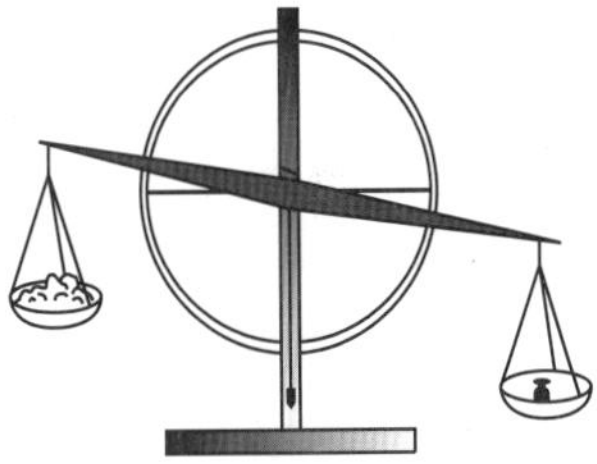

〈그림 5-2〉 니콜라스 크리프트가 제작한 천칭습도계

1626년 이탈리아 베네치아의 의사인 산토레 산토리오(Santorre Santorio, 1561 ~ 1636)는 고양이 창자로 만든 습도경(catgut hygroscope)을 발명하였다. 고양이 창자는 주변 공기의 수증기 양에 따라 꼬이기도, 꼬이지 않기도 하므로 습도를 측정하는 측기가 될 수 있다. 또한 로버트 혹은 야생 염소의 턱수염을 센서로 사용한 모발 습도계(hair hygrometer)를 고안하였다. 모발은 습도의 변화에 의해 비틀리거나 또는 비틀림이 풀리거나 하는데 이는 지시 바늘에 의해서 가리켜진다. 플로렌스의 '실험 학회(Accademia del Cimento)'에서는 코드 습도계(cord hygrometer)로 습도를 측정하였다. 이 습도계는 길이 약 5 m의 로프가 한쪽 끝은 잡아매어져 있고 다른 한쪽은 지시 바늘이 부착된 것으로 무게가 무거워지면 도르래에 의해서 그 길이가 늘어나도록 구성되어 있다. 습윤공기 내에서 로프의 섬유소 섬유는 길이가 짧아지게 되면 팽창하여 지시

2) 'meter'는 그리스어 'metron'에서 유래된 것으로 '측정하다(to measure)'라는 뜻이다.

바늘에 의해서 가리켜진다.

1655년 토스카나의 대공작 페르디난트 2세는 응결 습도계(condensation hygrometer)를 고안하였다. 이 습도계의 용기는 정점이 아래쪽으로 향하는 삼각대 위에 설치되어 있다. 주변 공기의 습도가 커지면 커질수록 용기의 찬 면에 응결되는 물방울은 더 많아진다. 1655년 8월 27일 날짜의 원본 실험 노트에 따르면, 페르디난트 왕궁의 지하실에 설치된 측기에는 분당 9 ~ 10개의 물방울이 응결되었고 넓은 현관에 설치된 두 번째 측기에는 분당 11 ~ 13개의 물방울이 맺혔다.

1783년 스위스의 물리학자 · 지질학자 · 기상학자인 오레스 드 소쉬르는 그의 논문 〈습도계에 관한 에세이(*Essais sur l'Hygrometer*)〉에서 인간 모발 습도계를 기술하였다. 이 습도계는 지방질이 빠진 일반적인 사람 모발은 두 극단적인 값(완전한 건조 또는 완전한 습윤) 사이에서 길이가 약 2.4 % 변동한다는 관측에 근거를 두고 있다. 즉, 이것은 인간 모발은 습도가 증가함에 따라 길이가 늘어나고 공기가 건조하게 되면 길이가 짧아진다는 그 자신의 관찰에 따른 것이다. 이 모발 습도계는 상대습도를 측정하는 측기로 지금까지도 널리 사용되고 있다.

1755년 스코틀랜드의 에든버러 대학교 의학교수인 윌리엄 컬런(William Cullen, 1710 ~ 1790)은 알코올에 여러 개의 온도계를 담갔을 때 가장 먼저 가라앉은 온도계가 가장 낮은 온도를 보였다는 것을 처음으로 관찰하였다. 컬런은 이러한 현상이 증발을 통한 냉각에 의한 것임을 설명한 최초의 사람이다. 후에 건습구 온도계(wet and dry bulb thermometer)를 가지고 습도를 측정하는 표준 방법을 구축하기 위해 이와 동일한 원리가 사용되었다.

1822년 8월 스코틀랜드 수학자인 제임스 아이보리(James Ivory, 1765 ~ 1842)는 건구와 습구, 두 개의 온도로 상대습도를 측정할 수 있다는 것을 보였다. 또한 그는 실제 온도, 습구 온도, 기압의 함수로서 상대습도에 대한 근사 법칙을 유도하였다. 3년 후인 1825년, 독일 물리학자인 에른스트 아우구스트

(Ernst Ferdinand August, 1795 ~ 1842)는 제임스 아이보리와 유사한 결과를 얻었고 건습구 습도계를 통풍계(psychrometer)[3]라 명명하였다.

1845년 파리 대학교(Collége de France)의 물리학 교수인 앙리 르뇨(Henri Régnault, 1810 ~ 1878)는 이슬점 습도계(dew-point hygrometer)를 개발하였다. 이 습도계는 지면에 유리 튜브를 정확하게 고정하기 위해서 얇게 광택을 낸 끼우는 은고리로 구성되어 있다. 약간의 에테르를 튜브 속에 넣었더니 작은 튜브에서 공기가 나오며 그것이 에테르를 통과하여 공기 방울을 만들었다. 결과적으로 에테르는 증발에 의해서 냉각되었다. 1분 안에 유리 튜브의 온도는 충분히 낮아져 이슬이 풍부하게 만들어졌다. 그 순간 온도계를 이용해 이슬점의 온도를 측정하였다.

4. 상변화

물은 대기 중의 얼음 결정과 같은 고체 상태로, 구름이나 빗방울에서처럼 액체 상태로, 또는 수증기와 같은 기체 상태로 존재한다. 고체상에서의 물 분자들은 그것들 사이의 전자기 인력을 극복하지 못해 함께 모여 있는 경향을 보인다. 그러나 액체상에서는 물 분자 간의 인력이 그리 크지 않아 분자들은 비교적 자유롭게 움직일 수 있다. 또 기체상에서의 물 분자들은 대단히 빠르게 움직여 그들은 다른 쪽으로 거의 깨어져 나가도록 한다.

증발(evaporation)은 액체 상태의 물이 수증기로 변화하는 과정이다. 일정한 온도에서 단위 질량의 물을 증발시키는 데 필요한 열(0 ℃에서 2.50×10^6 J/kg이고 100 ℃에서 2.26×10^6 J/kg)을 증발 숨은열(latent heat of evaporation)이라 부른다. 증발은 습도, 풍속, 증발이 일어나는 표면적에 따라 결정된다.

응결(condensation)은 수증기가 물로 변하는 과정이다. 일정한 온도에서 단위

3) 그리스 낱말 '*psychros*(cold)'와 '*metron*(measure)'으로부터 유래된 것이다.

질량의 물을 응결시킬 때 방출되는 열의 양은 증발 숨은열과 동일하다.

빙결(freezing)은 액체 상태의 물이 얼음으로 변화하는 과정이다. 일정한 온도에서 단위 질량의 물을 빙결시키기 위해 방출되는 열의 양(0 ℃에서 3.34 × 10^6 J/kg)을 빙결 숨은열이라 부른다.

융해(melting)는 얼음이 물로 변하는 과정이다. 일정한 온도에서 단위 질량의 얼음을 녹이는 데 필요한 열의 양은 빙결 숨은열과 동일하다.

얼음은 승화(sublimation)라는 과정에 의해서 수증기로 바로 변할 수 있다. 그 반대의 과정은 침적(deposition)이라 한다. 승화의 열은 기화와 융해의 숨은열의 합(0 ℃에서 2.83 × 10^6 J/kg)과 일치한다.

5. 응결핵

1875년 프랑스 과학자 폴 장 쿠리에(Paul-Jean Coulier, 1824 ~ 1890)는 전체가 봉해진 시스템 내에서 압력 변화에 반응하는 안개를 조사하였다. 그는 안개를 만드는 일련의 실험에 성공한 후, 어떤 경우에 갑자기 실험이 잘못되는 것을 보고 놀랐다. 온도, 압력, 습도의 모든 충분조건이 갖추어졌지만 안개가 생기지 않는 경우도 있었던 것이다. 그러나 그가 용기 속에 약간의 공기를 주입하자 안개는 다시 형성되었다. 그리하여 그는 대기 중에 먼지가 존재하지 않으면 안개가 형성될 수 없다고 정확하게 결론을 맺었다. 현재에는 이들 먼지 입자들을 응결핵(condensation nuclei)이라 부른다. 실험이 반복될수록 용기 안에 있는 공기 중의 응결핵이 제거되어 안개가 잘 형성되지 않았다.

스코틀랜드 물리학자인 존 에이트킨(John Aitken, 1839 ~ 1911)[4]은 가장 중

4) 스코틀랜드 스터링셰어 주(Stirlingshire) 폴커크(Falkirk)에서 법률가의 아들로 태어났다. 에이트킨은 글래스고 대학교에서 수학하였다. 그는 건강이 좋지 않았기 때문에 어떠한 공식적인 지위도 얻지 못하였다. 그래서 그는 자신의 집에 연구실을 차려 놓고 스스로 도구를 제작하여 실험하면서 연구를 수행하였다. 이 당시 그는 대기 먼지들을 감지하는 측기인 먼지지시기(koniscope 또는 conoscope)를

요한 응결핵을 판정하였다. 그러한 핵은 매우 미세한 것으로 인간의 눈에는 보이지 않는다. 이들은 화산 먼지, 연소 잔여물, 작은 소금 먼지와 같은 입자들로 구성되어 있다. 대기 중에 존재하는 가장 작은 입자(10^{-7} ~ 10^{-5} cm)들을 현재 에이트킨 핵(Aitken nuclei)이라 부른다. 대핵(large nuclei)은 10^{-5} ~ 10^{-4} cm 범위의 입자들인 반면 거대 핵(giant nuclei)은 10^{-4} cm 이상의 입자이다.

에이트킨 핵은 기체가 입자로 변환되는 과정(gas-to-particle conversion process)뿐만 아니라 연소 과정에서 생성되는 입자들로 구성된다. 연소에 의해서 방출되는 입자들은 주로 인공적인 발생원에 의한 것이다. 그러나 만약 선구물질 기체가 인공 기체가 아니라면, 기체가 입자로 변환되는 과정은 자연 발생원이다. 이러한 입자들은 미량기체들이 대기 중에 존재하는 다른 기체들과 반응하거나 태양복사를 흡수하여 그 결과로 광화학 반응을 일으킬 때 만들어진다. 예를 들면, 아황산가스는 암모니아와 수분이 존재하면 여러 가지의 황산염으로 변환할 수 있다. 자연 발생원으로 반응이 일어나지 않을 경우, 만들어지는 분진들은 이러한 자연적인 화학 반응의 부산물이다.[5]

6. 구름 분류

1) 초기 분류

구름과 구름 분류를 이해하기 위한 초기의 연구는 밀레투스의 과학자인 탈레스에 의해서 수행되었다. 1802년 구름을 현대적으로 분류할 것을 최초로 제안한 사람은 프랑스 자연과학자인 장 라마르크(Jean Baptiste Lamarck, 1744 ~ 1829)였다. 3권으로 된 그의 《기상 연감(*Meteorological Yearbook*)》에서 라마르크는 5개의 구

발명하였다.

5) http://www.shodor.org/os411/courses/411c/module07/unit01/page01.html

름 형태를 소개하였다. 즉, 흐릿한, 밀집한, 얼룩진, 빛나는, 집단 모양의 구름이 그것이다. 그의 제안은 널리 받아들여지지 않았다.

권운(cirrus), 적운(cumulus), 층운(stratus)들은 구름의 이름으로 200년 동안 전 세계에 걸쳐 사용되고 있다. 이들 이름은 〈구름의 분류에 대해서(*On the modification of clouds*)〉라는 에세이를 통해 소개되었는데, 이 에세이는 영국의 제조 약제사이자 아마추어 기상학자인 루크 하워드(〈그림 5-3〉)가 1802년 12월 아스케시안 학회(Askesian Society)에서 읽은 것이다. 하워드는 그의 에세이에서 최초의 실용적인 구름 분류를 제시하였다. 특히 그는 구름과 바람 관측은 육안으로도 유용하다는 점을 강조하였다. 하워드는 모양으로 결정되는 구름은 간단히 3종류(실 모양, 무더기 모양, 얇은 판 모양)가 있음을 강조하였다. 그러나 구름은 서로 결합하기 때문에 중간 형태와 혼합 형태를 인식할 필요가 있었다. 이런 이유로 그는 다시 7종류의 형태로 구름을 분류하고 라틴어를 사용하여 이들을 명명하였다. 그가 구름 이름을 명명할 때에 라틴어를 사용한 이유는 18세기 후반 동안 스웨덴의 분류학자인 칼 폰 린네의 주도로 이루어진 자연사 분류 방법에 라틴어가 사용되고 그것이 국제적으로 인증되었기 때문이다.

〈그림 5-3〉 루크 하워드의 초상화

하워드의 에세이는 다음 해에 알렉산더 틸로치(Allexander Tilloch, 1759 ~ 1825)가 발행한 『철학 잡지(Philosophical Magazine)』에 실렸다. 그 당시에는 어떤 과학 서적이 세상에 널리 알려지게 되면 그 분야의 전문가냐 비전문가냐 할 것 없이 모두가 그것을 읽었다. 구름의 생성·파괴와 같은 대기 과정은 우리 눈으로 직접 볼 수 있는 것으로, 물리 법칙에 기초를 두고 있다. 이런 지식에 대해서 하워드는 퀘이커(Quaker) 교도[6]인 화학자·기상학자인 존 돌턴

6) 조지 폭스(George Fox, 1624-1691)가 창시한 개신교의 일파인 프렌드회(Society of Friends)의 회원으로 절대 평화주의자이다.

의 영향을 많이 받았다. 존 돌턴은 기상학에 지대한 관심을 가진 18세기 후반 많은 유럽 과학자 중의 한 사람이었다. 그러나 그 당시 구름 물리학에 대한 아이디어는 여전히 기초적이었다. 하워드는 물의 입자 또는 상승하여 냉각된 수증기가 응결해 얼음이 만들어지고 그것으로부터 구름이 형성된다고 바르게 지적하였다. 또한 그는 물의 입자가 천천히 하강하여 구름 밑면까지 내려가면 그것이 증발한다는 존 돌턴의 아이디어를 빌려, 하강하는 곳에서는 구름이 나타나지 않는다고 주장하였다. 이것이 그의 업적이다. 그러나 하워드는 수증기가 공기와 독립적으로 움직일 수 있다는 잘못된 생각을 가지고 있었다. 더군다나 그는 구름 생성을 결정하는 데 전기의 역할을 지나치게 강조하는 오류를 범하였다.

물리의 이해가 부족함에도 불구하고, 하워드의 구름 분류는 가히 신의 계시와도 같은 것이었다. 그의 분류는 과학 분야에 정리하는 방법을 제시하였지만 여전히 많은 문제가 있었고 혼란스러운 면도 있었다. 왜냐하면 날씨 관측의 여러 요소 사이에는 어떠한 연관성이 존재하기 때문이다. 하워드의 에세이는 7번이나 출간되어 폭넓은 독자층을 형성하였다. 1804년의 그것은 하워드 자신이 사용하기 위해 인쇄한 32페이지의 소책자였다. 그러나 1811년에는 잉글랜드 화학자인 윌리엄 니콜슨(William Nicholson, 1753 ~ 1815)이 발행한 『자연철학 저널(*Journal of Natural Philosophy*)』에, 1812년에는 잉글랜드 천문학자·자연과학자인 토머스 포스터의 책 《대기 현상에 관한 연구(*Researches about atmospheric phenomena*)》의 1장에 수록되어 있고, 1818년에는 자신이 저술한 책의 첫째 권인 《런던의 기후(*The climate of London*)》 시작부에 언급되어 있다. 이 책은 하워드가 관측한 날씨 기록 전부를 수록하고 있는 700페이지의 책으로 1801년에 집필을 시작하였다. 1816년에는 구름의 이름을 라틴어 대신에 영어로 바꾸어 재차 소개하기 위해 여러 사람들이 시도하였지만 하워드는 이를 거부하였다. 그 당시 하워드의 에세이는 프랑스어와 독일어로 번역되었는데, 독일의 유명 작가이면서 학자인 요한 폰 괴테(Johann Wolfgang von

Goethe, 1749 ~ 1832)[7]의 관심을 끌었다. 괴테는 예술과 과학에 대한 자신의 견해와 하워드의 에세이에서 제시된 방법이 일치하는 점에 감명을 받아서 1820년 명명법을 기념하는 시 4편을 헌정하였다. 이뿐만 아니라 당시 영국의 풍경화가인 존 컨스터블(John Constable, 1776 ~ 1837) 역시 하워드의 에세이에 영향을 받았다. 왜냐하면 그는 1821 ~ 1822년에 걸쳐 그의 유화에 도움을 줄 구름 형성에 대한 아이디어를 찾고 있었기 때문이다. 1830년에 미국에서 발간한 『엔사이클로페디아 아메리카나(*Encyclopaedia Americana*)』에 구름 분류가 실렸다. 이 구름 분류는 큰 관심을 받으며 널리 퍼져 나가 오늘날과 같은 형태를 이루게 되었다.

2) 초기 분류의 개정

하워드의 구름 분류는 계속 사용되었지만 전 세계의 많은 사람들이 관심을 가지게 되면서 한층 발전된 방향으로 개정할 것이 주창되었다. 주된 변화 중의 하나는 1840년에 하워드가 대류 구름형으로 지정한 적층운(cumulo-stratus)을 층적운(strato-cumulus)으로 바꾸어 층운형 구름에 포함시킨 것이다. 이 개정은 독일의 기상학자인 루트비히 켐츠(Ludwig Friedrich Kaemtz, 1801 ~ 1867)에 의해서 이루어졌다. 그 다음 개정은 프랑스의 기상학자인 에밀리앙 르누(Emilien Jean Renou, 1815 ~ 1902)에 의해서 1855년에 수행되었다. 그는 두 개의 구름형을 추가하였는데 그것들은 중층 구름을 지적하는 고적운(alto-cumulus)과 고층운(alto-stratus)이었다. 그 당시에는 구름을 하층, 중층, 상층의 3개 범주로 나누는 실제 개념이 받아들여졌다. 이 개념은 1802년 프랑스의 생물학자인 장 라마르크가 제안한 것이었다.

19세기 후반, 해외의 많은 기상관측소들이 일부 구름의 변종을 소개하면서

7) 독일의 프랑크푸르트 암 마인에서 출생하여 '젊은 베르테르의 슬픔', '파우스트' 등의 명작을 남겼다.

라틴어로 구름의 이름을 붙이지 않고 그 나라의 언어를 사용하여 명명하였다. 그 결과 하워드가 고안한 훌륭한 분류가 퇴색하고 다시 한번 혼란이 발생하였다. 하워드의 분류가 채택되기 전에 있었던 문제가 또다시 나타난 것이다. 동일한 구름 용어가 다른 관측소에서는 상이한 구름 구조에서 사용되고 때로는 다른 높이 범주에서 사용되었다. 하워드에 의해서 수행된 모든 일들이 수포로 돌아갔다.

3) 후기 분류

스웨덴의 기상학자인 휴고 힐데브란드 힐데브란드숀(Hugo Hildebrand-Hildebrandsson, 1838~1925) 교수와 스코틀랜드의 기상학자인 랠프 애버크롬비(Ralph Abercromby, 1842~1897) 두 사람은 특히 이 문제를 잘 알고 있었다. 구름 관측자는 개개 구름 형태에 대해서 동일한 이름을 사용할 필요가 있다는 점에 대해서 두 사람 모두는 깊은 믿음을 가지고 있었다. 1887년 그들은 하워드의 4가지 주요 형태에 따른 분류법에 기초한 10가지 구름 형태의 목록을 만들었다. 이들 10가지 구름 형태는 권운, 권층운, 권적운, 층권운, 적권운, 층적운, 적운, 적란운, 난운, 층운이다. 구름 명부(cloud directory)는 사진을 제공한 애버크롬비와 힐데브란드 힐데브란드숀이 함께 설립한 국제 팀에 의해서 만들어졌다. 사진의 많은 부분은 애버크롬비가 전 세계를 여행하면서 찍은 것으로, 구름이 세계 곳곳에 동일하게 존재하는지 아닌지를 확인하여 정리하는 데 사용되었다. 이러한 사실은 지금 보면 이상하게 생각될 수도 있지만, 19세기 말이라는 당시의 시대 상황에서는 사진이나 세계 항해가 매우 드문 일이었고 당면과제에 대한 유용한 정보도 드물었다. 구름 명부는 1890년 독일 함부르크에서 발간되었는데 본문은 독일어, 프랑스어, 영어, 스웨덴어로 쓰였으며 구름형은 여전히 라틴어로 되어 있었다.

1891년 국제 기상 회의의 부서로 구름 위원회(Cloud Committee)가 결성되어 새로운 10가지 구름 분류가 채택되었다. 스웨덴의 남동부 도시인 웁살라(Uppsala)에서 개최될 전람회를 위하여 여러 학회지를 통해 구름 사진들을 전 세계로 요청하였다. 이렇게 수집된 구름 사진들은 전람회를 끝낸 후 영국에서 전시되었고 그런 다음 북미에서도 전시되었다. 《신국제구름도감(*new international cloud atlas*)》에 수록하기 위해서 많은 사진들 중 일부가 선별되었고, 국제 구름 년인 1896년에 출판되었다. 여기에는 20개의 천연색 석판화가 포함되어 있었다. 구름 도감 출판과 관련한 재정 지원은 테스랑 드 보르에 의해서 이루어졌다. 앞서의 10가지 구름 형태에서 두 가지가 변경되었는데 적권운과 층권운이 고적운과 고층운으로 대체된 것이다. 그 결과 [표 5-2]에서처럼 3가지 높이에서 발생하는 구름들을 볼 수 있게 되었다.

[표 5-2] 1887년 힐데브란드 힐데브란드숀과 애버크롬비의 분류, 1896년 구름위원회의 분류, 1951년 WMO의 분류

1887	1896	1951 'C' code
1. Cirrus	1. Cirrus	0. Cirrus
2. Cirro-stratus	2. Cirro-stratus	1. Cirrostratus
3. Cirro-cumulus	3. Cirro-cumulus	2. Cirrocumulus
4. Strato-cirrus	4. Alto-cumulus	3. Altocumulus
5. Cumulo-cirrus	5. Alto-stratus	4. Altostratus
6. Strato-cumulus	6. Strato-cumulus	5. Nimbostratus
7. Cumulus	7. Nimbus	6. Stratocumulus
8. Cumulo-nimbus	8. Cumulus	7. Stratus
9. Nimbus	9. Cumulo-nimbus	8. Cumulus
10. Stratus	10. Stratus	9. Cumulonimbus

1921년 구름 연구를 위한 국제 위원회(commission)가 결성되고, 이 위원회에서는 1932년에 앞서의 구름 도감과 다른 새로운 구름 도감을 만들었다. 이 구름 도감은 3가지 높이 범주 내에 '하늘 형태'를 추가한 《구름과 하늘 형태의 국제구름도감(*International atlas of clouds and of types of skies*)》이다.[8] 즉,

상층 구름(C_H), 중층 구름(C_M), 하층 구름(C_L)이다. 1939년 또 다른 판이 출판된 후, 1956년에는 두 권으로 된 도감이 출판되었다. 이 두 권짜리 도감은 1951년 스위스 제네바에서 결성된 세계기상기구(WMO)에 의해 만들어진 것이다. 몇 가지 주된 변경 사항은 종과 변종의 확장과 변형 그리고 '모운(mother-clouds)'의 첨가였다([표 5-3]). 1975년과 1995년에 뒤따른 판들이 출판되었다.

하층 구름의 그룹에는 층운(stratus), 층적운(stratocumulus), 난층운(nimbostratus)이, 중층 구름 그룹에는 고층운(altostratus), 고적운(altocumulus)이, 상층 구름의 그룹에는 권운(cirrus), 권층운(cirrostratus), 권적운(cirrocumulus)이 포함되어 있다. 4번째 그룹은 적운(cumulus)과 적란운(cumulonimbus)이다. 하층 구름은 작은 물방울로 이루어져 있다. 이 그룹에 속해 있는 층운은 편평한 흰 담요처럼 보인다. 층적운은 회색의 부드러운 구름으로, 종종 온 하늘을 뒤덮기도 한다. 난층운은 비 또는 눈을 만드는 구름인데, 두텁고 어두우며 모양이 불분명하다.

중층 구름에는 두 개의 기본 운형이 있다. 고층운은 회색 또는 푸른 색의 두터운 베일로 나타난다. 그것들은 햇빛 또는 달빛을 확산시키고 때때로 코로나를 만든다. 고적운은 조밀한 단속 연기(puff)의 모습을 가진다.

상층 구름은 얼음 알갱이로 구성되어 있으며 3개의 기본 운형을 포함한다. 권운은 대개 털 모양으로 나타나지만 때로는 갈고리 모양으로도 나타난다. 권층운은 고운 하얀 베일을 형성한다. 때로 그들은 무리(halo)를 만든다. 권적운은 집단을 이루는 작고 하얀 공 또는 작은 나발 모양으로 나타난다. 그것들은 흔히 '고등어 저울(mackerel scales)'로 설명된다.

적운은 밀집되고 윤곽이 잘 나타나는 개별 돔 또는 탑 모양을 가진다. 그것들은 강력한 열 상승과 관계를 맺고 있다. 적운은 예외적으로, 조밀하고 연직 방향으로 발달된 적란운으로 성장한다. 적란운의 윗부분은 마치 모루(anvil) 모양을 하고 있다. 적란운은 번개, 천둥, 호우를 동반한 뇌우를 만든다.

---

8) Meteorological Office, 1982a : *Observer's handbook*, 4th edition. HMSO.

[표 5-3] 기본 구름 모양, 종, 변종, 보충형, 부속 구름, 부호와 약자, 모운의 이름을 나타낸 구름 분류표

기본 구름 모양	부호	종	약자	관련되는 구름
권운	Ci	단편구름	fra	st, Cu
권적운	Cc	안개구름	neb	st, Cs
권층운	Cs	층상구름	str	Sc, Ac, Cc
고적운	Ac	렌즈구름	len	Sc, Ac, Cc
고층운	As	탑상구름	cas	Sc, Ac, Ci
난층운	Ns	편평구름	hum	Cc
층적운	Sc	중간구름	med	Cu
층운	St	웅대구름	con	Cu
적운	Cu	무모구름	cal	Cu
적란운	Cb	다모구름	cap	Cb
		수술구름	flo	Cb
		섬유구름	fib	Ac, Ci, Cc
		농밀구름	spi	Ci, Cs
		낚시구름	unc	Ci
				Ci

변종	약자	보충형	약자	부속 구름	약어
이중구름	du	미류구름	vir	조각구름	pan
엉킨구름	in	강수구름	pra	모자구름	pil
벌집구름	la	유방구름	mam	베일구름	vel
방사구름	ra	아치구름	arc		
파상구름	un	쇠모루구름	inc		
늑골구름	ve	깔대기구름	tub		
불투명구름	op				
틈새구름	pe				
반투명구름	tr				

7. 구름 입자들의 성장

평균 크기의 구름 입자 약 백만 개가 모여 평균 크기의 빗방울 하나를 만든다. 만약 이런 경우 어떻게 작은 구름 입자들이 모여 아주 큰 빗방울이나 눈송이를

만들까? 결론적으로 말하자면 구름 입자들은 병합 과정(coalescence process) 또는 얼음 알갱이 과정(ice crystal process)을 거치며 성장한다. 그러면 먼저 병합 과정에 대해서 알아보도록 하자.

1) 병합 과정

병합이 이루어지는 동안, 대기 중에 존재하는 큰 응결핵은 물방울이 더 큰 물방울로 자라도록 돕는다. 큰 방울들은 온난공기에 의한 치올림을 극복하며 아래로 떨어진다. 떨어지는 도중에 그것들은 더 작고 더 천천히 떨어지는 물방울과 충돌하여 성장한다(〈그림 5-4〉).

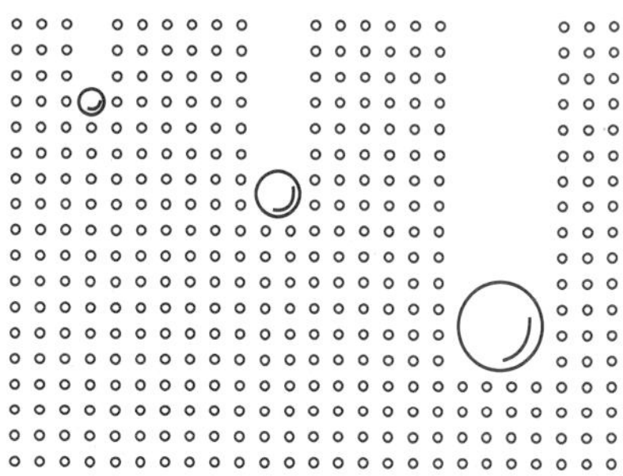

〈그림 5-4〉 이상적인 병합 과정

2) 얼음 알갱이(빙정) 과정

스웨덴 공학자·물리학자인 석학 모르텐 트리왈드(Mårten Triewald, 1691 ~ 1747)는 1731년 12월 15일 매우 추운 날에 의외의 현상을 관찰하였다. 그가 스톡홀름의 귀족의 성에 놓여 있는 물을 담은 용기를 만지자 용기의 물이 즉각 얼음으로 변하였던 것이다. 1742년, 그는 이러한 현상을 영국학술원에 보고하였다. 트리왈드는 그가 목격한 것에 대해 설명할 수 없음을 인정했다. 이러한 의외의 현상은 180년 후, 지구 대륙의 이동을 제안한 사람으로 알려져 있는 독일의 기상학자인 알프레트 베게너(Alfred Wegener, 1880~1930)에 의해서 설명되었다.

베게너는 그린란드에서의 기상학 연구 결과를 정리해서 1911년 기상학 교과서인 《대기의 열역학(*Thermodynamik der Atmosphare, Thermodynamics of the atmosphere*)》이라는 책을 편찬하였다. 이 책은 독일 전역에서 기상학 분야의 표준 교과서가 되었다. 이 책에서 베게너는 중요한 관측 사실 두 가지를 설명하였다. 첫째, 물은 과냉각될 수 있다는 것이다. 과냉각이란 액체를 어는점(0 ℃) 미만으로 냉각하여도 액체 상태 그대로 유지되는 것을 의미한다. 또한 그는 얼음 알갱이와 과냉각 물방울이 함께 존재하는 곳에서는 과냉각 물방울이 증발하여 얼음 알갱이로 성장한다는 것을 지적하였다. 왜냐하면 과냉각 물방울의 평형 수증기압이 얼음보다 더 낮기 때문이다. 그는 이것이 구름 속 얼음 알갱이의 형성을 유발한다고 제안했다. 얼음 알갱이는 하강할 만큼 충분히 자라게 되면 낮은 고도로 내려오며 녹아서 빗방울이 된다는 것이다. 그러나 베게너는 실제 구름 내에서 그의 이러한 아이디어를 시험해 볼 기회를 갖지 못하였다. 두 번째 관측 사실은 공기 중의 얼음 알갱이가 수증기를 끌어당긴다는 것이다. 왜냐하면 얼음 표면 부근의 수증기압이 물표면 부근의 수증기압보다 더 낮기 때문이다. 그는 이 아이디어들을 연결하여, 얼음 알갱이와 작은 물방울이 공기 중에 동시에 존재하면 작은 물방울은 증발한다고 결론을 내렸다. 증발에 의해 형성되는 수증기는 얼음 알갱이 쪽으로 움직이며 응결하고 그 결과 얼음 알갱이가 성장하게 된다는 것이다.

10년 후 베게너의 이론은 스웨덴 기상학자 토르 베르셰론이 관측한 자료를 바탕으로 보다 분명하고 확실해졌다. 1922년 2월 오슬로 근처에서 휴가를 즐기던 베르셰론은 전나무 숲 속 언덕의 좁은 길을 따라 자주 산책을 했다. 그 길은 언덕 중턱의 등고선과 평행하게 나 있었고 언덕은 보통 과냉각된 층운형 구름층으로 뒤덮여 있었다. 베르셰론은 기온이 결빙점 미만인 경우 구름은 가로 터널 속으로 들어올 수 없지만 결빙점 이상이 되는 경우에는 가로 터널 속으로 들어온다는 것을 주목하였다(〈그림 5-5〉). 그는 베게너의 이론을 상기하여, 나무 위의 얼음 알갱이가 수증기를 끌어당겨 작은 물방울을 증발시킴으로써 구름이 없어지도록 한다고 결론지었다. 베르셰론은 이런 연구에 몰두하여 1933년 구름 생성의 얼음 알갱이 이론(ice-crystal theory of cloud formation)을 개발하였다. 그의 이론은 후에 독일 물리학자인 발터 핀트아이젠(Walter Findeisen, 1909 ~ 1945)에 의해서 상세히 설명되었고 현재에는 비 생성의 베르셰론-핀트아이젠 이론으로 널리 받아들여지고 있다.

이 이론에 따르면, 결정상 구조를 만들어 내기 위해서는 액체수 분자가 어떤 순서로 형성되어야만 한다. 대부분의 물방울들은 아주 작기 때문에 온도가 -40 ℃에 근접하지 않는 한 그것들의 분자들이 필요한 배열을 달성하기 위한 기회는 적다. 이 온도 미만에서 모든 상의 물분자가 빙결하게 될 것이다. 이때 빙결핵(freezing nuclei)이라 불리는 특별한 종류의 입자들이 존재한다면 빙결은 아주 쉽게 일어난다. 이러한 입자(예: 점토의 먼지)는 얼음과 유사한 결정 구조를 가지고 있어 과냉각 물방울과 잘 결합된다.

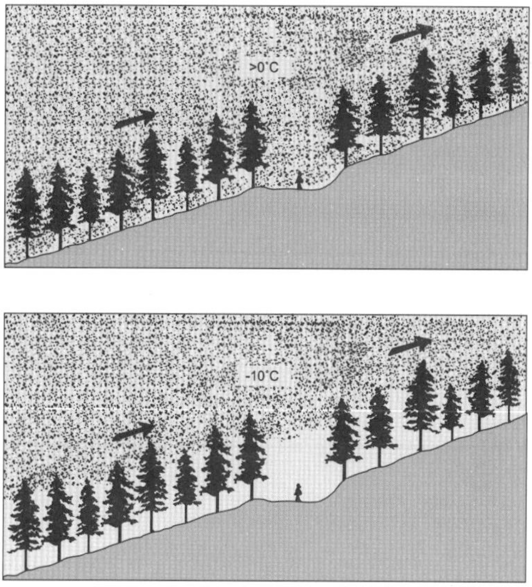

〈그림 5-5〉 토르 베르셰론의 관측

얼음 알갱이들이 더 성장하기 위해서는 얼음 알갱이상의 포화 수증기압이 과냉각된 물상의 포화 수증기압보다 더 낮아야 한다. 이것의 의미는 공기가 작은 물방울에 대해서 포화되었을 때 얼음 알갱이에 대해서는 과포화 상태 즉 상대습도가 100 % 이상(예를 들면 −10 ℃에서 121 %)이 된다는 것이다. 만약 어떤 결정이 공기 중에 존재한다면, 물분자는 얼음 면으로부터 확산되어 결정화 과정이 가속된다.

8. 강수의 형성

만약 습윤공기가 충분히 냉각된다면, 작은 물방울(water droplet) 또는 얼음 알갱이(ice crystal)로 이루어진 구름들이 형성될 것이다. 작은 물방울은 구름의 상승 기류 내에서는 부유하게 된다. 왜냐하면 물방울의 낙하 속도가 너무 작기 때문이다. 구름 내의 관측에 의하면 연직 속도는 1 $m \cdot s^{-1}$ 정도이다. 적란운에서의 연직 속도는 수십 $m \cdot s^{-1}$를 능가하는 경우도 있다. 작은 물방울에 작용하는 공기역학적 힘과 중력이 평형을 이룰 때 공기에 대한 상대적인 속도인 종단 속도는 반경 10 μm[9]인 방울의 경우에는 약 1 $cm \cdot s^{-1}$이고, 반경이 100 μm인 방울의 경우에는 0.7 $m \cdot s^{-1}$로 증가하게 된다. 눈송이의 종단 속도는 일반적으로 동일한 크기의 물방울보다 더 작은 값을 가진다. 일반적인 크기인 지름 1 cm 눈송이의 종단 속도는 약 1.5 $m \cdot s^{-1}$이다. 그러므로 대부분의 구름 내에서의 연직 속도는 상공에 아주 작은 구름 입자들을 유지하기에 충분한 것으로 생각된다. 강수는 구름 입자들이 충분히 성장하여 기류(air current)에 의해서 더 이상 공중에 떠 있을 수 없게 될 때 형성된다([표 5-4]).

---

9) 1 μm = 10^{-6} m

[표 5-4] 반경에 따른 종단 속도, 완전히 응결하는 데 필요한 낙하 거리와 형태

반경 (cm)	종단 속도 (m/s)	완전히 응결하는 데 필요한 낙하거리(m)	형태
0.00002	0.0000001	-	응결핵
0.002	0.01	1	전형적인 구름방울
0.01	0.27	25	큰 구름방울
0.02	0.7	70	이슬비
0.1	4.0	400	작은 빗방울
0.2	6.5	650	일반적인 크기의 빗방울
0.5	9.0	910	큰 빗방울

그러나 빗방울 또는 눈송이가 구름으로부터 떨어진다고 하더라도, 그것들이 완전히 증발되지 않고 구름 밑의 불포화 공기를 통과하여 떨어져야만 지표면에 도달할 수 있을 것이다. 일반적인 구름의 밑면은 고도가 1,000 m정도이고 상대습도는 약 80 %이다. 만약 비가 지표면에 도달하기 위해서는 빗방울의 반경이 초기에 100 μm 정도인 구름에서 떨어져야만 한다. 큰 빗방울일수록 표면과 체적의 비가 더 작기 때문에 작은 방울보다 증발은 적게 일어나고 낙하 속도는 커지게 된다. 그러므로 비의 생성을 설명하는 데 있어서의 문제점은 어떻게 구름 방울들이 전형적인 강수 구름 내에서 반경이 약 100 μm 정도로 성장할 수 있는가 하는 것이다. 구름의 생존 기간 또는 더 정확하게 구름 내의 구름 방울들의 생존 기간에 의해서 제공되는 강제 요소들은 구름 방울 성장 문제의 중대한 관점이다.

구름 입자들은 구름 전체가 물방울로 구성(온난 구름)되어 있는가 혹은 구름 입자에 얼음 입자들이 존재하는가에 따라 다양한 과정으로 성장한다.

온난 구름 내에서 작은 물방울이 성장하는 최적의 과정은 응결(구름 방울들의 초기 형성을 일으키는 과정) 또는 여러 크기로 된 작은 물방울들의 충돌과 병합 과정이다. 응결에 의한 성장은 작은 물방울들이 포화된 공기덩이 속에 존재하는 동안에는 계속 일어난다. 예를 들면, 이러한 과정은 상승하는 기류 내에서 일어난다. 그러나 작은 구름 방울들이 성장하면서 그것들의 농도가 높아지고 구름 방울의 체적 내에 작은 물방울들의 표면적의 비가

감소함에 따라, 작은 물방울들이 커지게 되어 성장률이 둔화된다. 〈그림 5-6〉에서 보는 바와 같이, 일반적으로 작은 물방울들은 수분 동안에 0.1 ~ 10 μm까지 성장하는데, 반경이 20 μm로 성장하기까지 걸리는 시간은 약 20분 정도이다. 응결 단독으로 성장이 이루어지는 경우, 구름 내의 상승 구역에 있는 작은 물방울들이 강수 크기까지 도달하기 위해서는 여러 시간이 걸린다. 작은 강수 구름들의 생존 기간은 대개 1시간 미만이기 때문에 다른 성장 과정이 활발하게 일어나야만 강수가 형성될 수 있다. 병합에 의한 성장은 물방울의 직경이 20 μm보다 작은 경우에는 매우 느리게 이루어지나, 응결에 의해서 20 μm의 크기로 성장하는 데 걸리는 시간은 20분 정도이다.

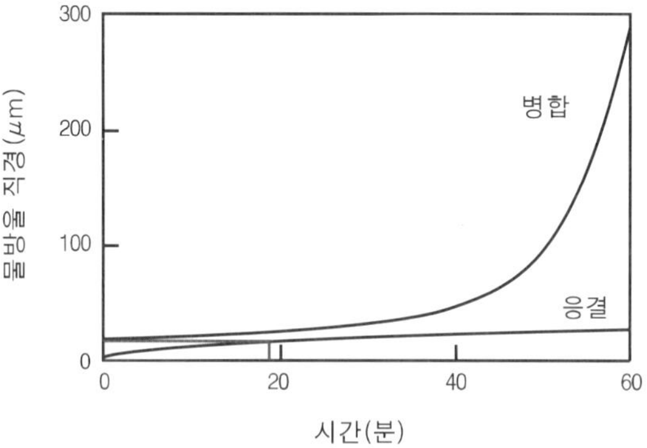

〈그림 5-6〉 응결과 병합에 의한 물방울의 성장곡선. 응결에 의한 성장은 초기 10 μm의 직경을 가진 물방울이 0.2 %의 과포화 상태에서 이루어진 것이고 병합에 의한 것은 집적 효율성을 1.0, 구름 내에 포함되어 있는 물의 양을 1 g·m^{-3}으로 가정하였을 때 초기 20 μm의 직경을 가진 물방울이 성장한 것이다.

구름 내에서 응결이 일어나 작은 물방울들이 성장할 때, 그 크기의 범위는 다양하게 나타난다. 왜 스펙트럼이 관측될 만큼 광범위(〈그림 5-7〉)하게 일어나는지에 대해서는 충분히 밝혀지지 않았지만 이는 응결핵 크기의 스펙트럼과 개개의 작은 물방울들의 다양한 생존 과정들과 관련된다고 믿고 있다. 예를 들면, 성장하고 있는 구름의 꼭대기 또는 측면으로 유입된 핵에 의해 형성된 작은 물방울들은 구름 밑면에서 형성된 물방울들보다는 생존 기간이 짧을 것이다. 여러 가지 다른 크기의 작은 물방울들은 공기에 대하여 상이한 비율로 낙하한다. 그래서 방울이 크면 클수록 떨어지는 경로에 있는 작은 물방울과 더 많이 충돌하게 될 것이다. 약 20 μm 이상의 물방울인 경우, 충돌은 작은 물방울들을 튀게 하지만 충돌 후에 병합되는 물방울들은 더 큰 방울의 성장을 이끌어낸다. 물방울들의 크기가 작을수록, 또 그것들의 관성력이 작을수록 접근하는 작은 물방울들 사이에 존재하는 얇은 공기 필름을 밀어내기 힘들기 때문에 물방울들은 충돌 무렵에 분리되는 경향이 있다. 작은 물방울에 전하를 부과하는 전기장이 존재하거나 구름 내의 소규모 난류에 영향을 받아 병합이 더 잘 일어나게 된다 하더라도, 이러한 효과들은 거대한 적란운을 제외하고는 지극히 미미하다. 병합에 의해서 방울이 성장함에 따라, 방울들의 낙하 속도가 증가하여 구름의 증가되고 있는 체적을 흩날려 버린다. 이렇게 되면 작은 물방울들은 더 커져 성장률도 증가한다. 〈그림 5-7〉은 초기 반경이 20 μm이고 물의 함양이 1 g·m^{-3}인 작은 물방울들이 어떻게 강수 크기까지 급격히 성장할 수 있는지를 보여 준다. 이것을 충돌-병합 과정이라 하는데, 온난 구름 내에서 작은 물방울들이 강수 크기의 물방울로 성장하는 과정의 대부분이 이에 해당한다.

전부 얼음 알갱이로 이루어진 한랭 구름(예: 권운) 내에서는 수증기가 승화·침적되어 얼음 입자들이 성장한다. 이런 과정은 온난 구름 내의 응결과 유사한 과정이다. 한랭 구름의 성장은 온난 구름보다 더 급격하게 일어난다. 왜냐하면 한랭 구름은 온난 구름보다 그 입자들의 수가 더 적고 과포화 정도가 더 높기 때문이다. 그러나 침적에 의한 성장은 입자들이 물의 얇은 필름에 의해서 전환되는 0 ℃ 부근을 제외하고는 천천히 일어난다. 왜냐하면 얼음 입자들은 충돌이 일어나면 튀어나가기 때문이다.[10]

---

10) Jonas, P. R., 1994 : Back to basics: Why does it rain? *Weather*, 49(7), 258-260

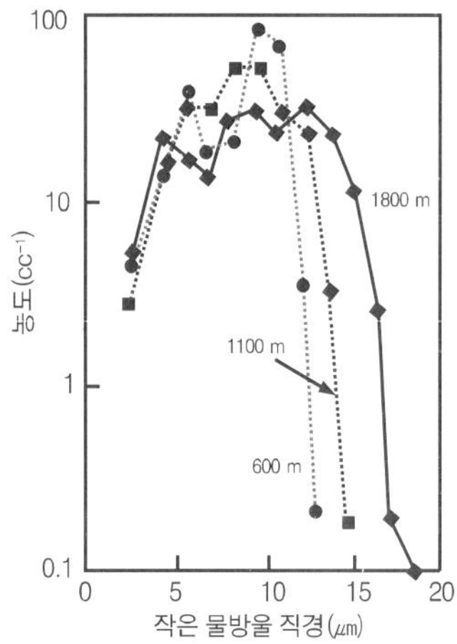

〈그림 5-7〉 소규모 적운 구름 내의 여러 높이에서 비행기 측정으로 구한 작은 물방울 크기 스펙트럼

작은 물 입자들과 얼음 알갱이가 혼합되어 구성된 구름(예: 적운)은 매우 복잡한 과정으로 그 입자가 성장한다. 적운 내에서는 낮은 온도까지 공기가 상승하고 얼음 핵이 존재할 경우 일부 물방울들은 아주 낮은 고도에서 결빙한다. 물과 얼음의 상태에서 나타나는 포화 혼합비의 차이 때문에, 얼음 알갱이들은 작은 물방울보다 훨씬 빠르게 성장할 것이다. 얼음 알갱이의 성장은 공기 속의 수증기 양을 충분히 감소시키고 물을 불포화 상태로 만들어 작은 물방울의 증발을 유발한다. 남은 얼음 알갱이들은 승화에 의해서 성장하게 된다. 많은 개수의 작은 물방울을 가진 천천히 성장하는 구름이 수증기를 동일하게 공급받기 위해서는 적은 개수의 얼음 알갱이를 가진 급격히 성장하는 구름으로 전환하게 된다. 이런 과정을 베르셰론-핀트아이젠 과정이라 하고 중위도 강수 구름에 적용되는 것으로 믿고 있다. 커다란 얼음 입자들이 더 크게 성장하는 것은 그것들이 구름의 아래쪽과 온난한 쪽으로 낙하하면서 작은 물방울이나 다른 얼음 알갱이들과 병합하기 때문이다.

사람들은 일반적으로 비가 얼면 눈이 되는 것이라 잘못 생각하고 있다. 그러나 빗방울은 보통 결빙 고도 위에서는 눈송이로 시작되기 때문에 사실은 그 반대이다. 이러한 눈송이들은 강하하면서 녹아 비의 형태로 땅에 떨어진다. 눈은 여러 개의 물방울이 결빙되어 형성되는 것이 아니라, 작은 얼음 결정에 수증기가 응결하여 성장한다. 눈 입자의 생성은 눈이 왜 지상에 떨어지는가를 이해하는 데 중요할 뿐만 아니라 왜 비가 떨어지는가를 이해하는 데도 중요하다.

어떻게 눈송이가 생성되는가를 이해하려면 먼저 눈송이가 생성되는 구름에 대해서 알아야 한다. 눈을 만드는 구름 내의 온도가 영하라 하더라도, 모든 구름 입자들이 어는 것은 아니다. 물방울 또는 얼음 결정들이 구름 내에 존재하는 경우는 대단히 드물다. 일반적으로 구름 내에는 응결핵이라 불리는, 물방울이나 얼음 결정을 만드는 데 필요한 작은 입자들이 존재한다. 수 μm 정도 크기의 작은 에어로졸들은 대기 중에서 발견되며 이들이 응결핵의 역할을 한다. 이러한 핵들은 다양한 기원을 가진다. 많은 입자들은 바다에 폭풍이 부는 과정에서 대기 중으로 유입되는데, 이들 입자는 작은 물방울 형태의 해염으로부터 온 것이다. 응결핵에는 해염 말고도 바람에 실려 온 토양 입자, 화산재, 심지어는 유성이 대기권을 통과할 때 유입되는 우주 입자들까지 포함되어 있다.

응결핵이 물방울을 생성하는 것은 비교적 일반적인 현상으로 보통 대기 중에서 일어난다. 상대습도가 100 %에 도달하게 되면 곧 구름이 형성되기 때문에 아주 드문 경우에 과포화 상태가 가능하다. 이런 관점에 동의하지 않기 위해서는 상대습도 100 %에 도달하는 순간을 고려하여야만 한다. 상대습도는 실제 수증기 양을 동일한 온도에서 가질 수 있는 최대 수증기 양(포화 수증기압)으로 나눈 백분율이다. 순수한 물의 편평한 표면상에는 많은 양의 물분자들이 들어오고(응결) 나가는데(증발) 이들 물분자수가 동일할 때를 포화라고 한다. 만약 공기가 약간 과포화 되었다면, 나가는 물분자수보다 들어오는 분자수가 많게 된다. 만약 물 표면이 굽어져 있거나 순수한 물이 아니면 복잡한 양상을 띠게 되는데 이때의 포화 수증기압은 순수하고 편평한 표면일 때의 포화 수증기압보다 작다. 어떤 주어진 온도와 습도에서, 표면이 굽어져 있으며 약간 불순한 물로 구성된 물방울은 순수하고 편평한 표면을 가진 물방울보다 더 빠르게 물분자를 얻게 될 것이다. 만약 온도가 빙점 이하라면 일부 응결핵은 얼음 입자들을 형성하는 얼음 핵으로 작용할 것이다. 얼음 핵으로 작용하는 입자들의 수는 온도와 과포화의 정도에 따라 변동한다. 빙점 부근에 아주 적은 양의 얼음 핵이 존재한다면 구름은 거의 물방울로 구성될 것이다. 온도가 강하함에 따라 많은 얼음 핵들은 -40 ˚C까지 유용하게 사용되어 구름은 완전히 얼음 결정(빙정)으로만 구성된다. 눈을 내리는 대부분의 구름은 물방울과 얼음 결정으로 구성되어 있는데 이 경우를 혼합 구름이라 한다.

혼합 구름의 생성은 집에서도 간단하게 재현할 수 있다. 우선 주석 뚜껑에 오일을 얇게 바르고 그 위에 물방울을 떨어뜨린다. 그런 다음 뚜껑을 냉동실에 몇 분간 넣어 두었다가 꺼내 보면 일부의 물방울이 얼어 있는 것을 발견할 수 있을 것이다.

눈 입자가 형성되기 위해서는 작은 구름 입자들이 필요하다. 눈 입자들은 구름 내의 상승 기류에 의해 상층에 유지되어 있다가 커다란 결정으로 성장하고 충분히 무거워지면 구름으로부터 강하하기 시작한다. 얼음 결정과 작은 물방울로 구성되어 있는 구름 내에서 얼음 결정은 매우 잘 자란다. 이런 성장 과정을 이해하기 위해서는 얼음과 물에 대한 포화 수증기압을 살펴볼 필요가 있다(〈그림 5-8〉 참조). 0 ˚C 미만의 온도에서 분자들은 얼음 표면을 떠나기가 아주 어렵다. 왜냐하면 분자 결합은 고체 상태에서 더 강하므로 물 표면상에서보다는 얼음 표면상에서의 포화 수증기압이 다소 작게 나타나기 때문이다. 이것의 의미는 만약 구름 내의 공기가 물에 대해서는 포화되었다 하더라도 얼음에 대해서는 과포화되었기 때문에 얼음 결정이 급격하게 성장하게 된다는 것이다. 이것이 수증기압을 떨어뜨리고 이로 인해서 어떤 물방울들은 불포화된 공기 주변에 달라붙어 증발하기 시작한다. 그래서 수증기는 물방울에서부터 얼음 결정으로 이동하게 된다. 1935년 토르 베르셰론은 작은 물방울이 소비되면서 얼음 결정이 성장한다는 과정을 맨 처음 설명하였다. 이런 과정에서 육각형의 얼음 결정이 우리가 눈에서 발견하는 별 모양(six-pointed star) 또는 나뭇가지 모양의 결정으로 성장한다.

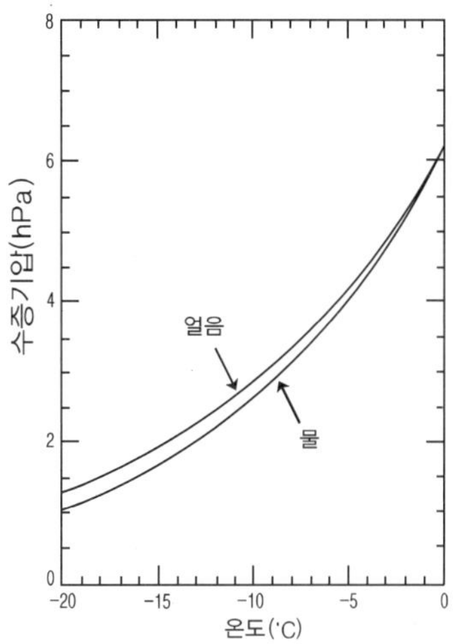

〈그림 5-8〉 평면 수면과 평면 얼음면의 온도에 따른 포화 수증기압(SVP)

얼음 결정이 충분히 커지면 그것들은 구름 내의 상승 기류의 속도보다 더 빠르기 때문에 강하하여 지면에 떨어지게 된다. 눈송이가 형성되어 강하할 때, 여러 가지 상황이 눈송이들을 변질시킨다. 구름 밑면의 습도가 낮을 경우, 구름에서 떨어진 눈 결정은 증발하여 지면에 결코 떨어지지 못한다. 만약 구름 밑면과 바로 밑의 온도가 영점에 근접하면 눈 결정들은 모여서 눈송이를 형성한다. 영국에서 볼 수 있는 눈송이는 보통 온도가 영점에 근접할 때 눈 결정들이 모여서 만들어진 것이라 개개의 아름다운 별 모양의 결정 구조를 보기가 어렵다. 더 낮은 온도, 약 −5 ℃ 이하인 경우에는 수 mm 정도의 조그마한 눈송이가 만들어진다. 눈송이의 모양은 구름 내의 온도에 따른다.

날씨가 대단히 추운 경우, "눈이 오기에는 너무 추운 날씨야."라고 말한다. 물론 온도가 하강하면 여러 과정들에 의해 눈송이의 강도가 떨어지기는 하지만,

이 말은 틀린 말이다. 그 첫 번째 이유는 아주 낮은 온도에서의 대기는 많은 양의 물을 수증기의 형태로 유지시키지 못하기 때문에 강수 형태를 형성하는 데 기여하는 물이 적어진다. 또 얼음 핵의 유용성은 낮은 온도에서 큰 눈 결정이 생성되는 것을 방해한다. 온도가 떨어짐에 따라 더욱 많은 에어로졸이 얼음 핵으로 활약한다. 이것의 의미는 구름 내의 얼음 결정의 수는 증가하고 물방울의 수는 감소한다는 것이다. 그래서 낮은 온도에서는 많은 수의 얼음 결정들이 베르셰론 과정에 따라 아주 적은 수의 물방울을 공급받기 위해서 수증기와 경쟁을 벌인다. 온도가 −40 ℃까지 급강하하면, 구름 내의 모든 입자들은 얼게 되고 얼음 결정들은 아주 천천히 성장한다. 대단히 낮은 온도에서, 강수는 보통 매우 미세한 결정으로 생성되어 공중에 떠 있으면서 아주 천천히 땅으로 떨어진다. 다이아몬드 먼지(diamond dust)라고 부르는 이러한 결정들은 보통 지면 근처에서 생성되고 아주 청명한 날씨에 나타난다. 남극의 고원지대에 쌓이는 것이 대부분 다이아몬드 먼지 형태의 강수이다. 최종적으로 가장 낮은 온도는 하늘이 청명하고 지면으로부터 장파가 공간으로 잘 탈출할 수 있을 때 나타난다. 그러므로 영국에서 기온이 가장 낮은 날에는 눈이 내리지 않는다. 그 이유는 눈을 생성하는 구름이 없기 때문이다. 눈이 내리지 않는 이런 날씨는 보통 기온이 낮고 고기압인 기상 조건에서 나타난다.

구름을 떠난 눈송이들은 아래의 온난한 층을 통과하면서 녹게 되고 지표면 부근의 한랭공기를 만나면 재차 결빙한다. 그것들은 최종적으로 얼음싸라기(ice pellets) 즉 결빙된 빗방울 또는 진눈깨비(sleet)의 형태로 지면에 도달한다. 그러나 대부분의 얼음 알갱이들은 녹아서 비가 되어 내린다. 과냉각된 물방울들이 얼음 알갱이와 충돌하게 되면, 그것들은 결빙되어 얼음의 막을 형성한다. 이 과정을 상고대(rime)라 부른다. 구름 내의 상고대는 얼음 입자들의 직경이 2 ~ 5 mm인 싸라기 눈(graupel)을 형성한다.

지표면에서의 기온이 빙결점 이하로 약간 내려가면 어는 이슬비(freezing drizzle) 또는 어는 비(freezing rain)가 발생할 수 있다. 이때 이슬비와 비의 과냉각된 물방울이 찬 물체에 닿으면 그 물방울은 얼게 된다.

우박(hail)은 뇌운의 산물로, 얼음 알갱이가 온난공기와 한랭공기의 층을 번갈아 가며 상승과 하강을 반복할 때 만들어진다. 우박은 용융과 재빙결에 의해서 성장하고 그것이 충분히 무거워져 지표에 떨어질 때까지 얼음 층을 수집하게 된다. 우박의 단면을 살펴보면 천천히 빙결되어 나타나는 투명한 층과 급격한 빙결에 의한 불투명층을 관찰할 수 있는데, 이를 통해 우박의 역사를 알 수 있다. 지금까지 보고된 바에 따르면, 1970년 9월 미국 캔자스 주 코피빌(Coffeyville)에 떨어진 우박이 직경 14 cm(무게 0.76 kg)로 가장 큰 것이다.

빗방울이 떨어질 때 그것은 공기에 의한 마찰력을 만나게 된다. 마찰력은 중력과 평형을 이루며, 소위 종단 속도(terminal velocity)라 불리는 일정한 속도로 빗방울이 떨어지도록 한다. 앞서 [표 5-4]에서 본 바와 같이 빗방울의 종단 속도는 그것의 직경이 커짐에 따라 증가한다. 또한 [표 5-4]에서 보면, 빗방울이 충분히 크지 않으면 빗방울은 지표면에 도달하기 전에 증발하게 된다. 이런 형태의 강수를 꼬리구름(virga)이라 한다.

9. 구름의 전기학

강한 연직 공기 제트 내의 물방울 파괴는 상당한 대전을 만든다. 부서진 물방울의 큰 파편들은 양전하를 얻는 반면 공기 이온 또는 더 작은 물방울들은 보상적인 음전하를 받는다. 과학자들은 떨어지는 물방울이 전기적으로 충전되어 있다면 병합을 통해 이것이 더욱 강화된다고 믿고 있다. 그러므로 구름 내의 전기가 구름 방울을 빗방울 크기까지 성장시키는 데 기여한다.

대기 중의 전하는 뇌우가 출현하는 동안 관측할 수 있다. 천둥과 번개의 특성은 오랫동안 사람들의 관심을 끌었다. 이러한 강력한 현상을 탐구한 최초의 과학자는 미국 독립 선언서를 초안한 미국의 과학자·정치가인 벤저민 프랭클린이다. 그는 1752년 연을 이용한 낙뢰 실험을 수행하여 전기학 분야의 기초를 다졌다.

1745년 독일의 물리학자인 에발트 폰 클라이스트(Ewald Jurgens(George) von Kleist, 1700 ~ 1748)는 전기를 축전시키는 방법을 발견하였다. 그의 이러한 고안은 네덜란드 라이덴 대학교(University of Leiden)의 물리학자인 피터르 판 뮈스헨브루크(Pieter van Musschenbroek, 1692 ~ 1761)를 통하여 최초로 연구되었다. 그래서 이것은 라이덴 단지(Leiden jar)로 알려지게 되었다. 라이덴 단지는 유리병 내부에 금속선을 채우고 금속 로드를 코르크로 절연시킨 다음 병을 막아서 만든 것이다. 정전기 전하를 만들기 위해 마찰을 이용하는 기계는 이미 존재하였는데 라이덴 단지는 만들어진 전하를 저장하기에 매우 유용한 도구였다. 전하가 저장되어 있는 라이덴 단지의 금속 로드에 한 손을 가까이 가져가면 전하는 불꽃으로 방전될 것이다. 만약 전하가 충분히 저장되어 있을 경우, 금속 로드에 너무 가까이 접근하면 강한 전기 충격을 받을 수도 있다. 또 금속 물체를 금속 로드 가까이에 접근시키면 틈새에서 갑자기 불꽃이 일어나며 '꽝'하는 시끄러운 소리가 들릴 것이다.

많은 과학자들과 마찬가지로 프랭클린도 라이덴 단지를 가지고 실험하였다. 그는 관찰을 통하여, "불꽃과 '꽝'하는 소리는 번개와 천둥을 뜻하는 것이 아닐까? 그렇다면 번개와 천둥이 되는 동안, 지구는 커다란 라이덴 단지로 작용하는 것이 아닐까?"하는 의문을 품게 되었다.

프랭클린은 이러한 자신의 생각을 검증하기 위해 실험을 행하였다. 이 실험은 프랭클린의 실험 중 가장 유명한 것으로 사실 매우 위험한 것이기도 했다. 1752년 6월 그는 뇌우 속에서 연을 띄웠다. 그는 연줄에 눈금을 매기고 전선 조각을 부착하여 전선에 긴 비단실을 잡아매었다. 실의 끝에는 금속키를 묶었다. 그는 천둥과 번개가 치는 구름 쪽으로 연을 날렸다. 번개가 연의 부근에서 번쩍거리자 그는 한 손으로 키 가까운 곳을 잡았다. 불꽃이 금속키를 뛰어넘는 바로 그때 프랭클린은 키에 라이덴 단지를 매달아서 전하를 축적했다. 이로써 그는 번개가 전기의 방전 현상이고 천둥은 불꽃이 내는 소리라는 것을 증명하였다. 같은 해, 프랭클린과는 독자적으로 프랑스 과학자인 토마 달리바르(Thomas François d'Alibard, 1703 ~ 1799)가 번개는 전기 현상임을 증명하였다. 그는 굉장히 운이 좋았다. 그의 실험을 반복하던 두 사람이 번개에 맞아 사망하자 어느 누구도 이 실험을 수행하지 않았다.

프랭클린은 이러한 실험을 통하여 번개와 전기의 방전은 동일한 것이라는 가설을 증명하였고, 전기유체이론(electric fluid theory)을 제창하여 전기학 분야에 공헌하였다. 1756년 그는 영국학술원 회원으로 선정되었고, 코플리 상(Copley Prize)을 수상하였다. 또한 1772년에는 프랑스 과학 아카데미에도 입회하였다.

프랭클린은 또한 만약 전기가 흐르는 곳에 뾰족한 면을 장치한다면, 전기불꽃은 아주 쉽게 그리고 아주 먼 거리에 걸쳐 제거될 수 있다는 것을 알게 되었다. 만약 뾰족한 금속 로드(오늘날 피뢰침이라 함)를 지붕에 설치하고 이것을 금속선으로 연결하여 땅에 묻으면 번개로부터의 빌딩 피해를 막을 수 있을 것이라 제안하였다. 그는 번개 전도체를 발명하였고 이 전도체는 미국 전역에 설치되었다. 프랭클린의 발명품은 많은 사람들의 생명을 구하고 막대한 재산 피해를 막을 수 있었다.

그 후 1753년 4월 12일 프랭클린은 절연된 막대(rod)를 가지고 전기를 수집하여 라이덴 단지에 저장하였다. 라이덴[11] 단지는 1700년대 초엽에 제작된 선 모양의 철이 들어 있는 유리 단지로, 정전기를 축적할 수 있다. 프랭클린은 가죽으로 덮은 유리 막대로부터 알려진 양전하의 전기와 얻은 전기를 비교하였다. 많은 유사 실험에 기초하여 그는 "소나기구름은 보통 전기적으로 음의 상태이지만 때때로 양의 상태를 가질 수도 있는데 이런 경우는 매우 드물다."고 결론지었다.

구름은 얼음 알갱이와 과냉각 작은 물방울들이 적당량 존재하여 전기를 띠게

11) 네덜란드의 도시 이름.

된다. 일반적으로 구름 꼭대기에는 음전하를 가진 면이 얇게 존재하고 구름 밑바닥에는 양전하를 가진 얇은 면이 존재한다. 약 -15 ℃의 온도에서 수증기 분자, 작은 물방울, 얼음 알갱이들이 공존하는 구름의 중간 부분에는 광범위한 음전하 지역이 있다. 이 지역 위와 꼭대기 아래의 지역은 또 다른 양전하 지역이다. 구름 밑면 아래 지상에서는 양전하가 구축된다. 지상의 양전하와 구름 속의 음전하 사이의 인력이 공기 저항을 극복할 때, 번개는 구름 대 지면(또는 구름 대 구름) 번개로 번쩍인다.

구름 대 지면 번개의 뇌격은 일반적으로 두 단계로 구성된다. 첫 단계는 음전하로 대전된 전자들이 쇄도하는 계단 선도(stepped leader)라 불리는 것으로, 포크 모양으로 구름으로부터 아래쪽으로 흐르기 시작한다. 그들은 약 50 마이크로초의 간격으로 매 약 1 마이크로초 동안 짧은 계단 모양으로 나아간다(〈그림 5-9〉).

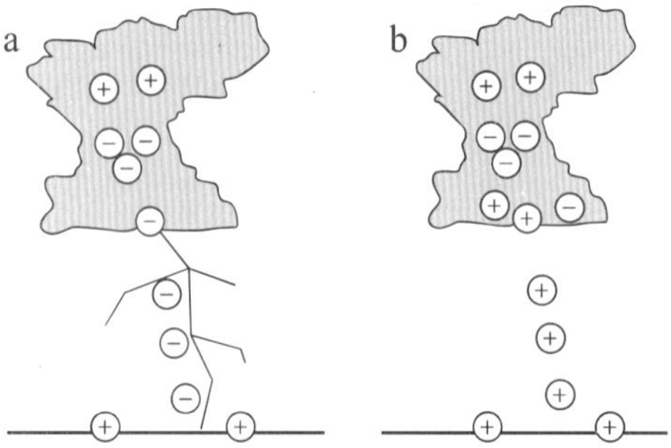

〈그림 5-9〉 계단 선도(a)와 되돌이 뇌격(b)

약 0.02초 만에 계단 선도는 지면에 도달한다. 이와 동시에 되돌이 뇌격(return stroke)이라 불리는 새로운 단계가 순간적으로 위쪽으로 올라온다. 양의 전하를 가진 강력한 파가 0.0001초 안에 위로 흐르게 된다. 되돌이 뇌격은 번개로서 볼 수 있는 빛을 만들고 공기를 30,000 ℃까지 가열한다. 이 급격한 가열이 공기를 팽창시켜 천둥으로 들리는 음파를 만든다.

10. 구름 씨뿌리기

많은 경우 사람들은 강우량을 증가시키거나 인간에게 피해를 주는 큰 우박의 형성을 막음으로써 자연적인 날씨 패턴을 변형시키려 노력한다. 다양한 종류의 과학적인 방법들이 발명되었지만 비과학적인 방법들도 사용되었다. 비과학적인 방법에는 불 지피기, 대포 쏘기, 연에 의한 전하 생성, 교회 종치기 등이 있다.

1946년 7월 미국 제너럴 일렉트릭 사(General Electric Company)의 두 명의 미국 물리학자인 빈센트 섀퍼(Vincent Joseph Schaefer, 1904 ~ 1994)와 어빙 랭뮤어(Irving Langmuir, 1881 ~ 1957)는 고공에서의 비행기 날개의 착빙 문제에 대해서 연구하고 있었다. 구름 챔버 속의 실험은 약 −23 ℃의 낮은 온도를 필요로 하는데, 무더운 여름이던 그 당시 구름 챔버를 한랭하게 유지하기가 어려웠다. 섀퍼는 챔버를 차갑게 유지하기 위해 드라이아이스(냉동된 이산화탄소)를 사용하였다. 그러한 과정에서 그는 과냉각 구름으로 채워진 한랭한 챔버 속에 작은 드라이아이스 조각들을 떨어뜨려 넣으면 수백만 개의 얼음 알갱이가 형성되는 것을 우연히 발견하였다(〈그림 5-10〉).

섀퍼는 그의 동료인 버너드 보네거트(Bernard Vonnegut, 1914 ~ 1997)와 함께, 내부 온도가 −23 ℃로 유지되는 냉장 상자를 사용하여 얼음과 눈의 형성을 연구하였다. 1946년 7월 섀퍼는 드라이아이스로 만들어진 과냉각 구름에 씨를 뿌리는 실험을 개발하였고 그해 11월 13일 그는 스케넥터디 남동쪽에서 약 30 km 떨어진 매사추세츠 주 피츠필드(Pittsfield) 상공을 비행하면서 자연의 구름에 씨를 뿌리는 실험을 성공적으로 수행하였다. 섀퍼는 구름 속에 2.7 kg의 드라이아이스를 뿌려 역사상 최초 인공 폭설을 유도하였다.

버너드 보네거트는 드라이아이스가 구름 씨뿌리기에 적합하다는 것을 발견한 후, 드라이아이스와 같은 역할을 수행할 수 있는 다른 물질을 연구하는 데에 그의 관심을 돌렸다. 그는 1946년 요오드화은(Silver iodide, AgI)의 미세 결정도 -5 ℃ 미만의 온도에서 빙정핵으로 유용하게 작용한다는 것을 알아냈다. 요오드화은의 결정 모양과 크기로 보아 그것이 빙정핵으로 적합할 것이라 결론을 내린 그는 요오드화은으로 실험을 하여 자신의 생각이 옳다는 것을 증명하였다. 그 후 요오드화은은 드라이아이스를 대신하여 구름 씨로 널리 사용되었다. 그런데 요오드화은은 드라이아이스와 달리 실내 온도에서 무기한 저장될 수 있다는 장점이 있지만 구름 위를 날며 비행기에서 뿌릴 수는 없었다. 요오드화은은 지상에서 방출되어 상승 기류를 타고 구름 속으로 들어갔다. 만약 드라이아이스가 이런 방법으로 방출된다면 구름에 도달하기도 전에 승화되어 기체로 변할 것이다.

〈그림 5-10〉 어빙 랭뮤어(위 왼쪽), 버너드 보네거트(위 오른쪽), 빈센트 섀퍼(아래)의 챔버 실험 모습

11. 우량계의 역사

과거 수천 년간 강우의 측정에 관한 문헌들은 매우 많이 존재한다. 공통기원 이전 400년에 인디아, 1세기에 팔레스타인 그리고 15세기에 조선에서 우량 측정이 있었다는 문헌 기록이 있다.[12)]

〈그림 5-11〉 세계 최초의 우량계인 측우기

세계 최초의 우량계인 측우기(〈그림 5-11〉)는 조선 왕조 5대 임금인 문종이 세자로 있던 시절인 1441년 5월 28일 장영실이 발명한 것이다. 측우기의 원리는 아주 간단해서 빗물을 고이게 하는 원통형 기구와, 고인 물의 깊이를 재는 잣대만 있으면 되었다.[13]

그러나 이것들은 모두 과학적인 측정은 아니었다. 아마도 베네데토 카스텔리(Benedetto Castelli, 1578 ~ 1643)[14]가 과학적인 관점에서 우량 측정에 관심을 보인 최초의 인물일 것이다. 그는 1639년 갈릴레오 갈릴레이에게 편지를 보내 그가 측정한 우량에 대해서 언급하였다. 1662년 크리스토퍼 렌은 자기전도형 우량계(self-recording tipping bucket raingauge)를 발명하였고 비슷한 시기에 로버트 훅은 기록되지 않는 우량계를 고안하였다.

1769년 영국 런던의 의사인 윌리엄 헤버든(William Heberden, 1710 ~ 1801)은 웨스트민스터 사원의 탑에 우량계를 설치한 후 실험하여 우량은 높이의 함수임을 보여 주었다. 그러나 1세기 후인 1864년에 잉글랜드의 기상학자인 조지 시먼스는 고도에 따라 우량이 감소하는 것은 바람 효과라는 것을 보여 주었다. 시먼스는 35년 동안 우량 측정에 몰두, 여러 기술을 확립했는데 그것은 오늘날까지 사용되고 있다. 그는 우량계를 만들고 노출시키고 운영하는 데 필요한 연구를 수행한 최초의 사람이었다.[15]

---

12) Kurtyka, J. C., 1953: *Precipitation measurement study.* Report of investigation No. 20, State Water Survey, Illinois, 178

13) 한상복, 2003 : 한반도 기상학사 개설. 한국기상학회지 대기, 13(2), 9-28

14) Benedetto Castelli(1578-1643) : 이탈리아의 수학자.

15) Strangeways, Ian C., 1996 : Back to basics : The 'met. enclosure' : Part 2(a) - Raingauges, *Weather*, 51(8), 274-279

제6장 대기를 움직이는 것은?

1. 낙하하는 물체의 법칙

이탈리아의 저술가인 빈첸치오 비비아니에 따르면, 갈릴레오 갈릴레이는 60 m 높이의 피사의 사탑 꼭대기에 무게는 다르지만 모양이 동일한 두 물체를 가지고 올라갔다. 하나는 100 파운드 짜리 철 대포탄의 공이고 다른 하나는 1 파운드 무게의 공이었다. 피사 대학교의 전 학생과 교수진이 지켜보는 가운데, 갈릴레오는 낙하하는 물체에 대한 아리스토텔레스의 이론을 시험하기 위해서 두 물체를 동시에 지면을 향하여 떨어뜨렸다(이 실험의 결과 두 공은 동시에 지면에 도달하였다). 이 사건은 독립적으로 설명되지 않았기 때문에 역사가들은 실제 이런 일이 있었는지 의문을 가지게 되었다. 이탈리아 속담에 "*Se non é véro; é bon trovato*"란 말이 있는데 "사실은 아니라 하더라도 좋은 이야깃거리이다."라는 뜻이다.

갈릴레오가 연직 운동의 특징에 대해서 연구한 것은 사실이다. 빠르게 낙하하는 물체를 정확하게 측정하기 위해서 1603년 갈릴레오는 특수한 기구를 고안하였다(〈그림 6-1〉). 이 기구는 구리공이 굴러 내려갈 수 있도록 여러 각도로 경사가 진 트랙(track)으로 구성되어 있다. 경사는 운동이 천천히 일어나도록 하는 목적으로 제공되었다. 물체가 굴러 내려가는 데 걸리는 시간을 측정하기 위해서 갈릴레오는 큰 물동이를 사용하였다. 물동이의 밑면에는 직경이 작은 파이프를 납땜질하여 물이 가늘게 뿜어져 나오도록 하였다. 물은 일정한 시간 동안 작은 비커 안에 모아졌다. 매 실험 후 비커에 모인 물의 무게를 정확한 천칭으로 측정하였는데, 물의 무게는 곧 시간의 간격의 길이를 의미했다.

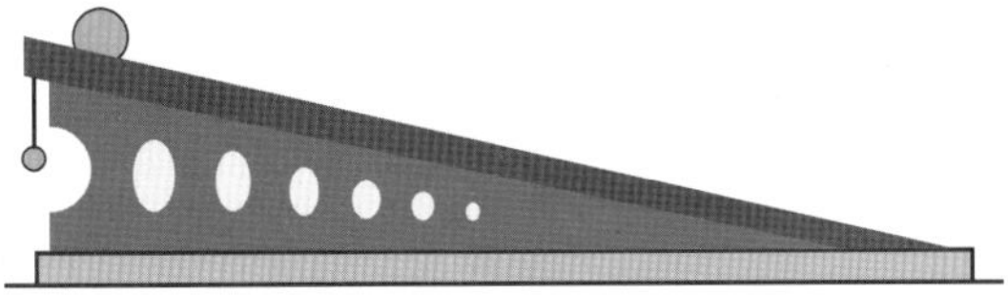

〈그림 6-1〉 빠르게 낙하하는 물체를 정확하게 측정하기 위해서 1603년에 갈릴레오가 고안한 특수한 기구

일련의 실험 후, 갈릴레오는 정지된 위치로부터 구르는 물체의 속도 **v**는 무게와는 무관하지만 시간 간격 **t**에 따라 선형적으로 증가(**v=at**)하는 반면, 거리 **s**는 시간 간격의 제곱으로 증가한다는 것을 발견하였다. 즉 $s=\mathbf{at}^2/2$으로, 여기서 **a**는 경사각의 변화에 종속적인 매개변수(가속도)이다. 갈릴레오는 자유 낙하하는 물체는 거리, 속도, 시간 사이에 동일한 관계를 갖는다고 정확히 결론지었다. 현재 자유 낙하하는 물체에 대한 매개변수 **a**의 값은 $9.8\ m\cdot s^{-2}$이고 이를 중력가속도라 부른다. 중력가속도는 보통 **g**로 표시하므로 $\mathbf{g} = 9.8\ m\cdot s^{-2}$이다.

갈릴레오는 또한 공이 기구의 밑면에 도착한 후 평활한 수평면을 따라 일정한 속력으로 굴러간다는 것을 관측하였다. 그 결과에 따라 그는 외부적인 가속 또는 감속의 원인이 없다면 물체의 속도는 변화하지 않는다고 결론을 내렸다. 결과적으로 그는 가속도 또는 감속도가 힘의 존재를 지시한다는 사실과 그 힘은 가속도에 비례해야 한다는 점을 이해할 수 있게 되었다.

소문에 의하면, 갈릴레오는 1580년대에 피사의 대성당을 방문하는 동안 흔들리는 가지촛대를 관찰하였다. 그는 가지촛대의 진동 시간을 시계 삼아 자신의 맥박을 재었다. 그의 이러한 관측을 바탕으로 훗날 네덜란드의 물리학자인 크리스티안 호이헨스는 원 운동하는 진자의 연구를 완성할 수 있었다. 호이헨스의 연구는 최초의 추시계를 만들게 하였을 뿐만 아니라 결과적으로 원심력의 발견을 가져왔다. 호이헨스는 1673년 〈시계탑 진동(*Horologium Oscillation*)〉이란 논문을 통해 원 운동에 관한 그의 연구 결과를 발표하였다. 그는 또한 다음과 같이 언급하였다. “만약 중력이 작용하지 않고 공기가 물체의 운동을 방해하지 않는다고 가정할 때 어떤 주어진 물체가 한번 운동하기 시작하면 일정한 속도로 직선을 따라 계속 진행하게 될 것이다.”

2. 수학의 발달

수학(mathematics)은 수를 세는 것으로부터 시작되었다. 그러나 원시적인 수 세기를 수학이라 하는 것은 합당하지 않다. 수 세기에 관한 얼마간의 기록이 남아 있고 그리하여 숫자에 대한 표현법이 나타났을 때에야 비로소 수학이 시작되었다고 말할 수 있을 것이다.[1)]

바빌로니아에서는 공통기원이전 2,000년경부터 수학이 발전하였다. 일찍이 자릿수를 나타내는 부호 체계는 오랜 기간을 거치며 60진법으로 발전하였다. 그러한 성장은 임의의 큰 수와 분수들을 표현할 수 있게 하고 더욱더 놀라운 수학적 발전의 기반이 되었다.

고대 그리스 수학자인 피타고라스(Pythagoras of Samos, BCE 580 ~ 500)는 공통기원이전 1,700년부터 연구된 것들을 정리한 ‘피타고라스 정리’를 확립하였다. 일차방정식의 체계에 관련한 연구가 이루어지고 이차방정식도 또한 연구되었다. 이러한 것들은 대수학의 전형이 되었다. 비슷한 도형, 영역, 부피 등에 관한 기하학적 문제들도 이 시기에 연구되었고 π값이 구하여졌다.

바빌로니아 사람들의 연구로 얻어진 수학적 기초들은 그리스인에게 전수되었고 공통기원이전 450년을 전후하여 그리스인들은 독자적인 수학의 발달을 이루어 나갔다. 그리스 엘레아학파(Zeno of Elea) 철학자들의 패러독스는 데모크리토스의 원자 이론의 기반이 되었다. 더욱 정확한 개념들의 설명은 유리수로 모든 길이를 잴 수 없음을 알게 하였다. 무리수의 기하학적인 설명도 이루어

1) http//kr.ks.yahoo.com/service/ques_reply/ques_view.html?dnum=AAK&qnum=1413082

졌다. 영역에 대한 연구는 적분법의 한 형태를 이끌어 내었다.

원추 곡선 기하학의 이론은 그리스 수학자인 아폴로니오스(Apollonius, BCE ca. 260 ~ 200)[2]에 의해서 순수 수학 영역에서 높은 위치를 차지하게 되었다. 천문학에 의해서 진보된 수학적 발견이 유도되었다.

고대 그리스에서는 공통기원이전 300년부터 공통기원 200년까지의 동안에 수학의 주된 발전이 이루어지고 그 이후에는 이슬람계 국가들에 의해 계속 발전되었다. 수학은 특히 이란, 시리아, 인디아에서 꽃을 피웠다. 이는 그리스인들의 수학의 발전과는 시기상으로 맞지 않으나 이슬람계의 진보가 더해지면서, 그리스 수학은 보존될 수 있었다. 11세기경 잉글랜드 바스 출신의 학자인 아델라드(Adelard of Bath, 1080 ~ 1152)[3]에서부터 후에 이탈리아 수학자 레오나르도 피보나치까지 이슬람계의 수학을 도입하였고, 그리스 수학의 지식은 유럽과 충돌하게 되었다.

이탈리아의 수학자 루카 파치올리(Fra Luca Bartolomeo de Pacioli, ca. 1445 ~ ca. 1509)는 1494년 출판된 《산술요약》이라는 책에서 덧셈을 p('더 많은'을 뜻하는 piu로부터), 뺄셈은 m('더 적은'을 뜻하는 meno로부터), 미지수를 co('물건'을 뜻하는 cosa로부터) 등으로 나타내었다. 이탈리아 수학자인 지오라모 카르다노(Girolamo Cardano, 1501 ~ 1576)와 니콜로 타르탈리아(Nicolo Tartaglia, 1499 ~ 1557) 등은 3, 4차 방정식의 대수적 풀이를 중심으로 다시 수학을 논하기 시작하였다. 코페르니쿠스와 갈릴레오는 수학을 우주의 연구에 응용함으로써 일대 혁신을 일으켰다.

대수의 발전은 수학적 조사, 특히 대수학적 연구에 있어서의 중대한 심리적

---

2) 소아시아의 페르가(Perga)에서 태어났고 알렉산드리아에서 활약하였다. 저서 《원뿔 곡선론》은 총 8권으로 되어 있으며 최고의 고대 과학서 중 하나이다. 처음의 네 권은 그리스어로, 다음 세 권은 아랍어로 남아 있으나 최후의 한 권은 남아 있지 않다.

3) 12세기 전반의 영국 학자. 바스 출생. 프랑스 투르에서 공부하고 랑에서 가르쳤으며, 그 뒤 7년 동안 시칠리아·실리시아·시리아·팔레스타인을 여행하고, 1126년 영국으로 돌아가 《자연의 여러 문제》 등을 써서 아라비아의 새 지식을 서유럽에 전했다. 특히 아라비아어로 씌어진 유클리드의 《원론》 전권을 라틴어로 번역한 것으로 유명하다.

효과와 열성을 가져왔다. 그것은 이탈리아에서부터 플랑드르[4]의 시몬 스테빈(Simon Stevin, 1548 ~ 1620)과 프랑스의 프랑수아 비에타(François Viète, 1540 ~ 1603)에게 확산되었다.

17세기와 18세기의 과학은 수학의 발달과 더불어 부차적으로 발전하였다. 이 기간 동안, 스코틀랜드 수학자인 존 네이피어(John Napier, 1550 ~ 1617)에 의해서 대수(logarithm)가 창안되었다. 1614년 네이피어는 그의 유명한 책 《경이적인 로그법칙의 기술(*Mirifici logarithmorum canonis descriptio; Description of the Wonderful Rule of Logarithm*)》을 출간하였다. 8년 후 1622년 잉글랜드의 수학자 윌리엄 오트레드(William Oughtred, 1574 ~ 1660)는 대수 자(logarithmic rule)를 발명하였다. 1644년경 파스칼은 대수 자에 기계를 첨가한 계산기(Pascaline)를 발명하였는데, 이는 수학 계산기의 선조이다.

1637년 르네 데카르트는 그의 책 《방법서설》에서 분석 기하학을 개발하였다. 그는 수직으로 만나는 두 축 x와 y를 가지는 직교 좌표계(Cartesian coordinate)를 정의하였다(〈그림 6-2〉). x축은 동서 방향의 수평 축이고 y 축은 남북 방향의 수평 축이며 이 둘의 교점을 원점이라 부른다. 평면상의 임의의 점 P는 두 좌표에 의해서 (x, y)로 표시된다. 선상에 놓이는 모든 점의 좌표(x, y)는 직선의 방정식으로 설명될 수 있다. 예를 들면, x축에 45°의 각을 이루면서 원점을 지나는 직선은 y=x의 방정식으로 설명된다.

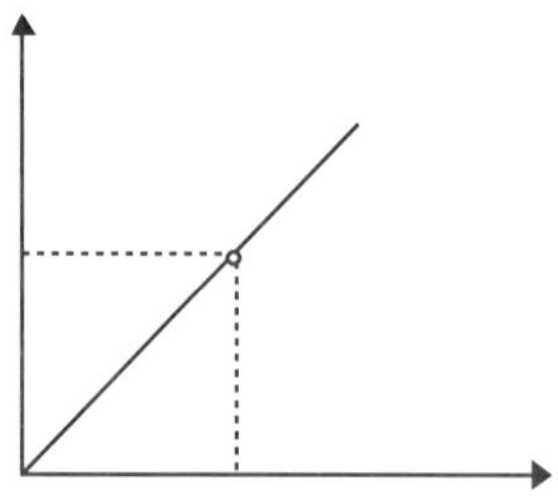

〈그림 6-2〉 직교 좌표계

4) 현재는 벨기에이다.

1665년 아이작 뉴턴은 미분학과 도함수를 창안하였지만 그것을 혼자 간직하였다. 그로부터 10년 후인 1675년 독일의 수학자인 고트프리트 폰 라이프니츠가 동일한 방법을 유도하였고 이를 수학계에 소개하였다. 미적분학의 이론을 발견한 후인 1684년 라이프니츠는 뉴턴에 의해서 표절자로 고발되었다. 라이프니츠가 영국학술원에 공청회를 요청하였을 때, 영국학술원 회장인 뉴턴은 그의 지지자들로 위원회를 구성한 다음, 보고서인 'Commercium Episolium'를 작성하도록 하였다. 물론 그 보고서는 뉴턴에게 유리한 쪽으로 결론을 맺고 있다. 보고서가 인쇄된 후, 뉴턴은 《철학 회보》에 리뷰를 발표하였다. 'Commercium Episolium'이 다시 인쇄될 때, 뉴턴은 이 리뷰를 라틴어로 번역하여 서론부에 포함시켰다. 이 번역은 또한 뉴턴에 의해서 비밀스럽게 써진 'To the reader'라는 곳에 부수적으로 머리말에 끼워 넣었다. 오늘날에는 뉴턴의 그러한 행동이 잘못된 것이라 비난 받는다. 라이프니츠는 1694년 수학과 과학 모두에서 매우 중요하게 생각되는 개념인 함수(function) 개념을 도입하였다.

3. 질량

1671년 프랑스 정부는 로열 과학 아카데미의 천문학자인 장 리셰(Jean Richer, 1620 ~ 1696)를 프랑스령 기아나(Guyana)의 카이엔(Cayenne)으로 탐험을 보냈다. 그의 임무는 화성까지의 거리를 계산하기 위해서 화성의 시차(parallax)를 측정하여 그것을 파리에서 애브 피가르(Abbe Jean Picard, 1620 ~ 1682)가 관측한 시차와 비교하는 것이었다. 이 자료로 태양계의 규모를 계산할 수 있게 되고 최초로 정확한 결과를 얻을 수 있었다. 이때 그는 진자시계를 끼고 다녔다. 카이엔에서 그는 시계가 천천히 가서 하루에 2분 30초 정도 늦다는 것을 알고 놀랐다. 시계를 천문학적 시간에 맞추기 위해서 그는 진자의 길이를 짧게 해야만 했다. 리셰가 파리에 다시 돌아왔을 때, 그는 시계를 약 2분 30초 되돌려

놓아야 한다는 것을 알았다.

리셰의 발견은, 추는 그 무게(중력)로 인해 운동하는 것이므로 비록 진자의 추가 그대로라 할지라도 그 무게는 변할 수 있음을 암시한다. 물체의 무게 변화에도 불구하고, 어떤 것은 전 여정을 걸쳐서 동일하게 유지되었다. 뉴턴과 호이헨스는 이 일정한 성질에 물질의 양 또는 질량(mass)이라는 이름을 붙였다. 힘은 질량과 가속도의 곱으로 정의된다. 역학적인 관점에서 볼 때 질량은 중요한 성질이다. 왜냐하면 질량은 가속되는 것에 대한 물체의 저항이라 불리는 그 무엇의 측정치이기 때문이다.

4. 에너지

독일의 라이프니츠는 움직이는 물체의 영향을 분석하던 중, 현재 '운동에너지(kinetic energy)'라 부르는 양에 해당하는 '활력(*vis viva*)'이란 용어를 창안하였다. 그는 활력을 힘의 효과로 보고 질량과 물체가 위로 올리는 높이의 곱으로 정의하였다. 그는 갈릴레오에 의해서 유도된 법칙을 사용하여 이 높이가 속도의 제곱에 비례한다는 것을 증명하였다. 1세기 후 프랑스 물리학자·수학자·공학자인 구스타브 드 코리올리는 라이프니츠의 결과를 2로 나누어서 현재와 같은 정의 $E_k = mv^2/2$를 얻었다. 여기서 m은 움직이는 물체의 질량이고 v는 그 물체의 속도이다. 호이헨스는 충돌하는 물체의 운동을 분석한 다음, 각각의 물체의 활력의 합은 충돌 전이나 후나 동일하다고 결론지었다. 이것이 에너지 보존(conservation of energy)의 기본 개념의 선조였다.

프랑스 혁명 동안 전쟁 장관이었던 라자르 카르노(Lazare Leonard Carnot, 1753 ~ 1823)는 잠재 활력(*latent vis viva*)을 정의함으로써 과학에 공헌하였다. 현재에는 그것과 동일한 양을 위치에너지(potential energy)라 부른다. 위치에너지는 $E_p = mgh$로 표시되는데 여기서 m은 질량이고, g는 중력가속도, h는 기준 고도

위의 높이이다. 카르노는 "어떤 물체를 높은 곳으로 올리게 되면 그것은 잠재 활력(위치에너지)을 얻게 된다."고 주장하였다. 왜냐하면 물체가 아래로 떨어지면서 잠재 활력은 활력(운동에너지)으로 변화하기 때문이다.

1807년 잉글랜드 런던 왕립 학교의 자연 철학 교수인 토머스 영(Thomas Young, 1773 ~ 1829)은 '*vis viva*'란 용어를 '*energy*'라는 낱말로 대체하자는 제안을 했다. 1829년 코리올리는 그의 첫 번째 저서인 《역학 작용의 계산에 대하여(*Du Calcul de l'effet des machines*)》에서 산업 현장에서 사용될 수 있는 방법으로 역학을 기술하였다. 또한 이 책은 일반물리학 발달에 이정표가 되었다. 왜냐하면 이 책은 위치에너지와 운동에너지 사이의 정확한 관계식을 처음으로 확립하였고 어떠한 외부의 힘이 작용하지 않는다면 위치에너지와 운동에너지의 합은 항상 일정하다는 것을 증명했기 때문이다.[5] 코리올리의 발견 이후 20여 년 뒤인 1853년, 스코틀랜드의 열역학자 윌리엄 랭킨은 '운동에너지'란 용어를 만들었고 1862년 캘빈 경과 스코틀랜드의 자연철학자인 피터 타이트(Peter Guthrie Tait, 1831 ~ 1901)는 '위치에너지'란 용어를 만들었다.[6]

5. 정역학의 시초

이탈리아의 수학자인 에반젤리스타 토리첼리는 정역학(hydrodynamics)의 창시자로 불리고 있다. 자신의 논문집 《운동에 관하여(*De Motu Gravium*)》에서 토리첼리는, 물동이의 밑면에 작은 구멍을 뚫은 다음 그 구멍을 통해 분출되는 액체의 속도를 다루었다. 그는 만약 액체를 위로 내뿜어지도록 할 경우, 제트는

---

5) Grattan-Guinness, I., 1997 : *The Fontana history of the mathematical sciences*. Fontana, London.

6) Persson, A., 2000c : Back to basics: Coriolis: Part 2-The Coriolis force according to Coriolis. *Weather*, 55, 182-188

물동이 내의 액체면보다 약간 낮은 높이에 도달하게 된다는 것을 관찰하였다. 그는 만약 물 운동에 대한 모든 저항이 없다면, 제트는 물동이 내의 액체 면의 높이까지 도달할 수 있다고 추론하였다. 이런 사실로부터 그는 유출점에서 제트의 속도 **v**는 물동이 내의 상층 액체면의 속도와 동일하다고 유도하였다. 갈릴레오에 의해 유도된 법칙(v = **gt**, **h** = **gt**^{2})을 사용하여, 토리첼리는 $\mathbf{v}^2 = \mathbf{g}^2\ t^2 = g^2(2h/g)$를 얻었다. 여기에서 **g**는 중력가속도이고 **t**는 시간, **h**는 물동이에 담긴 물의 깊이이다.

유체(fluid) 과학의 선조 중 한 사람은 다니엘 베르누이이다. 베르누이는 1738년 《유체동역학(*Hydrodynamica*)》을 발간하였다. 이 책에서 그는 압력, 속도, 유체 내의 평형의 이론적이고 실제적인 면에 대해서 논의하였고 유체의 압력과 속도 사이의 관련성을 증명하였다. 이것은 에너지 보존의 결과이다. 에너지 보존의 개념은 1세기 후에 정확하게 공식화되었다. 압력과 속도 사이의 관계식은 현재 '베르누이 원리(Bernoulli principle)'로 알려져 있으며 그들의 결과는 '베르누이 효과(Bernoulli effect)'로 알려져 있다.

'베르누이 원리'에 대한 현대적인 해석은 시간에 대해 독립이고 마찰이 없는 운동인 경우 압력, 위치에너지, 운동에너지를 구성하는 총에너지는 일정하다는 것이다. 또한 베르누이 원리는 다음과 같이 공식화될 수 있다: 마찰이 없고 시간에 대해 독립적인 흐름이라고 가정하면, 천천히 수평적으로 움직이는 공기는 빠르게 움직이는 공기보다 더 많은 압력을 나타내고 그 반대도 성립한다. 베르누이는 이 원리를 통해서 유체 운동의 많은 현상들을 설명할 수 있었다.

6. 뉴턴의 운동 법칙

1687년 아이작 뉴턴은 일반적으로 《프린키피아》로 알려진 《자연철학의 수학적 원리(*Philosophiae Naturalis Principia Mathematica*)》를 출판하였다.

이 논문집에서 그는 운동에 대한 세 가지 법칙을 공식화하였다. 첫 번째 법칙에 따르면, "모든 물체는 상태를 변화시키는 외부 힘이 존재하지 않는다면 정지 또는 직선의 균일 운동의 상태로 유지된다."는 것이다. 이것의 의미는 가속도는 오직 힘에 의해서만 생성되고 또한 힘은 가속도를 만들 수 있는 유일한 요인이라는 것이다. 첫 번째 법칙은 어떤 물체는 그것의 속도를 변화시키는 시도로서 반대 방향의 저항력을 발휘하게 된다는 것을 함축하고 있다. 이 성질은 일찍이 독일 천문학자인 요하네스 케플러(Johannes Kepler, 1571 ~ 1630)에 의해서 관성(inertia)으로 정의된 것이다.

뉴턴이 공식화한 제2법칙은 다음과 같다: "운동 변화율은 적용된 운동의 힘에 비례하고 힘이 작용하는 방향에서 일어난다." 뉴턴의 제2법칙은 질량과 가속도의 곱으로 힘을 측정하는 방법을 제공한다. 즉 **F** = **ma**로, 여기서 **m**은 질량이고 **a**는 가속도이다.

운동의 제3법칙은 다음과 같다. "두 물체의 상호 작용은 항상 동일하게, 그러나 반대 방향으로 일어난다." 이 법칙에 대한 간단한 이름은 반작용 법칙이다. 두 물체가 충돌하면 그것들은 서로에 대해서 동일하지만 방향이 반대인 힘을 내게 되고 한 물체는 다른 물체의 속도를 변화시킨다. 운동의 제3법칙은 운동량 보존의 법칙을 함축한다. 뉴턴은 속도와 질량의 곱으로 운동량이 만들어진다고 정의하였다.

《프린키피아》는 지구 물리학과 항성 물리학을 결합한 것으로, 뉴턴의 가장 중요한 과학적 업적으로 간주되고 있다. 그는 대중에게 영웅이 되었다. 잉글랜드의 시인 알렉산더 포프(Alexander Pope, 1682 ~ 1744)는 뉴턴을 다음과 같이 예찬했다:

> 자연과 자연의 법칙은 밤에는 숨겨져 있다.
> 신이 말하길 뉴턴을 그대로 두라! 그러면 모든 것이 빛이다.

7. 대기에 영향을 미치는 힘

복잡한 대기 운동을 이해하기 위해서, 공기는 많은 조그마한 덩이로 구성되어 있다고 생각한다. 개개의 공기 덩이(air parcel)는 뉴턴의 운동 법칙들을 따른다. 당연히 공기 덩이의 질량 **m**은 공기 덩이에 작용하는 여러 가지 힘들의 결과로서 가속도 **a**를 가진다. $\mathbf{ma} = \mathbf{F}_1 + \mathbf{F}_2 + \mathbf{F}_3 + \cdots$. 여기서 힘 $\mathbf{F}_1$, $\mathbf{F}_2$, $\mathbf{F}_3$ …은 두 범주 즉, 물체 힘(body force)과 표면 힘(surface force)으로 구분된다. 물체 힘(인력)은 공기 덩이 전체에 작용하며 거리에 따라 달라진다. 표면 힘(또는 응력)은 직접 접촉하여 작용하고 공기 덩이의 표면에 직접적으로 발휘된다. 표면 힘은 법선 응력과 접선(시어) 응력으로 나누어진다.

힘들에 대해서 논의할 때, 벡터(vector)의 개념을 도입할 필요가 있다. 벡터는 둘, 셋, 또는 그 이상의 성분들로 특징지어지는 양이다. 하나의 성분만으로 특징지어지는 양을 스칼라(scalar)라 부른다. 공기 밀도, 기압, 온도는 스칼라이다. 힘, 속도, 가속도는 벡터이다. 기상학에서 벡터는 3개의 독립 방향 내의 운동을 기술하기 위해서 3개의 성분을 가진다. 공간이 3차원이고 공간 내의 어떤 물체는 3개의 크기 즉, 길이, 폭, 높이에 의해서 특징지어지기 때문에 3개의 성분이 필요하다.

벡터의 개념은 플랑드르의 수학자인 시몬 스테빈에 의해서 도입되었다. 1586년 스테빈은 《통계학과 정역학(*Statics and Hydrostatics*)》이란 책을 출판하였는데 여기서 그는 벡터의 원리를 사용하여 과학계에 새로운 자극을 주었다. 스테빈에 따르면, 《프린키피아》에서 뉴턴은 다음과 같은 추론(corollary)을 제시하였다. "2개의 결합된 힘은 그것을 분리하여 측면으로 기술했던 것과 같이 평행 사변형의 대각선을 기술할 것이다(〈그림 6-3〉)." 만약 첫 번째 힘의 길이가 F_1이고 두 번째 힘의 길이가 F_2라 하면, 합성 벡터의 길이 F는 다음과 같다. $F^2 = F_1^2 + F_2^2 + 2F_1F_2cos\phi$, 여기서 ϕ는 두 벡터가 이루는 각이다. $\phi = 90°$가 되면, $\cos\phi = 0$이 되고 그 결과는 '피타고라스 정리'에 의해서 설명된다: $F^2 = F_1^2 + F_2^2$. 당연히 힘의 합은 벡터 합이지 산술 합이 아니다.

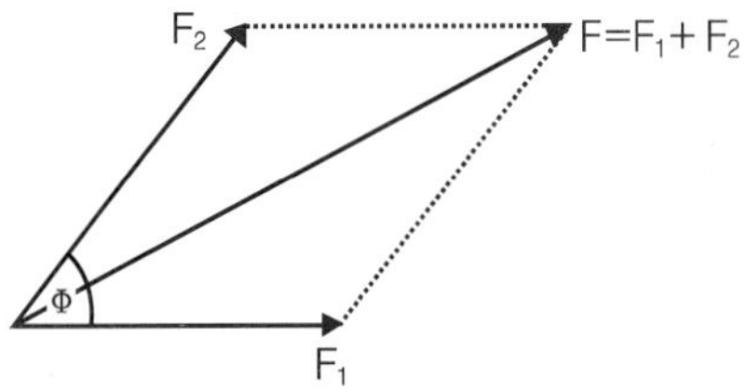

〈그림 6-3〉 벡터의 합

1) 만유인력

만유인력은 공기 덩이와 지구 사이에 작용하는 인력(attraction)의 결과이다. 중력의 문제는 1682년 로버트 훅에 의해서 논의되었다. 그의 강의록인 《혜성의 특징(*The Nature of Comets*)》은 뉴턴의 《프린키피아》가 발간되기 5년 전에 영국학술원 앞으로 제출되었다. 여기에서 그는 다음과 같이 언급하였다: "나는 물체를 한 쪽에서 다른 쪽으로 움직이도록 하는 힘이 중력임을 알았다."

1687년 뉴턴은 《프린키피아》에서 만유인력의 법칙을 다음과 같이 공식화하였다. "우주 속의 모든 두 물체 사이에는 만유인력이 존재하는데, 이 힘은 물체의 질량에 비례하고 두 지점 간의 거리의 제곱에는 반비례한다." 이 법칙을 수학적으로 나타내면 다음과 같다: $F = GmM/r^2$, 여기서 m과 M은 두 물체의 질량, r은 두 지점 사이의 거리, G는 상수이다.

1798년 헨리 캐번디시는 대단히 정밀한 '비틀림 율(torsion)' 천칭을 고안하여 두 물체의 질량과 두 물체 사이의 떨어진 거리가 알려진 한 쌍의 납 공 사이의 인력을 측정하였다. 〈그림 6-4〉에서 보는 바와 같이, 한 쌍의 공(m)을 매달린 저울대의 양쪽 끝에 놓아두었다. 그러자 이들 공은 정지하고 있는 한 쌍의 납 공(M)에 이끌렸다. 캐번디시는 줄이 꼬인 정도로부터 힘을 계산하여 G= 6.48

x 10^{-11} N·kg^{-2}·m^{-2}임을 발견하였다. 여기서 N은 힘의 단위인 뉴턴이다. G의 값은 현재 6.67 x 10^{-11} N·kg^{-2}·m^{-2}이라 받아들여진다.

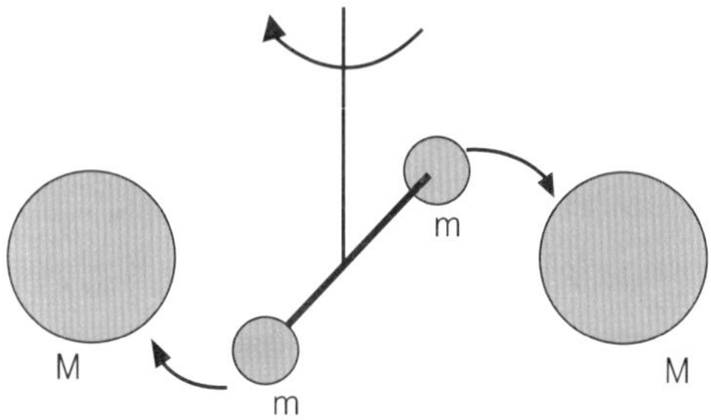

〈그림 6-4〉 만유인력 상수를 구하는 캐번디시의 실험

위 결과를 바탕으로 캐번디시는 지구의 질량 M을 계산할 수 있었다. 그는 뉴턴의 운동 제2법칙인 F = ma와 뉴턴의 만유인력 법칙인 F = G m M/r^2을 계산에 이용하였다. 두 법칙에서 기술된 힘은 동일하기 때문에, G m M/r^2 또는 M = g r^2 / G = 9.8 × $(6,370,000)^2$ / (6.67 × 10^{-11}) kg = 5.84 × 10^{24} kg의 값을 얻을 수 있다. 대기권의 질량은 5.25 × 10^{18} kg이므로, 지구 질량은 대기권의 질량보다 백만 배 더 무겁다는 것을 알 수 있다.

다른 방법은 방정식 G m M/r^2 = mg로부터 g=G M/r^2을 얻을 수 있다. 이 식은 중력가속도가 상수가 아니라 지구 중심으로부터의 거리에 따른다는 것을 보여 준다. 지구는 완전한 구의 형태가 아니라 양 극은 편평하고 적도 부근은 부푼 회전 타원체이다. 적도 반경이 극 반경보다 208 km 더 길다. 결과적으로 지표면에서의 중력가속도 g는 위도에 영향을 받는다. 앞서 지적한, 프랑스의 천문학자 장 리셰가 카이엔과 파리에서 진자시계 눈금이 서로 일치하지 않음을 발견했던 것을 돌이켜보면, 중력가속도가 위도에 따라 다르다는 사실이 그러한 현상을 설명해 줄 수 있음을 알게 된다.

2) 압력 경도력

압력 경도력(pressure gradient force)은 압력이 높은 곳에서 낮은 곳으로 작용하고 공간상의 기압 변화율인 압력 경도에 비례한다. 예를 들면, 물이 담긴 두 개의 용기가 파이프로 연결되어 있고 물 높이에 차이가 난다면, 압력 차로 인해 물 높이가 높은 쪽에서 낮은 쪽으로 물을 움직이는 힘이 만들어지는데, 두 용기의 물 높이가 같아질 때까지 운동은 계속될 것이다(〈그림 6-5〉).

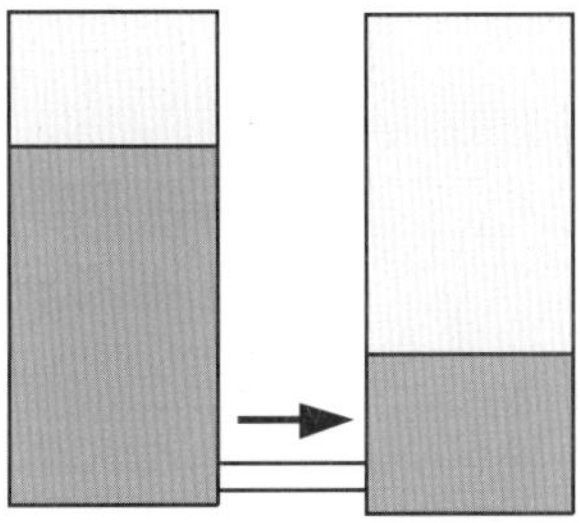

〈그림 6-5〉 압력 경도의 효과. 압력이 높은 곳(왼쪽)에서 낮은 쪽(오른쪽)으로 일어난다.

1648년 블라즈 파스칼에 의해서 증명된 바와 같이, 기압은 높이에 따라 감소한다. 이런 결과로 압력이 공기를 공간 밖으로 움직이게 하는 것을 예상할 수 있다. 그러나 그런 일은 일어나지 않는다. 이 사실은 프랑스 수학자·천문학자인 피에르 라플라스(Pierre Simon Laplace, 1749 ~ 1827)에 의해서 최초로 설명되었다. 1823년 발간된 〈항성 역학(*Celestial Mechanics*)〉이란 제목의 연구 논문에서 라플라스는 연직 압력 경도력은 중력에 의해서 거의 평형을 이룬다고 지적하였다. 이 평형은 두 지점에서의 기압과 고도를 관계짓는 소위 말하는 '정역학 방정식(hydrostatic equation)'으로 표현된다. 정역학 방정식은 다음과 같이 쓸 수 있다: $(p_2 - p_1)/(z_2 - z_1) = -\rho g$이고 여기서 z는 높이, ρ는 밀도, p는 기압, g는 중력가속도, 첨자는 대기 중의 두 높이를 나타낸다. 공기 밀도 ρ는 온도와 높이에 영향을 받기 때문에, 연직 압력 경도도 온도에 따라 변하고 높이에 따라 감소한다. 지표면 부근의 연직 압력 경도는 약 100 m당 10 hPa이다.

3) 부력

부력(buoyancy force)의 존재는 위대한 고대 철학자 중의 한 사람인 시라쿠사(Syracuse)의 아르키메데스(Archimedes, BCE 287 ~ 212)에 의해서 발견되었다. 그는 알렉산드리아 대학의 유클리드(Euclid, BCE 330 ~ 275) 교수의 학생이었다. 아르키메데스는 자신의 유명한 논문집 《부유하는 물체에 대해서(*On floating bodies*)》에서 그가 발견한 사실을 기술하였다. 그의 논문에 실린 정리들 중에서 하나를 읽어 보면 다음과 같다: "만약 유체보다 더 가벼운 어떤 물체가 강제로 유체 속에 잠길 경우, 물체의 무게와 잠긴 물체에 의해 옮겨진 유체의 무게 사이의 차이와 동일한 힘에 의해서 물체는 올라오게 될 것이다."

부력은 밀도의 차와 관련이 있다. 대기권에서는 온도 변화 또는 수증기 양의 변화와 같은 여러 가지 방법으로 공기의 밀도 차가 발생한다. 온난공기는 한랭공기보다 더 가볍고, 습윤공기는 건조공기보다 더 가볍기 때문에, 밀도 변화는 소위 대류(convection)라 불리는 연직 운동을 일으킬 수 있다.

불포화 공기 덩이가 위로 올라가면 그것은 높이에 따른 기압의 감소로 팽창하게 된다. 팽창 과정은 공기 덩이 분자의 내부 에너지를 감소시켜 공기 덩이를 냉각시킨다. 이때 '건조단열감률'이라 부르는 1 ℃/100 m의 일정한 비율로 냉각이 일어난다. 이와 마찬가지로, 침강하는 공기는 동일한 건조단열감률로 따뜻하게 된다.

환경기온감률(environmental temperature lapse rate)은 시간과 공간에 따라 변한다. 그러므로 상승하는 공기는 때때로 주위 공기보다 더 냉각되어 훨씬 무거워진다. 그런 공기는 상승 운동을 멈추고 하강하는 힘을 받게 된다.

이런 경우가 일어날 때의 조건을 안정(stable)이라 하는데 〈그림 6-6〉에 제시하였다. 대기 중의 온도는 높이에 따라 $T_1 = 10$ ℃에서부터 $T_2 = 11$ ℃까지 올라간다. 초기 온도(T_{p1})가 10 ℃인 공기 덩이가 100 m 상승하면 그것은 팽창하고 단열적으로 9 ℃(T_{p2})까지 냉각된다. 그러다가 그것이 주변 공기보다 더 냉각되면 공기 덩이는 초기 높이로 되돌아오게 된다. 만약 그림 속의 온도가 $T_1 = 10$ ℃, $T_2 = 8$ ℃라 가정하면 상층에서의 상승 공기는 주변 공기의 온도보다 더 온난하게 되어 훨씬 가벼워진다. 그 결과 상승하는 공기는 계속 올라가게 된다. 결과적으로 이런 상태를 '불안정(unstable)'이라 한다. '중립(neutral)'인 경우, 상승하는 공기 덩이는 경로에 따라 주위 공기와 동일한 온도가 된다.

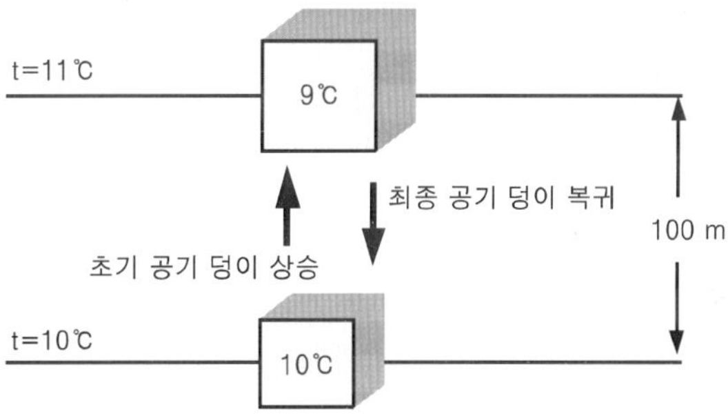

〈그림 6-6〉 안정 대기층에서의 부력

공기가 언덕 위로 움직일 때, 열적 성층이 그러한 흐름의 형태를 결정한다(〈그림 6-7〉). 공기 덩이가 언덕 위로 올라간다고 가정하자. 꼭대기 상공에서의 공기 덩이는 밑바닥에서보다 더 냉각(단열 냉각)된다. 안정 대기 내에서 공기 덩이는 주변 공기보다 더 냉각되고 언덕 아래로 하강한다. 불안정 대기 내에서의 공기 덩이는 더 온난해지고 계속 상승한다.

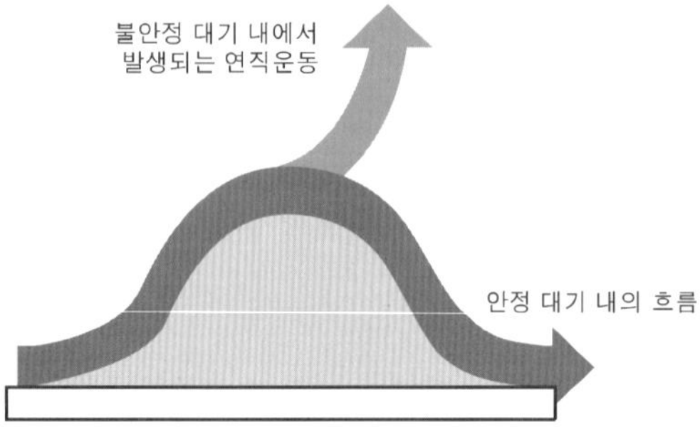

〈그림 6-7〉 (a) 불안정 대기와 (b) 안정 대기에서 산을 넘는 기류

무더운 날 낱낱의 공기 '방울(bubble)'은 지표면에서 가열되어 열적 상승을 하거나 장애물로 인한 역학적 상승을 시작한다. 얕은 불안정 공기층은 작은 단속적인 연기 모양의 적운을 만든다. 깊은 불안정 공기층은 큰 탑상 적운을 만든다. 그러므로 적운은 일반적으로 불안정한 대기 조건을 지시한다.

대기 중의 수증기 양은 열적 안정도에 중요한 영향을 미친다. 상승하는 공기 덩이가 이슬점에 도달하면 수증기는 응결하고 응결 숨은열을 방출한다. 방출된 열은 공기 덩이의 온도를 높이게 된다. 그 결과 단열감률은 1 ℃/100 m에서부터 약 0.6 ℃/100 m로 감소한다. 이 새로운 값은 '위 단열감률(pseudo-adiabatic lapse rate)' 또는 '습윤단열감률(moist adiabatic lapse rate)'이라 부른다.

숨은열 방출은 상승하는 공기 덩이의 연직 운동을 강화시킨다. 이 메커니즘은 뇌우 형성에 부수적인 연료를 제공한다.

4) 층밀림 응력

유체 흐름 내에서의 점성은 인접한 유체 층들 사이의 마찰 저항으로 반응한다. 단위 면적당 저항력은 층들 사이의 층밀림(shear) 운동과 관련되어 나타나기 때문에 층밀림 응력(shearing stress)이라 부른다.

1687년 아이작 뉴턴은 《프린키피아》에서 다음과 같이 제안하였다: "어떤 유체의 부분에서 미끄러움이 없어서 일어나는 저항은 유체의 부분들이 서로 분리되어 가지는 속도에 비례한다." 오늘날 이것을 응력(stress) τ 으로 공식화하며, 단위 면적당 층밀림 응력은 거리 d에 따른 속도 변화 U에 비례한다. 즉, $\tau = \nu U/d$. 비례 상수 ν는 점성(viscosity)이라 불려진다(〈그림 6-8〉). 점성은 유체의 성질이고 흐름 모습과는 무관하다.

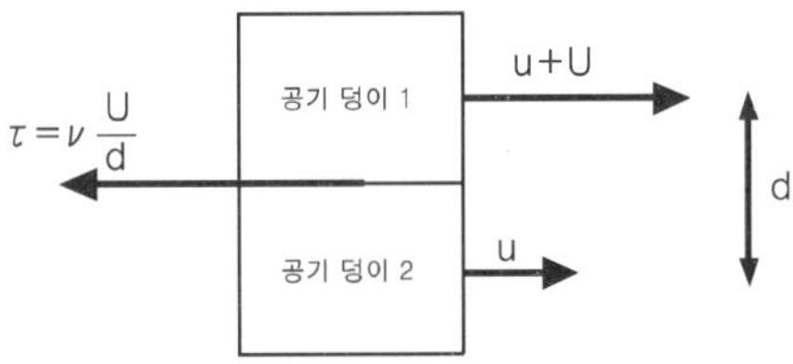

〈그림 6-8〉 층밀림 응력

5) 원심력

뉴턴의 운동 법칙에서 속도와 가속도는 가속되지 않는 기준 틀(reference frame) 내에서 측정된다. 기준 틀이 절대 공간(absolute space)에 대해서 가속된다면, 뉴턴의 운동 법칙은 새로운 항을 첨가하여 변경되어야만 한다. 예를 들면, 지구가 기준 틀이라 하면, 공기의 절대속도는 지구에 관한 상대속도와 절대 공간에 관한 지구의 자전 속도의 벡터 합이 된다. 회전 시스템 내의 가속도는 두 개의 추가 항인 원심 가속도와 코리올리 가속도 때문에 절대 공간에서의 가속도와는 다르게 나타난다.

1659년 크리스티안 호이헨스가 설명한 바와 같이 원심력(centrifugal[7] force)은 회전 좌표계 내에서 회전축에 수직으로 작용하는 겉보기 힘(apparent force)이다. 예를 들면, 실의 끝에 달려 있는 물체가 원을 그리며 회전한다면, 실의

7) 라틴어 'fugio'는 'to flee'라는 뜻이다.

팽팽함이 원심력의 존재를 나타내는 것이다. 그러나 어떤 사람은 다른 견해를 가질 수 있다. 뉴턴 역학에 따르면, 회전하는 물체는 앞쪽으로 곧장 움직이려는 경향성을 가진다. 그러므로 운동의 중심 쪽으로 물체를 당기는 진짜 힘(real force)이 존재한다. 호이헨스는 이를 구심력(centripetal[8] force)이라 불렀다(〈그림 6-9〉). 호이헨스는 "구심력 a는 속도 v의 제곱에 직접적으로 비례하고 반경 r에 반비례한다."고 설명하였다. 즉, $a=v^2/r$. 호이헨스는 적도에서 구심력을 계산할 수 있었다. 지구 반경 R을 6370 km라 하고 지구 자전 시간 t를 24시간이라 하면 구심력은 $v^2/R = (2\pi/t)^2 \times R = (2\pi/86{,}400)^2\ 6{,}370{,}000\ m \cdot s^{-2} = 0.0337\ m \cdot s^{-2}$을 구할 수 있다. 이 결과는 적도에서 구심 가속도는 중력가속도 $9.8\ m \cdot s^{-2}$보다 약 300배 정도 작다는 것을 나타낸다.

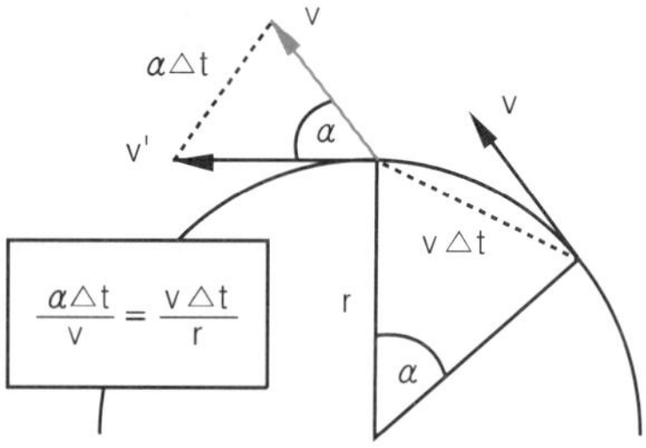

〈그림 6-9〉 시간 간격 Δt가 짧은 경우 법선 속도 v가 변화함에 따라 나타나는 구심 가속도 a

6) 코리올리 힘

1835년 프랑스의 과학자인 구스타브 드 코리올리는 〈물체계의 상대적 운동 방정식에 대하여(*Sur les équations du mouvement relatif de systèms de corps; On the equations of relative motion of a system of bodies*)〉란 논문을 발표하여 회전하는 면에서의 물체의 움직임을 설명하는 이론을 발표하였다. 그는 수학

8) 라틴어 'centrum'은 'center'라는 뜻이고 'peto'는 'to seek'라는 뜻이다.

적인 계산 방법을 이용하여, 회전하는 물체에서 움직이는 어떤 물체의 경로는 마치 마찰력(코리올리 힘)의 영향을 받는 것처럼 회전면에 대해서 곡선을 그린다(〈그림 6-10〉)고 설명했다. 지구상에서 코리올리 힘은 물체의 상대 속도에 수직인데, 북반구에서는 오른쪽 방향으로 남반구에서는 왼쪽 방향으로 향한다. 코리올리 힘의 크기는 물체의 질량, 속도, 지구 각속도(7.29×10^{-5} radian s^{-1}), $\sin\phi$의 곱에 비례한다. 여기서 ϕ는 위도이다.

코리올리 효과는 두 가지 요인들을 결합하는데 그 중 하나는 남북 축을 이동하는 물체에 가장 강한 힘을 내는 것이고 다른 하나는 동서 축을 움직이는 물체에 영향을 주는 것이다. 첫 번째 요인은 위도에 따라 변동하는 지표면의 회전 속도로부터 나타난다. 적도 상공에 존재하는 한 점은 $2\pi R/24h$ = 463.2 $m \cdot s^{-1}$의 속력으로 움직이는 반면, 극은 회전만 하고 움직이지는 않는다. 이런 이유로 적도에서 북쪽으로 이동하는 공기는 더 큰 회전 속력을 가지고 움직이기 시작하여 더 천천히 전 세계로 향한다. 결과적으로 이것은 대체로 동쪽으로 또 지구 자전의 앞쪽으로 곡선을 그리게 된다. 이와 마찬가지로, 남쪽으로 향하여 적도로 향하는 공기는 처음에는 느린 속도로 이동하지만 지구 자전속도를 능가하여 움직이게 되면 서쪽으로 곡선을 그리게 된다.

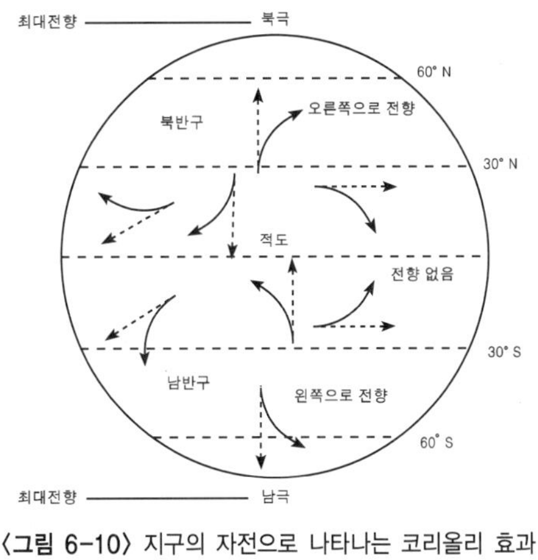

〈그림 6-10〉 지구의 자전으로 나타나는 코리올리 효과

코리올리 힘의 동서 성분은 직선상을 벗어나는 궤도 운동을 하는 물체의 경향성의 결과이다. 지구의 회전과 함께하는 이 경향성은 지축에 수직인 평면상에 위치하는 힘을 만들게 되어 지표면에 관계되는 옆길 성분을 가진다. 결과적으로 동쪽으로 움직이는 물체는 적도 쪽으로 곡선을 그리는 반면 서쪽으로 향하는 물체는 극 쪽으로 곡선을 그리게 될 것이다.

코리올리 힘은 대단히 작으나 대규모 날씨 시스템과 해양에서의 대규모 맴돌이(eddy) 내에 오랫동안 생존하는 현상에서 중요한 효과를 나타낸다. 단기적인 현상에서는 코리올리 힘이 무시된다. 이것은 욕조 소용돌이(vortex)의 예를 통해 설명될 수 있다. 이런 경우, 코리올리 힘은 중요한 역할을 하지 못한다. 온도, 옆 벽 또는 이미 존재하는 유체 운동의 영향과 같은 비대칭 초기 조건에 기인한 요란(disturbance)은 물을 빼냈을때 소용돌이 회전이 시계 방향인가 아니면 반시계 방향인가를 결정한다.

8. 운동 방정식

1755년 레온하르트 오일러는 비점성 유체에 대한 유체 흐름의 방정식을 개발하기 위해서 뉴턴의 제2법칙과 편미분 방정식의 개념을 이용하였다. 오일러는 합성 가속도가 압력 경도력과 중력에 기인한다고 가정하였다. 오일러의 연구는 유체 시스템의 역학을 지배하는 방정식을 공식화하기 위한 최초의 시도였다(〈그림 6-11〉).

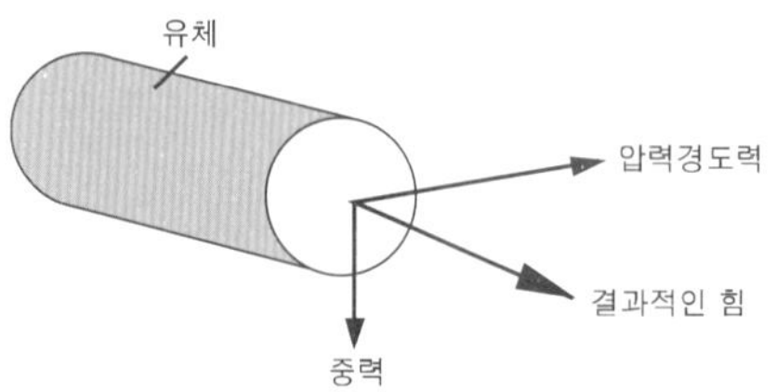

〈그림 6-11〉 오일러에 의해 고려된 힘의 평형

1827년 프랑스 공학자·물리학자인 클로드 나비어(Claude-Louis Navier, 1785 ~ 1836)에 의해서 오일러 개념의 중요성이 인식되었다. 또한 1831년에는 시메옹 푸와송(Siméon Denis Poisson, 1781 ~ 1840)[9], 1841년에는 오귀스탱 코시(Augustin-Louis Cauchy, 1789 ~ 1857)[10]와 아데마르 드 생베낭(Adhémar Jean Claude Barré de Saint-Venant, 1797 ~ 1886)이 오일러 개념의 중요성을 인식하였다. 이들은 위의 운동 방정식에 점성력 항을 추가하였다. 잉글랜드 케임브리지 대학교 교수인 조지 스토크스는 1845년 유사한 문제를 제기하였다. 후에 그는 자신의 유도가 완전히 독자적인 것이라 주장하였다. 왜냐하면 그는 프랑스 논문에 친숙하지 않았을 뿐만 아니라 그의 가정이 앞서 프랑스 수학자들이 적용한 가정과는 다르기 때문이다. 일반적으로 기상학에서 사용되는 지배 방정식을 나비에-스토크스 방정식(Navier-Stokes equation)이라 부른다.

프랑스의 수학자·천문학자인 조제프 라그랑주(Joseph Louis Lagrange, 1736 ~ 1813)[11]는 1760년 나비어-스토크스 방정식과 유도 방법은 다르지만 그것에 상응하는 방정식 형(라그랑주 형)을 제시하였다. 1774년 라플라스는 직교 좌표계와 극 좌표계뿐만 아니라 오일러 형과 라그랑주 형 모두에 대한 유체 운동의 일반 방정식을 공식화하였다.

후에 다른 물리 법칙들이 나비에-스토크스 방정식에 추가되었다. 그 결과 6개의 미지수와 6개의 방정식으로 구성된 유체 운동을 지배하는 방정식 세트가 마련되었다. 세트 안에는 3개의 운동량 보존 방정식, 에너지 보존 방정식, 질량 보존 방정식, 상태 방정식이 있다. 6개의 미지수는 풍속의 세 성분, 온도, 압력, 밀도이다.

---

9) 프랑스 수학자. 라플라스의 제자로, 확률(probability) 분야를 연구하였다.

10) 19세기 프랑스를 대표하는 수학자. 오일러와 함께 현대 수학의 근원을 이루어 함수의 아버지로 불린다.

11) 이탈리아의 토리노에서 출생. 입자의 경로를 규정하는 군 이론과 라그랑주 함수에 대한 업적은 20세기의 물리학자들에게 많은 도움을 주었다.

9. 층류와 난류

이론적인 관점에서 보면, 유체 흐름은 일반적으로 비점성흐름(inviscid flow)과 점성흐름(viscous flow)의 두 가지 범주로 나뉜다. 비점성 유체 또는 이상적인 유체 내의 점성의 효과들은 완전히 무시된다. 즉, 유체가 점성을 가지지 않는다고 가정하는 것으로 이때의 흐름을 비난류로 고려한다. 결과적으로 움직이는 층들을 횡단하는 운동량, 열, 질량의 전달과 혼합이 존재하지 않는다. 이러한 성질들은 이류에 의해서 유선을 따라 수송된다. 비점성흐름 이론은 분명 심각한 딜레마에 빠져 있고 고체면 또는 밀도 경계면에 근접한 곳에 적용될 때는 모순을 초래하는 결과를 낳는다. 이런 딜레마는 점성의 효과 또는 난류가 무시될 수 없는 경계층 또는 계면 혼합층의 존재를 인식하게 되면 해소될 수 있다. 그러나 경계층과 밀도 경계면으로부터 멀어지게 되면 유체 점성은 무시될 수 있고 비점성흐름 또는 이상적인 흐름 모델은 지구물리학과 공학적인 응용 분야에서 만날 수 있는 많은 실제 유체와 거의 유사한 결과를 제공하게 된다.

점성의 또 다른 중요한 효과는 끊임없이 열로 변형되는 유체 운동의 운동에너지의 소멸이다. 그러므로 운동을 유지하기 위해서는 외부에서 연속적으로 에너지가 공급되거나 유체 내의 압력과 밀도 경도의 형태로 존재하는 위치에너지로부터 변환되어야만 한다. 앞서 언급된 점성의 효과들에서도 알 수 있었지만, 모든 실제 유체 흐름 내에서는 점성의 정도가 항상 변동한다. 그러나 점성의 효과들은 단지 특정 지역과 특정한 흐름의 형태 내에서만 특별히 중요하게 발견된다. 이런 흐름을 앞서 언급한 비점성흐름의 반대 개념으로 점성흐름이라 부른다. 점성흐름의 예들은 유체 역학에 관한 여러 책들에서 취급되는 경계층, 혼합층, 제트류, 플룸, 그리고 꼬리흐름(wake)이다.

모든 점성흐름들은 층류와 난류로 크게 구분할 수 있다. 그러나 이들 사이에는 전이의 중간 단계가 존재한다. 층류는 매끄럽고, 규칙적이고 느린 운동에 의해서 특성화된다. 유체의 인접한 층(laminae)들은 서로 미끄러져서 지나가기 때문에 층들을 횡단하는 성질들의 혼합과 전달(단지 분자 규모에서)은 거의 없다. 층류와 앞서 언급된 비점성흐름 사이의 주된 차이는 점성과 층류 내의 운동량, 열 및 질량의 다른 분자 전달의 중요성이다. 층류 내에서 흐름 장과 관련된 온도와 농도 장들은 규칙적이고 예측할 수 있으며 오직 시·공간에서 점진적으로 변동한다.

층류와 비점성흐름과는 뚜렷하게 대조되는 난류는 아주 불규칙적이고, 거의 무작위하고, 3차원이고, 크게 회전성을 가지고, 소산되는 대단히 확산(혼합)적인 운동이다. 난류 내의 모든 흐름들과 스칼라 성질들은 광범위한 시간과 공간 규모를 나타내면서 시·공간 모두 크게 불규칙적인 변동을 보인다. 예를 들면, 대략 경계층 내의 전형적인 속도의 난류 변동은 시간 규모로는 $10^{-3} \sim 10^{4}$ s이고 이에 상응하는 공간 규모는 $10^{-3} \sim 10^{4}$ m로 100만 배 이상이다. 난류의 거의 무작위적인 성질 때문에(시·공간적인 변동 사이에는 약간 규칙적이고 지속성을 가지고 상관관계를 일부 가진다) 난류 운동은 시간과 공간의 함수로 정확히 계산되거나 예측될 수 없다. 그러므로 우리는 보통 난류의 평균적인 통계 성질들을 취급한다.

층류의 수많은 예들과 응용들이 산업, 실험실 및 생물계에 존재하지만, 자연환경 특히 대기권에서의 층류 발생은 극히 드물고 매끄러운 표면 위에 존재하는 소위 말하는 점성 아층(viscous sublayer)에 한정된다(예: 얼음, 진흙 평면, 비교적 잔잔한 수면과 나뭇잎). 자연과 공학 응용에 적용되는 대부분의 유체 흐름은 난류이다. 특히, 하층 대기 내의 여러 가지 소규모 운동들은 난류이다. 난류 혼합층의 깊이는 맑고, 무풍이고, 야간 냉각 조건하에서는 수십 m로 나타나지만 깊은 침투 대류를 포함하고 있는 매우 교란된 날씨 조건하에서는 수 km까지 변동한다. 또한 상층 대류권과 성층권 내에서 발생하는 청천난류(clear air turbulence)는 넓은 지역에서 발견된다. 일부 기상학자들은 난류에서부터 대기 대순환까지 모든 규모의 대기 운동을 고려한다. 그러나 이런 경우에는 미기상학에서 만나게 되는 소규모 3차원 난류와 대규모 '2차원 난류(two-dimensional turbulence)'를 구별해야만 한다. 규모가 올라가거나 또는 내려갈 때 이들 난류 성질들과 에너지 전달의 메커니즘 사이에는 근본적인 차이가 존재한다. 여기에서는 단지 소규모 3차원 난류에 대해서 알아볼 것이다.

상부 해양(예: 해양 혼합층), 호수, 강 그리고 수로, 특히 액체와 기체 파이프라인 내의 모든 흐름, 움직이는 비행기, 미사일, 선박 및 보트에 형성되는 경계층, 구조물의 꼬리흐름, 프로펠러 날개, 터빈 날개, 투사체, 총탄 및 로켓, 기체와 액체연료의 분사, 굴뚝과 플룸의 냉각탑에서 일어나는 모든 흐름은 난류이다. 그러므로 난류는 사실상 우리 주위의 모든 것에서 볼 수 있으며 특히 대기 경계층 내에 존재한다.

1883년 아일랜드 물리학자·공학자인 오즈번 레이놀즈(Osborne Reynolds, 1842 ~ 1912)는 긴 파이프를 통하여 물을 용기 밖으로 천천히 흐르도록 하고 염료로 파이프의 입구에 물의 흐름을 표시하도록 하였을 때 느린 속력으로 염료들이 가늘게 흐르는 것을 관찰하였다. 염료 입자들은 천천히 확산되었지만 퍼지는 데 걸리는 시간은 별로 길지 않았다. 그는 그러한 흐름을 층류라 불렀다. 그러나 파이프의 입구로부터 어떤 거리에서 어느 임계 속도 이상으로 흐름이 빨라졌을 때 갑작스런 변화가 일어났다. 레이놀즈는 이런 경우 단일 가는 염료실의 무질서한 움직임을 관측하였다. 그는 그러한 불규칙한 운동을 난류라 불렀다.

레이놀즈는 난류 성질을 특성화하는 숫자 즉 레이놀즈수(Reynolds number)를 고안하였다. 레이놀즈수는 유체 운동에서 점성력에 대한 관성력의 비로 정의된다. 유체가 매우 느리게 운동하는 경우와 같이 점성력이 지배적일 때, 레이놀즈수는 작다. 레이놀즈수가 작으면 층류이다. 반대로 대단히 빠르게 움직이거나 점성력이 낮은 경우, 레이놀즈수는 크다. 큰 레이놀즈수는 난류흐름을 나타낸다.

레이놀즈는 층류로부터 난류 운동으로 전이되는 과정은 어떤 임계의 레이놀즈수에서 일어난다는 것을 관찰하였다. 난류는 열적에 의해서 그리고 흐름이 일정한 속도로 일어날 때 만들어진다. 점성력에 의해서 난류가 사라지는 과정을 소산(dissipation)이라 부른다. 소산은 역으로 운동에너지를 열로 전환시킨다.

대기 중의 난류 강도는 변동할 수 있다. 이것은 단일 굴뚝에서 방출되는 연속적인 연기(smoke plume)의 모양으로 알 수 있다. 플룸의 모양은 하층 대기의 열적 상태와 역학적 상태가 어떻게 난류 혼합에 영향을 미치는지를 이해하는 데 상당한 정보를 제공한다. 예를 들면, 대기가 안정하게 성층되어 있고 바람이 강하지 않다면(맑은 겨울 야간 날씨), 결과적으로 난류는 매우 약하게 나타난다. 그 결과 플룸은 아주 얇은 두께로 퍼지게 되고 대단히 먼 거리를 바람에 의해서만 수송될 수 있다. 반대로 대기가 불안정한 열적 성층(보통 한낮)으로 되어 있다면, 난류 혼합은 매우 강하게 나타난다. 큰 연직 맴돌이는 플룸을 지면까지 내려오게 하거나 위로 들어올린다. 결론적으로 플룸은 불연속적인 모양을 가지게 되고 빠르게 확산된다.

제7장 대기의 운동이란?

1. 바람에 대한 고대인의 생각

바람을 일으키는 것은 무엇인가? 고대 사람들은 바람을 여러 가지 믿음 또는 사색에 근거하여 이해하고자 하였다. 예를 들면, 일부 고대 그리스인은 그리스 신 아이올러스(Aeolus)의 동굴에서 바람이 나온다고 믿었다. 시사이온(Sicyon)의 제단은 바람을 찬양하기 위해서 높게 만들어졌고 매년 제단에 바칠 제물이 밤에 놓여졌다. 델포이(Delphi)의 사원은 특히 바람을 경외하기 위해서 지어졌고 그곳에서 예배의식을 행하였다. 강한 북풍인 보리어스(boreas)는 턱수염이 있는 찌푸린 얼굴로 표현되었는데, 이 바람이 아테네를 구했다는 이야기가 전래되고 있다. 보리어스의 쓸모 있는 한바탕의 바람은 세피아스(Sepias) 곶에서 크세르크세스 1세(Xerxes I of Persia, BCE 519 ~ 465) 왕의 페르시아 함대를 파괴했다. 사람들은 일리소스(Ilissos)의 제방 위에 보리어스에 대한 보은의 마음을 담은 제단을 놓았다.

고대 그리스 철학자 데모크리토스는 자신의 원자 이론을 바탕으로 좁은 공간 안에 많은 입자(원자)들이 존재할 때 바람이 발생한다고 주장하였다. 공간이 넓고 입자들의 개수가 적어지면, 대기는 잔잔하고 평화롭게 된다.

아리스토텔레스는 숨을 쉬는 지구가 마른 한숨을 내쉴 때 나타나는 공기의 운동을 바람이라고 주장하였다. 일반적인 운동을 주목하면서 그는 4원소가 자연적인 위치를 바꾸는 개개의 경향성으로 인해 바람이 발생한다고 생각하였다. 물과 토양은 하강하는 경향이 있는 반면 공기와 불은 상승하는 경향이 있다. 임의의 운동은 자연적인 운동보다 활동적인 요인인 힘의 적용을 더 요구하게 된다. 아리스토텔레스는 무거운 물체가 가벼운 물체보다 더 빨리 떨어진다고 주장하였다. 또한 그는 떨어지는 돌멩이가 지면 가까이 오면 더 빨리 움직인다고 생각하였다.

천 년 동안 이러한 견해는 크게 변화하지 않았다. 중세 시대에도 사람들은 여전히 바람이 천사 날개의 퍼덕거림에 의해서 일어난다고 믿었다.

2. 바람 관측의 역사

바람에 대한 특성으로 우리는 방향(풍향)과 속력(풍속)을 관측한다. 그런데 풍향은 이미 옛날부터 관측되어 오던 것이다. 바빌로니아 사람들은 8방향을 사용하였다. 그리스인과 로마인들은 4개의 주 방향과 8개의 중간 방향, 그리하여 총 12방향을 사용하였다. 아리스토텔레스도 풍향을 12방향으로 인식하였다 (〈그림 7-1〉).

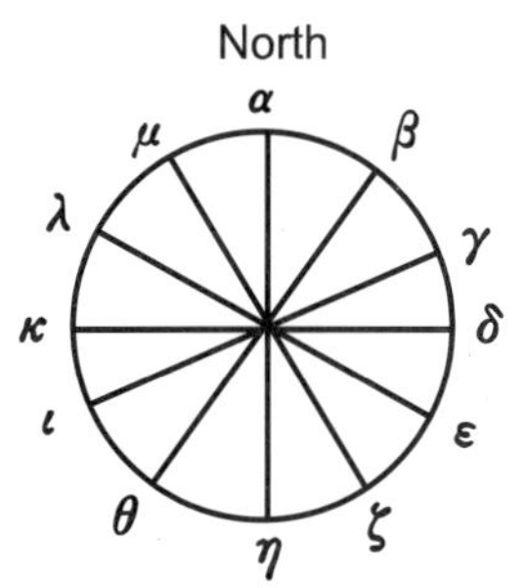

〈그림 7-1〉 아리스토텔레스가 인식한 12방위의 바람. α(Boreas), β(Meses), γ(Kaikias), δ(Apeliotes), ϵ(Euros), ζ(Phoenicias), η(Notos), θ(no wind), ι(Lips), κ(Zephyros), λ(Argestes), μ (Tharaskias).

그리스 아테네에 있는 흰 대리석의 바람의 탑(Tower of the Winds)은 그리스인이 사용하였던 8방향을 보여 주고 있다(〈그림 7-2〉). 12 m 높이의 탑은 공통기원이전 50년경에 율리우스 시저(Julius Caesar, BCE 100 ~ 44)에 의해서 건립되었다. 키르루스(Cyrrhus)의 천문학자인 안드로니코스(Andronicus)는 파르테논(Parthenon) 신전 부근에 이 탑을 세웠는데, 이것은 물시계를 간수하기 위한 목적으로 건립되었다. 탑 위에는 손에 막대를 쥔 트리톤(Triton)[1] 신의 청동상이 있어 풍향을 보여 주었다.

〈그림 7-2〉 가장 오래된 기상대의 하나. 공통기원이전 1세기경에 그리스 아테네에 세워진 팔각형의 바람의 탑. 바람과 기상 상황을 연관시키려고 한 흔적을 볼 수 있다. 8개의 벽면에는 날개를 가진 반신반인의 상이 양각되어 있는데, 풍향에 따라 예상되는 기상 상황을 표현한 것이다. 각 조각상 밑에는 해시계가 있다. 지붕에는 트리톤을 본뜬 풍향계가 있어 풍향에 따라 조각상을 가리키게 되어 있다.

아리스토텔레스의 《기상론》에 따르면, 바람 *Tharaskias*와 *Argestes*는 대체로 맑은 날씨를 가져온다. *Argestes*와 *Euros*로 인지되는 바람은 초기에는 건조하지만 후에 습윤한 바람으로 바뀌었다. *Meses*와 *Boreas*는 한랭한 날씨를, *Zephyros*

1) 그리스 신화에 나오는 반인반어의 해신.

와 *Euros*는 고온의 날씨를 나타냈다. *Kaikias*가 불면 하늘에 두터운 구름이 덮이지만 *Lips*가 불면 구름이 흩어지며 하늘이 나타났다. 로마인은 12방향의 풍향을 인식하였다. 즉, *Serpentrio*(북풍), *Aquilo, Caesias, Subsolanus*(동풍), *Volturnus, Phoenix, Auster*(남풍), *Libonothus, Africus, Favonius*(서풍), *Corus, Cinicius*이다.

풍속을 측정하는 측기인 최초의 풍속계(anemometer)는 진동하는 판(swinging plate)으로 구성되었다. 1450년경 이탈리아의 건축가인 레온 알베르티(Leon Baptista Alberti, 1414 ~ 1472)가 이것에 대해 설명하였다. 이와 유사한 측기로는, 1664년 잉글랜드의 물리학자인 로버트 훅이 만든 판 풍속계와 1684년 독일의 화학자·지질학자·수학자인 고트프리트 폰 라이프니츠가 제작한 풍속계가 있다.

3. 바람 관측기의 종류

1) 풍향계

풍향을 측정하는 방법에는 여러 가지가 있다. 가장 기본적인 측정법은, 관측자가 손에 나침반을 들고 바람이 불어오는 방향으로 나침반을 맞추어 풍향을 알아보는 것이다. 또한 연기 또는 깃발이 움직이는 방향을 눈으로 보고 풍향을 추정할 수도 있다. 이런 경우에는 방향을 지시하는 것들이 장애물에 영향을 받지 않도록 유의해야 오류 없이 풍향을 측정할 수 있다. 그리고 상층의 구름 이동을 관찰하는 방법으로도 풍향을 알 수 있다. 그러나 하층 구름은 지상 부근에서는 구름의 이동 방향과 동일하게 움직이지 않는다. 왜냐하면 풍향이 높이에 따라 변하기 때문이다.

기상 관측에서 풍향의 측정은 풍향계(wind vane)로 이루어진다. 풍향계는 연직 방향으로 회전하는 화살대와 그 화살대의 가지 끝에 평형을 유지하면서 달려 있는 연직 판으로 구성된다. 관측자는 아래쪽에 설치되어 있는 방향 판을 이용하여 15초 동안 풍향계가 움직인 방향을 직접 읽어 눈금을 추정한다. 정확하게 읽는 것이 결코 쉽지 않다. 풍향은 바람이 불어오는 쪽의 방향으로 결정되고 정북(00°)을 기준으로 시계 방향으로 5° 또는 10° 단위로 표시하거나 8, 16 또는 32방위로 표시한다.

2) 풍속계

풍속을 표현하는 데 광범위하게 사용되는 단위는 $m \cdot s^{-1}$이다. 그러나 일부 나라에서는 노트(knot)[2)]를 사용하기도 한다. 풍속은 높이에 따라 급격히 증가하기 때문에, 풍속 센서는 국제적으로 합의된 표준 고도인 10 m 높이에서 노출되어야 한다. 그러나 실제적인 이유로 보통은 이 높이와 다르게 노출되고 있다. 이런 경우에는 10 m 높이의 값으로 보정해야만 한다. 풍속을 측정하는 일반적인 풍속계로는 컵 풍속계, 프로펠러 풍속계, 피토관이 사용되고 있다.

(1) 컵 풍속계

컵 풍속계(cup anemometer)는 아일랜드의 천문학자·물리학자인 존 로빈슨(John Thomas Romney Robinson, 1792 ~ 1882)에 의해서 1846년에 발명되었다.[3)] 이 풍속계의 기본 디자인은 그 당시와 비교해 거의 변하지 않았다. 바람에 노출될 때, 컵의 오목한 열린 부분의 압력은 비슷한 위치에 있는 컵의 볼록한 뒷부분의 압력보다 더 크게 나타나기 때문에 샤프트를 회전시키게 된다.

풍동 실험을 통해, 컵의 개수는 4개보다 3개가 좋고 원뿔형의 컵이 반구형보

2) 1 노트는 약 0.5 $m \cdot s^{-1}$이다.

3) Patterson, J., 1926 : The cup anemometer. *Proc. R. Soc. Canada*, Series III Vol. XX, Meeting of May 1926, 1-54

다 더 좋으며 구슬 같은 가장자리를 가진 컵이 평면으로 마무리한 컵보다 난류에 덜 민감하다는 사실을 발견하였다.[4)]

(2) 프로펠러 풍속계

전통적인 관측소에서는 일반적으로 사용되지 않지만, 간단히 풍속을 알 필요가 있는 일부 관측소에는 컵이 위치하는 곳에 프로펠러가 달린 풍속계를 사용하는데 이것을 '프로펠러 풍속계'라 한다. 이들은 고속도로의 날씨 조건을 자동적으로 측정하기 위해서 영국의 고속도로에 설치되어 친숙하게 알려져 있다. 프로펠러 풍속계의 이론과 수학은 컵 풍속계와 유사하지만, 프로펠러들이 바람 방향에 대해서 항상 일정하게 유지되어야만 한다. 이렇게 되지 않으면 편주각(yaw angle)이 생기기 때문에 부차적인 오차가 발생한다. 한 직선상에 맞추기 위해서 풍향계와 함께 결합된다. 프로펠러 풍속계는 컵 풍속계보다 풍속에 더 직선적으로 반응하기 때문에 컵을 일부 개선하는 것으로 제공된다. 프로펠러 풍속계는 보통 컵 풍속계와 유사한 전압 또는 펄서 신호인 전기 출력을 만든다.

(3) 피토관

피토관(Pitot tube)은 현재 기상 관측소에서는 사용하지 않아 별로 언급되지는 않지만, 이것은 오래전부터 풍속 측정에 사용되었고, 측정 능력이 뛰어난 것으로 알려져 있다. 프랑스의 수문 공학자·발명가인 앙리 드 피토(Henri de Pitot, 1695 ~ 1771)는 18세기 랑그도크(Languedoc)[5)]에 있는 미니 운하(Canal du Mini)의 책임자였다. 이곳에서 피토는 여러 깊이에서의 강물의 흐름을 측정하는 관을 개발하였다. 공기 흐름에도 그것과 동일한 원리를 적용하여 풍속을

---

4) Acheson, T. A., 1970 : Response of cup and propeller rotors and wind direction vanes to turbulent wind fields. *Meteorol. Monogr.*, 11, No. 33, 252-261

5) 프랑스 남부의 역사·문화 지역.

측정할 수 있었다. 피토는 작동 원리에서 오류를 범했으나 1738년 압력-속도 관계의 특징을 분석한 네덜란드의 화학자인 다니엘 베르누이에 의해서 그러한 오류가 수정되었다.[6)]

피토관은 바람이 불어오는 방향과 정확하게 일직선이 되도록 유지되어야 하지만, 1892년 잉글랜드 기상학자인 윌리엄 다인스는 실험을 통해 관과 바람이 일직선을 이루는 각이 15° 벗어나더라도 오차는 단지 1 % 정도라는 결론을 얻었다.

4. 대기 운동

바람을 일으키는 에너지와 대기를 움직이는 힘은 태양에 의해서 공급된다. 그러나 250년 전만 하더라도 이런 사실을 이해하지 못하였다. 예를 들면, 유명한 프랑스 과학자인 장 르 롱 달랑베르마저도 태양복사는 지표면에 영향을 미칠 뿐 주도적으로 바람을 일으킬 수는 없다고 주장하였다.

1746년 달랑베르는 베를린 과학 아카데미(Berlin Academy of Sciences)로부터 대기를 가장 수학적으로 논의한 사람에게 주는 상을 수여받았다. 심사는 스위스의 수학자·물리학자인 레온하르트 오일러가 책임을 맡았다. 프러시아의 통치자 프리드리히 대제(Frederick the Great, 1712~1786)에게 바친 그의 논문 〈기류의 일반적인 원인에 대한 고찰(*Reflection sur la Cause Generale des Vents*)〉에서 달랑베르는 편도함수(partial derivative) 개념을 도입하였고 최초로 대기 운동의 일반적인 방정식을 공식화하기 위한 시도를 행하였다. 그러나 그의 결론은 정확하지 않았다. 예를 들면, 그는 대기의 운동이 태양과 달의 인력에 기인한 조석 효과에 의해서 일어난다고 주장하였다.

---

6) Strangeway, Ian, 2001 : Back to basics: The 'met.enclosure': Part 6-Wind, *Weather*, 56(5), 154-161

1926년 영국의 물리학자·기상학자인 루이 리처드슨(Lewis Fry Richardson, 1881 ~ 1953)은 대기 운동이 수천 km에서부터 수 mm까지 여러 가지 규모로 발생한다고 언급하였다. 가장 큰 규모의 운동인 대기 대순환은 전 세계에 걸친 열과 기압의 대조로 일어나고 지구 자전에 의해서 변형된다. 육지와 해양은 이러한 1차 흐름을 부수적으로 변형시키고 2차 순환을 유발한다. 국지 지형은 3차 순환을 일으킨다. 가장 큰 맴돌이 크기가 작아지고 더 작아지는 캐스케이드 과정(cascade process)은 분자 운동까지 계속적으로 작아지게 하여 결국에는 점성에 의해서 사라지도록 한다. 리처드슨의 시적인 설명은 이들 변화를 아주 정확하게 묘사하고 있다:

> 큰 소용돌이는 작은 소용돌이를 가지고, 작은 소용돌이는 큰 소용돌이의 속도를 먹고 살며, 작은 소용돌이는 더 작은 소용돌이가 된다네. 그리하여 분자 점성에 이른다네.

5. 대기 대순환

대규모 대기 운동을 처음으로 설명한 사람은 잉글랜드의 천문학자·기상학자인 에드먼드 핼리였다. 그는 남반구의 별의 카탈로그를 작성하기 위해서 남대서양 세인트헬레나 섬에 머물고 있을 때 무역풍의 움직임을 관찰할 기회를 얻게 되어 매우 흥미를 느꼈다. 1686년 핼리는 무역풍의 움직임에 대한 설명서와, 그 이론을 알기 쉽게 하기 위한 도해를 발표하였다(〈그림 7-3〉). 그의 이론에 따르면, 적도 부근에서 태양의 가열은 공기를 상승시키므로 그것을 대체하기 위해서 바람이 분다는 것이다. 핼리는 열대 바람이 태양의 움직임에 따라 동에서 서로 분다고 생각하였다.

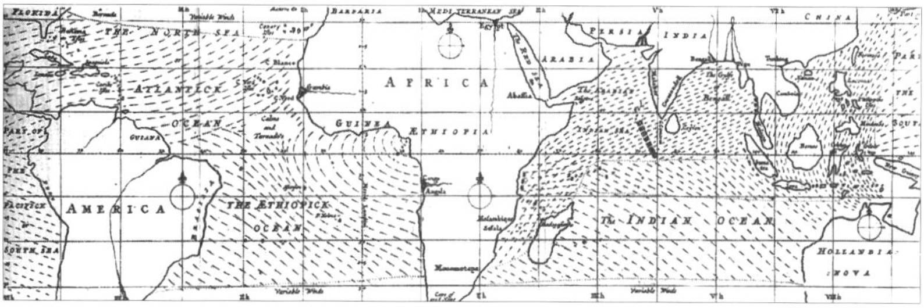

〈그림 7-3〉 에드먼드 핼리의 무역풍과 계절풍 지도

유럽의 과학자들은 무역풍이 동쪽에서 서쪽으로 부는 진정한 이유를 좀처럼 규명할 수 없었다. 그러나 50년 후 잉글랜드의 법률가·기상학자인 조지 해들리에 의해서 핼리의 모델은 수정되었다. 1736년 해들리는 영국학술원에 열대 바람에 관한 논문인 〈일반적인 무역풍의 원인에 대하여〉를 제출하였다. 여기서 그는, 뜨거운 공기는 적도에서 상승하여 극 쪽으로 이동하며 그곳에서 다시 차가워져 하강하면서 최종적으로 적도 쪽으로 되돌아온다고 주장하였다. 이런 세포 모양의 순환은 양반구 모두에서 일어났다(〈그림 7-4〉). 지구는 동쪽으로 자전하므로 대기는 이것에 따라 움직인다. 지구상의 어느 한 지점에서의 속력은 적도에서 가장 크기 때문에, 극에서 남쪽으로 흐르는 공기는 지표면 아래에서는 지연되어 동풍 방향으로 나타난다.

1853년 제임스 코핀(James Coffin, 1806 ~ 1873)은 《북반구 바람(*Winds of the Northern Hemisphere*)》이란 논문집(monograph)을 발표하였다. 이 논문집에서 코핀은 북반구 579 지점으로 구한 일련의 바람 차트를 제시하였다. 코핀은 위도 방향으로 3개의 기압대와 3개의 연직 순환이 존재한다는 것을 밝혔다. 몇 년 후 러시아의 기후학자인 알렉산더 보이에코프(Alexander Voiekov, 1842 ~ 1916)는 3223 지점으로부터 구한 전 세계 자료를 제시하였다. 여기에는 해군대위 매슈 모리(Matthew Fontain Maury, 1806 ~ 1873)가 수집한 선박 자료들도 포함되어 있었는데, 모리는 만류(Gulf Stream)의 해류도 작성으로 유명한 수로학자(hydrographer)이다. 이러한 경험적인 연구는 미국 기상학자인 윌리엄 페렐(William Ferrel, 1817 ~ 1891)의 이론적인 연구의 자료로 제공되었다.

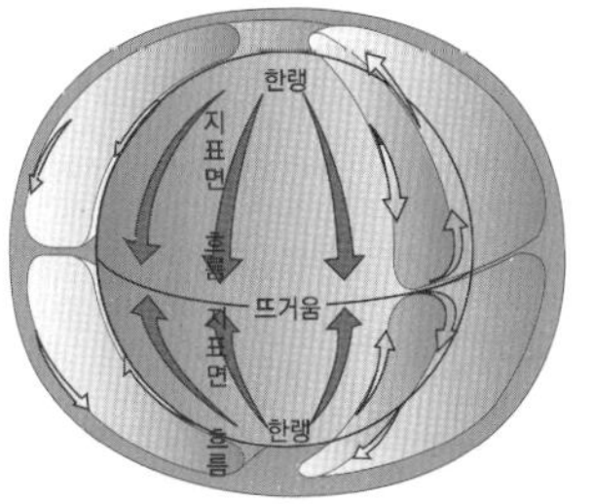

〈그림 7-4〉 조지 해들리의 대기 대순환 모델

1855년 페렐은 전 세계의 바람, 해류, 기압계에 대한 방대한 자료를 분석하여 적도 부근 뿐만 아니라 양 반구의 위도 30°와 60°에도 안정한 기압대가 존재한다는 것을 발견하였다. 그 결과 그는 해들리 이론을 수정하여 양 반구에 3세포 순환 이론을 도입하였다(〈그림 7-5〉).

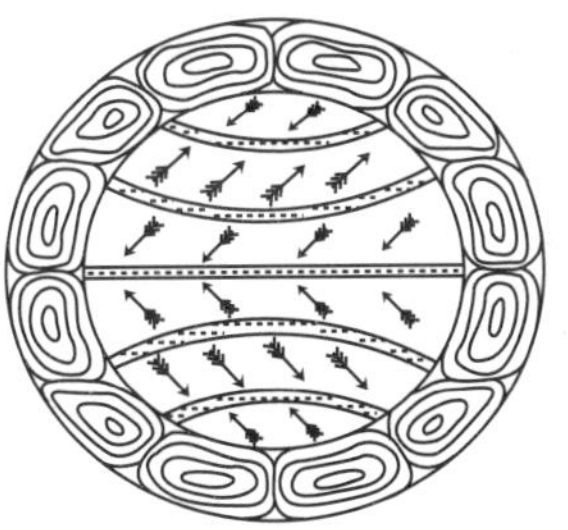

〈그림 7-5〉 윌리엄 페렐의 대기 대순환 3세포 모델

대기 대순환의 이상적인 모델을 〈그림 7-6〉에 제시하였다. 적도 부근의 공기는 상승하여 상층에서 북쪽과 남쪽으로 흐르기 시작한다. 북반구에서 코리올리 힘은 공기를 오른쪽으로 회전하게 한다. 그 결과 상층 바람은 위도 30° 부근에서 서풍 계열로, 지표면 부근에서는 동풍 계열로 된다. 이와 동시에 북극 상공의 공기는 아래로 내려와 남쪽으로 향한다. 마찬가지로 이 공기도 오른쪽으로 편향하며 위도 60° 부근까지 동풍 계열이 된다. 남반구에서도 이와 유사한 양상의 순환이 일어난다.

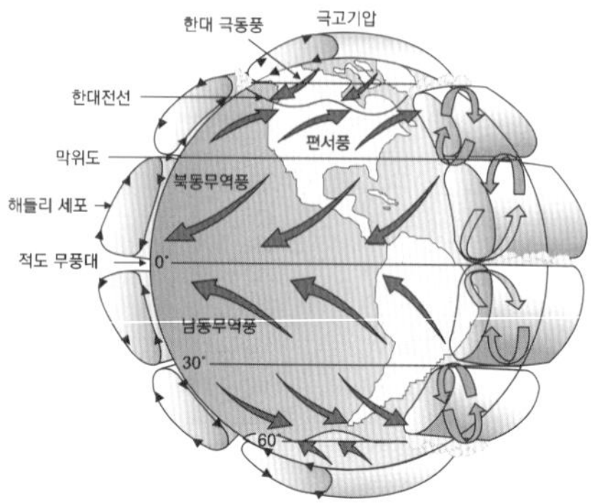

〈그림 7-6〉 대기 대순환의 이상적인 3세포 모델

반영구적인 고압대(아열대 고기압)는 양 반구 모두 위도 30° 부근에서 형성된다. 공기는 양 반구의 위도 60° 부근에서 위로 밀려 올라간다. 그 결과 양 반구에는 아한대 저기압대가 만들어진다. 적도와 극 사이의 간단한 대류 전달은 붕괴되고 3개의 분리된 순환 세포가 확립된다. 아열대 세포는 해들리 세포(Hadley cell), 중위도 세포는 페렐 세포(Ferrel cell), 세 번째 세포는 한대 세포(Polar cell)라 불린다.

양 반구 위도 60° 부근에는 뚜렷한 경계가 존재하여 남쪽으로 움직이는 한랭한 공기와 극 쪽으로 향하는 온화한 공기로 분리된다. 한대 세포와 페렐 세포 사이의 이 경계를 한대전선(polar front)이라 부른다. 한대전선 상공의 대류권계면에는 전 지구를 사행으로 도는 기류인 서풍 계열의 바람이 자리 잡고 있다. 제트류(jet stream)라고 불리는 이 기류는 약 150 km/h의 속도로 움직인다. 제트류는 수백 km의 폭을 가지나 두께는 수 km이다. 제트류는 제2차 세계대전 중 일본에 폭탄을 투하하기 위해 고공을 비행하던 미군 폭격기 B-29의 조종사에 의해서 발견되었고 1951년 핀란드의 기상학자인 에릭 팔멘(Erik Palmén, 1898 ~ 1985)에 의해 설명되었다.

적도 부근에는 열대수렴대(Intertropical Convergence Zone; ITCZ)가 존재한다. 이 수렴대의 바람은 매우 약해서 단조로운 날씨가 나타나는 이 지역을 무풍대(doldrums)라 부른다. 또 위도 30° 부근을 말위도(horse latitudes)라 한다. 왜냐하면 이 지역을 항해하는 선박이 아주 천천히 움직일 때가 종종 있는데, 그럴 때면 항해 중에 식량이 떨어져 선원들이 말을 잡아먹기도 했기 때문이다. 위도 0°에서 30° 사이에 부는 항풍을 무역풍(trade wind)이라 부른다. 그 이유는 무역풍이 유럽에서 아메리카 대륙으로 항해하는 항로를 제공하였기 때문이다. 무역풍은 1492년 이탈리아의 탐험가인 크리스토퍼 콜럼버스(Christopher Columbus, 1451 ~ 1506)에 의해서 최초로 발견되었다. 16세기부터 19세기까지, 북동 무역풍은 아프리카에 물품을 수송하는 데 이용되었고 수송된 물품은 노예와 교환되었다. 노예를 가득 실은 선박은 남동 무역풍을 타고 아프리카에서 아메리카 대륙으로 항해하였다. 아메리카 대륙에서는 설탕, 럼주, 면화를 가득 싣고 편서풍의 도움을 받아 유럽으로 되돌아왔다.

중위도에서는 중층과 상층 대류권 내에서도 서풍 계열의 흐름이 나타난다. 편서풍은 기압경도력과 코리올리 힘의 평형의 결과이다. 기압경도력은 적도와 극 사이의 온도 대조에 의해서 일어난다. 편서풍은 파동 모양으로 흐른다(〈그림 7-7〉). 일반적으로 3개에서 5개 정도의 파수를 가지는 일련의 장파로서 완전히 전 지구로 확장된다. 이런 파동은 이 현상을 최초로 수학적으로 연구한 스웨덴의 기상학자인 카를 로스비의 이름을 따 로스비파(Rossby wave)라 한다. 편서풍의 파동 흐름은 중위도를 가로지르는 열전달에 중요한 메커니즘을 제공한다.

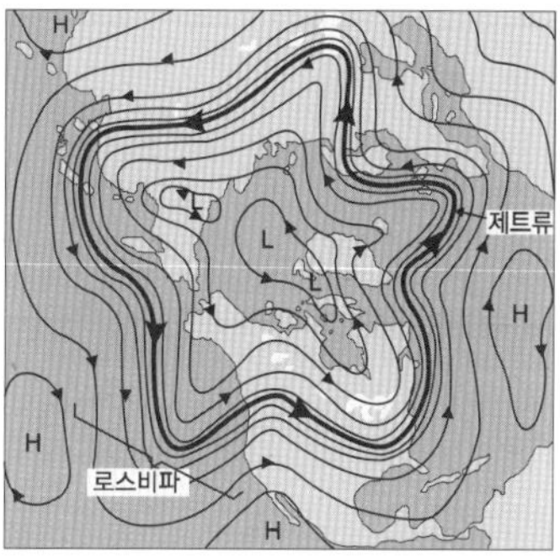

〈그림 7-7〉 편서풍 파동

6. 기압 시스템

일기도(weather charts)는 현대 기상학자들이 날씨를 분석하기 위해서 기본적으로 사용하는 도구이다. 최초의 일기도는 독일의 천문학자·수학자·공학자인 하인리히 브란데스에 의해서 작성되었다. 1821년 12월 24일과 25일 그리고 1823년 2월 2일과 3일에 작성된 브란데스의 일기도는 그의 저서 《기압의 급격한 변화에 관하여(*On Rapid Changes in Pressure*)》에 수록되어 1826년에 출판되었다. 브란데스의 개념은 일반적으로 받아들여져, 여러 기상학자들이 그 개념을 이용하여 일기도 상에서 날씨 유형을 설명하였다.

1887년 말, 잉글랜드의 유명한 기상학자인 랠프 애버크롬비는 그의 저서 《날씨(*Weather*)》에서 기압장의 분류를 제시하였다(〈그림 7-8〉). 그림에서 등압선(isobar)은 기압이 같은 지점을 연결하여 이은 선이다. 등압선 배치에 따라 다음과 같은 5개의 기압 시스템이 정의된다:

1. 저기압(low 또는 cyclone): 주변의 기압이 더 높은 지역으로 감싸여 있는 기압 시스템.
2. 고기압(high 또는 anticyclone): 주변의 기압이 더 낮은 지역으로 감싸여 있는 기압 시스템.
3. 기압골(trough): 최대 곡률을 가지는 선을 따라 가장 낮은 기압을 가지는 길게 늘어진 저기압의 지역.
4. 기압능(ridge): 최대 곡률을 가지는 선을 따라 가장 높은 기압을 가지는 길게 늘어진 고기압의 지역.
5. 안장부(col): 두 개의 저기압과 두 개의 고기압 사이의 중립 지역.

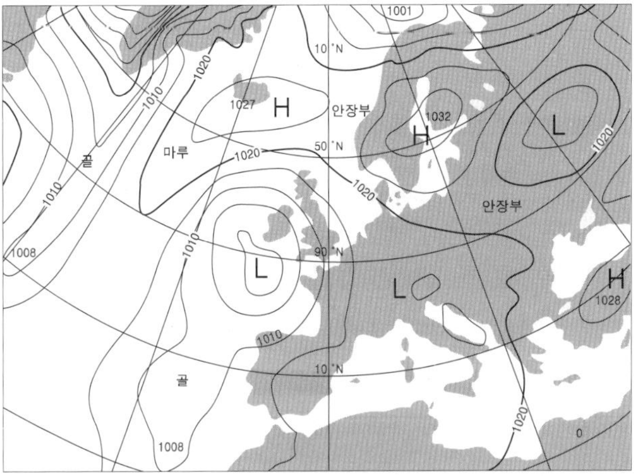

〈그림 7-8〉 랠프 애버크롬비가 기압장을 제시한 지상 일기도

랠프 애버크롬비의 책 《날씨》는 1882년 로버트 스콧[7]이 발간한 《초보 기상학(*Elementary meteorology*)》과는 달리 매일 매일의 날씨 변화 특징을 쉽게 설명하였다. 《날씨》는 수정판이 여러 번 나왔고, 스코틀랜드 기상학자인 아치볼드 골디(Archibald Hayman Robertson Goldie, 1888 ~ 1964)에 의해서 대폭 다시 쓰여 1935년 《날씨 : 매일 매일 날씨 변화의 특징(*Weather : The Nature of Weather Changes From Day to Day*)》이란 제목으로 출판되었다. 1942년 데이비드 브런트(David Brunt, 1886 ~ 1965)[8]가 집필한 《날씨 연구(*Weather study*)》는 영국 기상청의 지칭에서 출판되었지만, 1944년까지 표준 교과서로 사용되었다.

여러 가지 기압 시스템의 기하학적 설명을 〈그림 7-9〉에 나타내었다. 곡선으로 된 위의 표면은 해수면에서 기압장의 공간 구조를 설명한다. 아래 면은 지상 일기도에서의 모습을 나타낸다.

---

7) 아일랜드 출신의 기상학자로, 영국 왕립기상학회 18대 회장(1884-1885)으로 재임하였고 영국 기상대의 최장수 책임자(1867-1900)로 근무하였다.

8) 웨일스 출신의 기상학자. 48대 영국 왕립기상학회장(1942-1944)을 역임했을 뿐만 아니라 1930년부터 1934년까지 『쿼털리 저널(*Quarterly Journal*)』의 편집위원장으로 봉사하였다.

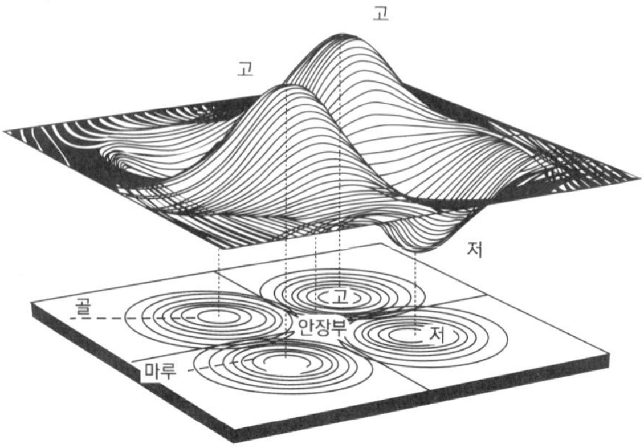

〈그림 7-9〉 기압계의 기하학적 설명

애버크롬비가 기압장의 분류에서 사용한 'cyclone'이란 단어는 인디아 캘커타 박물관의 관리인(curator)이던 헨리 피딩턴(Henry Piddington, 1797~1858)[9]이 사용한 것이었다. 애버크롬비는 1848년 발간된 《폭풍 법칙에 대한 선원 지침서(*The Sailor's Horn-Book for the Law of Storms*)》란 책에서 'cyclone'이란 용어를 소개하였다. 이 용어는 공기 운동의 나선형 특성을 강조하기 위한 것으로, 그리스어인 'kiklos'에서 유래된 것으로 'circle' 또는 'coil of s serpent'란 의미를 가진다. 'anticyclone'이란 용어는 1863년 잉글랜드의 과학자인 프랜시스 골튼[10]이 만들었다.

저기압성 운동의 특성은 1821년 미국의 기상학자인 윌리엄 레드필드에 의해서 발견되었다. 그는 악뇌우(토네이도)가 지나간 후 코네티컷(Connecticut) 주에 있는 그의 집 근처에서 관측한 악뇌우의 방향과는 정반대로 서부 매사추세츠(Massachusetts)의 나무가 쓰러졌다는 것을 알게 되었다. 그 결과 그는 폭풍

9) 잉글랜드 출신의 기상학자. 열대저기압에 대한 30여 편의 논문과 팸플릿, 두 권의 책을 남겼다.
10) 빅토리아 시대의 박식가로, 찰스 다윈의 사촌이며 지리학자·기상학자·열대 탐험가·차이 심리학의 창시자·지문 인식기의 발명가·통계적인 상관과 회귀의 선구자·유전설 신봉자·우생학자·초기 유전학자·베스트셀러 작가로 다방면에서 활약하였다. 1875년 4월 1일 『더 타임스』 신문에 처음으로 일기도를 게재하는 데 큰 역할을 하였다.

(storm)은 반시계 방향으로 회전하는 소용돌이(vortex)라고 가정하였다. 그는 이러한 관측 내용을 1831년에 발표하였다.[11]

독일의 기상학자인 하인리히 도베는 1837년 폭풍의 이론을 공식화하였고 대기 중의 한대 기류와 열대 기류의 조우에 대한 개념을 개발하였다. 그의 저서 《기상학 연구(*Meteorologische Untersuchungen; Meteorological Investigation*)》에서 도베는 구름양, 비가 내리는 날씨의 특성을 기압 변화와 관계 지었다. 1853년 영국학술원에 제출한 〈전 세계 지상의 열의 분포(*The Distribution of Heat over the Surface of the Globe, illustrated by Isothermal, Thermic Isabnormal, and Other Curves for Temperature*)〉란 논문에서 그는 월별 등온선과 열적 평균 등온선의 개념을 도입하였다. 그는 이 논문으로 영국학술원이 수여하는 코플리 메달을 수상하였다. 1849년 프로이센 왕립 기상 연구소의 소장이 되어 많은 새로운 관측소를 창설하고, 기상 전문(Meteorologica Message)들을 국제적으로 통용시켰다.

한편 3명의 미국 기상학자인 윌리엄 레드필드, 로버트 헤어, 제임스 에스피는 저기압과 폭풍의 특징을 주제로 격렬한 논쟁을 벌였다. 이들은 이론적인 명제뿐만 아니라 개인적인 성격까지도 서로 공격하였다. 에스피는 구심력 때문에 폭풍 바람이 저기압 중심으로 분다고 주장하였다. 레드필드는 폭풍 바람이 반시계 방향으로 회전한다는 의견을 견지하였다. 〈그림 7-10〉는 미국의 과학 잡지에 게재된 것으로 두 사람이 주장한 폭풍 바람의 움직임을 나타낸 것이다. 후에 레드필드의 주장이 사실에 좀 더 가깝다는 것이 판명되었다. 반면 헤어는 대기권 내의 전하의 축적이 중력에 대해서 반작용한다는 사실에 따라 공기가 안쪽과 위쪽으로 움직인다는 이론을 제시하였다. 헤어의 이론은 전체적으로 잘못된 것이라 판명 났지만, 에스피와 레드필드의 주장은 폭풍에 대한 완전한 이론을 완성하는 데 모두가 필수적인 것이었다.

---

11) "Atlantic Storms" and "Hurricanes and Storms of the United States and West Indies," in the *American Journal of Science*.

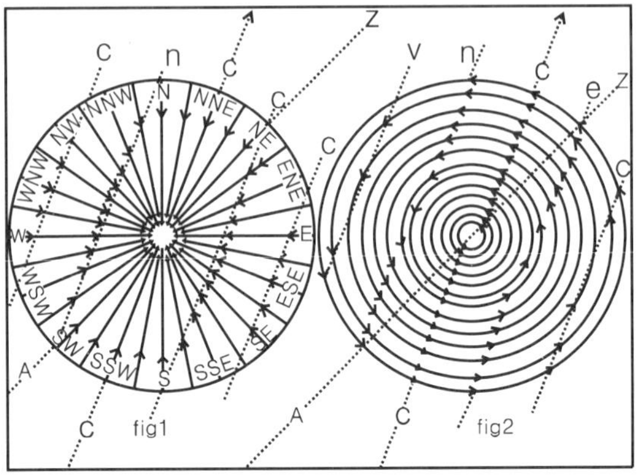

〈그림 7-10〉 미국의 기상학자인 제임스 에스피(왼쪽 그림)와 윌리엄 레드필드(오른쪽 그림)가 주장한 폭풍 지역 내의 바람의 방향

7. 종관 기상학

종관 기상학(synoptic meteorology)은 대규모 날씨 과정에 대한 과학이다. 'synoptic'이란 단어는 그리스어 'synopticos'에서 유래된 것으로 'presenting a general view(일반적인 모습을 보여 준)'라는 의미이다. 종관 기상학의 이론적인 면과 실용적인 면은 '노르웨이 지구물리 연구소(Norwegian Geophysical Institute)'[12]의 과학자 집단에 의해서 확립되었다.

1904년 빌헬름 비야크네스는 〈역학과 물리학의 문제로서 날씨 예보(*Weather Forecasting as a Problem in Mechanics and Physics*)〉란 제목의 논문을 발표하였다. 이 논문에서 비야크네스는 날씨 예보를 할 수 있는 절차를 계획하였다. 그는 반복적으로 나타나는 대기 상태는 물리 법칙에 따라 앞서의 상태로부터 발달한다고 주장하였다. 그러므로 날씨를 예보하기 위해서는 대기의 초기 상태와 법칙들을 알아야 했다.

12) 20세기 초, 노르웨이의 베르겐에서 빌헬름 비야크네스가 이끌던 연구소이다.

또한 빌헬름 비야크네스는 대기의 상태를 적절하게 기술하기 위해서는 기본적인 기상요소(기압, 기온, 습도, 바람)들을 전 세계적으로 관측해야 할 필요성이 있음을 인식하였다. 20세기 초에는 그러한 기상 관측망이 존재하지 않아 자료를 모으기가 힘들었으나 전신(telegraph)[13]과 같은 기술적인 진보가 이루어짐에 따라 날씨 자료를 수집하는 것이 용이해졌다.

날씨 방정식 계에 대한 해답은 20세기로 넘어오는 시기에서는 논외였기 때문에, 빌헬름 비야크네스는 그래프 방법을 도입하여 날씨 예보의 문제를 실용적인 형태로 조사하였다. 1913년 발간된 《기상역학과 수로학(*Dynamic Meteorology and Hydrography*)》의 2권에서 비야크네스와 그의 동료들은 그래프 분석과 계산의 토대를 확립하였다.

종관 기상학에서는 전통적으로, 각 등압면 대기층에서 관측한 기상 변수들을 일련의 일기도로 작성하여 대기의 상태를 보여 준다. 등압선으로 그려지는 지상 일기도(surface chart)는 해면 경정된 기압을 설명한다. 상층 일기도(upper chart)는 등고선으로 분석되는데 1000, 925, 850, 700, 600, 500, 400, 300, 200, 100 hPa의 등압면의 고도를 보여 준다(〈그림 7-11〉).

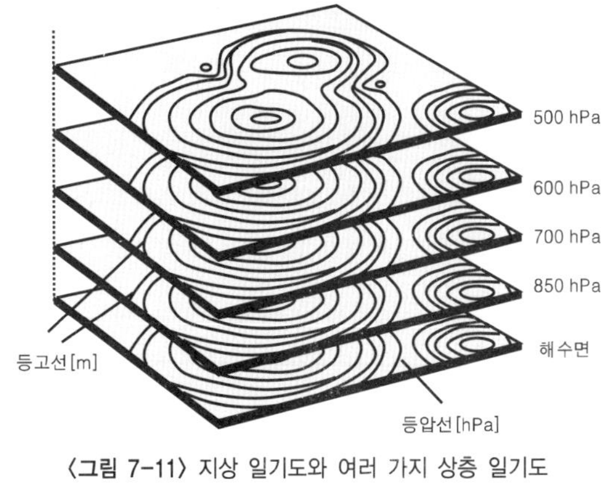

〈그림 7-11〉 지상 일기도와 여러 가지 상층 일기도

13) 1844년 미국의 새뮤얼 모스(Samuel Morse, 1791 ~ 1872)에 의해서 발명되었다.

1) 한대전선 이론

기단(air mass)이란 동일한 기온과 습도를 가진 거대한 공기 덩어리이다. 빌헬름 비야크네스의 조수였던 토르 베르셰론은 기단을 발원지에 따라 한대(polar, P)기단, 극(Arctic, A)기단, 열대(tropical, T)기단으로 나눔으로써 체계적인 기단 분류를 제안하였다.[14] 또한 이들 기단은 대륙성(continental, c)과 해양성(maritime, m)으로 다시 분류된다. 더군다나 기단의 기온이 아래 지표면보다 더 높은 경우에는 소문자 w로, 더 한랭한 경우에는 k로 표시한다. 이 관례는 오늘날에도 여전히 사용된다.

서로 다른 기단 사이의 지대를 전선(front)이라 부른다. 19세기에는 한랭전선을 스콜선(squall line)으로 불렀다. 'front'란 용어는 1920년 베르겐 기상학파에 의해서 만들어졌다. 이 용어는 제1차 세계대전의 전쟁 용어에서 따왔다. 전선대를 넘어서면 보통 기온, 습도, 바람이 짧은 거리에서 급격하게 변화한다.

1850년대에 미국 기상학자인 제임스 에스피는 종관 일기도를 작성하는 도중에 전선 선(front line)을 발견하였다. 그는 이것을 '폭풍의 중심선(center line of storm)'이라 불렀다. 또 다른 미국 기상학자인 윌리엄 블라시우스(William Blasius, 1818 ~ 1899)는 그가 '상호작용의 면(surface of interaction)'이라 명명한 전선면(frontal surface)의 개념을 사용하였다. 1868년 독일의 생리학자·물리학자인 헤르만 폰 헬름홀츠(Hermann von Helmholtz, 1821 ~ 1894)는 불연속의 면이 존재할 수 있다는 것을 보이고, 자전하는 지구상에 한랭기단으로부터 온난기단을 구분하여 지표면의 평형 상태를 나타내는 분석 조건을 연구하였다.

전선은 4개의 그룹으로 분류된다. 즉 한랭전선, 온난전선, 폐색전선, 정체전선이다. 한랭전선(cold front)은 다가오는 한랭기단의 전면 가장자리에 존

14) 1928년의 박사학위 논문에서 기술되었다.

재한다. 이와 마찬가지로 온난전선(warm front)은 다가오는 온난기단의 전면 가장자리에 위치한다. 한랭전선이 온난전선을 따라잡게 되면 두 전선은 겹쳐져 폐색이 된다. 이 결과를 폐색전선(occluded front)이라 부른다. 한랭기단과 온난기단이 서로 대체되지 않는 경우를 정체전선(stationary front)이라 한다.

빌헬름 비야크네스의 아들인 야코브 비야크네스가 1918년 가을, 박사학위 논문으로 쓴 〈이동하는 저기압의 구조에 관하여(*On the Structure of Moving Cyclones*)〉가 1919년 『Geofys. Publ.』에 실렸다. 여기에서 그는 유명한 전선 저기압 모델을 제시하였다(〈그림 7-12〉). 그는 이 모델에서 전선을, 저기압 중심의 북쪽과 서쪽에 자리 잡은 한랭공기와 남쪽과 남동쪽의 온난역 내의 온난공기를 분리하는 경계면으로 가정하여 설명하였다. 이러한 전선 경계면은 1903년 오스트리아 기상학자인 막스 마르굴레스(Max Margules, 1856 ~ 1920)가 유도한 공식에 따라, 한랭공기와 함께 아래쪽으로 경사를 이룬다고 가정되었다. 야코브 비야크네스는 더 나아가 그의 논문에서, 온난공기는 경사를 이루는 전선면을 따라 상승하면서 전선 주위에 구름 띠를 만들어 강수를 일으키고, 반면에 한랭공기는 하강하여 지상에 펴져나간다고 설명하였다. 그는 이러한 연직 운동이 위치에너지를 감소시키고 위치에너지의 감소가 저기압의 운동에너지 형성을 설명할 수 있다는 것을 알아차렸다. 이것은 15년 전에 발표된 마르굴레스의 이론과 일치하였다. 야코브 비야크네스는 또한 그의 논문에서 하나의 저기압이 서쪽에 멀리 떨어진 새로운 저기압의 온난전선으로 제공된 후 길게 뻗은 한랭전선을 동반하면서 동일한 경로를 뒤따르는 저기압 시리즈의 개념을 언급하였다. 그는 심지어 대기 대순환에서 저기압의 역할에 대해서도 논의하였는데, 한대 지역과 적도대 사이의 공기 교환에 연관되는 것이 저기압의 역할이라고 생각하였다. 전체적으로, 야코브 비야크네스의 여덟 페이지짜리 짧은 논문에는 매우 흥미있는 사고와 제안이 풍부하게 담겨 있었다. 이 논문은 20세의 젊은이가 유럽의 제한적인 부분에서 그려진 일기도를 연구한 지 불과 수개월 만에 이룬 환상적인 업적이었다.

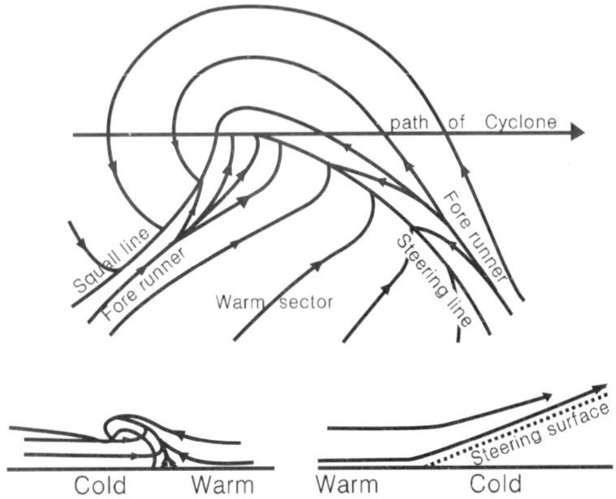

〈그림 7-12〉 야코브 비야크네스가 1919년 발표한 전선 저기압 모델. 아직은 전선이란 용어가 등장하지 않고 있다.

1923년 야코브 비야크네스와 할보르 쇨베르그는 저기압계의 생존 주기에 관한 이해력 있는 설명을 담은 〈저기압의 생존 주기와 대기 순환의 한대전선 이론(*Life cycle of cyclones and the polar front theory of atmospheric circulation*)〉이란 논문을 발표하였다. 그들의 한대전선 이론에 따르면, 파동 저기압은 보통 위도 60° 부근에 나타나는 정체전선인 한대전선(polar front)을 따라서 발달하기 시작한다. 파동 저기압이 발달하는 일련의 단계를 〈그림 7-13〉에 제시하였다.

〈그림 7-13(a)〉는 정체전선으로, 한대전선의 일부를 보여 주고 있다. 그림에서 보면 한랭공기는 북쪽에, 온난공기는 남쪽에 위치해 있다. 전선을 따라 공기가 흐르지만 방향은 정반대이다. 그런데 어떤 조건에서 전선상에 파동 모양의 비틀림이 형성된다(〈그림 7-13(b)〉). 이것은 전선파(frontal wave)라 불리는 파동의 형성을 이끈다. 전선파 내에서 한랭전선은 남쪽을 향해 움직이고 온난전선은 북쪽

으로 이동한다(〈그림 7-13(c)〉). 기압이 가장 낮은 곳은 두 전선이 만나는 곳이다. 한랭공기가 한랭전선을 따라 위쪽에서부터 온난공기로 대체되기 때문에 좁은 강수대가 형성된다. 한랭전선과 온난전선 사이의 온난공기 지역은 온난역(warm sector)이라 부른다. 더 빠르게 움직이는 한랭전선은 온난역을 압착하고 결국에는 온난전선을 따라잡는다(〈그림 7-13(d)〉). 그리하여 저기압계는 폐색이 된다(〈그림 7-13(e)〉). 이 시점에서 저기압계는 보통 가장 강력하지만 천천히 저물어간다. 이 마지막 소멸 단계를 〈그림 7-13(f)〉에서 볼 수 있다.

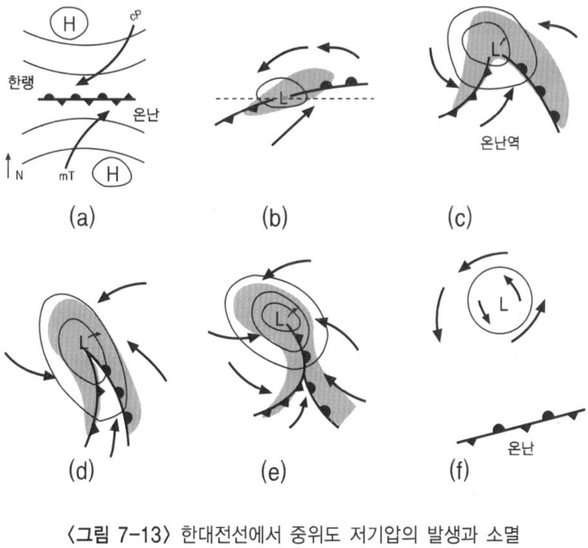

〈그림 7-13〉 한대전선에서 중위도 저기압의 발생과 소멸

한랭전선에서는 더 한랭하고 밀도가 큰 공기가 보다 온난한 공기 밑을 파고 들어가 온난공기가 상승하도록 힘을 가한다. 전선 가장자리는 1 : 50의 경사를 가진다. 가파름의 정도는 지상 부근의 흐름에 나타나는 마찰에 기인한다. 습윤하고 불안정한 공기가 상승하게 되면, 수증기는 응결하여 일련의 적운(Cu), 적란운(Cb), 고적운(Ac)을 만든다. 강한 상층의 바람은 권층운(Cs)과 권운(Ci)를 날려 온난전선의 전면에까지 도달하도록 한다(〈그림 7-14〉).

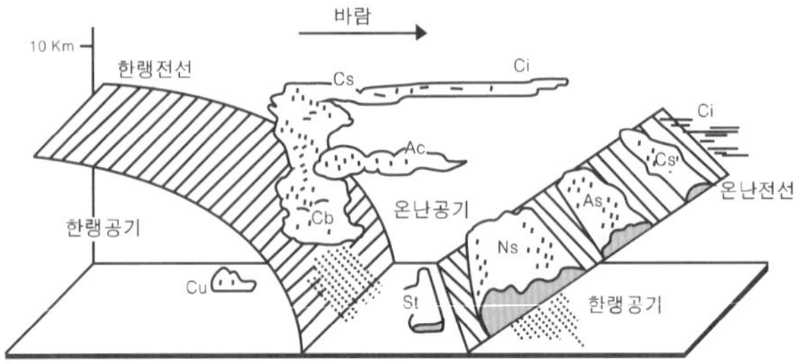

〈그림 7-14〉 전선 상에 발생하는 구름

더 한랭한 공기 위를 타고 올라가는 보다 온난한 공기는 온난전선을 만든다. 온난전선의 가장자리는 덜 가파르다(1:100). 온난전선 후면의 지표면 부근에는 층운(St)이 관측된다. 층운은 이슬비를 만들 수 있다. 온난전선을 따라 상승하는 공기는 난층운(Ns)을 형성하여 넓은 지역에 비 또는 눈을 내리게 한다. 전선을 따라 멀어지면 구름은 점차 고층운(As)으로 변환되고 더 멀어지면 엷은 흰 베일의 권층운(Cs)이 나타난다. 전선면의 꼭대기에는 보통 권운(Ci)이 존재하게 된다.

빗방울이 매우 커지면 떨어지게 되는데 대부분 고도 3 km 전에 깨어지고 증발하게 된다. 이는 그 밑면이 3 km 이상 되는 구름에서 만들어지는 빗방울은 지표면에 도달하지 못한다는 것을 의미한다. 결과적으로 전선면이 1:100(3 km : 300 km)으로 경사져 있는 경우, 전선상의 강우띠는 대개 온난전선으로부터 300 km 이상은 확장되지 못한다.

한랭전선은 온난전선보다 더 빠르게 움직이기 때문에 결국에는 온난전선을 따라잡아 폐색전선을 형성한다. 폐색되는 기단의 온도에 따라 대기 내에서는 2가지 형의 폐색전선이 관측된다(〈그림 7-15〉). 한랭형 폐색(cold-type occlusion)은 한랭전선 아래의 공기가 온난전선 아래의 공기보다 더 한랭할 때 일어난다. 반대로 온난형 폐색(warm-type occlusion)은 한랭전선 아래의 더 온난한 공기가 온난전선 아래의 보다 한랭한 공기 위를 타고 올라가는 경우에 형성된다. 아시아 지역에서는 한랭형 폐색이 일반적이지만 온난형 폐색도 유럽과 북서 태평양의 서해안 북쪽 지방에서 자주 발견된다.

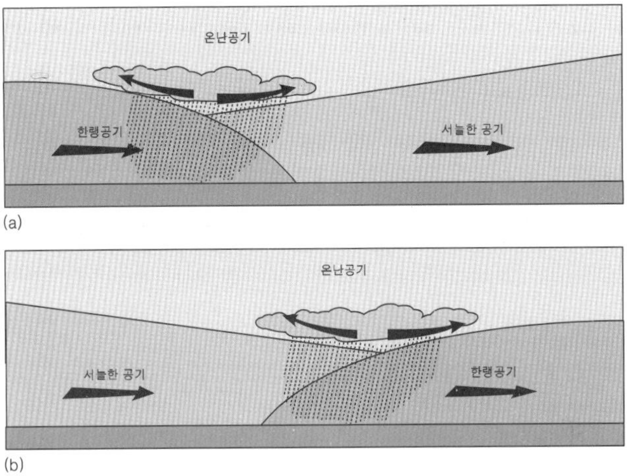

〈그림 7-15〉 (a) 한랭형 폐색전선과 (b) 온난형 폐색전선

2) 기압장과 바람

1857년 네덜란드의 기상학자·지질학자·수학자인 크리스토포로스 바이스발로트(Christophorus Buys-Ballot, 1817 ~ 1890)는 '바이스발로트의 법칙(Buys-Ballot's law)'이라 알려진, 지표면 부근의 바람의 방향과 기압장을 관련짓는 간단한 경험 법칙을 도입하였다.

자유 대기 내의 지균풍에 바이스발로트 법칙을 적용하면, 이 바람은 북반구에서는 우리가 바람을 등지고 서 있을 때 저기압을 왼쪽에 두고 등압선에 평행하게 분다(〈그림 7-16(a)〉). 그러나 남반구에서는 반대가 된다. 지상풍인 경우에는 북반구에서 바람을 등지고 있을 때 저기압을 왼쪽에, 고기압을 오른쪽에 두고 등압선과 각을 이루면서 분다(〈그림 7-16(b)〉). 남반구인 경우 저기압 지역은 오른쪽에 위치한다. 그러나 이 법칙은 코리올리 힘이 아주 작은 적도 지역에서는 적용되기 어렵다.[15] 그런데 이 법칙을 이론적으로 설명한 최초의 사람은 미국의

15) 윤일희, 2004 : 현대 기후학, 208-210. 시그마프레스.

기상학자인 윌리엄 페렐로, 그는 바이스발로트보다 몇 개월 빨리 동일한 결론을 얻었다. 이런 사실을 알았을 때, 바이스발로트는 페렐이 자신보다 앞서 그 법칙을 발견했다는 점을 자인하였지만, 때는 이미 늦어 버렸다. 그리하여 '페렐의 법칙(Ferrell's law)'으로 알려졌을 그것을 보통 우리는 바이스발로트의 법칙이라 부르고 있다.

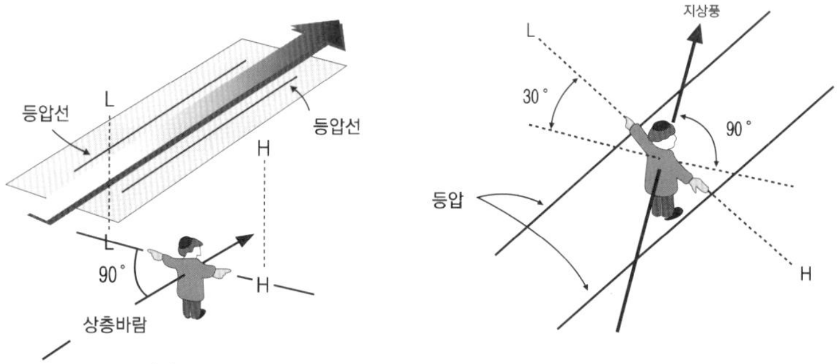

(a) 상층 (b) 지상

〈그림 7-16〉 북반구에서의 바이스발로트의 법칙의 적용. (a)는 상층이고 (b)는 지상이다.

윌리엄 페렐은 기단이 수평 기압경도력에 의해서 밀려 움직이게 될 때 그것은 초기에 저기압 지역(〈그림 7-17〉의 V_1)으로 움직인다는 것을 발견하였다. 움직이는 공기 덩이는 즉시 코리올리 힘(〈그림 7-17〉의 C)의 영향을 받아 방향이 변하게 된다(〈그림 7-17〉의 V_2와 V_3). 공기는 기압경도력과 코리올리 힘이 평형 상태를 이룰 때까지 방향이 변한다. 평형 상태의 결과로 나타나는 바람은 등압선을 따라 불게 되고(〈그림 7-17〉에서 1000 hPa, 1004 hPa로 붙여진 선) 이를 지균(geostrophic)이라 부른다. 이 용어는 1916년 영국의 기상학자인 네이피어 쇼가 명명한 것으로, 그리스어인 'ge(the Earth)'와 'strephein(to turn)'에서 유래되었다.

지표면 부근의 바람은 마찰에 의해서 지균풍보다 풍속이 느리게 나타난다. 마찰력이 존재하면 기압경도력과 코리올리 힘이 평형을 이루지 않기 때문에 고기압에서 저기압으로 향하는 바람은 약 10° ~ 50°의 각을 가지고 등압선을 횡단하여 불게 된다. 지상 1 km 이상의 상층에서의 바람은 바이스발로트의 법칙에 따르고 결과적으로 지균풍으로 간주된다.

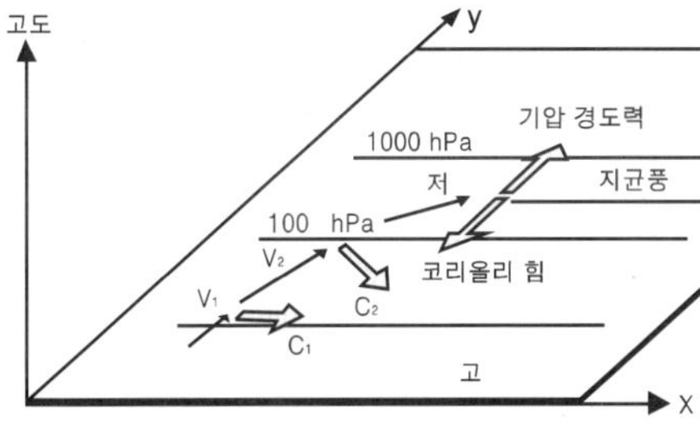

〈그림 7-17〉 지균 평형

등압선이 많이 굽은 경우, 기압경도력, 코리올리 힘, 마찰력 사이의 평형은 원심력을 만든다. 북반구에서의 원심력은 고기압계 내에서는 반시계 방향의 순환을 일으킨다. 지상 부근에서 바람은 등압선을 횡단하고 고기압에서 저기압 쪽으로 향하게 된다(〈그림 7-18〉). 이때, 저기압 중심으로 향하여 안쪽으로 들어가는 운동을 수평 수렴(horizontal convergence)이라 부른다(〈그림 7-18(a)〉). 반대로 고기압 중심에서 바깥으로 나오는 흐름을 수평 발산(horizontal divergence)이라 한다(〈그림 7-18(b)〉).

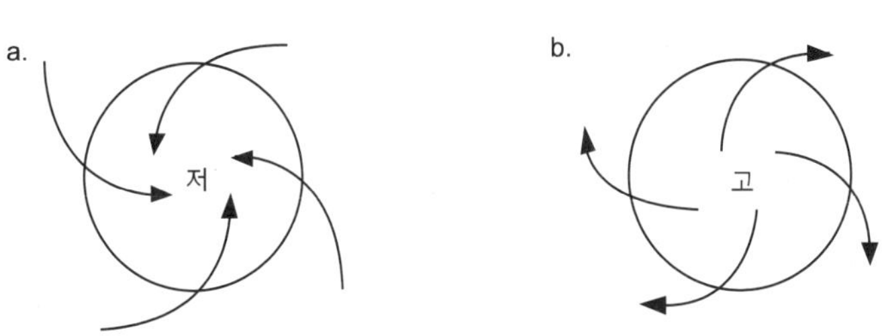

〈그림 7-18〉 북반구에서 (a) 저기압 중심의 수평 수렴과 (b) 고기압 중심의 수평 발산

저기압 시스템 내에서 지상 부근의 수평 수렴은 중심 방향으로 공기를 축적한다. 안쪽으로 흐르는 공기를 제거하기 위해서 매우 느리지만 지속적인 상승 운동이 일어나게 된다(〈그림 7-19(a)〉). 반대로 지상 부근의 수평 발산을 보상하기 위해서 하강하는 공기 흐름이 나타난다(〈그림 7-19(b)〉).

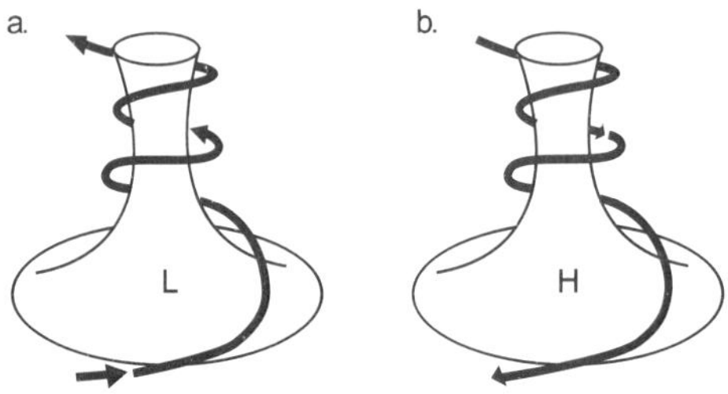

〈그림 7-19〉 (a) 저기압과 (b) 고기압 중심에서의 연직 운동

3) 소용돌이도

스위스의 수학자·물리학자인 레온하르트 오일러와 프랑스의 과학자인 장 르 롱 달랑베르는 수학 항을 발명한 것으로 칭송을 받을 만하다. 이것은 후에 소용돌이도(vorticity)로 알려지게 되었다. 지구상 대부분의 유체 현상은 자전을 포함하기 때문에 소용돌이도의 개념은 복잡한 대기 운동을 설명하는 데 유용하다.

소용돌이도는 유체의 부분들이 서로 다른 양으로 다르게 움직이기 때문에 발생한다. 소용돌이도를 정의하기 위해서, 상호관계가 있는 두 개의 수직 극미량 유체 사이의 십자 모양의 원소 '+'가 고려된다. 각 속도의 합을 소용돌이도라 부른다. 소용돌이도는 자전축의 방향에 의존하므로 벡터양이다. 기상학에서 보통은 소용돌이도의 연직 성분만을 고려한다. 유체가 반시계 방향으로 회전하는 경우를 양의 소용돌이도(저기압성 소용돌이도), 시계 방향으로 회전하는 경우를 음의 소용돌이도(고기압성 소용돌이도)라 한다.

실험실 조건에서 축 주위의 소용돌이도는 간단한 소용돌이도계(vorticity-meter)로 측정된다. 이것은 연직 튜브에 직각으로 부착된 4개의 고체 날개로 구성되어 있다. 화살은 튜브 꼭대기에 붙어 있고 바람개비와 일치하는 수직 유체 선의 쌍의 평균 각속도로 회전한다.

지구는 자전하기 때문에 지구 또한 소용돌이도를 가진다. 북반구에서 지구는 연직 축에 대해서 반시계 방향으로 회전하기 때문에 소용돌이도가 항상 양이다.

지구 소용돌이도의 양은 위도에 따라 다르게 나타난다. 만약 소용돌이도계를 북극에 설치한다면, 소용돌이도계는 연직 축에 대해서 하루에 한 번 도는 속력으로 회전하게 될 것이다. 이런 이유로, 지구 소용돌이도는 지구 각속도의 두 배와 같다고 정의할 수 있다. 만약 소용돌이도계를 적도에 설치한다면, 그것은 연직 축에 대해서 회전하지 않을 것이다. 절대 소용돌이도(absolute vorticity)는 지구 소용돌이도와 지구에 상대적인 공기의 소용돌이도의 합으로 정의된다.

소용돌이도의 개념은 대기 내에 일어나는 많은 현상을 설명하는 데 유용하다. 예를 들면, 이것으로 로스비파의 발달을 설명할 수 있다. 지상 5 km 상공의 대류권 중간에 존재하는 공기 덩이(〈그림 7-20〉의 '1' 지점)를 생각해 보자. 기상학자들은 그러한 공기 덩이는 절대 소용돌이도가 보존된다는 것을 발견하였다. 공기 덩이가 극 쪽으로 향하게 되면 그 지역에서는 지구 소용돌이도가 증가한다. 절대 소용돌이도를 유지하기 위해서, 공기 덩이의 상대 소용돌이도는 감소해야 한다. 결과적으로 '2' 지점에서 공기 덩이는 시계 방향으로 방향을 틀어 남쪽으로 향하게 된다. 그러면 공기는 지구 소용돌이도가 더 작은 지역으로 움직이게 되고 그 결과 공기 덩이의 상대 소용돌이도는 증가해야 한다. '3' 지점에서 공기 덩이는 반시계 방향으로 틀어 '4' 지점에서 다시 극 쪽으로 향하게 된다.

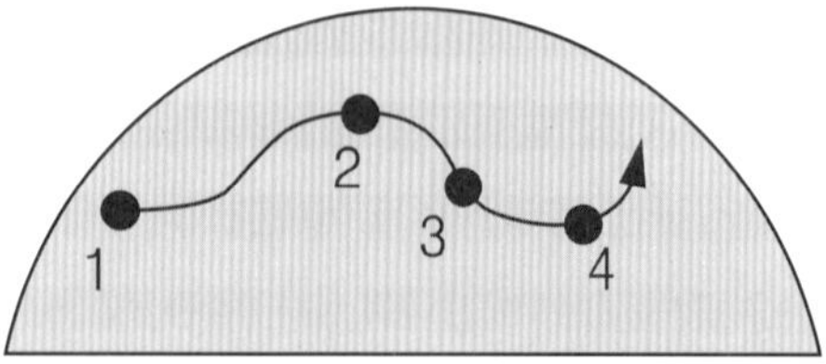

〈그림 7-20〉 로스비파의 궤적

다음은 반시계 방향으로 회전하는 공기의 질량을 고려할 때, 그것은 양의 상대 소용돌이도를 가진다(〈그림 7-21〉). 공기 질량은 중심으로 수렴하고 올라간다고 가정하자. 각운동량 보존의 법칙을 따르면, 공기 질량, 속도, 중심축으로부터의 거리의 곱은 일정하다. 그러므로 중심으로부터의 거리가 감소하면 공기를 회전시키는 속도는 증가해야 한다. 이는 수렴하는 공기의 상대속도 또한 증가하여 더욱 더 양의 소용돌이도를 나타낸다는 의미이다.

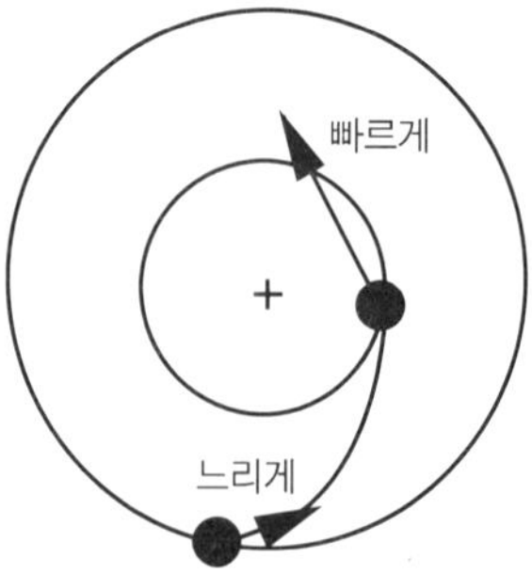

〈그림 7-21〉 양의 소용돌이도를 가지는 경우, 중심으로 나타나는 공기의 수렴

8. 토네이도

자연에서 발생하는 가장 강한 바람인 토네이도(tornado)는 전 세계적인 현상이다. 〈그림 7-22〉에 제시된 바와 같이, 실제로 토네이도는 남극 대륙을 제외한

모든 곳에서 보고되고 있다. 미국 중부 지방에서 가장 극심하게 발생하나 신문 보도나 역사적인 기록에서 볼 수 있듯이 토네이도는 모든 곳에서 발생하고 있다.[16)]

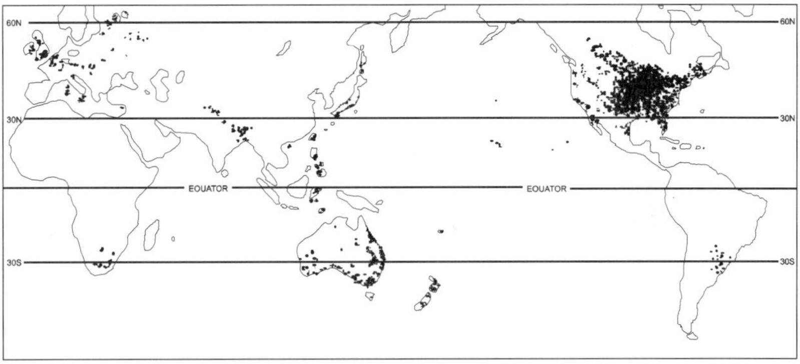

〈그림 7-22〉 전 세계의 토네이도 발생 장소

'tornado'란 단어의 어원은 스페인어 '*tronada*'[17)]가 변형된 것으로 뇌우라는 의미를 가진다. 이 단어는 스페인어 '*tornado*'[18)]에 의해서 영향을 받고 있다. 그런데 이 단어가 스페인어의 어원을 가지고 있음에도 불구하고 1차 세계대전 이전에 스페인에서 토네이도가 발생했다는 기록이 없는 것은 매우 흥미로운 일이다. 그러나 몇 개의 인상적인 용오름(*waterspout*)은 기록되어 있다. 추측해 보건대 아마도 현재의 단어는 1700년대 스페인의 탐험가들이 미국 대평원 남부 지역에 들어가 그곳에서 이 현상을 만나게 되면서 만들어 낸 것이라 생각된다. 또한 흥미로운 것은 세계 여러 나라의 언어에 이 현상을 설명하는 많은 용어들이 있다는 것이다.[19)] 그것들 중 몇 개를 [표 7-1]에 제시하였다.

---

16) Fujita, T. T., 1973 ; Tornadoes around the world. *Weatherwise*, 26, 56-62
17) 천둥이라는 뜻의 라틴어 '*tonare*'에서 기원한 것으로 여성형은 '*tronada*', 과거분사는 '*tronar*'이다.
18) 라틴어 '*tornare*'로부터 바뀌어 과거분사가 '*tornar*'가 되었다.
19) Snow, J. T. and A. L. Wyatt, 1997 : Back to basics: The tornado, Nature's most violent wind: Part 1 - World-wide occurrence and categorisation. *Weather*, 52, 298-304

[표 7-1] 여러 나라에서 토네이도를 부르는 이름

나 라 명	이 름
루마니아	ciclon
이탈리아	tornado, tromba, ciclone
프랑스	tornade
스페인	tornado
포르투갈	tufao, furacao, tornado, ciclone
노르웨이	hvirvelstorm, tornado
스웨덴	tornado, virvelstorm
덴마크	hvirvelstorm, tornado
독일	tornado, Wirbelstrum
세르비아-크로아티아	tornado
폴란드	orkan, wielki wicher
터키	Kasirga, tayfun
한국	용오름, 토네이도
일본	tatsumaki
중국	jufeng, longjuanfeng
하와이	Makani ka'a wiliwili

토네이도는 자연이 만들어 내는 가장 강력한 바람(143 $m \cdot s^{-1}$)이다. 즉, 대기 중에 나타나는 강력한 소용돌이의 한 예이다. 토네이도는 150 ~ 600 m 정도의 폭을 가지고 시속 45 km로 지상에서 26 km 정도 이동한다. 악 뇌우에서 강력한 소용돌이(vortex)가 내려오기 때문에(깔때기 구름) 기압 경도가 커서 주변 지역을 파괴하며 굉장히 시끄러운 소리를 동반한다. 깔때기 구름은 소용돌이 튜브와 아주 낮은 기압을 직접적으로 표시하는 것이다. 급격하게 움직이는 뇌우 속의 깔때기 구름은 기울어지거나 가늘게 길어질 수 있다. 그 결과 소용돌이도는 강화되어 잠재적으로 놀랄 만한 회전 운동을 만든다.

토네이도는 주로 미국에서 많이 발생한다. 토네이도는 1년 내내 발생하지만 주로 봄에 발생한다. 가장 활동이 많은 시기는 4월로, 미국에서만 보통 170개 정도가 보고되고 있다. 토네이도는 전형적으로 하루 중 오후 또는 이른 저녁에 발생하는 악 뇌우에서 만들어진다. 그것들은 평균 시속 50 km로 움직이지만 그 이상의 속도로도 움직인다고 보고되고 있다. 그것들의 평균 경로는 200 m의 폭을 가지며 15 km 정도이다. 토네이도는 비행기 또는 열차 소리와 같은 굉음을 발생시킨다. 미국에서는 토네이도로 인해 연평균 100여 명의 사망자가 발생한다.

토네이도 피해의 대부분은 강력한 바람에 의해서 일어난다. 예를 들면, 1879년 캔자스 주에서는 토네이도로 철교가 뽑혀 나갔다. 1925년 3월 18일 미주리 주, 일리노이 주, 인디아나 주를 휩쓴 토네이도는 3시간 30분 동안 350 km를 진행하면서 689명의 사망자와 2,027명의 부상자를 낳고 1,700만 달러의 재산 피해를 입혔다. 1931년에는 미네소타 주에서 발생한 토네이도가 하나의 무게가 70톤인 5량의 열차를 들어올려 30 m 밖으로 던져 버렸다. 1955년에 일리노이 주에서 포효한 토네이도는 사람 2명이 타고 있는 승용차를 들어올려 30 m 이상 던져 버렸다. 1974년 4월 3일과 4일, 148개의 토네이도가 13개 주를 덮친 'super outbreak' 동안 300명 이상의 사람이 죽었다. 오클라호마 주는 가장 많은 수의 토네이도가 발생한 곳이다. 1953년부터 1976년의 기간 동안, 1,326개의 토네이도가 오클라호마 주에서 발생하였다.

토네이도는 보통 그 피해 정도로 풍속을 추정하여 3가지(약한, 강한, 그리고 맹렬한 토네이도)로 나눈다.

약한 토네이도(weak tornado; 풍속이 18 ~ 50 $m \cdot s^{-1}$, 이런 풍속은 태풍이 육지에 상륙할 때 나타나는 풍속 범위에 속한다)는 전형적으로 난류가 존재하지 않는 단일 깔때기 구름을 가지며 그 모양은 평탄한 지표 위에 좁고 긴 깔때기를 뒤집어 놓은 것 같다. 응결 깔때기는 보통 지면에 도달하지 않으나 일부 물질들은 지표면으로부터 쳐 올려질 수 있다. 연직 풍속은 중심축을 따라 가장 크게 나타난다. 약한 토네이도의 스케치를 〈그림 7-23〉에 제시하였다.[20] 이런

---

20) Fujita, T. T., 1971 : Proposed mechanism of suction spots accompanied by tornadoes. In: *Proceedings of 7th Conference on Severe Local Storms, Kansas City, Missouri*, American Meteorological Society, Boston, MA, 208-213

경우 빌딩의 피해는 약하거나 중간 정도이고 사망자는 보통 보고되지 않는다. 약한 토네이도는 미국에서 보고되는 토네이도의 75에서 80 %를 차지하며, 전 세계에서 보고되는 것 중에서도 가장 많은 부분을 차지한다.

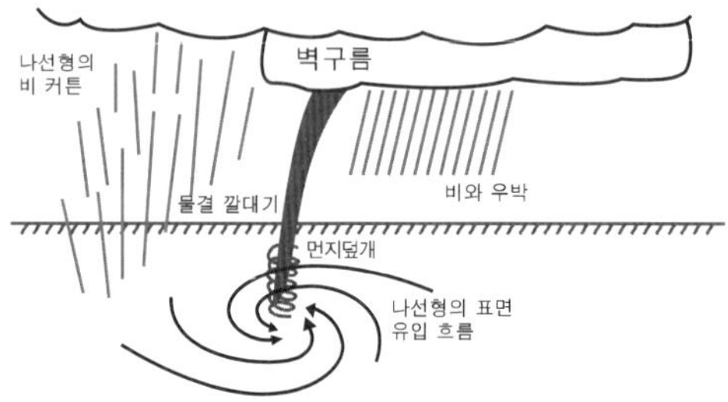

〈그림 7-23〉 약한 토네이도의 스케치

강한 토네이도(strong tornado; 풍속이 50 ~ 92 $m \cdot s^{-1}$)는 보통 넓은 기둥의 깔때기 구름을 가진다. 흐름은 보통 난류이기 때문에 깔때기의 지표면 모양은 가로로 흔들리거나 끓어오르는 것같이 보인다. 연직 풍속은 중심축 주변의 원기둥 고리 내에서 가장 세게 나타난다. 보통 이 축을 따라서 풍속이 감소한다. 때때로 지면과 접촉하는 토네이도 핵 내에서 흡입 소용돌이(suction vortex)를 볼 수 있다. 이 부속 현상은 잘 이해되지 않고 있으며 토네이도 내에서 가장 풍속이 강한 것으로 나타난다. 강한 토네이도의 피해 범위는 보통에서부터 심한 정도까지 나타난다. 그것은 많은 사망자를 낳으며, 튼튼하게 지어진 빌딩만이 이런 센 풍속에 견딜 수 있다. 강한 토네이도는 미국에서 매년 보고되는 전체 토네이도의 20 ~ 25 %를 차지하는데, 북미 대평원 이외의 지역에서 발생하는 경우는 극히 드물다. 역사적인 기록에 의하면 매년 5개 또는 6개 정도가 발생한 것으로 나타나고 있다.

맹렬한 토네이도(violent tornado; 풍속이 92 ~ 143 $m \cdot s^{-1}$)는 위쪽으로 회전하는 공기들의 고리로 둘러싸인 비교적 바람이 없고 분명한 눈을 가지는 중심핵을 지니고 나타난다. 눈에서의 공기는 하강 운동을 한다. 비 회오리 공기가 지면 근처의 핵 내에 존재하는 저기압에 반응하여 뇌우의 상부에서 내려온다.

지면에서 이 내부 흐름은 바깥쪽으로 향하게 되어 소용돌이 핵의 바깥쪽으로부터 들어오는 주 유입 흐름과 만나게 된다. 이렇게 결합된 흐름은 중심 하강 흐름 주변에 존재하는 원기둥 모양의 덮개 내에서 회전하고 회오리쳐서 위로 올라가게 된다. 이 덮개 내에서 2개 내지 3개의 2차 소용돌이가 형성된다. 공기는 이들 소용돌이의 나선형 축을 중심으로 급격하게 회전하면서 나선형으로 위로 올라간다. 동시에 이들 2차 소용돌이는 토네이도의 중심선에 대하여 회전한다. 작지만 강력한 2차 소용돌이들은 모서리 지역에서 발생하며 이들을 흡입 소용돌이라 부른다. 맹렬한 토네이도의 구조는 〈그림 7-24〉에 스케치되어 있다. 2차 소용돌이 내의 풍속은 $135\ \mathrm{m \cdot s^{-1}}$ 이상으로 나타난다. 이런 풍속 값은 지상에서 가장 강한 것으로 알려져 있다. 이런 강한 풍속은 믿을 수 없을 정도의 피해를 초래한다. 구조물을 아무리 튼튼하게 짓는다 하더라도 이런 풍속에서는 건물의 주춧돌밖에 남지 않을 것이다. 맹렬한 토네이도가 인구 밀집 지역으로 이동하면 많은 인명 피해가 발생할 것이다. 그렇기 때문에 비록 맹렬한 토네이도가 매우 드물게 발생하더라도(미국에서는 매년 10 ~ 20 %), 사망자의 대부분은 여기에서 나온다. 도시 지역에 맹렬한 토네이도가 이동하면 재난이 발생하기 때문에 토네이도 연구의 초점은 오래전부터 이 맹렬한 토네이도에 맞추어져 있다. 이런 강도의 토네이도는 미국을 제외하고는 세계 어느 곳에서도 좀처럼 일어나지 않는다.

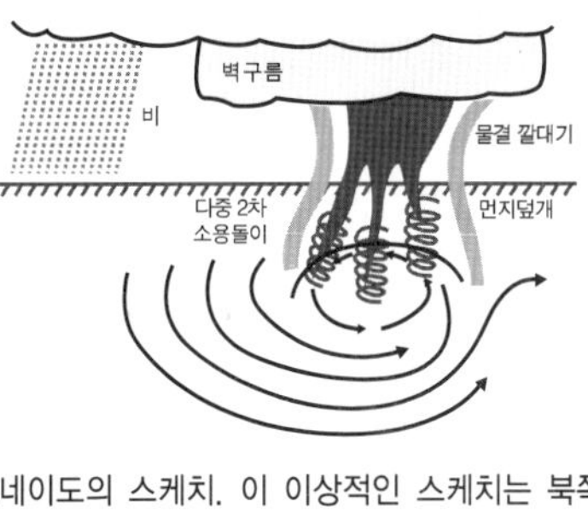

〈그림 7-24〉 맹렬한 토네이도의 스케치. 이 이상적인 스케치는 북쪽을 바라보면서 남쪽에서, 회전하는 지표면 유입 흐름 내의 먼지 띠가 보이는 상공의 한 지점에서 그려진 것이다.

일본 출신의 미국 시카고 대학교 기상학 교수인 테추야 테어도르 후지다(Tetsuya Theodore Fujita, 1920 ~ 1998)는 1971년 미국 기상학자인 알렌 피어슨(Allen Pearson, 1925 ~)과 함께 풍속과 피해액을 토대로 하여 토네이도의 강도를 분류하는 6단계 관측 기준표([표 7-2])를 개발하였다. 이 표는 1916년 이후에 발생한 26,000건의 토네이도를 조사하여 얻은 것이다. 또한 후지다는 1970년대 소형의 토네이도 발생 장치를 고안하였다. 별다른 장식도 없는 이 장치는 상부에 있는 컵 모양의 회전체를 통해 드라이아이스의 증기를 빨아올려서 토네이도와 비슷한 깔때기 모양의 바람의 움직임을 만들어 낼 수 있다.

[표 7-2] 후지다의 토네이도 강도 관측 기준표

등급	풍속($m \cdot s^{-1}$)	피해의 정도
F1	18 ~ 32	가벼운 피해
F2	33 ~ 50	중간 정도의 피해
F3	51 ~ 70	상당한 피해
F4	71 ~ 92	심한 피해
F5	93 ~ 116	놀랄 정도의 피해
F6	117 ~ 142	엄청난 피해

9. 대기권 내의 대류

유체의 연직 운동을 대류(convection)라 한다. 예를 들면 대류는 유체의 얕은 층이 아래로부터 가열되고 위로부터 냉각될 때 발생한다. 그 결과 놀랄 만하게 균일한 패턴을 가진 대류 세포가 존재한다. 이 현상은 1900년 프랑스 물리학자인 앙리 베나르(Henri Bénard, 1874 ~ 1939)에 의해서 최초로 보고되었다.

베나르 세포(Bénard cell)는 뜨거운 커피의 표면에서 쉽게 볼 수 있다(〈그림 7-25〉). 뜨거운 커피를 잔에 붓고 바로 크림을 첨가하게 되면, 세포 구조가 표면에 뚜렷하게 나타나는 것을 관찰할 수 있다. 이런 형태의 대류를 이론적으로 규명한 최초의 사람은 1916년 영국의 물리학자인 레일리 경이었다.

〈그림 7-25〉 뜨거운 커피의 표면에 나타나는 베나르 세포

자연에서 대류는 빈번하게 일어나지만 보통 맨눈으로는 볼 수 없다. 만약 구름이 존재한다면, 고공으로 비행하는 비행기에서 또는 인공위성 사진으로 대기 내의 대류 현상을 관찰할 수 있다. 〈그림 7-26〉은 대기 내에 두루마리 구름의 존재를 가리키는 구름 띠를 잘 나타내고 있다. 1938년 미국의 물리학자·화학자인 어빙 랭뮤어[21]가 호수 표면에서 이와 유사한 형태를 확인하였다(〈그림 7-27〉). 〈그림 7-27〉은 물속의 수평 두루마리 소용돌이에 기인한 거품 띠를 나타낸 것이다.

〈그림 7-26〉 대기의 대류 현상으로 생긴 두루마리 구름

〈그림 7-27〉 어빙 랭뮤어가 발견한 거품 띠로, 물속의 수평 두루마리 소용돌이에 기인한 것이다.

21) 1932년 노벨화학상 수상자로서 '플라스마(plasma)'라는 용어를 처음으로 사용했다.

대류는 지표면의 온도 차이에 의해서 발생할 수 있다. 하나의 예는 바다와 육지의 온도 차이로 인한 것이다. 낮 동안 육지는 바다보다 더 급격하게 가열된다. 반대로 밤에는 육지가 바다보다 더 빨리 냉각된다. 해안을 따라 열적 강제력에 의해서 발생하는 바람을 해륙풍이라 부른다. 낮 동안에는 바다에서 육지 쪽으로 해풍(sea breeze)이 불고, 밤에는 육지에서 바다 쪽으로 육풍(land breeze)이 분다 (〈그림 7-28〉).

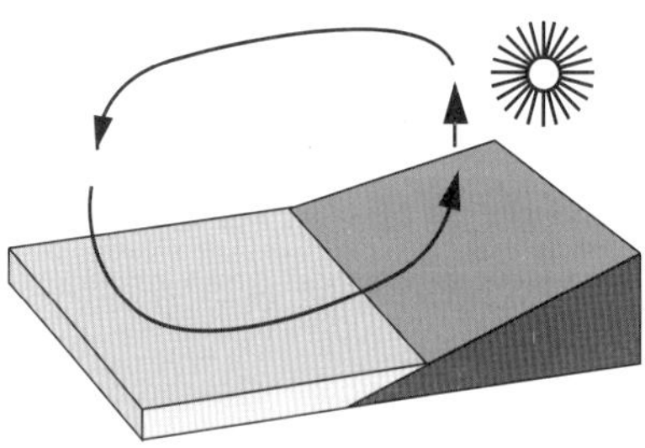

〈그림 7-28〉 해풍 순환

10. 대기 경계층

1904년 독일의 물리학자·유체역학자인 루트비히 프란틀(Ludwig Prandtl, 1875 ~ 1953)[22]은 독일 하이델베르크에서 개최된 3차 국제 수학 총회에서 혁명적인 논문을 발표하였다. 논문 제목은 〈대단히 마찰이 적은 곳에서의 유체 흐름(*Fluid Flow in Very Little Friction*)〉으로 여기에서 그는 경계층 이론(boundary layer theory)을 설명하였다. 즉, 고체 주변의 흐름은 마찰이 중요한 역할을 하는 고체 주변부의 얇은 층인 경계층(boundary layer)과 마찰을 무시할 수 있는 나머지 지역으로 나눌 수 있다는 개념을 도입하였다. 그는 이와 동일한 개념을 대기에 적용했다.

22) 공기역학의 아버지로 불리며 유체역학과 항공역학의 기초를 확립하였다.

대기 경계층(atmospheric boundary layer)은 대기권에서 가장 낮은 층으로 두께는 약 1 km이다. 이 층은 지표면의 성질이 그대로 전달되는 지표층(surface boundary layer)과 높이에 따라 마찰이 감소하는 에크만층(Ekman layer)으로 구분된다. 대기 경계층에서는 열과 질량을 지표면과 집중적으로 교환한다. 대기 경계층 위의 층을 자유 대기(free atmosphere)라 부른다.

대기 경계층은 대단히 실용적이고 과학적인 중요성을 가진다. 모든 사람과 생물들의 활동이 이 층에서 이루어진다. 경계층 내의 물과 열의 전달은 전체 대기권에서 일어나는 다양한 과정을 조절한다.

대기 경계층 내의 흐름은 난류 특성을 지닌다. 난류는 인간 활동의 부산물인 대기 오염물질을 분산시키는 데 필요한 메커니즘의 필수적인 부분이다. 난류는 물의 증발, 안개의 소산, 식물 씨의 분산과 같은 많은 자연적인 과정의 효율성을 높이는 데 결정적인 역할을 한다. 또한 난류는 강철과 콘크리트 구조물에 구조적인 피로를 가하기도 한다(예를 들면, 1940년 'Tacoma Narrows Bridge'가 바람에 의한 진동으로 붕괴되었다).

대기 경계층 내의 풍속은 마찰 때문에 지표면에서는 0으로까지 감소한다. 풍향은 코리올리 힘에 영향을 받아 높이에 따라 변동한다. 노르웨이의 과학자 · 탐험가인 프리티오프 난센(Fridtjof Nansen, 1861 ~ 1930)[23]과 스웨덴의 물리 해양학자인 방 발프리드 에크만(Vagn Walfrid Ekman, 1861 ~ 1930)은 후자의 사실을 발견하였다.

난센은 북극 탐험으로 유명한 탐험가이고 1922년 노벨 평화상을 수상한 사람이다. 그는 1893 ~ 1896년 동안 노르웨이 북 한대 탐험대(Norwegian North Polar Expedition)가 관측한 자료를 조사하여 해빙(sea ice)이 바람의 방향으로 표류하지 않고 풍향에 대하여 오른쪽으로 40° 편향하여 표류한다는 것을 알게 되었다. 이

---

23) 1888년, 1893년, 1895-1896년 등 여러 차례에 걸쳐 북극 탐험대를 인솔했으며, 1900년, 1910-1914년 북대서양에서 해양탐사를 지휘했다. 제1차 세계대전 종전 후에는 구제사업을 펼쳐 1922년 노벨 평화상을 받기도 했다.

관측에 대한 수수께끼를 풀기 위해서 난센은 에크만과 논의하였다. 그들은 해수의 각 층의 움직임이 바로 위층에 의해서 결정되어야 하고, 그 움직임은 코리올리 힘과 마찰력의 평형을 통해 연속적으로 편향된다고 결론지었다. 에크만은 이 현상을 2편의 논문에서 수학적으로 설명하였다. 첫 번째 논문은 1902년에 출판되었다. 두 번째 논문은 1905년 스웨덴의 학술지인 『*Arkiv för Matematik, Astronomi och Fysik*』에 발표한 〈해류에 미치는 지구 자전의 영향(*On the Influence of the Earth's Rotation on Ocean-Current*)〉이란 논문으로, 해류의 아래쪽으로 180°의 전향이 안쪽을 따라 나선(에크만 나선)으로 나타나는 것을 보여 주었다. 에크만의 연구를 기념하여 해양 내의 해류의 나선 모양을 '에크만 나선(Ekamn spiral)'이라 한다(〈그림 7-29〉).

에크만 나선은 또한 대기 경계층에서도 관측된다(〈그림 7-33〉). 북반구에서는 높이에 따라 시계 방향으로, 남반구에서는 반시계 방향으로 5°~45° 나선을 나타낸다. 대기 경계층 내의 나선 효과는 코리올리 힘, 기압경도력, 마찰력 사이의 평형에 의해서 일어난다.

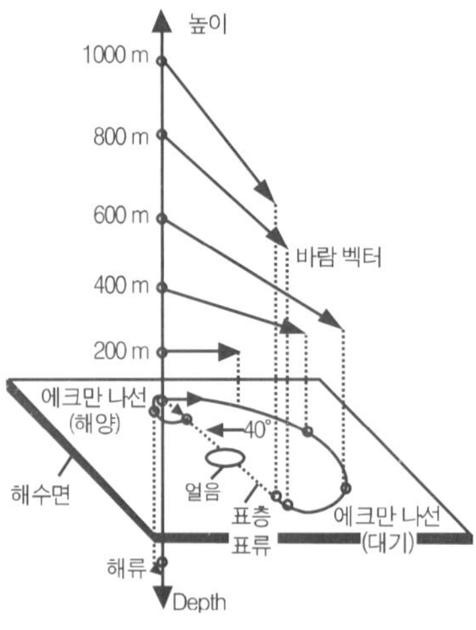

〈그림 7-29〉 해양과 대기에서 나타나는 에크만 나선

11. 허리케인

허리케인(또는 태풍)은 대기 중에 나타나는 극도로 강력하고 생존 기간이 긴 소용돌이의 또 다른 예이다. 'hurricane'이란 용어는 카리브의 악마 신을 뜻하는 'Huracan'에서 유래한다. 허리케인은 온난하고 습기가 많은 열대 해양 경계층 내의 습윤 대류에 의해서 발달하는 이동성 열대 저기압이다. 600 ~ 1,500 km까지 확장하는 가장 발달한 허리케인은 시속 120 km(33 m·s^{-1}) 이상의 바람을 일으키고 호우를 동반한다. 중심 기압은 900 hPa까지 떨어질 수도 있다. 허리케인은 극심한 비, 강한 바람, 연안 지역의 홍수 등을 불러오는데, 이로부터 광범위한 피해가 발생한다.

허리케인은 해수면의 온도가 26.5 ℃ 이상일 때 형성되므로 보통 5월에서 11월까지 발생 가능하다. 소용돌이 운동을 유지하는 코리올리 효과는 허리케인의 형성을 위도 5° ~ 20°(남대서양과 남태평양 동부는 제외)의 열대 해양으로 한정한다.

허리케인은 열대 해양의 열을 대기 운동으로 바꾸는 열기관으로 비유할 수 있다. 단 하루 동안 허리케인에 의해서 만들어지는 에너지는 미국에서 한 해 동안 생산하는 전기 에너지와 맞먹는다. 열기관 사이클은 몇 단계로 구성된다. 첫째, 해수면의 열에너지는 증발에 의한 숨은열로 전환된다. 이 에너지는 열대류의 과정으로 상승하고 숨은열은 수증기 응결에 의해서 대기 중으로 방출된다. 그 결과 대류는 강화되고 구름 꼭대기는 지상 15 km 고도까지 도달할 수 있다. 대류는 허리케인의 중심으로 향하는 보상적인 수평 운동을 일으킨다. 이런 흐름 동안, 각 운동량의 보존으로 공기의 회전 속도는 증가된다.

허리케인의 중앙에는 공기가 서서히 하강하는, 구름이 없는 눈(eye)이 자리 잡고 있다. 눈 주변에는 눈 벽(eye-wall)이라 불리는 강력한 적란운이 발달한다(〈그림 7-30〉). 허리케인 중심 상층부의 기압이 주변보다 더 높아지면 바깥쪽으로 공기를 밀어내게 된다. 쇠모루 모양의 구름 꼭대기들이 합쳐지며 나선으로 회전하는 돔을 형성한다. 허리케인 지상 중심 내의 기압이 낮아지면 해수면이 상승(50 hPa 하강하면 약 0.5 m 해수면 상승)한다. 이런 결과로 폭풍 해일(storm surge)이 바람에 따라 저지대의 연안 지역을 덮쳐 홍수를 유발한다.

허리케인은 열대 요란(tropical disturbance)이라 불리는 국지 폭풍으로 시작한다. 열대 요란은 점차 열대 저압부(tropical depresson)로 성장하여 시속 61 km(17 $m \cdot s^{-1}$) 미만의 바람으로 강해진다. 풍속이 61 ~ 115 km/h 사이일 때를 열대 폭풍(tropical storm)이라 한다. 열대 요란, 열대 저압부, 열대 폭풍 중에서 아주 일부만이 완전히 성숙한 허리케인으로 발달한다. 허리케인이 육지 또는 한랭한 물 위에 상륙하면 에너지를 잃기 때문에 곧 소멸한다.

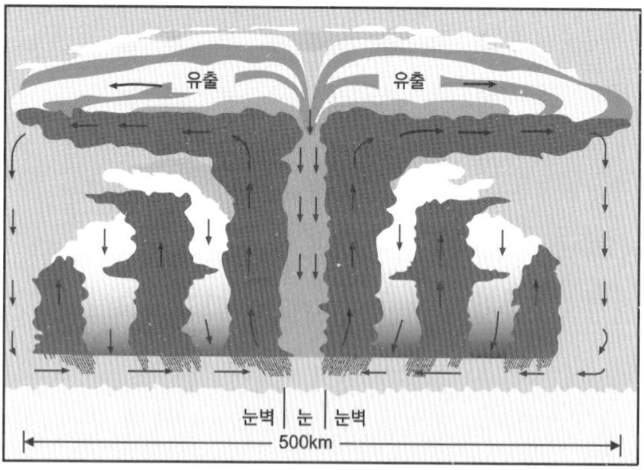

〈그림 7-30〉 허리케인의 내부 구조

12. 날씨를 예보할 수 있을까?

수세기 동안 사람들은 날씨를 예보하고자 노력하였다. 사람들은 예측 가능한 힌트를 찾기 위해서 하늘과 땅의 자연적인 징조를 조심스럽게 관찰하였다. 하늘의 색깔에서부터 식물과 동물의 움직임에 이르기까지 모든 것들을 날씨에 관한 중요한 실마리로 생각하였다. 예를 들면, 공통기원이전 6세기경 중국의 철학자 노자(老子, Laozi, BCE ca. 570 ~ ca. 490)는 그의 저서 《도덕경》에서 "강한 바람은 아침 내내 지속되지 않고 호우는 하루 내내 지속되지 않는다."라고 주장하였다. 공통기원이전 3세기경 고대 그리스 철학자인 아라토스(Aratus of Soli, BCE ca. 315 ~ 240)는 "만약 초승달이 뚜렷하고 깨끗하게 나타나면 날씨가 맑을 것이다. 만약 달 주위에 붉은 빛의 무리가 있으면 바람이 탁월해지지만, 두 가지 모두가 없어지면 호우가 따를 것이다."라고 설명하고 있다. 마태복음 16장에는 다음과 말하고 있다: "저녁 무렵 하늘이 붉으면 날씨가 청명하게 될 것이다. 그리고 아침에 하늘이 붉고 구름이 낮게 깔리면 오늘 날씨는 나쁠 것이다."

날씨에 관한 민간 속담이 많이 존재한다: "붉은 저녁 하늘과 회색의 아침 하늘은 날씨가 좋을 확실한 징조이다", "송어가 높이 뛰어오르면 곧 비가 오게 된다", "음파가 멀리 넓게 퍼지면 폭풍이 일어나게 될 것이다", "새가 낮게 날게 되면, 비바람이 불게 된다." 날씨에 민감하게 반응하는 식물과 동물을 관찰하여 얻은 결과도 있다. 소나무 솔방울은 건조한 날씨에는 열려 있고 비가 오는 날씨에는 닫혀 있다. 청명한 날씨에는 해초가 쭈그러지고 만져 보면 건조하게 느껴진다. 거미는 날씨에 적응하기 위해서 거미줄을 변경시킨다. 예를 들어, 비가 올 위험이 있으면 거미들은 거미줄을 짧게 친다. 반대로 가늘고 길게 늘어진 거미줄 사이로 거미들이 다니면 날씨가 좋을 징조이다.

날씨 예측은 우연이거나 방법을 사용하거나 간에 때때로 성공적이었다. 예를 들면, 1592년 크리스토퍼 콜럼버스는 국지 날씨 징후를 이용하여 아이티(Haiti) 섬에 허리케인이 접근할 것이라는 예측을 믿었다. 1660년 12월 9일 독일의 기상학자인 오토 폰 게리케는 그가 제작한 물 기압계(water barometer)를 사용하여 성공적으로 폭풍을 예측하였다.

구전되는 날씨 지식은 과학적으로 타당하지 않고 보통은 잘못된 것이 많다. 틀리는 경우에는 불평이 배가된다. 영국의 문학가인 제롬 클랩카 제롬(Jerome

Klapka Jerome, 1859 ~ 1927)는 그의 책 《보트 속의 세 남자(*Three Men in a Boat*)》에서 "우리가 괴로움을 받게 됨으로써 모든 것에 분별이 없게 되고 어리석은 행동을 하는 중에서, 이 날씨 예보 사기가 가장 화나게 하는 것이었다."라고 적었다. "날씨 예보란 어제 일어난 또는 내일 일어날 것을 확실하게 알려 주고 오늘 일어날 것을 정확하게 알려 주는 것이다."라고 그는 적고 있다. 미국의 작가인 마크 트웨인(Mark Twain, 1835 ~ 1910)은 "모든 사람들은 날씨에 대해서 논하지만, 날씨에 대한 어떤 것도 정확하게 말하는 사람은 없다."고 적었다. 그래서 사람들은 '날씨에 대해서 어떤 것을 할 수 있을까?', "날씨를 예측할 수 있을까?"라는 의문들을 가지게 된다.

프랑스 수학자인 피에르 드 라플라스는 자연과 날씨의 법칙은 엄격한 결정론과 완벽한 예측 능력을 함축한다고 논하였다. 1776년 에세이 〈확률의 철학(*Philosophique sur les Probabilites*)〉에서 다음과 같이 적고 있다.

> 시스템의 현재 상태는 이전의 순간에서 가졌던 그 무엇의 결과이다. 그리고 만약 우리가 임의의 순간에 이 우주의 존재물의 모든 관련성을 이해할 수 있는 사고력을 가지게 된다면, 과거 또는 미래의 임의 시각에서의 모든 존재물에 대한 위치, 운동, 일반적인 효과들을 진술할 수 있게 될 것이다.

프랑스의 수학자·물리학자·천문학자·과학사상가인 쥘 푸앵카레(Jules Henri Poincaré, 1845 ~ 1912)는 또 다른 견해를 제시하였다. 그는 어떤 시스템 내에서 임의의 작은 불확실성이 시간에 따라 증폭되어 먼 미래에 대한 정확한 예측을 방해한다고 주장하였다. 1908년 그는 자신의 저서 《과학과 방법(*Science et Méthode*)》에서 다음과 같이 적고 있다.

> 만약 우리가 자연의 법칙과 초기 순간의 우주의 상황을 정확히 알고 있다면, 우리는 이어지는 순간에서 동일한 우주의 상황을 정확하게 예측할 수 있을 것이

다. 그러나 자연의 법칙이 이미 우리에게 신비롭게 느껴지지 않는다 하더라도, 우리는 여전히 초기 상황을 개략적으로만 알 수밖에 없을 것이다. 초기 조건에서의 작은 차이는 최종 현상에서는 큰 차이로 나타날 것이다. 전자의 조그만 오차는 후자에게 큰 오차를 만든다. 예측은 불가능해지고 우리는 예기치 않은 현상을 가지게 된다.

미국 MIT 교수인 에드워드 로렌츠(Edward Norton Lorenz, 1917 ~ 2008)는 쥘 푸앵카레의 개념의 타당성을 평가한 최초의 기상학자였다. 1961년 로렌츠는 미국 케임브리지의 MIT에 설치된 로열 맥비(Royal McBee) 컴퓨터를 사용하여 대기 대류에 관한 간단한 수치 모델을 실행하였다. 어느 날, 로렌츠는 그의 모델로 실행한 두 가지 모의를 비교하였다. 첫 번째 모의는 예보 전 기간에 대한 실행이었다. 두 번째 모의에서는 예보 기간은 동일하지만 계산을 두 개로 나누어 실행하였다. 처음 '반' 실행은 짧은 시간 동안 계산되었다. 그런 다음 그 결과는 두 번째 '반'에 대한 초기 조건으로 사용되었다.

한 경우는 한 번에, 다른 경우는 반 나누어서 계산한 두 경우의 모의 결과는 동일할 것이라 예상되었다. 그러나 결과는 완전히 달랐다. 로렌츠는 두 경우의 결과가 아주 다르게 나타난 점에 매우 놀랐다. 왜냐하면 방정식과 계수가 동일했기 때문에, 그는 처음에는 컴퓨터에 이상이 있는 것이라 생각하였다. 부차적인 조사를 행한 후 그는 그렇게 차이가 나는 이유를 발견하였다. 문제는 두 번째 '반' 실행의 초기 조건의 정확성에 의해서 발생된 것이었다. 첫 번째 '반'의 결과는 소수점 아래 6자리 수로 컴퓨터 메모리에 저장되었다. 로렌츠는 시간을 절약하기 위해서 두 번째 '반' 실행의 초기 조건으로 소수점 아래 3자리 수만을 사용하였다. 예를 들면, 0.452385 대신에 0.452를 사용한 것이다.

로렌츠는 두 모의의 두 번째 '반'의 결과들을 조심스럽게 분석하였다. 각 격자점에서 두 모의 결과들은 초기에는 매우 근접했지만 시간이 지남에 따라 점점 더 멀어진다는 것을 알게 되었다. 따라서 그는 수시간에서 수일 정도의 날씨 시스템의 단기간 진전만 정확히 예측할 수 있다고 결론지었다. 수개월에서 수년 정도의 장기간 날씨 행동은 대기 상태를 기술하는 방정식들이 초기 조건에 극도로 민감하기 때문에 예측이 불가능하였다. 나비 정도의 날갯짓도 어떤 점에서는 초기 날씨 조건을 변경시킬 수 있다는 의미에서 이 현상을 '나비 효과(the butterfly effect)'라 부른다. 그러므로 장기간의 예측은 대기의 초기 조건이 무한한 정확성을 가지는 경우에만 가능하게 된다.

1961년 로렌츠는 그의 결론을 담은 논문 〈비 주기성 흐름의 결정(*Deterministic Non-periodic Flow*)〉을 미국 기상학회지인 『*Journal of Atmospheric Sciences*』에 발표하였다. 그의 논문은 20여 년 가까이 주목을 받지 못했다. 그러나 후에 이 논문은 'chaotic system(혼돈된 시스템)'에 관한 연구를 유발했다.

13. 수치 날씨 예보

수학적인 날씨 예보를 향한 최초의 단계는 영국의 기상학자인 루이스 리처드슨에 의해서 확립되었다. 리처드슨은 대기 운동을 나타내는 복잡한 방정식들을 한 단계 한 단계 계산하면 이것들을 풀 수 있다고 믿었다. 그는 자신의 저서 《수치 과정에 의한 날씨 예보(*Weather Prediction by Numerical Process*)》에서 그 아이디어를 설명하였다. 첫 번째 원고는 1916년 5월에 준비되었고 제1차 세계대전 동안인 1916~1918년에 그것을 수정하였다. 1917년 4월 샴페인 전투 때, 작업 중인 원고를 후방으로 보냈지만 분실되었다. 다행스럽게도 몇 개월 후 이 원고는 복구되었다. 마침내 1922년 원고가 인쇄되었다.

그의 아이디어를 실용화하기 위해서, 리처드슨은 전 지구에 산재하는 지상과 상층 기상 측정 자료를 수집하는 약 2,000개의 정규 기상관측소의 자료가 필요하였다. 또한 그는 전 지구를 체커판 모양으로 행과 열을 나누는 것을 계획하였다. 그는 한 열에서 날씨 변화 페이스에 맞추어 예보를 계산하는

데는 32명이 필요하다고 생각하였다. 만약 열의 간격이 200 km라면, 전 세계를 완전히 예보하는 데 2,000열이면 충분하다고 믿었다. 결과적으로 32 × 2,000=64,000명의 계산인원(calculator)이 전 지구의 날씨 예보에 필요한 셈이다. 그러한 계산의 양은 '예보 공장(forecast factory)'을 필요로 하는 것과 같은 것이었다.

리처드슨은 무대가 자리 잡고 있는 공간 주변에 원형의 회랑이 있는 극장 안의 큰 집회장으로 '예보 공장'을 계획하였다. 집회장의 벽에는 지구 전체의 지도가 그려져 있었다. 천장은 북쪽 지역, 어퍼 서클(upper circle)[24]은 적도, 피트(pit)[25]는 남극대륙으로 간주하였다. 날씨 예보를 준비하기 위해서 수천 개의 기계식 계산기를 사용하였다. 각 계산기는 오직 한 방정식 또는 방정식의 일부를 풀도록 계획되었다. 수많은 불빛 신호는 동시에 떠오르는 해를 나타낸 것이었다. 각 숫자는 전달을 유지하기 위하여 3개의 인접 지역에 나타내었다. 고위 직원은 각 지역의 작업을 종합하였다. 피트의 높은 기둥은 집회장 반 정도 높이까지 솟아 있는데, 이 기둥의 꼭대기에는 집회장을 총괄 감독하는 사람이 앉아 있었다. 그의 주변에는 일단의 보조자와 심부름꾼이 자리해 있었다. 리처드슨의 공식적인 임무는 집회장 내에서 이루어지는 계산의 속도를 일정하게 유지하는 것이었다. 이런 목적을 달성하기 위하여 그는 계산이 너무 앞서는 조작자 그룹에게는 붉은빛의 빔을 비쳤고 계산이 뒤처지는 신호 조작자 그룹에게는 푸른빛의 빔을 비췄다.

그의 방법이 타당함을 보여 주기 위해, 리처드슨은 두 개의 격자점에서 예보를 실행하였다. 그는 5개의 원시 방정식을 이용하였다. 즉, 그것은 정역학 방정식, 연속 방정식, 열-에너지 방정식, 2개의 수평 운동량 방정식이며 이들 방정식들을 풀기 위해서 그는 도함수를 유한차분으로 대체하였다.

---

24) 극장 등의 2층 정면석 위의 상층 좌석.
25) 무대의 바로 앞.

$$dF/dt = [F(t+\Delta t) - F(t-\Delta t)]/(2\Delta t)$$

여기서 t는 시간이고 Δt는 시간 증분이다.

그의 연구 결과, 리처드슨은 유한차분 방정식을 채택하고 수치 해를 구하는 방법을 고안하여 미분 방정식을 풀 수 있는 토대를 마련하였다. 리처드슨은 1910년 5월 20일 초기 자료를 선택하였다. 그가 라이프치히 대학교에 재직하는 동안 빌헬름 비야크네스가 작성한 일기도를 자료를 사용하였다.

얻어진 결과는 '대실패'로, 6시간 동안 기압이 145 hPa 증가하는 것으로 나타났다. 리처드슨은 이 실패가 부적절한 상층 바람 자료 때문이라고 믿었다. 그는 자신이 택한 6시간의 계산 간격이 너무 길어 수치 오차가 축적됨으로써 그러한 결과가 초래되었다는 것을 알지 못하였다.

수치 날씨 예보에 대한 리처드슨의 꿈은 최초의 전자계산기인 ENIAC[26]이 만들어진 1940년 중반에 실현되었다. 두 명의 미국인인 존 모클리(John William Mauchly, 1907~1980)와 존 에커트(John Adam Presper Eckert, 1919~1995)에 의해서 제작된 ENIAC은 무게 30톤에 150 m^2의 설치 공간이 필요한 거대한 기계로, 18,000개의 진공관으로 구성되어 있었다. 이 전자계산기의 발명을 전해 들은 기상학자 그룹은 이것을 날씨 예보를 계산하는 컴퓨터로 사용할 것을 제안하였다. 프린스턴 대학교의 존 폰 노이만(John von Neumann, 1903~1957) 교수와 그의 동료들은 이 문제를 연구하기 시작하였다. 첫 번째 테스트는 1950년 5월에 수행되었다. 이것은 미국 시카고 대학교의 기상학자인 줄 차니(Jule Gregory Charney, 1917~1981)에 의해서 고안된 수학 모델에 기초를 두었다. 약 24시간 계산 후의 최초의 수치 날씨 예보는 성공적이었다.

오늘날 컴퓨터는 아주 빨라졌다. 예를 들면, 미국 제품인 'CRAY Y-MP C90' 슈퍼컴퓨터는 1초에 160억 연산이 가능하다. 현대의 24시간 예보는 약

26) 'ENIAC'은 'Electronic Numerical Integrator and Computer'의 머리글자를 딴 것이다.

100억의 산술 연산을 필요로 하기 때문에, 대단히 짧은 시간에 그 결과를 얻을 수 있다.

14. 현대 예보 도구

1) 레이더

현대 기상학은 레이더, 기상위성과 같은 수많은 복잡한 운용 도구들을 사용한다. 최초의 기상 레이더는 1942년 잉글랜드 공학자인 로버트 왓슨-와트에 의해서 만들어졌다. 그리고 최초의 기상위성은 1960년에 발사되었다.

레이더(radar)란 단어는 'radio detection and ranging'의 약어이다. 레이더는 전자기 복사의 수단으로 대기를 감지하는 전자 장비이다. 날씨 레이더(Weather radar)는 매우 짧은 라디오파 펄서 빔을 내보낸다. 빗방울, 눈 결정, 우박, 곤충, 먼지 입자와 같은 대기 중의 물체는 일부 라디오파를 반사하여 라디오 안테나로 돌려보낸다. 되돌아오는 신호를 전자기학적으로 변환시켜 구름의 위치, 형태, 강도, 강수량을 영상으로 보여 준다.

일부 기상 레이더는 반사도뿐만 아니라 되돌아오는 라디오파의 주파수 변화를 감지할 수 있다. 이런 형태의 레이더를 도플러 레이더(Doppler radar)라 한다. 도플러 레이더는, 라디오파를 반사하는 물체가 레이더 안테나로부터 멀어져 갈 때 주파수가 감소하고 물체가 안테나 쪽으로 움직일 때는 주파수가 증가한다는 사실에 기초하여 운영된다. 주파수 편이는 전자기학적으로 변환되어 풍속에 유용한 정보가 될 수 있다.

현재 미국의 경우 130개 레이더 관측소에서 레이더 자료를 제공하고 있다. 이 자료들은 합쳐져 국가 규모와 지역 규모에 대한 한 장의 영상을 보여 준다. 현재 한국에는 기상청 소속의 서울(관악산), 동해, 군산, 부산, 제주도(고산),

백령도, 인천공항, 광덕산, 진도, 면봉산의 10개소에서 레이더 관측소가 운용되고 있다.

2) 기상위성

1957년 10월 4일 러시아는 세계 최초의 인공위성인 스푸트니크(Sputnik) 1호를 발사하였다. 스푸트니크 1호는 세계 최초라는 목적을 달성한 것 이외에도 전리권을 탐사할 목적으로 발사되었다. 대기권을 탐측하는 것이 스푸트니크 1호의 임무 중의 하나였지만 이 위성은 그러한 임무를 오랫동안 수행한 최초의 인공위성이었다. 이 인공위성은 21일 동안 자료를 전송하는 임무를 수행하였지만 1958년 1월 4일까지 궤도 비행을 하였다. 최초의 인공위성이 발사된 지 2년 후인 1959년 10월 13일 미국은 과학위성인 익스플로러 7호(Explorer 7)를 발사하였다. 이 위성은 고층 기상학을 연구하기 위해 고안된 것으로, 측기를 페이로드(payload) 한 최초의 위성이다. 이 이후 일련의 위성들이 지구 대기를 측정하는 데 이용되었다. 이들 중 GOES(Geostationary Operational Environment Satellite), Meteosat, NOAA(National Oceanic Atmospheric Administration) 극궤도 위성은 아마도 현재 운용되는 위성 시스템 중에서 가장 잘 알려진 것이다.

현업 기상학자들은 기상위성으로부터 받는 수많은 영상자료와 숫자자료의 정보에 의존하며 이들 자료들은 수치 예보 모델의 입력 자료로 사용될 수 있다. 기상위성에는 두 가지 형태 즉 정지 기상위성과 극궤도 기상위성이 있다.

세계 최초의 기상위성 목적으로 제작된 극궤도 위성이 1960년 4월 1일 미국에서 발사되었다. 타이로스(Television InfraRed Observation Satellite; TIROS) 1호로 명명된 이 위성은 위성 고도로부터 지구의 구름양을 지도에 나타내는 기술을 선보였다. TIROS 1호는 78일밖에 운영되지 못했지만 위성이 전 지구의 날씨 조건을 조사하는 데 유용한 도구가 될 것임을 증명하였다. 또한 TIROS 1호는 예상하지 못한 방법으로 구름 밴드와 구름 무리를 보여 주었다. 기상학자들은 지상에서 구름을 관측하는 경우에는 볼 수 없는 구름 패턴을 극궤도 위성에서 전송된 텔레비전 영상을 통해 볼 수 있었다. 그 다음 해부터는 모든 사람들에게 텔레비전 구름 영상이 친숙하게 되었다. 타이로스 기상위성이 10회에 걸쳐 발사되었고 에사(Environmental Science Services Administration, ESSA)와 개량형 타이로스 현업 위성(Improves TIROS Operational Satellite, ITOS) 시리즈가 그 뒤를 이었다.

1978년 10월부터 1981년 7월까지 TIROS-N 시리즈의 기상위성들이 발사되었다. 여기서 N의 의미는 이 기간 동안 발사된 NOAA-6와 NOAA-7을 포함하여 차세대 현업 기상위성이란 뜻이다. TIROS-N은 AVHRR(Advances Very High Resolution Radiometer)과 TOVS(TIROS Operational Vertical Sounder)란 측기를 장착하여 비행하였다.

1983년 3월 28일 개량형 TIROS-N(Advances TIROS-N; ATN)의 최초 위성으로 고안된 NOAA-8 위성이 발사되었다. 이들 위성들은 초기 위성들보다는 덩치가 더 크고 전력도 더 많이 가지고 있었다. 미국 해양·대기청(NOAA)은 측기를 개량하여 현재 궤도상에 운영되고 있는 NOAA-14와 NOAA-15를 포함한 ATN 시리즈의 위성들을 계속 운영하고 있다. NOAA-15는 영상과 음향 능력을 개선한 다섯 개의 위성 중 첫 번째 위성으로 다음 세대에도 운영될 것이다.

극궤도 위성은 태양과 직각을 유지하면서 거의 일정한 고도에서 비행하므로 지구 전체를 관측할 수 있다는 장점을 가지고 있다. 극궤도 위성은 하루에 약 14.1회 회전하는 극궤도를 가진다. 하루 동안 선회하는 궤도의 수가 날마다 완전히 일치하지 않기 때문에, 매일 매일 극궤도가 일치하지는 않는다. 극궤도 위성들의 궤도는 830 km와 870 km 사이의 고도로 원형을 이루고 태양동기(sun-synchronous) 공전주기를 가진다. 태양동기 능력은, 각 궤도의 내려오는 노드는 낮 동안 거의 동일한 지방시에서 지구를 보고, 위로 올라가는 노드는 밤 동안 동일한 시간에서 지구를 바라본다는 의미이다.

적도 상공 약 35,800 km 궤도에 위치해 있는 정지 기상위성은 정규적으로 전체 지구 디스크의 영상을 보낸다. 이들 위성 중에는 유럽기상위성기구(EUMESAT)[27]의 미티오샛(Meteosat), 일본 기상청(Japan Meteorological Agency)의 GMS[28]와 MTSAT, 미국 해양·대기청(NOAA)의 GOES 시리즈가 있다. 전체 지구 영상은 30분 간격으로 합성된다.

정지 기상위성은 지구자전율과 일치하는 궤도 주기를 가지는 위성으로 정의된다. 이 주기는 1 항성일로서 23시간 56분 4초이고, 지구상의 임의의 점이 지축을 중심으로 하여 한 바퀴 도는 데 걸리는 시간이다. 이 시간은 1 태양일보다 약 4분 정도 짧다. 정지 기상위성은 지구상의 관측자가 볼 때는 마치 정지하고 있는 것처럼 보인다. 정지 기상위성은 다음의 조건을 만족한다. 첫째, 궤도는 지구정지궤도 상에 위치해야만 한다. 둘째, 궤도는 원 궤도이어야 한다. 셋째, 궤도는 지구의 적도 상공에 위치해야 한다. 정지궤도는 지구정지궤도의 특별한 경우라는 것에 유념할 필요가 있다.

유감스럽게도 정지 기상위성의 고도가 높기 때문에 정지 기상위성의 영상은 극 쪽으로 갈수록 질이 나빠지게 되나, 극궤도 기상위성은 일반적으로 더 좋은 영상을 보여 준다. 그러나 극궤도 기상위성은 궤도 경로가 계속 변화하기 때문에 정지 기상위성과는 달리 한 장소에 대해서 계속적인 관측을 수행하지 못한다는 결점을 가지고 있다. 반면 정지 기상위성은 지상의 한 지점에 관측소를 유지함으로써 자료 분석에 필요한 관측을 집중적으로 계속할 수 있도록 한다. 정지 기상위

27) 유럽기상위성기구(European Organisation for the Exploitation of Meteorological Satellite; EUMESAT)는 현업 기상위성에 대한 유럽 시스템을 개발하고자 1981년 1월에 파리에서 결성된 정부간 기구이다. 이 기구에는 18개의 정회원국과 9개의 준회원 국가가 가입되어 있다. 정회원 국가는 오스트리아, 벨기에, 덴마크, 핀란드, 프랑스, 독일, 그리스, 아일랜드, 이탈리아, 룩셈부르크, 네덜란드, 노르웨이, 포르투갈, 스페인, 스웨덴, 스위스, 터키, 영국이다. 준회원 국가는 슬로바키아 공화국, 헝가리, 폴란드, 크로아티아, 세르비아와 몬테네그로 공화국, 슬로베니아, 루마니아, 체코 공화국, 라트비아이다. 1977년 Meteosat을 발사하였다.

28) 1977년 7월 14일 일본에서 발사한 정지 기상위성(Geostationary Meteorological Satellite; GMS) 시리즈로, 2003년까지 1-5호까지 운용되었다. 동경 140° 적도 상공 약 35,800 km 고도에서 직하점을 중심으로 반경 6,000 km, 지구 면적의 거의 1/4에 해당하는 넓은 범위를 끊임없이 관측하고 있다. GMS에 장착된 복사계는 VISSR(Visible and IR Spin Scan Radiometer)로서 가시영상과 적외선영상을 동시에 촬영한다.

성이 지구 전체를 볼 수 있도록 하기 위해서는 지구정지궤도면이 충분히 높아야 한다. 정지 기상위성은 지상의 고정점에 머물러 있기 때문에 토네이도, 홍수, 우박, 허리케인과 같은 악 기상 조건들의 대기 '유발자(trigger)'들을 감시하는 불침번의 역할을 한다. 따라서 정지 기상위성은 폭풍 발달을 감시하고 그들의 움직임을 추적한다.

또한 정지 기상위성의 영상은 적설량과 눈 덮인 지역을 추정하는 데 사용될 뿐만 아니라 홍수 경보에 해당하는 뇌우와 허리케인의 강우량 추정에도 사용된다. 그러한 자료들은 겨울 폭풍 경보와 봄철 눈 녹임 주의보를 발령하고자 하는 기상학자들에게 도움을 준다. 또한 위성 센서들은 얼음 벌판을 감지하고 해빙과 호수빙의 움직임을 지도에 기록한다.

3) 자동기상관측기

현재 정규적인 기상관측에서 자동기상관측기(Automatic Weather Stations; AWSs)로 많은 부분이 대체되고 있다. 자동기상관측기로 대기 현상을 관측하는 곳을 자동기상관측소라 한다. 자동기상관측기의 역사는 잉글랜드의 수학자·건축가·천문학자인 크리스토퍼 렌이 1663년 12월 9일 영국학술원에 제출한 〈날씨 자동기록기의 기술(*Description of weather clock*)〉이라는 문건으로부터 시작된다. 하지만 실제로 '날씨 박식기(Weather wiser)'를 만든 사람은 렌의 친구인 잉글랜드 물리학자 로버트 훅이었다. 현대식 자동기상관측기의 역사는 1960년대 트랜지스터(transistor)의 개발로부터 시작한다. 극소 전자공학(microelectronics)이 자료 저장기의 개발을 가져와 펜과 종이로 기록하던 기술을 대체했을 뿐만 아니라 먼 거리에 떨어져 있는 곳에서도 관측하여 송신하는 기술을 개발했기 때문에 자동기상관측기가 광범위하게 사용할 수 있게 되었다.

현대 자동기상관측기의 역사는 이렇게 짧지만 초기의 연구는 1960년 중반 잉글랜드 옥스퍼드셔 월리포드(Wallingford, Oxfordshire)에 소재한 수리학 연구소

(Hydraulics Research Station)의 수문 연구과(Hydrological Research Unit)에서 이루어졌다. 이 연구소는 그 후 자연 환경 연구 위원회(Natural Environment Research Council) 산하의 수문 연구소(Institute of Hydrology)로 개명되었다가 현재는 생태학과 수문학 센터(Centre for Ecology and Hydrology)로 불리고 있다. 여기에서 이안 스트랜지웨이즈(Ian Strangeways)가 자동기상관측기를 개발하였다. 오늘날 사용하고 있는 많은 센서들은 여전히 트랜지스터 시대 이전에 사용되던 오래된 기계적 센서에 기초하여 전기 변환기(electrical transducer)를 결합한 것이다. 우리나라에서는 1987년부터 전국에 400여 대의 자동기상관측기를 설치하여 관측 업무를 수행하고 있다.

자동기상관측소는 정규적인 운영자를 필요로 하지 않는다는 장점을 가지고 있다. 가끔씩 그곳에 들러 자료를 수집하고 기기들을 유지·보수하면 되는 것이다. 또한 자동기상관측소는 기존의 기상관측소보다 매우 정확한 자료를 제공하고 공간을 많이 차지하지도 않는다. 어떤 경우에는 자동기상관측소의 계측기가 기존 계측기보다 더 값싸고 작동하기 편리하며 그것을 유지하는 비용이 덜 든다. 또한 자동기상관측소는 사람이 접근하기 어려운 원거리에 설치되어 원격으로 자료를 송신한다.

그러나 자동기상관측기에는 단점도 있다. 그것은 구름양 또는 지면 상태와 같은 것을 관측하지는 못한다. 이는 고전적인 계측기에서도 할 수 없던 것이다. 실제로 그런 것들은 사람이 직접 눈으로 관측해야 한다. 그러나 폐쇄회로텔레비전(Closed Circuit Television; CCTV) 시스템을 설치하면 이러한 관측도 멀리 떨어진 곳에서 자동기상관측기와 더불어 가능하다.

15. 대기와 해양의 상호 작용

최근 30여 년 동안, 엘니뇨현상은 전 지구적으로 극심하게 영향을 미친다는 이유 때문에 전 세계적으로 지속적인 관심을 받고 있다. 현재 이 현상은 신문, 잡지 그리고 텔레비전 뉴스를 통하여 전 세계에 알려져 일반 대중에게 매우 친숙하게 다가와 있다.

많은 세월 동안 과학자들은 엘니뇨현상을 정확하게 설명하지 못했다. 연구 과제들은 이 현상의 물리 특성과 같은 여러 측면들과 전 지구적으로 느낄 수 있는 역학적인 효과들에 대해서 다루지 못하였다. 현재 엘니뇨는 전 세계에서 일어나는 날씨와 기후 변동의 원인 중 상당히 중요한 것으로 간주되고 있다.[29] 엘니뇨현상에 대한 우리의 이해가 증대됨에 따라, '엘니뇨(El Niño)'와 '남방진동(Southern Oscillation)'이 열대 대기와 해양에 직접 관련된다는 것을 알고, 그것이 대기와 해양의 상호 결합의 결과라는 사실 또한 알게 되었다. 대기와 해양의 상호 작용에 따른 온난과 한랭 위상 즉 엘니뇨와 라니냐에 초점이 맞추어진 것은 십수 년 밖에 되지 않는다.

1) 엘니뇨

엘니뇨란 용어(스페인어로 '아기 예수'를 뜻하는 남자 아이)는 본래 크리스마스 무렵 에콰도르와 페루 연안 지역에서 나타나는, 남쪽으로 향하는 난류를 일컫는 말이다. 여러 연구에 따르면, 엘니뇨란 용어가 처음 사용된 것은 지금으로부터 100여 년 전이다. 남미의 서해안 어부들은 크리스마스 무렵 페루와 에콰도르의 해안을 따라 남쪽으로 향하는 연중 약한 난류를 정의하기 위하여 '엘니뇨'란 용어를 사용하였다. 그러나 남미의 지역 항해자와 어부들이 남긴 역사적인 기록에 의하면, 엘니뇨라는 현상 자체는 적어도 1500년대까지 그 역사가 거슬러 올라간다.

19세기 후반 동안, 발달된 엘니뇨들에 대한 보다 나은 과학적 연구가 진행되

29) Glantz, M. H., R. W. Katz and N. Nicholls, 1991 : *Teleconnections linking worldwide climate anomalies*. Cambridge University Press.

었다. 그리고 온난 에피소드(episode)에서 발생하는 페루의 국지 홍수와 엘니뇨는 강한 관계가 있음이 20세기 초반의 연구에서 밝혀졌다. 갈라파고스 섬들 주위로부터 남쪽으로 온난 수가 광범위하게 해양에서 이류하는 경우였던 1957~1958년 겨울 동안 프리드리히 쇼트(Friedrich A. Schott, 1939~2008)가 '엘니뇨'란 용어를 최초로 사용하였고, 이 기간 동안 엘니뇨 사건과 적도 태평양을 가로질러 날짜 변경선 저 멀리까지 확장되는 대규모 해양 온난화가 연관된다는 관측도 수행하였다.[30]

엘니뇨를 간단히 정의한다는 것은 결코 쉬운 일이 아니다. 왜냐하면 엘니뇨 사건 각각은 일반적인 엘니뇨 성질들을 보여 주기도 하지만 나름대로의 독특한 특성과 세기를 가지고 있기 때문이다. 한 엘니뇨현상의 경우, 하층 무역풍은 중태평양과 서태평양에서 약화되어 동태평양에서는 수온약층이 내려가고, 서태평양에서는 수온약층이 올라간다. 그 결과 동태평양에서는 용승이 약화되어 해수면 온도가 올라가게 된다.[31]

〈그림 7-31〉은 엘니뇨와 관련된 위상 동안 중태평양 상에서 발달하는 온난수 밴드가 구름을 만들고 대류를 일으키는 것을 보여 주고 있다. 동태평양에서는 기압이 떨어지는 반면 오스트레일리아와 아시아 지역은 정상적인 기압보다 높다. 온난수가 동쪽으로 이동함에 따라 강우 지역 또한 이동하게 되고, 보통 남서태평양에 위치하는 열대 저기압의 경로와 발생 지역이 북동 태평양으로 바뀌는 경향이 있다. 결과적으로 페루에서는 홍수가, 인도네시아와 오스트레일리아에서는 가뭄이 발생한다. 바람의 변화 때문에, 해수면은 서쪽에서는 하강하고 동쪽에서는 상승한다.

30) Allan, R., J. Lindesay and D. Parker, 1996 : *El Niño-Southern Oscillation and climate varoability*. CSIRO, Australia.

31) NOAA, 1998 : http://www.cdc.noaa.gov/ENSO/

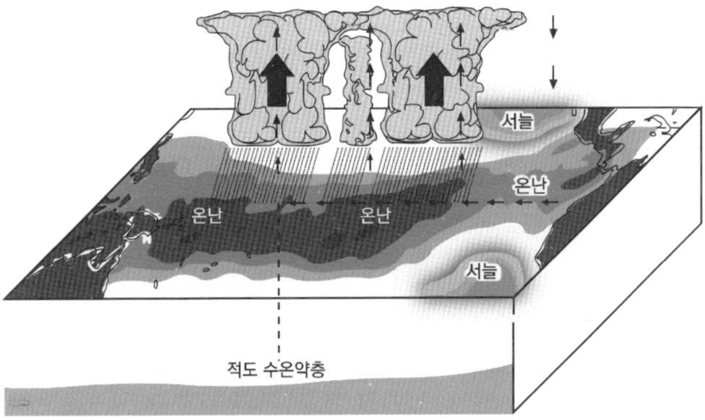

〈그림 7-31〉 12월에서 2월 사이에 발생하는 엘니뇨의 조건

매우 온난한 해수 위의 대기 열원이 동쪽으로 그 위치를 변경하게 되면, 대기 대순환에도 큰 변화가 일어난다. 이에 따라 열대 태평양에서 멀리 떨어진 지역의 날씨도 변화하게 되는 것이다. [표 7-3]는 1871년부터 2000년까지 발생한 엘니뇨 사건(event)들을 제시한 것이다.

적도 태평양 상에서 발생하는 엘니뇨 사건들을 검토하고자 하는 관심이 점증하고 있는데, 이는 전 세계 여러 곳에서 나타나는 기후 이상을 예보하기 위해서이다. 기후 원격상관(climatic teleconnection)이라 불리는 이러한 연계 프로그램(linkage)을 곧 닥칠 듯한 날씨 관련 문제와 이들의 영향을 예보하기 위해서 여러 나라들이 사용하고 있다. 지금에 와서 엘니뇨 사건들은 전 세계적으로 밀접한 관계를 가지는 것으로 이야기되고 있다. 엘니뇨 사건이 발생하는 동안, 온난하고 습윤한 공기의 수렴 지역들은 그 위치가 변하게 된다. 이 변화는 강우, 온도 그리고 바람의 정상적인 패턴을 광범위하게 이동시키는 상층 대기 과정들을 통하여 전 세계로 전파된다. 그러나 엘니뇨에 기인된 변화들이 예상되는 엘니뇨 신호에 정반대인 다른 국지 사건들에 의해서 여전히 압도될 수 있다는 것을 인식하는 것이 중요하다.

[표 7-3] 해수면 온도가 1 ℃ 이상 상승하는 경우인 엘니뇨 사건들이 발생한 해

엘니뇨 사건이 발생한 해	
1877/78	1939/40
1880	1941
1885	1957/58
1888/89	1963
1891	1965/66
1896/97	1969
1899/1900	1972/73
1902/03	1976/77
1905/06	1982/83
1911/12	1986/87
1914/15	1991/92
1918/19	1994/95
1925/26	1997/98
1930/31	2002/2003

강한 엘니뇨현상 동안, 태평양 온난수의 위치 변화는 중동 태평양, 적도 중서 인도양 그리고 아프리카의 적도 대서양 연안과 남미의 북서 지방에 이례적인 대류 활동을 일으킨다. 이들 지역에 수렴하는 지상풍들은 탑상 적운형 구름들을 만들어 많은 양의 비를 내리게 한다. 이와 대조적으로 인도네시아, 오스트레일리아, 인디아와 아프리카 남동 지방에서는 가뭄이 들게 된다. 강우 결핍은 시간에 따라 변동한다.

1982~1983년의 주요 엘니뇨 사건은 인도네시아에 심한 가뭄을 일으킨 것이다. 이 가뭄은 건기 농작물에 영향을 미쳤고, 가뭄에 의해 물 공급이 원활하지 않아 콜레라가 창출하여 수백 명이 목숨을 잃었다. 1997~1998년 엘니뇨 사건 동안, 인도네시아와 말레이시아의 하늘은 이 지역을 휩쓴 산불의 연기로 검게 물들었다.

하층 바람의 수렴과 결합되어 호우가 나타나는 지역(수렴대라 부름)의 위치 변화는 특히 열대 지방의 이례적인 바람을 통하여 명백하게 알 수 있고, 이에 보상적으로 나타나는 대류 지역의 상층 바람은 발산하게 된다. 결과적으로 제트류는 적도 쪽으

로 이동하여 중위도 지방에 비정상적인 날씨 패턴이 나타나도록 한다.[32)]

중위도 지방에 미치는 엘니뇨의 주요 영향은 겨울철에 느낄 수 있다. 최근 1997 ~ 1998년의 온난 사건 동안, 한랭한 북극 공기의 골이 미국 동부 해안을 뒤덮은 반면 온난공기의 능은 북쪽으로 이동하여 캐나다 남부 온타리오와 퀘벡까지 영향을 미쳐, 1998년 1월 동안 얼음 보라(ice storm)들이 동부 캐나다를 강타하였다. 비정상적으로 나타난 캐나다의 온난한 날씨는 눈 대신에 언 비가 떨어질 만큼 기온이 올라갔으며 미국 캘리포니아 주에서는 호우가 발생하였다.

인디아와 같은 몬순지역에서도 엘니뇨의 영향으로 몬순 강우의 변동이 일어난다는 사실을 오래전부터 인식하고 있었다. 보통 강한 엘니뇨 해 동안에는 몬순 강우가 발생하지 않는다. 열대 저기압의 활동 또한 엘니뇨의 영향을 받는다. 일반적으로 온난 에피소드에서는 동태평양 상의 열대 폭풍과 허리케인의 발생 빈도수는 증가하나 멕시코 만과 카리브 해에서는 그 수가 감소한다. 오스트레일리아와 남서 태평양은 열대 저기압 활동의 동-서 이동이 확연하게 나타나 동경 145°와 165° 사이에는 그 수가 줄어들고 남태평양에서는 동경 165° 이상으로 가면 갈수록 그 수가 많아진다. 또한 열대 저기압은 적도에 근접하여 발생하는 경향이 있다. 1994년 마크 랜더(Mark A. Lander, 1956 ~)는 엘니뇨 해 동안에는 북서 태평양에서 발생하는 열대 폭풍과 태풍의 수가 감소한다는 사실을 발견하였다. 또한 그는 온난 위상 동안 열대 저기압 발생 지역이 북서 태평양에서 동쪽으로 이동한다는 것을 발견하였다.[33)]

엘니뇨가 명백한 효과를 미치지 못하는 지역도 존재한다. 어떤 지역은 태평양과 너무 멀리 떨어져 있어 그렇고 또 어떤 지역은 엘니뇨에 관련되지 않는 강한 변동성을 갖고 있어서 그렇다. 이러한 요인들 모두를 유럽에 적용해 보았다. 일련의 연구에서 엘니뇨 효과가 유럽 기후와 연계될 수 있다는 가능성을 발견하였다.

---

32) Philander, G., 1998 : Learning from El Niño. *Weather*, 53, 270-274

33) Lander, M. A., 1994 : An exploratory analysis of the relationship between the tropical storm formation in the western North Pacific and ENSO. *Mon. Wea. Rev.*, 122, 636-651

지상 저기압이 발달하는 서유럽과 중유럽에는 겨울철 동안 양의 강수량 이상을 일으키는 경향이 있다. 북유럽에는 정반대의 경향성이 나타난다. 대서양 구역으로부터 유럽을 횡단하여 이동하는 폭풍의 경로들이 엘니뇨에 의해서 북쪽으로 위치가 변하게 된다.

2) 라니냐

라니냐(La Niña)란 20세기 마지막 십수 년 동안에 새로 사용된 용어이다. '여자 아이(girl child)'로 번역되는 이 용어는 오늘날 엘니뇨와 정반대의 해양 조건으로 간주되고 있다.[34)]

혹은 라니냐 동안 강력한 무역풍이 온난한 표층수를 서쪽으로 움직여 표면에 한랭한 물을 노출시키게 된다. 그러므로 적도면에서는 〈그림 7-32〉에서 보는 바와 같이 서태평양에서는 등온선이 깊고 동쪽에서는 얕다. 라니냐 동안에 바람이 약화될 때 온난한 표층수는 한랭한 물 위로 솟구쳐 동쪽으로 되돌아간다. 다시 말하면, 해수면 온도 내의 해해변화는 상층 해양의 온난한 표층수의 수평적인 재분포와 관련된다.

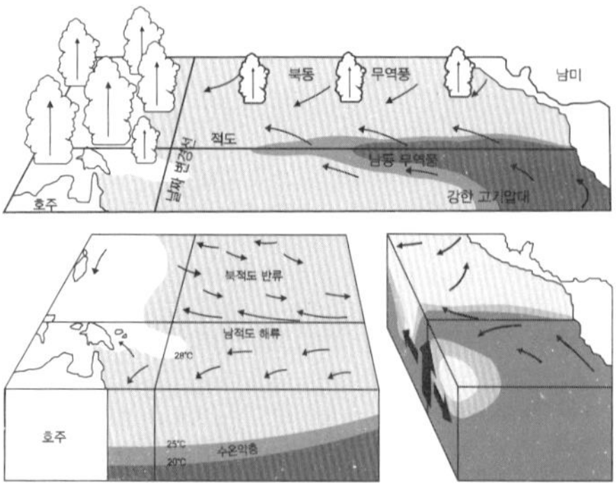

〈그림 7-32〉 라니냐가 발생하는 해의 열대 태평양 상에서 나타나는 대기 순환(위)과 해양 순환(아래)의 모식도

34) Coghlan, C., 2002 : El Niño-causes, consequences and solutions. *Weather*, 57, 209-215

강력한 동서방향의 표층해류는 수평적인 재분포에 영향을 미쳐 〈그림 7-32〉에서와 같이 서태평양에서는 등온선이 올라가도록 하고 동쪽에서는 온도경도가 깊어지도록 만든다. 바람을 변화시키는 해양의 반응은 해류의 변화뿐만 아니라 해양을 횡단하여 앞뒤로 움직이는 해파들을 고무시킨다. 이러한 해파들은 해수면이 아니라 어떤 깊이에서의 한랭한 해수로부터 그 위층의 온난한 해수를 분리해 내는 수온약층(thermocline)이라 부르는 경계면에서 크게 나타난다. 결과적으로 해파들은 바람이 변화한 후에 해양을 새로운 평형상태로 가져오게 한다. 태평양을 횡단하여 해파들이 전파되는 시간은 남방진동의 시간 규모를 결정하는 데 중요하다. 이 진행 시간은 1년 이상이다.[35]

3) 남방진동

남방진동(Southern Oscillation, 이하 SO)이란 전 세계적으로 일어나는 짧은 기간 동안의 기후 변동의 한 형태이다. 이러한 현상은 평균 해수면 상의 기압을 분석해 보면 잘 나타난다. 태평양에서는 하나의 기압 중심부가 오스트레일리아의 다윈(Darwin) 시 근처에 자리 잡고 있고, 또 하나는 남동 태평양 상에 위치해 있다(〈그림 7-33〉). 이들을 비교해 보면 서로 반대 방향으로 변하고 있음을 알 수 있다. 기압이상 지수(pressure anomaly index)는 타히티(Tahiti)의 기압이상(장기간의 평균값으로부터 월 평균값을 뺀 값)에서 다윈의 값을 뺀 것이다.

공간 분포 상태도 이것과의 상관관계나 전 세계적으로 변하는 다른 변수들의 지수들로 설명할 수 있다. 〈그림 7-33〉는 오스트레일리아 다윈 시에서의 연평균 해수면과 기압과의 상관관계를 보여 준다. 여기서 보면 넓은 지역에 걸쳐 기압, 기온 그리고 강수량 등에서 SO 징후(signal)가 아주 강하게 나타나고

35) Stephen H. Schneider(Editor), 1996 : “Encyclopedia of Climate and Weather”, Oxford University Press, 273-277

있다. 해수면 온도(SST)를 포함한 변수들에서도 SO 징후가 나타나며 대부분의 변수들에서 가장 중심 지역(main core region)은 적도 태평양이거나 그 근처이다. 이 지역에서는 SO 징후를 분산(variance)의 주 부분(major part)으로 설명할 수 있다. SO 지수는 가장 중심 지역에서 어떤 변수들을 사용하여 정의하고 있다.

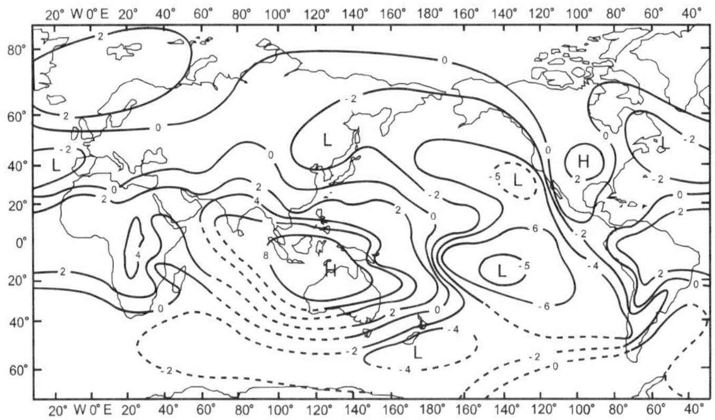

〈그림 7-33〉 다윈 시에서 연평균 해수면과 기압과의 상관계수(x10)

1887년 스웨덴의 기상학자인 휴고 힐데브린드 힐데브랜드숀은 최초의 SO 증거가 되는, 오스트레일리아의 시드니와 아르헨티나의 부에노스아이레스 사이의 기압 이상들이 서로 반대의 경향을 나타내고 있음을 발견하였다. 그 후 영국의 길버트 워커(Sir Gilbert Thomas Walker, 1868 ~ 1958)는 1920년대와 1930년대에 발표한 일련의 논문들에서 기압, 기온 및 강수량으로 SO의 현상을 설명하였다. 워커는 다른 두 지역에서 기압장이 역 상관관계로 나타나는 현상들을 'Southern Oscillation'이라고 명명하였다. 여기서 'Southern'의 뜻은 결코 남반구만을 의미하지는 않는다. 또한 'Oscillation'은 두 지역 사이의 역 관계를 의미하는 것이지 정규적인 주기성을 의미하는 것은 아니다. 이런 이유로 SO는 불규칙적인 변동을 보여 준다. 1930년대부터 1960년대 사이에, 알려지지 않은 주기성 또는 태양 흑점들과 같은 다른 변동들과의 관련성을 찾아내기 위한 시도들이 많이 행해졌다. 그러나 이러한 시도들은 성공하지 못했다.

SO의 필수적인 면은 워커 순환(Walker Circulation)의 강도에 대한 변동을 포함시키는 것이다. 이러한 순환 세포는 인도네시아 지역에서는 공기가 상승하고 상층 대류권의 기류는 동쪽으로 흘러 동태평양 상으로 하강하며 적도를 따라 동쪽에서 서쪽으로 흐르는 것이다. 물론 워커 순환이 대기권의 다른 부분과도 유리되지 않기 때문에 명백하게 확인될 수 있다. 〈그림 7-34〉은 동서 방향의 워커 순환과 남북 방향의 해들리 순환을 나타낸 것이다. SO 지수가 높은 경우 즉 기압이 타히티의 평균값보다는 높고 다윈보다는 낮은 상태인 경우에는 정상 워커 순환보다 더 강하게 관련되어 있다.

대기와 해양 변수들은 전 세계적으로 여러 곳에서 SO와 상관관계가 높게 나타난다. 많은 원격상관(teleconnection)들은 일 년 중 일부분 동안만 존재하며 이런 이유로 뚜렷하게 나타나지 않는 경우도 있다. SO의 지속성으로 겨울철 북미 기온과 같은 원격상관들을 보여 주는 많은 현상들을 SO에 따라서 약간은 예측할 수 있다. 그러나 SO는 이들을 일으키는 요인이 아니라는 점을 명심하여야 한다. 그러므로 SO 자체가 완전히 예측될 수 있다고 하더라도 이러한 것들은 단지 부분적인 예측만이 가능하다. 몇몇 원격상관들은 시간 지연(time lag)을 포함하고 있다. 예를 들면 열대 인도양 SST와 동서 방향의 대류권 기온들은 SO 지수가 높게 나타나는 몇 개월 동안 예년 값(normal)보다 더 낮은 경향이 있다. 다른 사항도 특별하게 관심을 가지고 있다. 왜냐하면 이러한 것과 SO 지수와의 상관관계가 최대로 나타나는 시점이 약간 늦기 때문이다.[36] 이러한 전-지연(pre-lag) 관계는 남동 태평양 지역의 SST와 오스트레일리아 북부지방 근처의 코랄(Coral) 해상의 기온들에서도 나타난다.

---

36) Wright, P. B., 1986: Precursors of the Southern Oscillation. *J. Climato*l. 6, 17-30

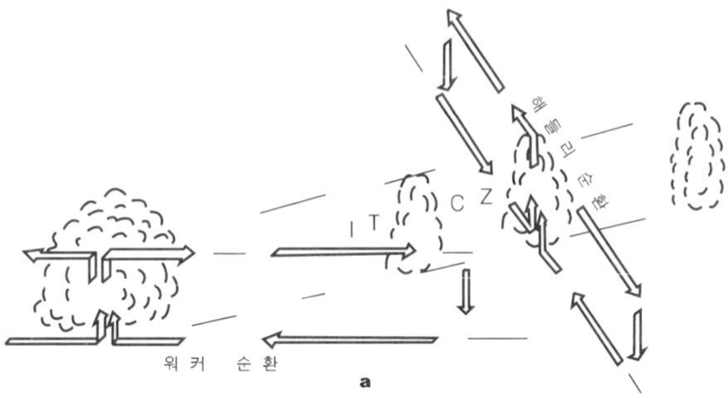

〈그림 7-34〉 동서 방향의 워커 순환과 남북 방향의 해들리 순환을 나타내는 간단한 그림

현재 엘니뇨 시작 메커니즘(mechanism)을 찾기 위한 연구에 많은 관심이 쏠리고 있다. 태평양 상을 가로질러 요란(disturbance)들을 운반하는 켈빈파와 로스비파들을 포함시켜 해양 내에 실제 과정을 내재하고 있는 보다 발전된 연구들이 수행되고 있다. 훨씬 상세한 역학적인 가설들은 먼저 과거의 사건들을 설명하고자 한다. 그러나 몇몇은 그 후 발생한 사건들에 도움을 주지 못했다. 어떤 경우에는 고려한 발생 메커니즘들이 SO 현상의 단지 일부분으로 설명될 수 있다. SO는 전 세계적인 관계를 가지고 있기 때문에 완전히 설명하기에는 너무나 복잡하다. 그러나 개략적인 이해는 이루어지고 있다.

워커 순환은 적도를 중심으로 따뜻한 서태평양과 차가운 동태평양 사이에 나타나는 해수면의 경도에 따른 대기의 반응이다. 동태평양의 수온이 예년보다 더 차가워지면 워커 순환은 예년보다 더 강하게 반응한다. 강한 워커 순환 내에서는 동풍이 강하게 불고 남서 태평양에서는 강한 고기압 세포를 가지게 된다. 이러한 두 가지의 원인으로 적도 지역에서는 차가운 바닷물의 용승 현상이 증가되고 남동쪽으로부터의 찬 바닷물을 이동시키는 것을 증가시킨다. 이러한 발생메커니즘과 여러 다른 이론들이 정성적인 평가에 의하면 불확실하다고 하더라도 순 관계(net relationship)가 양의 되먹임(feedback)(찬 바다가 강한 워커 순환을 만들고 강한 워커 순환이 바닷물을 차게 한다)의 하나라는 사실에는 의심의 여지가 없다. 만약 원인이 되는 발생 메커니즘들 중 하나가 연중 변하고 있다면 이에 대한 되먹임도 그렇게 될 것이다. 워커 순환과 구름양과의 관계는 계절적인 변화 양상을 가지고 나타난다. 이러한 이유로 SO의 계절적인 특성을 관측할 수 있다. 이러한 되먹임 가설들은 관측된 지속성을 쉽게 설명할 수 있게 하며 또한 기상 변수들과 이들의 계절적인 변동에서 나타나는 높은 상관관계를 설명해 준다.

워커 순환 내에 지속적인 이상이 주어진다면 다른 지역에서도 지속적인 이상들을 예상할 수 있다. 왜냐하면 모든 대기 순환들은 상호 작용을 하기 때문이다. 대기 대순환 모델에서는 약간의 원격상관들을 모의할 수 있다. 이러한 모델들의 계속적인 발달로 인해서 모든 원격상관들을 동시적으로 모의할 수 있으며 이렇게 되면 대기역학으로 설명될 수 있을 것이다.

지연 원격상관(lag teleconnection)들은 특별한 문제이다. 왜냐하면 그것들은 반응에 여러 개월이 소요되는 과정들을 포함해야만 하기 때문이다. 예를 들면 인도양 SST 관계에 대한 가능한 설명은 높은 SO 지수가 동시적으로 전 열대 인도양 상에 기압을 낮게 하여 구름양을 많게 한다는 것이다. 이것은 해수면에 도달하는 순 복사 에너지를 감소시켜 해수면을 점점 차갑게 한다.

제8장 대기의 광학이란?

1. 대기의 장관

지구 대기에는 장관의 광학 현상으로 인해 변화무쌍한 경치들이 발생되고 있다. 이들 현상을 관측함으로써 빛의 성질을 알 수 있다. 빛이란 무엇인가? 이 물음에 대해서는 모든 사람들이 관심을 갖고 있다. 사람들은 하늘을 쳐다보고 그들이 볼 수 있는 모든 사물의 의미에 대해서 의문을 가진다. 사람들은 태양이 떠오를 때 수평선 부근의 어두운 하늘이 점점 밝아지면서 붉게, 노랗게, 최종적으로는 푸르게 변하는 것을 본다. 반대로 태양이 질 때 수평선 부근의 푸른 하늘은 초록색, 노란색 그런 다음 오렌지색으로 변하게 된다. 밤하늘의 달은 때로 여러 강도의 색깔을 띠는 고리들을 주위에 두르고 있다. 어떤 날의 하늘은 장관의 색조와 무지개로 비춰질 것이다.

2. 광학의 발달

광학(optics)이란 낱말은 그리스어 '*optikos*'에서 유래된 것으로 '보이는(visible)'이라는 뜻이다. 광학은 빛을 연구하는 과학이다. 광학의 역사는 2,500년 전 그리스에서 시작되었다. 고대 그리스 사람들은 빛과 광경의 비밀에 매료되었다. 그들은 무지개와 같은 빛의 색깔 현상을 연구하였다. 심지어 그들은 빛의 전파와 굴절의 법칙을 공식화하였다.

그리스 사람들은 풍경을 나타내는 물체와 이들을 바라보는 시각 기관 사이에 어떤 형태의 접촉이 있어야 한다고 믿었다. 그리스의 수학자인 피타고라스(Pythagoras of Samos, BCE 580 ~ 500)와 그의 제자들은 사람의 눈을 광원이라 생각하여 눈에서 광선이 나와 사물까지 직선으로 전파된다고 믿었다. 이 설명은 고대시대에는 일반적으로 받아들여졌다. 예를 들면, 그리스의 수학자인 유클리드와 천문학자·지리학자인 클라우디우스 프톨레마이오스(Claudius Ptolemy, ca. 85 ~ ca. 165)[1]는 사람의 눈이 빛을 전방으로 보낼 수 있거나 또는 물체에 힘을 가할 수 있다고 주장하였다.

아리스토텔레스는 눈과 물체 사이의 접촉은 에테르라 불리는 매개체를 통해서 확립되는 것이라 주장하였다. 그의 주장에 따르면, 운동하지 않는 에테르는 검은색으로 나타난다. 볼 수 있는 임의의 물체는 에테르를 움직이게 한다. 빠른 운동은 밝은 빛을 만든다. 어떤 다른 색깔은 검은색과 밝은 색의 혼합이다. 아리스토텔레스는 물체가 관측자의 눈을 초록으로 물들이기 때문에 사람들이 초록색의 물체를 볼 수 있다고 말하고 이러한 색깔의 취득이 시각의 활동을 구성한다고 단언하였다.

고대 그리스 철학자인 에피쿠로스(Epicuros, BCE 341 ~ 270)는 다른 설명을 제안하였다. 그에 따르면, 물체는 공간을 통해서 눈에 가시광선으로 물체의 상을 보낼 수 있기 때문에 물체가 보인다는 것이다. 그리스 사람들에 의해 발달된 이론들은 일반적으로 다음 10세기 동안 받아들여졌다. 이 기간 동안 광학의 과학은 별다른 진전을 이루지 못하였다.

9세기부터 11세기까지 이슬람 문화가 번성하여 중동에서 서쪽의 모로코와 스페인까지 그것이 퍼져 갔다. 이 시기에 광학에 대한 많은 그리스 사람의 업적들이 아랍어로 번역되었다. 이슬람교의 토대 위에 번역된 그리스 광학은 재창출되고 향상되었다.

1025년경, 서양에 알하젠으로 알려진 위대한 이슬람교 학자는 광학에 대한

---

1) 천동설의 주창자. 저서로 『알마게스트(Almagest)』가 있으며, 이 책은 코페르니쿠스와 케플러의 시대에 이르기까지 천문학의 표준서로 간주되어 왔다.

유명한 책을 집필하였는데 여기에서 그는 고대 그리스 시대에 사용된 눈 광선에 대한 관습적인 이론을 수정하였다. 그는 빛을 내는 물체는 광선을 방출하며 이 광선이 눈에 들어와 시각을 자극한다고 제안하였다. 그는 입사하는 광선과 반사되는 광선 모두가 동일 평면에 위치하고 있음을 보였다. 알하젠은 회전하는 꼭대기 표면의 색깔은 모든 색이 혼합되어 하나의 색으로 지각된다는 것을 관측하였다. 2장에서 언급한 바와 같이, 그는 또한 박명에 대한 관측에 기초하여 대기권의 높이를 결정하였다.

이슬람 제국은 비교적 짧은 기간 동안 존속하였고 정치적인 힘과 문화는 북쪽 유럽으로 전파되었다. 중세 시대에 광학은 '*perspectiva*'[2]라 불렸고 이것은 자연과 같은 물질에 대해서 빛과 색깔의 전파, 눈과 시각, 반사와 굴절에 의해 형성되는 영상, 빛과 관련되는 기상학적 현상들과의 관련성을 다루었다. 과학자 대부분은 수사와 사제였다. 그들 중의 한 사람인 폴란드의 사제·수학자인 비텔로(Witelo, 1230 ~ 1290)[3]는 1270년경에 편찬된, 광학에 대한 백과사전이라 할 수 있는 전 10권으로 된 《광학(*Perspectiva*)》의 저자이다.

네덜란드의 수학자·천문학자·물리학자 크리스티안 호이헨스는 1678년 발간된 그의 논문집인 《빛에 관한 논문(*Traité de la Lumiére*)》에서 빛은 파동으로 진행한다고 제안하였다. 호이헨스는 자갈이 물의 표면을 때리는 경우, 임의의 장소로부터 원형의 파동이 움직이듯이 빛도 동일한 방법으로 전파된다고 주장하였다. 호이헨스의 이론은 반사, 굴절, 빛의 여러 가지 성질들을 설명한다. 또한 이 이론은 빛은 공기보다 유리 또는 물속에서 더 천천히 움직인다고 예측하였다.

17세기 말엽 잉글랜드의 물리학자인 아이작 뉴턴은 빛의 빔은 그가 'corpuscle'(현재는 '광자'라 부름)이라 부른 미세한 입자들의 흐름으로 구성된다고 제안하여 빛의 성질을 설명하기 위한 시도를 행하였다. 그는 입자(corpuscle)들이 직선으로

---

2) 라틴어 'perspectiva'는 중세에 '광학'을 의미하는 것으로 사용되었다. 이 말이 우리의 시각 경험에서 취하게 되는 형태들을 연구하고 그것을 그림으로 재현하는 분과 학문을 가리키게 된 것은 15세기 르네상스에 이르러서이다.

3) 비텔리오(Vitellio)라고도 한다.

진행한다고 가정하였다. 뉴턴은 거울에 의한 빛의 반사는 거울 표면에 입자들이 튀어 올라온 것이라 생각하였다. 또한 그는 여러 물질 내에서는 입자들이 다른 속도로 움직일 것이라 믿었다.

파동설에 대항하는 입자설(corpuscular theory)은 약 1세기 동안 뜨거운 논쟁거리였다. 그러나 그것을 증명할 만한 명확한 실험이 이루어지지 않았기 때문에 어느 이론이 옳다는 결정적인 증거가 없었다. 1801년 잉글랜드의 물리학자인 토머스 영은 오직 파동설로만 설명할 수 있는 어둡고 밝은 빛의 간섭선들을 발견하였다. 그 후 1850년 프랑스의 물리학자·수학자인 장 베르트랑 레옹 푸코(Jean-Bertrand-Léon Foucault, 1819 ~ 1868)[4]는 빛이 공기보다 물속에서 더 천천히 진행한다는 것을 증명하여 호이헨스가 옳다는 것을 알렸다. 그러나 이것은 뉴턴이 틀렸다는 것을 의미하지는 않는다. 현대 물리학에 따르면, 빛은 두 가지 성질을 공유하여 광자와 파동의 흐름으로 동시에 행동한다.

3. 태양복사

1777년 스웨덴의 화학자인 카를 셸레는 빛에 노출되면 흰색에서 진홍색으로 변하는 물질로, 18세기에 알려진 은 염화물(silver chloride)을 연구하였다. 셸레는 색의 변화는 스펙트럼의 자주색 끝 부분으로 갈수록 더 빨리 일어난다는 것을 발견하였다. 이 관측에 기초하여 1801년 독일의 화학자·물리학자인 요한 리터(Johann Wilhelm Ritter, 1776 ~ 1810)는 스펙트럼의 자주색 끝을 지나 보이지 않는 광선을 발견하였다. 이런 보이지 않는 광선들을 자외선(ultraviolet)이라 불렀다.

1800년 영국의 천문학자인 윌리엄 허셸(Sir William Herschel, 1738 ~ 1822)은 빛의 가열 능력에 관계되는 여러 가지 실험을 수행하였다. 그는 햇빛으

4) 1851년 그는 진자(푸코 진자)를 이용해서 지구의 자전을 실험적으로 증명할 수 있음을 보여주었다. 그는 이 업적으로 1855년 영국학술원으로부터 당시 최대 영예였던 코플리 상을 받았다.

로부터 스펙트럼을 만들어 각각의 빛의 색에 온도계를 노출시켰다. 그는 스펙트럼의 빨간색 끝 부분으로 갈수록 가열 효과가 증가하고 빨간색 너머에서도 그 효과가 계속 증가한다는 사실을 발견하였다. 그리하여 허셀은 눈에 보이지 않는 햇빛에서도 복사가 일어난다는 것을 깨닫게 되었다. 그는 태양 스펙트럼에서 이 부분을 적외선(infrared)이라 불렀다.

셀레와 허셀의 발견에 기초하면, 태양 스펙트럼은 3부분으로 구분된다(〈그림 8-1〉). 각 부분은 파장으로 구분된다. 파장은 m 또는 μm로 측정된다. 1 μm는 백만분의 1 m이다. 즉 1 μm = 10^{-6} m.

가시광선 복사는 0.4 μm(자주색 빛)에서 0.7 μm(빨간색 빛)까지를 포함한다. 우리의 눈은 이 부분의 복사에 민감하다. 자외선 복사는 0.4 μm 미만의 파장 영역인 반면 적외선 복사는 0.7 μm 이상의 파장으로 특성화된다. 인간은 자외선도 아니고 적외선도 아닌 복사를 볼 수 있다.

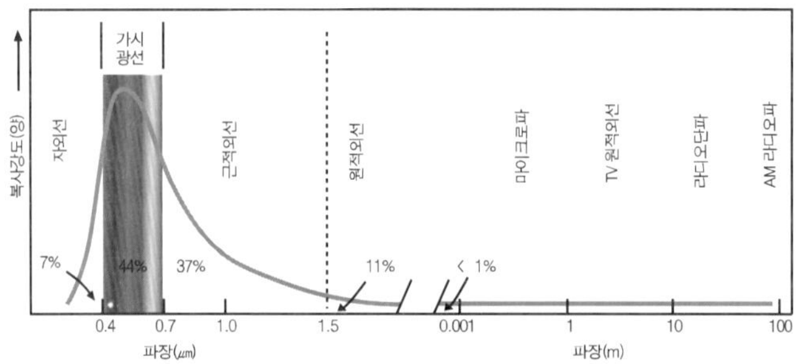

〈그림 8-1〉 파장에 따른 태양복사의 스펙트럼

4. 빛의 성질

1) 빛의 속력

오랜 세월 동안, 빛의 속력은 논쟁거리로 남아 있었다. 일부의 사람들은 빛의 속력이 유한하다고 생각했지만 다른 사람들은 무한하다고 믿었다. 예를 들면 1634년 르네 데카르트는 "빛이 순간적으로 공간에 전달된다는 나의 이해와 경험이 만약 모순이 있음을 발견하게 된다면, 나는 물리학에 대해서 전혀 모른다는 것을 받아들일 용의가 있다."고 말하였다. 확실히 그는 모든 것을 이해하지 못하였다.

크리스티안 호이헨스는 1678년 발간된 논문집 《빛에 관한 논문》에서 빛의 속력은 매우 빠르나 유한하다고 주장하였다. 호이헨스는 빛의 속력에 대한 최초의 실험을 수행한 덴마크의 수학자인 오라우스 뢰머와 친하였다. 뢰머는 1610년 갈릴레오가 발견한 목성의 4개의 위성 중 가장 큰 이오(Io)의 식(eclipse)을 관측하였다. 뢰머는 지구가 목성에 접근할 때는 두 개의 연속된 식의 간격이 감소하고 지구가 목성에서 물러갈 때는 그 간격이 증가한다는 것을 알게 되었다.

목성이 태양을 한 바퀴 도는 데 걸리는 시간은 12년이고, 태양에 대한 목성의 위치는 지구의 1년 동안에는 별로 변화하지 않는다. 이오가 목성 주위를 일주하는 데 약 42.5시간(정확히 말하면 하루와 18시간 28분 35.9초이다)이 걸린다. 아쉽게도 이것은 관측에 편리한 주기가 아니다. 만약 식이 오후 7시에 일어난다면, 다음 식은 이틀 뒤 목성을 볼 수 없는 오후 1시 무렵에 일어나게 될 것이다. 그러나 매 4번째 식은 매 7일 1시간 54분 23.6초 뒤 밤에 관측될 수 있다.

이오의 식은 빛 신호가 동일한 시간 간격으로 보내진다는 의미가 된다. 만약 빛의 속력이 무한정한다면, 차이점이 나타나지 않을 것이다. 뢰머는 목성과 지구 사이의 거리가 변경됨에 따라 간격이 변화한다는 것을 관측하였다. 10년 연속 측정한 자료 중에서 뢰머가 분석한 가장 큰 변화는 약 1,000초(약 17분)였다. 그는 측정 자료를 분석하여, 빛의 속력은 유한해서 태양 주위를 도는 지구의 궤도 반경의 두 배의 거리를 이동하는 데 1,000초가 걸리므로 그러한 차이가 발생한다고 결론을 내릴 수 있었다. 뢰머는 빛의 속력의 수치 값을 제시하지는 않았다.

1672년부터 1673년까지, 3명의 프랑스 천문학자 장 카시니(Jean Dominique Cassini, 1625 ~ 1712)[5], 애브 피가르, 장 리셰는 지구 공전 궤도의 직경을 지구 직경의 21,600배에 해당하는 값으로 매겼다. 그들은 프랑스 파리와 프랑스령 기아나(Guyana)의 카이엔(Cayenne) 두 지점에서 화성을 동시에 관측하여 이 결과를 얻었다. 태양과 지구 사이의 현재 거리는 약 150,000,000 km로서 지구 직경의 23,544배이다. 이 값으로 빛의 속력이 초속 약 300,000 km(진공에서의 정확한 값은 299,792,458 $km \cdot s^{-1}$)라는 것을 알게 되었다.

2) 빛의 색

1666년 아이적 뉴턴은 바늘구멍 사진기와 유리 프리즘을 가지고 실험을 하였다. 그는 약 1 cm 폭을 가진 좁은 햇빛 빔이 창문 커튼 사이의 작은 구멍을 통하여 들어오도록 하였다. 그런 다음 햇빛 빔 내에 삼각형 유리 프리즘을 놓았다. 그 결과 그는 프리즘이 햇빛 빔을 여러 가지 색(빨강색, 주황색, 노란색, 초록색, 푸른색, 자주색)으로 분할하는 것을 알았다. 그는 이 빛의 띠를 스펙트럼(spectrum)이라 불렀다.

뉴턴은 색 분할의 효과는 굴절에 의해서 발생하고 스펙트럼 내의 개개 색들은 고유의 굴절각을 가진다는 것을 증명하였다. 또한 뉴턴은 분리된 색들을 2차 프리즘으로 다시 모아 백색광으로 만드는 것을 실연하였다. 그는 2차 프리즘은 균질광(homogeneal light)의 분산을 만들 수 없다는 것도 발견하였다. 이런 결과들을 종합하여, 그는 "빛 자체는 여러 가지 굴절광의 균질 혼합이다."라고 결론지었다. 뉴턴은 빛이 나타내는 개개의 색은 상이한 입자(corpuscle)들에 의해서 만들어진다고 생각하였다.

---

5) 이탈리아 태생으로 토성의 고리에서 '카시니 간극'을 발견하였다.

3) 빛의 혼합

독일의 생리학자·물리학자인 헤르만 폰 헬름홀츠(Hermann Ludwig Ferdinand von Helmholtz, 1821 ~ 1894)[6]는 빛의 색과 물감의 색 사이에는 다른 점이 존재한다고 지적하였다. 물감의 색은 안료로부터 만들어지는데 안료는 점토, 암석, 식물 등과 같은 물질들을 갈아서 만든 자연적인 색을 가진 가루(powder)이다. 색을 가진 물체에 빛을 쪼이면, 이들 중 일부는 흡수되고 일부는 반사된다. 반사되는 부분이 우리 눈으로 볼 수 있는 색을 형성한다. 색이 희게 보이는 것은 모든 색이 반사되고 함께 섞이게 될 때이다. 색이 검게 보이는 것은 빛이 반사되지 않을 때이다.

백색광은 빛의 3원색인 청색, 녹색, 적색의 광들을 혼합시키면 만들 수 있다:

백색광 = 청색광 (+) 녹색광 (+) 적색광

여기서 부호 (+)는 빛의 혼합을 의미한다. 적색광과 녹색광을 더하면 황색광이 된다.

황색광 = 녹색광 (+) 적색광

청색광에 황색광을 더하면 백색광이 된다. 이것이 청색과 황색을 보색이라 부르는 이유가 된다. 이와 마찬가지로

자홍색광(magenta) = 청색광 (+) 적색광

청록색광(cyan) = 청색광 (+) 녹색광

---

6) 열역학 이론의 열화학 및 전기화학에 대한 적용으로 유명하다.

이 된다.

녹색에 대한 보색은 자홍색이다. 적색의 보색은 청록색이다. 보색을 각각 혼합하면 백색광을 만들 수 있다. 이런 형태의 혼합을 가산 혼합(additive mixing)이라 부른다.

반면 유화에서의 색의 혼합은 다르다. 예를 들면, 청색과 황색이 혼합되면 녹색이 만들어진다.

녹색 = 청색 + 황색

청색 안료(거의 순수한 물감)는 푸르게 보인다. 왜냐하면 이것은 반사되는 청색, 약간의 녹색, 짙은 청색인 인디고(indigo)를 제외한 백색광의 거의 모든 성분색을 흡수하기 때문이다. 안료가 정확하게 순수한 색을 가지지 못하면 약간의 녹색과 인디고도 또한 포함된다. 황색 안료는 약간의 녹색과 적색뿐만 아니라 황색광도 반사한다. 황색 안료가 청색과 혼합되면, 인디고는 황색 안료에 의해서 흡수되고 적색은 청색 안료에 의해서 흡수된다. 녹색은 흡수되지 않고 양쪽 안료에 의해서 반사되어 녹색 효과(green effect)를 만들어 낸다. 이런 형태를 감산 혼합(subtractive mixing)이라 한다.

4) 빛의 반사

공통기원이전 3세기경 유클리드는 처음으로 전파의 법칙과 빛의 반사를 공식화하였다. 그에 따르면, 빛은 직선으로 향한다. 빛은 마치 지면에 튀는 공처럼 반사되어 튀어 오를 수 있다. 반사의 법칙은 〈그림 8-2〉와 같이 입사하는 각과 반사하는 각이 동일하다는 것이다.

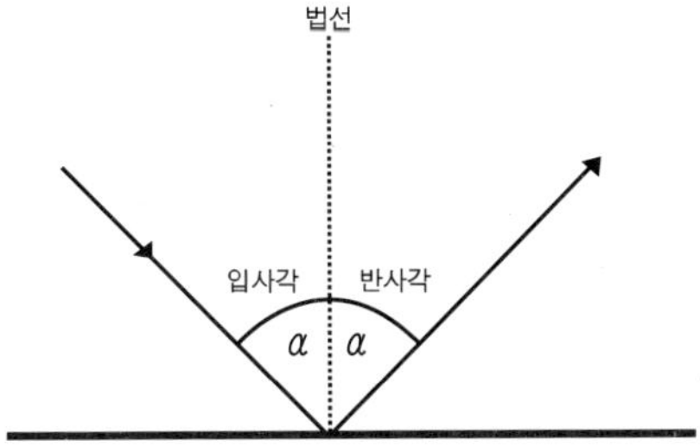

〈그림 8-2〉 반사의 법칙

300년 후인 공통기원 50년경 알렉산드리아에 살고 있던 헤론은 『반사광학(*Catoptrics*)』이라는 제목의 책을 편찬하였다. 이 책 안에는 거울의 이론이 포함되어 있었다. 그는 사람의 시각이 눈에서 방출되는 어떤 광선이 물체에 반사되어 눈으로 되돌아오는 것으로 믿었다. 눈에서 나온 광선은 거울에 의해서 반사되고 반사는 동일한 각으로 나타났다.

5) 빛의 굴절

공통기원이전 2세기경 이집트 알렉산드리아 외곽 세라피스(Serapis) 사원에 살고 있던 클라우디우스 프톨레마이오스는 빛이 한 투명 물질에서 다른 투명 물질로 진행하는 것을 주의 깊게 관찰하였다. 그는 이 관찰 내용을 그의 논문집인 《옵티카(*Optica*)》에서 설명하였다. 원본은 분실되었지만, 아랍어로 번역된 것은 현존하고 있다. 20세기에 아랍어 본을 라틴어로 다시 번역하였다.

프톨레마이오스의 관찰에 따르면, 가시광선은 물체에 반향되는 반사와 투과를 허용하는 투명 매질에 의한 굴절에 의해서 변경된다. 프톨레마이오스는 물로 채워진 용기 바닥에 동전을 놓아 두는 실험으로 굴절의 현상을 설명하였다. 그가 굴절 연구에 사용한 실험 장치는 오늘날까지도 여전히 사용되고 있다. 실험 기구는 용기, 각을 측정하기 위한 자, 3개의 지시침(〈그림 8-3〉의 I, R, N)으로 구성되어 있었다.

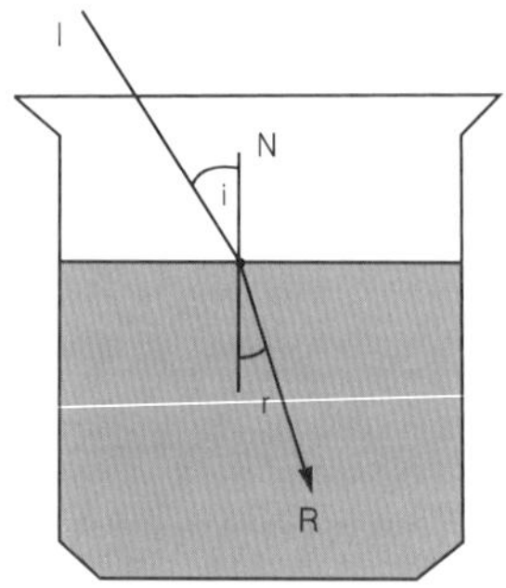

〈그림 8-3〉 비커 속을 통과하는 빛의 굴절 현상으로,
i는 입사각이고 r은 굴절각이다.

여러 번의 실험으로 입사각 i와 굴절각 r을 측정하여, 프톨레마이오스는 [표 8-1]과 같은 결론을 얻었다.

[표 8-1] 프톨레마이오스의 실험 결과

i(공기)	r(물)	i(공기)	r(물)
10°	8.0°	50°	35.0°
20°	15.5°	60°	40.5°
30°	22.5°	70°	45.5°
40°	29.0°	80°	50.0°

프톨레마이오스는 물속에서의 굴절각이 공기 중에서의 굴절각보다 작다는 결론을 내렸다. 그러나 프톨레마이오스는 입사각 i와 굴절각 r 사이의 정확한 관계를 발견하지 못하였다. 그는 단지 근사관계식 $r = 0.825i - 0.0025i^2$만을 제안하였다. 이 문제에 대한 정확한 해답은 15세기 동안 풀리지 않은 채 남아 있었다.

1620년 네덜란드 라이덴 대학교의 물리학 교수이고 오토 폰 게리케의 스승이었던 빌레브로르트 스넬(Willebrord van Roijen Snell, 1591 ~ 1626)은 '굴절의 법칙(law of refraction)'을 공식화하였다. 이 법칙에 따르면, 임의의 투명 매질이

쌍으로 주어진 경우 비 n = sin(i)/sin(r)은 일정하다는 것이다. 여기서 i와 r은 각각 입사각과 굴절각이고 상수 n은 굴절 지수이다.

빛이 공기에서 유리 또는 물속으로 진행할 때 빛의 굴절에 대해서 본 적이 있을 것이다. 매질이 조밀하면 할수록 빛의 속도가 느려지는데 이는 '스넬의 법칙(Snell's law)'에 따라 빔의 경로가 구부러지기 때문이다(〈그림 8-4〉). 스넬의 논문은 그가 죽은 후인 1662년에 발간되었다.

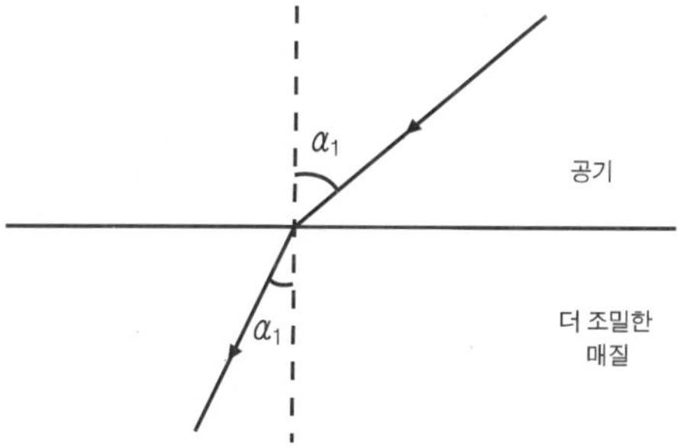

〈그림 8-4〉 공기로부터 더 조밀한 매질 속으로 빛이 이동하는 것을 나타내는 스넬의 법칙에 대한 모식도

스넬의 법칙은 다음과 같이 주어진다.

$$\frac{\sin \alpha_i}{\sin \alpha_t} = \frac{n_t}{n_i}$$

여기서 α_i는 굴절 지수(refractive index)가 n_i인 공기 내의 빔의 입사각이고 α_t는 굴절 지수가 n_t인 받아들이는 매질 내의 빔의 투과각이다. 굴절 지수란 매질 내의 빛의 속도에 대한 진공 내의 빛의 속도(3×10^8 $m \cdot s^{-1}$)의 비를 말한다. 지면 근처 공기의 전형적인 값은 1.00029이고 물인 경우 1.33, 그리고 유리인 경우 1.52이다. 굴절의 순 효과는 밀도가 더 조밀한 매질 속으로 빛을 구부리는 것이다.

1637년 르네 데카르트는 자신의 논문집 《굴절광학(*Dioptique*)》에서 그것과 동일한 법칙을 다른 방법으로 유도하였다. 데카르트는 빛은 공과 같은 모양으로 움직인다고 주장하였다. 그렇지만 그는 물로 들어가는 빛이 U에서 V로 증가하나 접선 성분 W는 변화하지 않는다고 가정하였다. 그러나 데카르트의 이러한 가정은 정확하지 않았다. 이것으로부터 데카르트는 W/U = sin(i), W/V = sin(r)을 얻었다. 비록 그의 결론이 형식적으로 스넬의 법칙과 일치한다 하더라도, 공기 내의 빛의 속력이 물속의 빛의 속력보다 더 크기 때문에 그의 결과는 옳지 않았다.

프톨레마이오스의 측정 결과([표 8-1])와 스넬의 법칙을 이용하면, 굴절 지수 n은 다음과 같은 [표 8-2]로 추정될 수 있다.

스넬의 법칙으로 구한 프톨레마이오스의 측정값에 대한 굴절 지수 n의 평균값은 1.304였다. 현재는 n=1.333으로 사용되고 있다. 프톨레마이오스 측정의 정확성은 1°에 대해서 0.5였기 때문에 [표 8-2]에서 n의 값이 변동한다.

[표 8-2] 굴절 지수의 추정

i(공기)	r(물)	n	i(공기)	r(물)	n
10°	8.0°	1.25	50°	35.0°	1.34
20°	15.5°	1.28	60°	40.5°	1.33
30°	22.5°	1.30	70°	45.5°	1.32
40°	29.0°	1.32	80°	50.0°	1.29

6) 빛의 산란

1869년 아일랜드의 물리학자인 존 틴들(John Tyndall, 1820~1893)은 '틴들 효과(Tyndall effect)'라 부르는 것을 발견하였다. 그는 빛이 액체를 통과하는 방법에 대해 연구하고 있었는데, 빛이 용액 또는 순수한 용제를 통과하는 경우에는 빛을 볼 수 없으나 콜로이드 용액 속에서는 빛줄기를 볼 수 있다는 것을 발견하였다. 이러한 사실은 콜로이드 입자들이 눈에 보이지는 않지만 빛을 산란시킬 만큼 충분히 입자가 크다는 것을 제시하는 것이었다. 이런 사실로부터 대기 중의 입자들 또한 빛을 산란시킬 수 있고 대기 분자들은 붉은색보다는 푸른색 빛을 더 잘 산란시키므로 파란 하늘을 일으키는 이유가 된다는 사실을 알게 되었다. 1871년 레일리 경은 이러한 사실이 옳음을 증명했다.

빛의 파장보다 훨씬 더 작은 분자들과 입자들에 의한 산란은 '레일리 산란(Rayleigh Scattering)'으로 알려져 있는데 이것은 이 이론의 최초 개발자인 레일리 경의 이름을 딴 것이다. 독일의 물리학자인 구스타프 미(Gustav Mie, 1868 ~ 1957)는 입자에 부딪히는 빛의 산란에 관해 유명한 논문을 집필하여 1908년 발표하였다. 오늘날 그의 이론을 '미 산란(Mie Scattering)'이라 한다.

태양복사의 산란은 광자(photon)가 대기 중의 장애물에 흡수되지 않고 충돌이 일어날 경우에 언제나 발생한다. 즉, 산란은 복사광이 대기 중의 기체 원자, 분자 또는 입자들에 부딪쳐서 입사 방향과 다른 모든 방향으로 진행하는 현상이다. 그러므로 산란의 유일한 효과는 광자의 이동 방향을 바꾸는 것이다. 방향의 변화는 어떤 방향 그리고 모든 방향으로 일어날 수 있지만, 보통은 단지 두 방향 즉 지면에 대한 상방과 하방으로 생각하는 것이 편리하다. 만약 하방으로의 재산란과 다중 산란이 없게 되면 상방 산란 복사는 그대로 공간으로 사라져 버려 더 이상 에너지 과정에 참여할 수 없다. 반면, 하방 산란 복사는 여전히 이 시스템 내에 존재하며 더 많은 상호작용을 받기 쉽게 된다.

(1) 레일리 산란

입사되는 복사의 파장과 비교해 볼 때, 산란 입자들이 아주 작은 경우 레일리 산란을 만들어 낸다(〈그림 8-5(a)〉). 산란 양은 파장의 4분의 1 제곱에 반비례한다. 그러므로 가시광선 복사인 경우 파란빛(파장이 약 0.4 μm)의 산란은 붉은 빛(파장이 약 0.7 μm)의 산란보다 약 10배가량 크다. 이 산란 형태는 오염되지 않은 보통의 대기 기체들로 주로 구성되어 있는 대기에서 나타난다.

레일리 산란의 중요한 결과는 낮 동안 하늘이 파랗게 나타나는 것이다. 파란빛에 의한 효율적인 산란 효과는 저녁에 나타나는 노을에서 볼 수 있다. 어느 시간에 대기를 통과하는 복사의 대단히 긴 경로는 대부분의 짧은 파장을 가진 복사를 여러 번 산란시키고 단지 붉은 성분에만 영향을 미치지 않도록 하여 낮 동안보다는 훨씬 더 붉은 태양을 창출한다. 보통 이것과 연관된 붉은 하늘은 직접 빔으로부터 약간 벗어난 붉은 파장의 산란 결과이다.

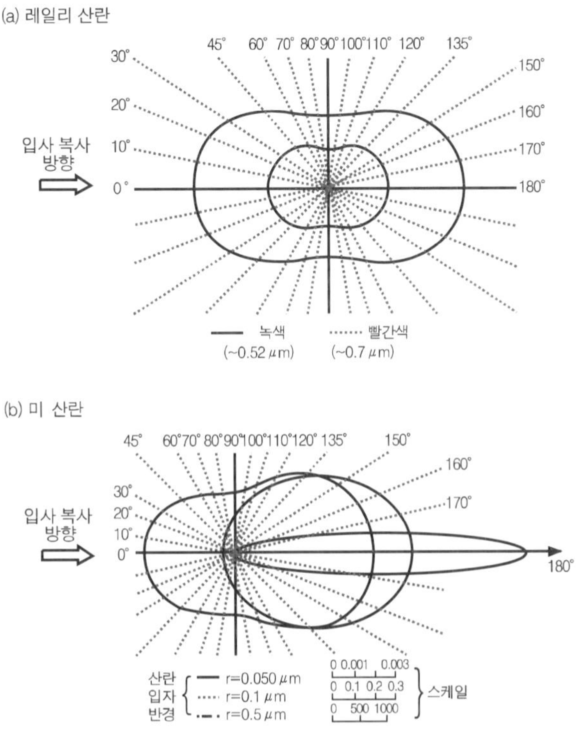

〈그림 8-5〉 산란각의 함수로 나타나는 복사 강도. (a) 입자 크기가 반경 0.025 μm일 때 파장이 다른 두 경우에 나타나는 레일리 산란. (b) 세 가지 경우의 입자 크기에서 0.52 μm인 녹색 광의 미 산란

(2) 미 산란

구름, 오염 입자, 또는 작은 물방울들이 대기 중에 존재하면 '미 산란'이 발생한다(〈그림 8-5(b)〉). 미 산란은 산란 입자들이 입사 복사의 파장과 거의 비슷할 경우에 효과적으로 일어난다. 미 산란은 거의 모두가 전방 산란이다.

[표 8-3]은 하늘에서 가장 일반적으로 볼 수 있는 두 가지 색깔인 푸른빛과 붉은빛의 파장과 대비하여 대기를 구성하는 분자, 입자 및 수증기와 구름 방울들의 상대적인 크기를 보여 준다. 자갈과 대비하여 갈대에 의한 수면 파동이 상대적으로 작게 산란된다는 점에 비추어, 대기 입자들에 의한 산란 효과보다는 분자들에 의한 산란 효과가 더 작을 것으로 예상할 수 있다. 이러한 분자들에 의한 산란을 '미 산란'이라 한다. 예를 들면, 이러한 현상은 비가 내려 대기 중의 분진들이 말끔히 제거된 맑은 날의 하늘보다는 입자들을 많이 포함하고 있는 연무가 낀 하늘에서 잘 나타난다.

[표 8-3] 분자, 입자, 물방울, 빛의 파장의 상대적 크기

입 자	전형적인 차원(m)
산소 분자	10^{-10}
황산염 입자	10^{-7}
소금 에어로졸	10^{-6}
구름 방울	10^{-5}
빗방울	10^{-3}
푸른빛 파장	4.5×10^{-7}
붉은빛 파장	6.5×10^{-7}

이 하늘의 색깔은 '밤에 하늘이 붉어지면 양치기는 기뻐하고, 아침에 하늘이 붉어지면 양치기는 경계한다'라는 영국의 유명한 일기 속담과 관련된다. 중위도에서 전선에 의한 동서 분리는 전형적으로 하루 이상 일어난다는 사실로부터 유래한 이 속담은 실용적인 원리이다. 아침에 하늘이 붉다는 것은 공기 중에

분진이 많이 부유하고 있다는 의미이고 반면 동쪽이 맑고 서쪽이 흐리다는 것은 산란을 강조하는 것이다. 서쪽이 흐리고 대기 중에 분진이 많다는 것은 온난전선의 전면에 기류가 존재할 가능성이 있음을 제시하고 동쪽의 맑은 하늘은 전선이 통과된 후 몇 시간이 지났다는 것을 의미한다. 대조적으로, 해질 무렵의 붉은 하늘은 적어도 다음날까지는 서쪽 하늘이 맑고 그래서 강우가 거의 없다는 의미를 내포한다. 그러나 이 속담은 대단히 붉은 하늘이 아침과 저녁 모두에 일어날 때 오염된 고기압 조건하에서는 깨어질 수 있다는 사실에 주목할 필요가 있다.

땅거미(dusk)가 질 때와 여명에 하늘이 붉게 물드는 것이 화산 폭발 후에는 대단히 볼만한 광경이 된다. 화산 폭발(예: 1991년 피나투보 화산 폭발 또는 1883년 크라카토아 화산 폭발)이 일어나면 수백만 톤의 분진과 아황산가스가 성층권 내로 분출되어 황산염 구름 응결핵을 만들게 된다. 이것은 먼지가 지면에 떨어지기 전까지 몇 년 동안 이어져 전 세계적으로 볼 만한 일몰을 연출한다. 또한 색깔을 띤 달은 대기 중의 고농도 분진에 의해 반사된 태양 빔의 산란의 중요한 산물이다. 1950년 9월에 색깔을 띤 달이 나타났는데, 이 때는 대류권 상층의 강한 편서풍과 로키산맥에서 발생한 대규모 산불에 의해서 서유럽의 대기 중에 많은 양의 분진이 이동하여 조합이 이루어진 시기였다. 다량의 분진은 강한 산란을 일으켜 푸른 초록색 달이 영국 대부분의 지역과 인근 대륙에서까지 관측되었다.

7) 빛의 회절과 간섭

이탈리아의 수학자·물리학자로, 예수교 목사이자 볼로나 대학교의 수학과 교수인 프란세스코 그리말디(Francesco Maria Grimaldi, 1618~1663)는 1665년 그의 사후에 라틴어로 쓰여진 빛에 관한 논문 〈피시코 마테시스(*Physico-Mathesis de Lumine, Coloribus et Iride*)〉를 발표하였다. 그는 이 논문에서 빛은 물체 주위에서 굽는다는 것을 설명하였다. 한 예로, 얇은 막대기 하나가 어둠상자(camera obscura) 내 태양 빔이 비추는 장소에 놓여 있을 때, 막대기의 그림자는 막대기 자체보다 더 엷어졌다고 그는 기술하고 있다. 그리말디는 이 현상을 '회절(diffraction)'이라 불렀는데 그 근거는 'breaking up'이라는 뜻을 가진 라틴어 '*diffracto*'에서 찾을 수 있다. 그는 또한 두 개의 작은 구멍(pinhole)이 나 있는 바늘구멍 사진기(pinhole camera)에서 두 개의 빛의 빔이 중첩될 때 만들어지는 효과인 '간섭(interference)'을 최초로 기록하였다. 간섭은 파동이 공간 내에 동일한 점에 도달할 때 발생한다. 한 파동의 마루가 다른 파동의 마루와 겹쳐지거나 골과 골이 겹쳐질 때, 잔물결은 보강 간섭(constructive interference)에 의해서 강화된다. 파동의 마루와 골이 만나게 되면 잔물결은 상쇄 간섭(destructive interference)에 의해서 소거된다.

1801년 잉글랜드의 물리학자 토머스 영은 런던의 영국학술원에서 〈빛과 색깔의 이론에 관하여(*On the Theory of Light and Colors*)〉란 제목의 강연을 하였다. 영은 그리말디의 실험이 빛의 파동설을 강력하게 지원한다고 하며 그 중요성에 대해서 역설하였다. 그는 또한 'interference'란 용어를 소개하였다. 1803년 〈물리 광학에 대한 실험과 계산(*Experiments and Calculations Relative to Physical Optics*)〉이라는 제목의 또 다른 강연에서 그는 간섭에 대한 그의 관찰을 요약하였고 여러 새로운 현상을 보태었다. 그의 유명한 간섭 실험은 1801년부터 1803년에 걸쳐 강연한 내용을 정리하여 1807년에 출판한 《자연철학강의》에 수록되어 있다.

많은 학자들은 영의 이론이 뉴턴의 권위에 도전한다는 이유로 이를 반대하였다. 영은 그의 생각을 파도치는 방식으로 풍자하여 기술하였다. 비판이 거세어 영은 오랫동안 출판을 멈추었다.

8) 빛의 편광

1669년 덴마크의 의사·수학자·물리학자인 에라스무스 바르톨린(Erasmus

Bartholin, 1625 ~ 1698)[7]은 '아이슬란드 스파(Iceland spar)'라 불리는 방해석 결정을 통해 물체를 보면, 물체가 두 개로 보인다고 보고하였다. 이러한 복굴절 현상을 프랑스 물리학자인 에티앙 마루(Etienne-Louis Malus, 1775 ~ 1812)가 '편광(polarization)'이라 명명하였다. 그러나 그는 빛이 자석과 같이 상이한 극성을 가진다는 잘못된 가정을 하였다. 1817년 프랑스의 물리학자 오귀스탱 프레넬(Augustin Jean Fresnel, 1788 ~ 1827)[8]은 편광을 설명하였다. 프레넬은 빔의 경로의 직각 방향에서 광파는 여러 방향으로 진동한다고 제안하였다(〈그림 8-6〉). 만약 떨림이 오직 한 평면으로 한정된다면, 빛은 편광하게 된다. 방해석은 빔을 두 갈래로 쪼개어 상이하게 굴절되도록 한다. 편광은 빛이 종파 운동보다 횡파 운동이 더 수행되도록 한다는 것을 입증하였다. 왜냐하면 빔 경로를 따라 일어나는 종파 진동은 편광이 되지 않기 때문이다.

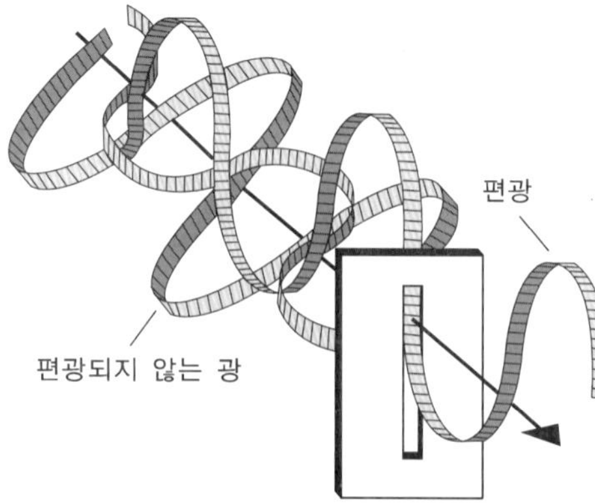

〈그림 8-6〉 빛의 편광

7) 라틴어 이름은 바르톨리누스(Bartholinus)이며 덴마크 로스킬더에서 태어났다. 그는 코펜하겐 대학교 의과대학의 내과교수로 재직하는 동안(1657-1698) 방해석을 통해서 물체를 볼 경우 상이 이중으로 맺히는 현상을 관찰했다.

8) 빛의 반사·굴절 등을 설명하여 빛의 파동설을 굳건히 확립하였다. 그의 회절 이론을 '프레넬 회절'이라 한다.

5. 대기 중의 광학 현상

1) 굴절에 의한 광학 현상

대기권 내에서 온도와 습도가 변동하여 생기는 굴절의 변화가 별의 반짝임을 만든다. 또한 대기권에서의 굴절은 하늘의 천체 위치에 영향을 준다. 천체는 실제보다 수평선 상에서 약간 높게 나타난다.

[표 8-4]는 수평선 근처에 위치하는 태양과 달이 약간 편평하게 보인다는 것을 설명하기 위해 사용된다. [표 8-4]에서 보면 빛이 굽는 각도는 수평선 근처에서 가장 크다는 것을 알 수 있다.

태양과 달 모두는 약 0.5°의 '각 직경(angular diameter)'을 가진다. [표 8-4]에 나타난 바와 같이, 수평선에서 태양 평원반(disk)의 낮은 테두리는 실제보다 33.8′ 높게 나타나는 반면 높은 테두리는 단지 28.2′ 높게 나타난다(〈그림 8-7〉). 그 결과 태양의 평원반은 연직축이 수평축보다 5.6′(33.8′ ~ 28.2′) 짧은 타원으로 나타난다. 그러므로 편평한 양은 태양 직경에 대해서 20 %(5.6′/30′ ×100)가 된다. 태양은 약 15 arc/min(180°/12 hr)로 움직이고 있기 때문에, 적도의 관측자는 실제보다 2분 정도 먼저 태양을 보게 되고, 수평선으로 지는 해는 2분 더 보게 된다.

[표 8-4] 겉보기 고도각과 실제와의 편차

겉보기 고도각	실제와의 편차	겉보기 고도각	실제와의 편차
0.0°	33.8′	40°	1.1′
0.5°	28.2′	50°	47.9″
10°	5.2′	60°	33.0″
20°	2.6′	70°	20.1″
30°	1.6′	80°	10.1″

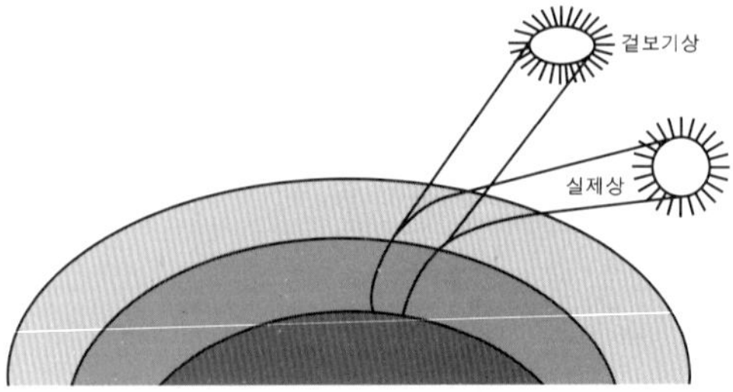

〈그림 8-7〉 대기에서 빛의 굴절에 의해 태양이 편평해지는 모습

사람의 시각은 그냥 세계를 정적 복사하는 것은 아니다. 우리의 눈은 이상적인 광학 기관이 아니다. 때때로 우리는 실제와 다른 것을 보기도 하는데 이를 '환영(illusion)'이라 한다. 프랑스의 문필가·철학자인 볼테르(Voltaire, 1694 ~ 1778)는 "환영이란 모든 즐거움의 시초"라고 생각하였다. 가장 흥미로운 자연 환영 중의 하나는 수평선 부근에서 보이는 보름달의 겉보기 크기이다. 몇 시간 후 달이 남중하게 되면, 달은 아주 작게 보인다. 이 현상은 독일의 유명한 수학자인 칼 가우스(Karl Friedrich Gauss, 1777 ~ 1855)에 의해서 연구되었다. 가우스는 수평선 부근의 달은 나무와 집들과 같은 지상 물체보다 더 크게 보인다고 정확하게 결론을 내렸다. 사진을 찍어보면, 달 평원반의 직경은 수평선 부근에 있거나 머리 위에 있거나 간에 동일하다.

(1) 신기루

'신기루(mirage)'는 하늘과 지표면이 찌그러지는 광학 현상이다. 신기루는 사막, 해양 또는 설원에서 나타난다. 신기루는 굴절에 의해서 발생하고 여러 가지 형태로 나타난다.

강하게 가열된 지면 또한 신기루를 발생한다. 도로 또는 사막 지면은 여름날에는 강하게 가열되어 주변 공기보다 10 ~ 20 ℃ 이상의 온도차를 낸다. 이 강하게 가열된 공기는 위쪽으로 굴절된다. 그러므로 하늘로부터의 빛이 우리들의 시선 방향에서 굴절되기 때문에 우리 자신과 다른 물체 사이에는 마치 수영장의 수면과 같아 보인다. 이런 현상을 '아래 신기루(inferior mirage)'라 한다. 또한 동일한 효과에 의해, 수영장의 수면으로 보이는 곳에 높은 물체가 존재하면 그들의 상은 거꾸로 나타난다. 관측자 눈 위에 있는 높은 물체에서 빛이 굴절되면 가까운 위치의 물체도 보이지 않게 된다(〈그림 8-8〉).

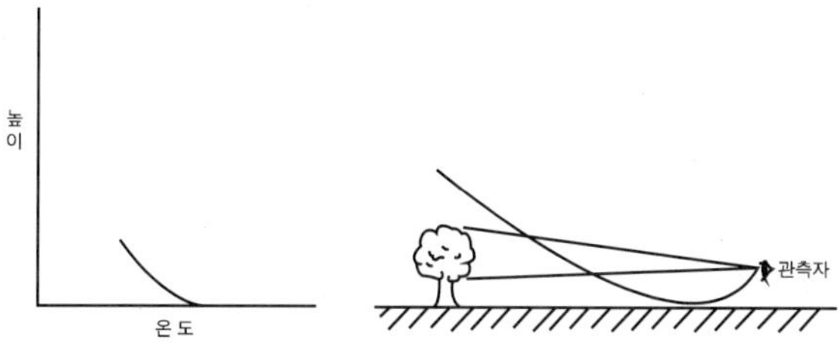

〈그림 8-8〉 아래 신기루가 생성되는 조건(왼쪽 그림)과 관측자의 눈에 들어오는 광선의 경로(오른쪽 그림)

지평선 너머 지구 표면에 놓여 있는 물체를 보는 것 또한 가능하다. 하층 대기 내에 온도 역전이 존재하게 되면, 지면에서 위쪽으로 향해 이동하는 빛은 역전층 내에서는 지면에 근접한 온도가 더 낮고 조밀한 공기 쪽으로 구부러져 되돌아가게 된다. 빛의 경로 상에 온도 대비가 커지면 커질수록 굴절은 더 많이 이뤄진다. 이런 이유로 상이 반대로 뒤집힌다. 이것을 '위 신기루(superior mirage)'라 부른다(〈그림 8-9〉). 그러므로 지평선 너머 실제로 존재하는 물체들은 공중으로 떠서 위쪽 부분이 아래쪽으로 향하는 모습으로 관측될 수 있다. 동일한 상황이 음파에서도 발생한다. 여러분이 집에서 보통 때는 듣지 못했던 기적 소리를 가끔 들을 수 있는 것은 여러분의 집과 철길 사이에 역전층이 존재하여 음파가 지면으로 구부러지기 때문이다.

하층 대기의 온도 구조는 아주 복잡해질 수 있다. 이런 경우 극단적인 형태의 신기루가 형성된다. 여기에서는 상이 여러 파편들로 쪼개어지거나 위와 아래에 두 개의 온난층이 존재하고 그 사이에 한랭한 지역 내에 빛이 갇혀서 먼 거리로 전파되어 상이 송수관처럼 보이게 된다.

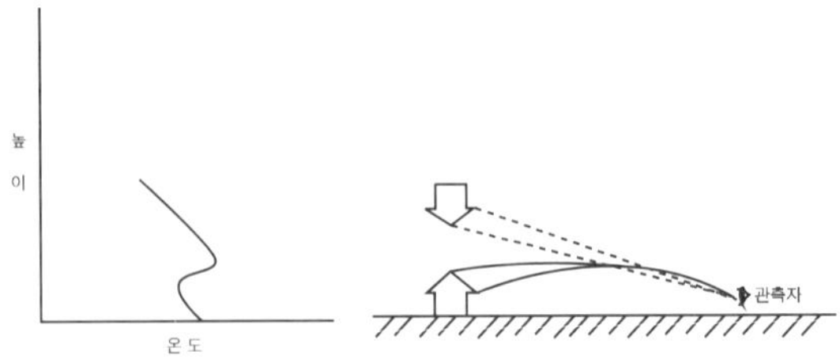

〈그림 8-9〉 위 신기루가 생성되는 대기 조건(왼쪽 그림)과 관측자의 눈에 들어오는 광선의 경로(오른쪽 그림)

(2) 무리

태양 또는 달은 종종 '무리(halo)'라 불리는 빛의 고리들로 둘러싸이게 된다. 이 현상은 지상 약 10 km 상공에 떠 있는 얼음알갱이(ice crystal)를 통한 굴절에 의해서 일어난다. 가장 일반적인 것은 태양 또는 달 주위에 22°의 빛의 고리를 가지는 22° 무리이다. 다른 경우는 태양 또는 달을 46°의 고리로 둘러싸는 46° 무리이다(〈그림 8-10〉). 무리의 모양은 얼음알갱이의 모양과 방위에 의해서 결정된다. 22° 무리는 입사 태양광에 수직인 평면으로 방향을 잡아 불규칙하게 떨어지는 얼음알갱이에 의한 굴절에 기인된다. 46° 무리는 〈그림 8-10〉에서처럼 육각형 기둥 모양을 가진 떨어지는 얼음알갱이에 의한 굴절에 기인된다. 무리는 파장에 따라 굴절 상태가 달라지기 때문에 안쪽에 붉은 고리를 가지고 바깥쪽에 푸른 고리를 가지는 배색을 취한다.

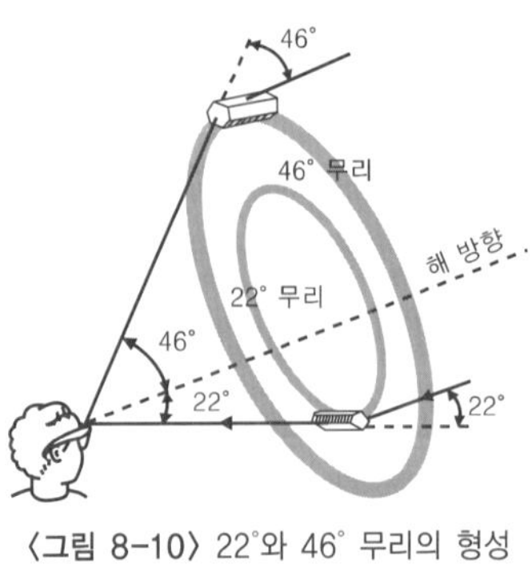

〈그림 8-10〉 22°와 46° 무리의 형성

무리가 일어나는 동안에 '무리호(arc)', '무리선회(circle)', '무리해(sundog)'와 같은 다양한 광경을 볼 수 있다. 무리해는 태양의 양쪽 옆면에 색깔을 지닌 점으로 나타난다. 태양 주위에 무리호, 무리선회, 무리해가 일어날 수 있는 일부 경우를 〈그림 8-11〉에 제시하였다.

일 년 중 어느 시각에도 무리를 볼 수 있다. 무리가 온난전선에 선행하여 나타나는 상층 구름에 기인한다는 사실과 무리가 일어나면 24~48시간 내에 강수가 발생한다는 점을 이용하여 무리를 실제 날씨 예보에 적용한다. 고대 시에서 "태양 또는 달 주위에 무리가 발생하면, 곧 눈과 비가 내릴 것이다."라고 예측하고 있다.

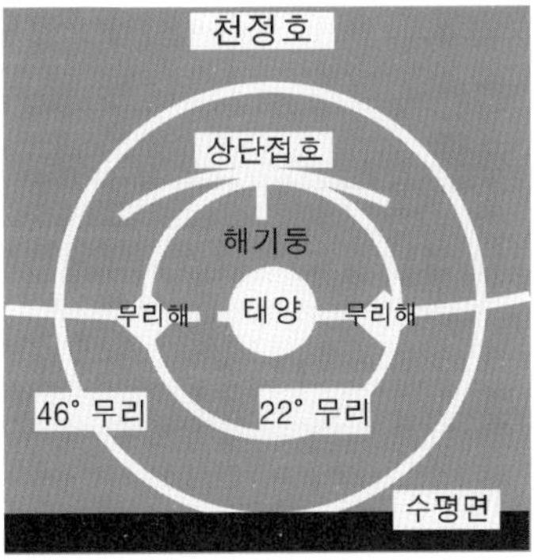

〈그림 8-11〉 다양한 무리의 모양

2) 산란에 의한 광학 현상

(1) 푸른 하늘

하늘은 왜 푸른가? 잉글랜드의 물리학자인 아이작 뉴턴은 청색은 속이 빈 작은 물방울로부터 햇빛이 반사되어 나타난다고 주장하였다. 그의 이론은 완전히 잘못된 것이다. 왜냐하면 그러한 작은 물방울은 대기권에서 발생하지 않기 때문이다.

1881년 존 틴들은 이 현상에 대해서 정확한 설명을 제시하였다. 레일리 경의 연구에 기초하여 틴들은 하늘의 푸른색은 공기 분자에 의한 빛의 산란(모든 방향으로 이루어지는 빛의 재분배)에 기인된다고 결론지었다.

가장 강력하게 산란되는 것은 제일 짧은 파장을 가진 자색과 청색이다. 녹색은 이것들보다 덜 산란되고 적색은 매우 약하게 산란된다.

(2) 부채살빛

산란에 의해서 나타나는 가장 환상적이고 볼만한 대기 효과 중의 하나는 '부채살빛(crepuscular ray)'으로 알려진 현상이다. 부채살빛은 거리를 둔 장애물 사이를 통과하는 햇빛의 빔이 관측자 주변의 에어로졸을 비출 때 발생한다. 우리는 전방 또는 후방 산란의 대조 때문에 단지 햇빛의 빔을 본다. 이것을 가장 잘 보기 위해서는 태양 쪽으로 바라보거나 태양 반대쪽으로 바라보아야 한다. 구름 그림자의 대기 내에서는 빛이 적게 투과되기 때문에 이 지역에서 일어나는 산란은 구름 주변에서 밝게 빛나는 대기 내보다는 훨씬 적게 발생한다. 이런 이유로 우리의 눈은 그늘이 지지 않은 체적으로부터 더 많은 산란광을 받아들여 그늘진 지역과 그늘지지 않은 지역 사이의 대조를 만들게 된다. 빔들은 한 점으로부터 복사되는 것으로 나타나지만 이것은 원근법의 효과이다. 그러나 만약 우리가 철길과 같은 한 쌍의 평행선을 쳐다본다면, 우리는 멀리서 수렴됨을 볼 수 있을 것이다. 즉, 원근법은 환영을 만들어 낸다. 이와 마찬가지로, 어떠한 환경에서 우리는 태양에 대한 하늘 돔의 반대쪽으로 집중하는 부챗살빛을 볼 수 있을 것이다; 이들은 '반대박명광(anti-crepuscular ray)'으로 알려져 있다.

(3) 박명

'박명(twilight)' 또한 하나의 산란 현상이다. 태양으로부터 직접 도달하는 광선은 일몰 후에는 지구 표면에 도달할 수 없지만, 일몰 후 잠시 동안 직접적으로 도달하는 태양 빔은 여전히 머리 위에서 대기를 비추고 있기 때문에 우리는 태양 빔으로부터 산란된 빛을 볼 수 있다. 박명이 깊어지면 머리 위의 대기는 이미 직접적으로 비추지 않고 단지 태양으로부터 멀어진 대기에서 산란된 빛에 의해서 간접적으로 비추게 된다.

3) 회절에 의한 광학 현상

(1) 코로나

달이 작은 물방울로 구성되어 있는 얇은 베일 모양의 구름을 통해 보여 질 때, '코로나(corona)'라 불리는 밝은 빛의 고리가 달을 감싸게 된다. 코로나란 단어는 라틴어에서 유래된 것으로 그 뜻은 'crown'이다. 동일한 효과가 태양 주위에서도 일어나지만 태양이 너무 눈부셔 코로나를 감지하는 것은 어렵다.

코로나는 빛의 회절에 의해서 일어난다. 광파(light wave)가 주도적으로 간섭하는 곳에서는 밝은 빛이 보이고 그렇지 않은 곳에서는 검은 색으로 보인다. 빛이 물체(예: 작은 물방울)의 경계를 따라 움직일 때, 회절은 광파를 굽게 한다.

코로나는 흰 고리 또는 안쪽에는 푸른 고리, 바깥쪽에는 붉은 고리를 가진 경우로 나타난다. 두세 개의 고리를 가지는 코로나는 달의 직경의 4배에서 20배(2° ~ 10°) 정도까지만 확장된다. 코로나는 온난전선에 동반되는 중층 구름 또는 하층 구름에서 나타난다. 그러므로 코로나가 나타나면 12 ~ 24시간 내에 강수의 가능성이 있다.

(2) 무지개빛

구름 안에 크기가 각기 다른 방울들이 존재할 때 형성되는 코로나는 뒤틀리어 불규칙하게 나타난다. 때로는 구름에 여러 가지 색의 얼룩이 형성되기도 한다. 보통 파스텔 색조의 분홍, 파랑, 초록색이다. 빛의 회절로 나타나는 구름의 밝은 얼룩을 '무지개빛(iridescence)' 또는 '채운'이라고 한다. 무지개빛은 태양과의 각도 20° 이내에서 가장 많이 발생한다.

4) 복합 과정에 의한 광학 현상

(1) 무지개

여러 고전에서는 '무지개(rainbow)'를 하늘을 이어주는 다리로 묘사하고 있다. 고대 그리스 사람들은 무지개를 타우마스(Thaumas)와 일렉트라(Electra)의 딸인 여신 아이리스(goddess Iris)와 관련지어 생각했다. 1310년경 도미니크 수녀회의 수사인 티에리 프라이베르크(Thierry de Freiberg, ca. 1250 ~ ca. 1310)는 현재와 유사하게 무지개를 설명하였다. 프라이베르크는 자신의 논문집 《무지개(*De Iridae*)》에서 프리즘과 투명한 수정구를 가지고 실험을 하여, 태양복사가 개개의 빗방울에 굴절되어 방향이 변한 다음 반사되고 관측자에게 도달하기 전에 다시 한 번 굴절된다고 주장하였다.

17세기 프랑스의 철학자·수학자·물리학자인 르네 데카르트에 의해서 무지개의 이론이 제안되었다. 데카르트는 그의 유명한 논문집 《방법서설》에서 두 번의 굴절과 한 번의 반사가 이루어질 때 42° 무지개가 형성된다고 기술하였다. 데카르트는 〈그림 8-12〉과 같이 큰 방울의 그림을 사용하였다.

〈그림 8-12〉로부터 데카르트는 1차와 2차 무지개를 특징짓는 각 Θ_1과 Θ_2를 발견하였다. 즉 $\Theta_1 = 4\mathbf{r} - 2\mathbf{i}$ 와 $\Theta_2 = 180^\circ - (6\mathbf{r} - 2\mathbf{i})$로, 여기서 **i**와 **r**은 입사각과 굴절각이다. 2차 광선은 태양 광선이 O-O' 축 아래에서 방울 속으로 들어갈 때 지표면에서 볼 수 있게 될 것이다. 그는 임의적으로 물방울의 단위 반경 R(예: 1 mm)을 가정하였다. 그러면 $\sin(\mathbf{i}) = \mathbf{b}/\mathbf{R} = \mathbf{b}$가 된다. 여기서 **b**는 물방울 축으로부터 떨어진 거리이다. 그는 또한 스넬의 법칙을 이용하여 $\sin(r) = \mathbf{b}/\mathbf{n}$을 구하였다. 여기서 **n**은 굴절률이다. 최종적으로 **b**와 **n**의 임의값이 주어지면, 그는 각 **i**와 **r**뿐만 아니라 각 Θ_1과 Θ_2를 찾을 수 있었다. $\mathbf{n} = 1.332$인 경우 계산하면 [표 8-5]와 같게 된다.

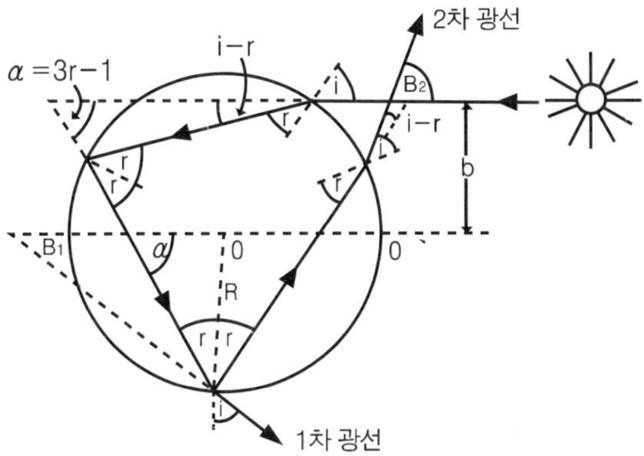

〈그림 8-12〉 데카르트의 무지개 계산

[표 8-5] **n**=1.332인 경우 **b**, Θ_1, Θ_2에 대한 계산 값

b	Θ_1	Θ_2	b	Θ_1	Θ_2
0.00	0.0°	180.0°	0.50	28.2°	107.7°
0.10	5.7°	165.7°	0.60	33.4°	93.1°
0.20	11.5°	151.3°	0.70	38.0°	78.6°
0.30	17.2°	136.8°	0.80	41.4°	64.8°
0.40	22.8°	122.3°	0.90	41.7°	53.3°

[표 8-5]에서 보면, **b**의 값은 일정하게 증가하더라도 각 Θ_1과 Θ_2는 동일하게 증가하지 않는다. 0.8〈**b**〈0.9의 범위에서 Θ_1에 대해서 계산하면 [표 8-6]과 같은 결과를 얻을 수 있다.

[표 8-6]와 〈그림 8-13〉에서 보는 바와 같이, 0.8〈**b**〈0.9의 범위를 가진 작은 물방울에 들어오는 광선은 약 42°에 수렴한다. 다른 광선들은 그것들이 작은 물방울을 떠나게 될 때 발산한다. 그 결과 1차 무지개는 약 42°에서 보이게 된다.

[표 8-6] 0.8〈b〈0.9의 범위에서 Θ_1에 대한 계산 값

b	Θ_1	b	Θ_1
0.81	41.4°	0.86	42.2°
0.82	41.6°	0.87	42.2°
0.83	42.0°	0.88	42.1°
0.84	42.1°	0.89	42.0°
0.85	42.2°	0.90	41.7°

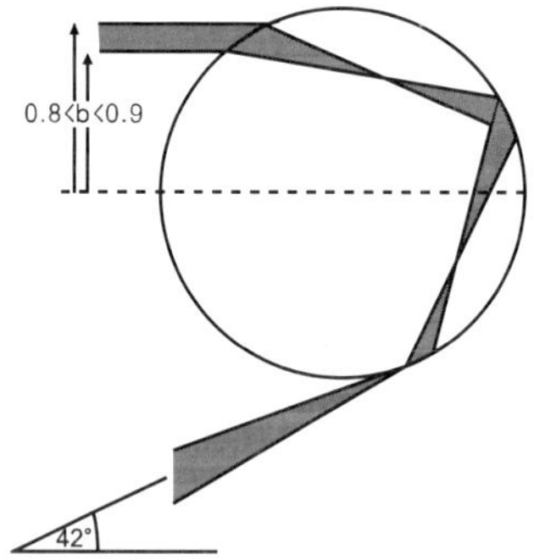

〈그림 8-13〉 42° 무지개의 생성

각 빗방울의 내부는 거울과 같이 작용한다. 빗방울의 내부에서 오직 한 번만 반사가 일어나기 때문에, 1차 무지개는 매우 밝다. 2차 무지개는 〈그림 8-14〉에서와 같이 두 번 반사가 일어나기 때문에 어둑하게 된다.

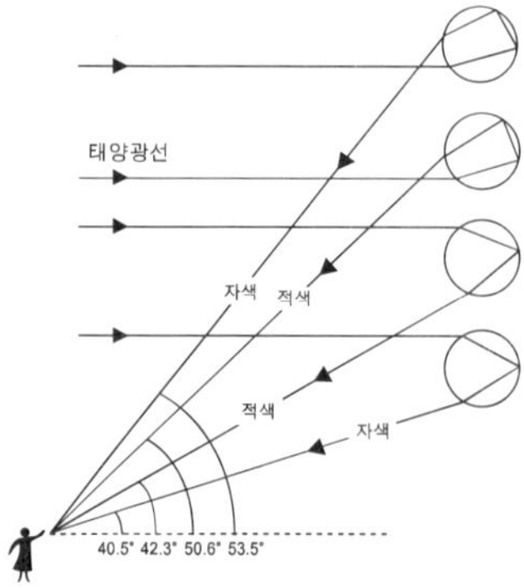

〈그림 8-14〉 1차 무지개와 2차 무지개의 생성

굴절률의 치이는 1차 무지개의 바깥 가장자리에 적색을 나타나게 하고 안쪽 가장자리에 자색이 나타나도록 한다. 2차 무지개의 색깔은 반대의 배열로 나타난다. 이것은 [표 8-7]로 결론지을 수 있다. 여기서 최대각과 최소각은 0〈**b**〈1 범위에서 모든 값들에 대한 〈그림 8-14〉에 지적된 각들의 최대와 최소를 지적하는 것이다.

[표 8-7] 굴절률에 따른 Θ_1의 최대각과 Θ_2의 최소각

색깔	굴절률	Max(Θ_1)	Min(Θ_2)
자색	1.343	40.5°	53.5°
녹색	1.335	41.8°	51.7°
황색	1.334	42.0°	51.3°
적색	1.332	42.3°	50.6°

(2) 녹색섬광

주의 깊은 관측자는 때때로 해가 뜨거나 저물 때 태양의 바깥 테두리 부근에서 녹색광을 관측할 수 있다. 이 현상을 '녹색섬광(green flash)'이라 부른다. 옛날 스코틀랜드 전설에 따르면, 만약 당신이 녹색섬광을 보게 되면 당신의 마음속을 볼 수 있고 다른 사람의 생각을 읽을 수 있게 된다.

녹색섬광에 대한 가능한 원인에 대한 의문점들은 19세기 말 과학 논문을 통하여 최초로 제기되었다. 녹색섬광을 최초로 인식한 사람은 뱃사람이었다. 모든 사람들은 해파를 통해 햇빛 속의 가시광선 스펙트럼에서 다른 부분들이 제거되어 오직 녹색 부분만이 뱃사람에게 도달한 것이라고 생각하였다. 그러나 그 후 녹색섬광이 육지와 사막에서도 일몰 시에 관측되었기 때문에 이 가정은 단번에 무너졌다. 심지어 어떤 사람은 녹색 색조를, 일몰 시 사라지는 붉은 태양에 의해서 눈의 망막 속에 새겨지는 역상(음영)으로 만들어지는 것이라 제안하였다. 그러나 이 결과는 일출 시에도 가능한 것으로 밝혀졌다. 천연색 사진의 출현으로 녹색섬광이 허구가 아니라 실제라는 것이 증명되었다.

전형적인 대기 분산과 굴절 이론과 공기 분자들과 다른 작은 입자들에 의한 빛의 레일리 산란 이론은 0.5′의 호를 가지는 대단히 낮은 태양의 상부 가장자리에 나타나는 녹색 출현의 정량적인 설명을 먼저 가능하게 한다. 지평선 부근에서, 태양 광선의 궤적은 직사광선에 대해서 약 0.5°가량 편향되어 나타나며 붉은빛보다 푸른빛이 더 편향된다. 이 결과로 여러 개의 태양 원판이 형성되고 이들 개개는 특징적인 파장을 가진다. 붉은빛 원판이 가장 아래쪽에 위치하고 그 위로 오렌지 빛, 노란빛, 녹색 빛, 푸른빛 그리고 자줏빛 원판이 하늘 위에 놓이게 된다. 푸른빛과 자줏빛 원판에 대응되는 빛은 레일리 산란 때문에 우리 눈에 도달하지 못한다. 결과적으로 여러 태양 원판들이 지평선에 근접하게 되면 먼저 붉은빛 원판이 사라지고 뒤따라 오렌지 빛, 그 다음 노란빛 그리고 마지막으로 녹색 빛 원판이 사라지게 된다.

태양 윗부분의 테에 나타나는 녹색 효과는 너무 작기 때문에 우리 눈에 보이지 않는다. 왜냐하면 우리 눈은 1분 이상의 호만을 분해할 수 있기 때문이다. 만약 태양이 지평선 아래로 완전히 숨어 버린다면, 단지 보이는 빛은 가시광선 스펙트럼의 녹색 부분이다; 이것을 본다는 것은 매우 특별한 경우로, 대부분 우리 눈의 분해능으로는 불가능한 일이다. 다른 환경에서는 이런 현상을 확대하는 역할을 하는 신기루 형태로 나타난다. 예를 들면, 역전층을 따라 이동하는 중력파(물결)가 존재하면 태양의 겉보기 모양은 찌그러질 수 있으며 더 큰 섬광이 만들어지면 녹색 테를 가지게 된다. 녹색 광선(green ray), 녹색 테(green rim) 그리고 녹색 파편(green segment)들은 모두 동일한 효과의 변종으로서 오늘날에는 이들 모두를 묶어서 녹색섬광이라 부른다.

녹색섬광의 관측을 촉진하는 대기 및 지형 조건들이 존재한다. 즉, 장애물이 없고 평평한 지평선(예: 바다 또는 사막), 맑은 하늘 그리고 대기 오염 물질이 없는 조건들이 그것이다. 아주 크게 나타나는 녹색섬광들은 위 신기루와 관련된다. 이 위 신기루는 처음에는 그리스 문자 오메가와 같은 모양으로 태양을 나타낸 다음 미식 축구공처럼 보이게 하고 마지막으로 아주 큰 녹색섬광으로 끝을 낸다. 망원경에 따로 관측되는 위 신기루는 아주 작게 나타난다.

녹색섬광에 대한 주목할 만한 역사적인 관측은 1899년 캘빈 경에 의해 이루어졌으며 그는 몽블랑 산에서 뚜렷한 녹색섬광을 보았다. 그리고 1929년 10월 16일 미국의 버드 남극 탐험대의 대원들이 35분 동안 녹색섬광을 보았다. 1992년 미국의 기상학자인 빈센트 섀퍼에 따르면, “녹색섬광은 맑은 하늘에서 나타나는 일몰의 약 25 % 정도에서 발생할 수 있다.”라고 설명하고 있다. 그러나 여기서 섀퍼는 오래된 문헌에서 한정한, 맨눈으로만 관측한 녹색섬광만을 고려한 것은 아니다. 1980년 로버트 그린너(Robert G. Greenler)에 따르면, ‘녹색섬광’이란 용어는 망원경으로 관측한 녹색섬광도 포함하고 있다. 섀퍼는 이런 새로운 용어에 따른 것으로 보이며 결과적으로 녹색섬광의 발생 빈도수를 늘어나도록 하였다.

(3) 그림자광륜

‘그림자광륜(glory)’은 굴절, 반사, 회절에 의해서 일어나는 또 다른 대기의 광학 현상이다. 작은 물방울로 구성된 구름층 위를 비행기가 운항할 때 비행기 그림자 둘레에 빛의 광륜이 나타날 수 있다. 이런 경우를 그림자광륜이라 한다. 그림자광륜을 보기 위해서 관측자는 밝은 햇빛 속에 있어야만 한다. 그림자광륜은 관측자 아래에 구름 갑판 또는 안개 제방의 그림자가 주변에 색깔을 지닌 고리로 나타난다. 많은 사람들이 있다면 그들은 그들 자신의 그림자광륜을 볼 수 있다. 이러한 경우의 광륜을 그 현상이 흔하게 발생하는 독일 브로켄(Brocken) 산맥의 이름을 따 ‘브로켄 무지개’라 한다.

1차 무지개의 경우에서와 같이 그림자광륜을 일으키는 빛은 구름 방울에 의해서 태양 반대쪽으로 굴절되고 반사된다. 그러나 그림자광륜을 만드는 공 모양의 작은 물방울들은 무지개를 만드는 빗방울보다는 더 작고, 덧붙여 입사 태양광선과 되돌아가는 태양광선을 회절시켜 두개의 빔이 평행한 경로를 따르게 된다.

참고문헌

도서

강운재, 김옥진 옮김, 2004 : 사람이 알아야 할 모든 것 과학. 들녘, 759 pp.

김광식, 1992 : 기상학 사전. 향문사, 735 pp.

김문영 옮김, 2003 : 아이스파인더. 바다출판사, 291 pp.

김영섭, 김경익 역, 2002 : 대기광학과 복사학. 시그마프레스, 186 pp.

민경덕 역, 2001 : 대기환경과학. 시그마프레스, 353 pp.

서애숙, 2000 : GMS 위성에서 본 사계절 기상-구름영상 보는 방법-. 기상연구소, 214 pp.

이강웅, 김맹기 옮김, 2004 : 길들여지지 않는 날씨. 한승, 240 pp.

이덕환 옮김, 2003 : 물리학에 혁명을 일으킨 위대한 논쟁 볼츠만의 원자. 승산, 340 pp.

윤성옥 옮김, 2002 : 기후는 역사를 어떻게 만들었는가. 중심, 371 pp.

윤일희 역, 1998 : 대기오염기상학. 시그마프레스, 236 pp.

윤일희 옮김, 2000 : 미기상학개론. 시그마프레스, 311 pp.

윤일희 옮김, 2003 : 미기상학개론-제2판, 시그마프레스, 428 pp.

윤일희 편역, 2004 : 현대 기후학. 시그마프레스, 498 pp.

윤일희, 2006 : 대기과학의 기본과 실습, 경북대학교 출판부, 309 pp.

윤일희·김종석, 1999 : 기초대기과학 및 실습. 시그마프레스, 219 pp.

장재국, 1998 : 라이프 지구재발견-대기-, (주)한국일보타임라이프, 176 pp.

장재국, 1998 : 라이프 지구재발견-폭풍-, (주)한국일보타임라이프, 176 pp.

장재국, 1998 : 라이프 지구재발견-해양-, (주)한국일보타임라이프, 176 pp.

한국기상학회, 1996 : 대기과학용어집(영·한·중·일), (주) 교학사, 492 pp.

한국기상학회, 2003 : 개정판 대기과학개론. 시그마프레스, 405 pp.

한국지구과학회, 2003 : 지구과학 학술용어집. 시그마프레스, 405 pp.

Aguado, Edward and James E. Burt, 2001 : Understanding Weather & Climate(2nd ed.). Prentice Hall, 505 pp.

Ahrens, C. Donald, 1994 : Meteorology Today-An Introduction to Weather, Climate, and the Environment-(5th ed.). West Publishing Company, 591 pp.

Ahrens, C. Donald, 1998 : Essentials of Meteorology Today-An Invitation to the Atmosphere-(2nd ed.) Wadsworth Publishing Company, 443 pp.

Allaby, Michael, 2002 : Encyclopedia of Weather and Climate, Vol. I, Facts on File, Inc., 346 pp.

Allaby, Michael, 2002 : Encyclopedia of Weather and Climate, Vol. II, Facts on File, Inc., 672 pp.

Byers, Horace Robert, 1974 : General Meteorology(4th ed.), McGraw- Hill, Inc., 461 pp.

Eagleman, Joe R., 1980 : Meteorology-The Atmosphere in Action-. D. Van Nostrand Company, 384 pp.

Glickman, Todd S., 2000 : Glossary of Meteorology. 2nd ed., AMS, 855 pp.

Greenler, R., 1980: *Rainbows, halos and glories,* Cambridge University Press, 195 pp.

Hess, Seymour L., 1959 : Introduction to Theoretical Meteorology. Holt. Rinehart and Winston, New York, 362 pp.

Lorenz, E., 1993 : The Essence of Chaos. University of Washington Press

Lutgens, Frederick K. and Edward J. Tarbuck, 1992 : The Atmosphere(5th ed.), Prentice Hall, 462 pp.

Lutgens, Frederick K. and Edward J. Tarbuck, 1995 : *The Atmosphere*(6th ed.). Prentice Hall, 462 pp.

Meteorological Office, 1982: *Observer's handbook,* fourth edition. HMSO, London, 220 pp.

Middleton, W. E. K., 1964 : *The History of the Barometer*. The John Hopkins Press, 489 pp.

Middleton, W. E. K., 1969 : *Invention of the Meteorological Instruments*. The

John Hopkins Press

Moran, Joseph M. and Michael D. Morgan, 1989 : *Meteorology-The Atmosphere and the Science of Weather*(2nd ed.). MacMillan Publishing Company, 557 pp.

Oliver, John E. and Rhodes W. Fairbridge, 1987 : *The Encyclopedia of Climatology*. Van Nostrand Reinhold Company, 986 pp.

Posey, Carl A., 1994 : *The Living Earth Book of Wind & Weather*. Reader's Digest, 221 pp.

Schneider, Stephen H., 1996 : *Encyclopedia of Climate and Weather,* Vol. I., Oxford University Press, 459 pp.

Schneider, Stephen H., 1996 : *Encyclopedia of Climate and Weather,* Vol. II., Oxford University Press, 929 pp.

Shapiro, Melvyn and Sigbjorn Gronas, 1999 : *The Life Cycles of Extratropical Cyclones*. AMS, 359 pp.

Sorbjan, Z., 1996 : Hands-On Meteorology, AMS, 306 pp.

Tricker, R. A. R., 1970: *Introduction to meteorological optics*. Mills and Boon, London, 285 pp.

Wallace, John M. and Peter V. Hobbs, 1977 : *Atmospheric Science-An Introductory Survey-*. Academic Press, 467 pp.

논문

한상복, 2003 : 한반도 기상학가 개설. 한국기상학회, 대기, 13(2), 9-28.

Bigg, G. R., 1992 : The sky is blue. Geor. Mag., 64, 7-8.

Bigg, G. R., 1997a : Light in the atmosphere: Part 1 - Why the sky is blue. *Weather*, 52, 72-77

Bigg, G. R., 1997b : Light in the atmosphere: Part 2 - The effects of water and ice. *Weather,* 52, 258-261

Brettle, M. J. and J. F. P. Galvin, 2003 : Back to basics: Radiosondes: Part 1-The instrument. *Weather,* 58, 336-341

Brugge, R., 1996 : Atmospheric stability: Part 1-basic concepts. *Weather,* 51, 134-140.

Brugge, R. and M. Studdart, 2003 : Back to basics: From Sputnik to Envisat, and beyond: The use of satellite measurements in weather forecasting and research. Part 1 - A history. *Weather,* 58, 107-112

Brugge, R. and M. Studdart, 2003a : Back to basics: From Sputnik to Envisat, and beyond: The use of satellite measurements in weather forecasting and research. Part 2 - Data assimilation and weather forecasting. *Weather,* 58, 140-143

Brugge, R. and M. Studdart, 2003b : Back to basics: From Sputnik to Envisat, and beyond: The use of satellite measurements in weather forecasting and research. Part 3-Envisat. *Weather,* 58, 182-186

Coley, Paul F. and Peter R. Jonas, 1999 : Back to basics: Clouds and the earth's radiation budget. *Weather,* 54, 66-70

Crewe, Maurice, 1995 : The first meteorological research flight. *Weather,* 49(2), 61-65

Crewe, Maurice, 2003a : The fathers of scientific meteorology-Boyle, Wren, Hooke and Halley: Part 1. *Weather,* 58, 103-107

Crewe, Maurice, 2003b : The fathers of scientific meteorology-Boyle, Wren, Hooke and Halley: Part 2. *Weather,* 58, 135-139

Jonas, Peter R., 1994 : Back to basics: Why do clouds form? *Weather,* 49(5), 176-180.

Lawes, H. D., 1993 : An introduction to meteorology for students and young people, Weather, 48(10), 339-344

Pedgley, D. E., 2003 : Luke Howard and his clouds., *Weather,* 58(2), 51-55

Persson, A., 2000a : Back to basics: Coriolis: Part 1-What is the Coriolis force? *Weather,* 55(5), 165-170

Persson, A., 2000b : Reply to: “Gravity, central and Coriolis forces”, by G. L. Laufer,

Weather, 56, 179-180

Persson, A., 2000c : Back to basics: Coriolis: Part 2- The Coriolis force according to Coriolis. *Weather,* 55, 182-188

Persson, A., 2000d : Back to basics: Coriolis: Part 3- The Coriolis force on the physical earth. *Weather,* 55, 234-239

Persson, A., 2001a : Back to basics: Coriolis: Part 4- The obstructive Coriolis force. *Weather,* 56, 204-209

Persson, A., 2001b : The Coriolis force and the geostrophic wind(Coriolis Part 5), *Weather,* 56, 267-272

Persson, A., 2001c : The Coriolis force and drifting icebergs(Coriolis Part 6). *Weather,* 56, 439-444

Persson, A., 2002a : The Coriolis force and the nocturnal jet stream(Coriolis Part 7). *Weather,* 57, 28-33

Persson, A., 2002b : The Coriolis force and the subtropical jet stream(Coriolis Part 8). *Weather,* 57, 53-59

Pouncy, Frances J, 2003 : A history of cloud codes and symbols, *Weather,* 58(2), 69-80

Ratcliffe, R. A. S., 1994: Weather forecasting for D-Day, June 1944. *Weather,* 49(6), 198-202

Shanklin, J. D., 2001 : Back to basics: The ozone hole. Weather, 56, 222-230

Snow, J. T. and A. L. Wyatt, 1997 : Back to basics: The tornado, Nature's most violent wind: Part 1 - World-wide occurrence and categorisation. *Weather,* 52, 298-304

Snow, J. T. and A. L. Wyatt, 1998 : Back to basics: The tornado, Nature's most violent wind: Part 2 - Formation and current research. *Weather,* 53, 66-72

Strangeways, I. C., 1995 : Back to basics: The 'met.enclosure': Part 1-Its background, *Weather,* 50(6), 182-188

Strangeways, I. C., 1996 : Back to basics : The 'met. enclosure': Part 2(a) -

Raingauges, *Weather,* 51(8), 274-279

Strangeways, I. C., 1996 : Back to basics : The 'met. enclosure': Part 2(b) - Raingauges, their errors. *Weather,* 51(9), 298-303

Strangeways, I. C., 1998 : Back to basics: The 'met. enclosure': Part 3 - Radiation. *Weather,* 53, 43-49

Strangeways, I. C., 1999 : Back to basics: The 'met. enclosure': Part 4 - Temperature. *Weather,* 54, 262-269

Strangeways, I. C., 2000 : Back to basics: The 'met. enclosure': Part 5-Humidity, *Weather,* 55(10), 346-352

Strangeway, I. C., 2001 : Back to basics: The 'met. enclosure': Part 6-Wind, *Weather,* 56(5), 154-161

Strangeway, I. C., 2001 : Back to basics : The 'met. enclosure': Part 7 - Evaporation, *Weather,* 56, 419-427

Strangeways, I. C., 2002a : Back to basics: The 'met. enclosure': Part 8(a)-Barometric pressure, mercury barometers. *Weather,* 57, 132-139

Strangeways, I. C., 2002b : Back to basics: The 'met. enclosure': Part 8(b)-Barometric pressure, aneroid barometers. *Weather,* 57, 204-209

Strangeways, I. C., 2003a : Back to basics : The 'met. enclosure': Part 9(a) - Automatic weather stations: Temperature, humidity, barometric pressure and wind, *Weather,* 58, 428-434

Strangeways, I. C., 2003b : Back to basics : The 'met. enclosure': Part 9(b) - Automatic weather stations: Radiation, evaporation, precipitation, ocean buoys and cold regions. *Weather,* 58, 466-471

Strangeways, I. C., 2004 : Back to basics: The 'met. enclosure': Part 10-Data loggers. *Weather,* 59, 185-189

Web sites

http ://www.ua.nws.noaa.gov/reqdahdr.htm

http://darc.near.ac.uk

http://darc.nerc.ac.uk/Envisat

http://earth.nasa.gov/history/tiros

http://empass.com

http://envisat.esa.int

http://envisat.esa.int/instruments/gomos/desr/concept.html

http://members.bellatlantic.net/ ~ vze26db3/Miscellaneous

http://naver.com

http://www.asahi-net.or.jp

http://www.cru.uea.ac.uk/cru/people/kington/

http://www.ctis.monash.edu/hargrave/lets_go_fly_a_kite.html

http://www.islandsnet.com/ ~ see/weather/history/tiros1/htm

http://www.kitelife.com/archives/NOVE99/diamonds.htm

http://www.kma.go.kr

http://www.metoffice.com/research/nwp/data_coverage

http://www.photolib.noaa.gov/

http://www.sat.dundee.ac.kr/

http://www.srh.noaa.gov/bmx/upperair/radiosnd.htm

http://yahoo.co.kr

http://yahoo.com

부록 : 기상학과 관련된 과학자(연대순)

탈레스(Thales, BCE 624 ~ 546) : 고대 그리스 철학자, 수학자

아낙시만드로스(Anaximandros, BCE ca. 611 ~ ca. 547) : 고대 그리스 자연철학자

피타고라스(Pythagoras, BCE 580 ~ 500) : 고대 그리스 수학자

아낙시메네스(Anaximenes, BCE ca. 585 ~ ca. 528) : 고대 그리스 철학자

파르메니데스(Parmenides, BCE 515 ~ 445) : 고대 그리스 철학자

아낙사고라스(Anaxagoras, BCE ca. 499 ~ ca. 427) : 고대 그리스 철학자

레우키포스(Leucippus, BCE 480 ~ 420) : 고대 그리스 철학자

히포크라테스(Hippocrates, BCE 460 ~ 377) : 고대 그리스 의학자

데모크리토스(Democritos, BCE ca. 460 ~ ca. 370) : 고대 그리스 자연철학자

플라톤(Plato, BCE 427 ~ 347) : 고대 그리스 철학자

아리스토텔레스(Aristotle, BCE 384 ~ 322) : 고대 그리스 철학자, 과학자.

테오프라스토스(Theophrastus, BCE 371 ~ 286) : 고대 그리스 식물학자, 연금술사

피테아스(Pytheas, BCE 360 ~ 290) : 고대 그리스 지리학자, 천문학자, 탐험가

에피쿠로스(Epicuros, BCE 341 ~ 270) : 고대 그리스 철학자

유클리드(Euclid, BCE 330 ~ 275) : 고대 그리스 수학자

아리스타르코스(Aristarchus, BCE 310 ~ 230) : 고대 그리스 철학자, 천문학자

아르키메데스(Archimedes, BCE 287 ~ 212) : 고대 그리스 과학자, 수학자

스트라본(Strabon, BCE 63 ~ CE 24) : 고대 로마 자연과학자

세네카(Seneca, BCE 54 ~ CE 39) : 고대 로마 수사학자

필론(Philon, BCE 25 ~ CE 40) : 비잔티움 수학자, 공학자

헤론(Heron, ca. 10 ~ ca. 75) : 고대 그리스 수학자, 기계학자, 물리학자

프톨레마이오스, 클라우디우스(Claudius Ptolemy, ca. 85 ~ ca. 165) : 고대 그리스 천문학

자, 지리학자, 수학자

콰라즈미, 무하마드 이븐무사 알 (Muhammad ibn Mūsā Al-Khwarazmi. ca. 780 ~ 847) : 페르시아 수학자, 천문학자, 지리학자

피르나스, 압바스 이븐(Abbas Ibn Firnas, 810 ~ 887) : 아랍 과학자, 발명가

알하젠(Abu Ali Hasan Ibn Al-Haitham(Alhazen), 965 ~ 1040) : 바스라(현재 이라크) 과학자

알-비루니, 아부 라이한(Abu Rayhan Mohammad Ibn Ahmad Al-Biruni, 973 ~ 1048) : 콰라즘(현재 우즈베키스탄) 수학자

이드리시, 아부 아브드 알라 무하마드 알(Abu allah Muhammad al-Idrisi, 1100 ~ 1166) : 무슬림 지리학자

피보나치, 레오나르도 피사노(Leonardo Pisano Fibonacci, 1170 ~ 1250) : 이탈리아 수학자

알하마위, 아쿠트 이븐 압둘라(Yaqut Ibn Abdullah al-Hamawi, 1179 ~ 1229) : 시리아 지리학자

아퀴나스, 토머스(Saint Thomas Aquinas, 1225 ~ 1274) : 이탈리아 스콜라철학자, 신학자

멀, 윌리엄(William Merle, ? ~ 1347) : 잉글랜드 기상학자

크리프츠, 니콜라스(Nicholas Cryfts, Nicholas Cusanus, 1401 ~ 1464) : 독일 쿠사 추기경, 철학자, 행정관

베하임, 마르틴 폰(Martin von Behaim, 1459 ~ 1507) : 독일 항해가, 지리학자

코페르니쿠스, 니콜라우스(Nicolaus Copernicus, 1473 ~ 1543) : 폴란드 천문학자

마그누스, 오라우스(Olaus Magnus, 1490 ~ 1557) : 스웨덴 사제, 박물학자, 지리학자, 역사학자

파라셀수스, 아우레올루스 필리푸스(Aurelous Philippus Paracelsus, 1493 ~ 1541) : 스위스 화학자, 의학자, 연금술사

첼리니, 벤베누토(Benvenuto Cellini, 1500 ~ 1571) : 이탈리아 예술가

레코드, 로버트(Robert Recorde, 1510 ~ 1558) : 웨일스 수학자

길버트, 윌리엄(Sir William Gilbert, 1544 ~ 1603) : 잉글랜드, 지구물리학자

패러데이, 마이클(Michael Faraday, 1546 ~ 1601) : 잉글랜드 물리학자

스테빈, 시몬(스테비누스)(Simon Stevin, Stevinus, 1548 ~ 1620) : 플랑드르 수학자

네이피어, 존(John Napier, 1550 ~ 1617) : 스코틀랜드 수학자

베이컨, 프랜시스(Francis Bacon, 1561 ~ 1626) : 잉글랜드 철학자, 정치가, 저술가
산토리오, 산토레(Santorre Santorio, 1561 ~ 1636) : 이탈리아 의사
갈릴레이, 갈릴레오(Galileo Galilei, 1564 ~ 1642) : 이탈리아 물리학자, 천문학자
케플러, 요하네스(Johannes Kepler, 1571 ~ 1630) : 독일 천문학자
카스텔리, 베네데토(Benedetto Castelli, 1578 ~ 1643) : 이탈리아 수학자
헬몬트, 얀 바티스타 반(Jan Baptista van Helmont, 1580 ~ 1644) : 플랑드르의 의사, 연금술사
바리아니, 지오바니 바티스타(Giovanni Battista Baliani, 1582 ~ 1666) : 이탈리아 물리학자, 역학자, 수리학자
쥬치, 니콜로(Niccolò Zucchi, 1586 ~ 1670) : 이탈리아 천문학자, 물리학자
스넬, 빌레브로르드 반(Willebrord van Roijen Snell, 1591 ~ 1626) : 네덜란드 물리학자, 수학자
가상디, 피에르(Pierre Gassendi, 1592 ~ 1655) : 프랑스 과학자, 수학자, 철학자
데카르트, 르네(René Descartes, 1596 ~ 1650) : 프랑스 철학자, 수학자, 물리학자
마지오티, 라파엘로(Raffaello Magiotti, 1597 ~ 1656) : 이탈리아 물리학자
베르티, 가스파로(Gasparo Berti, ca. 1600 ~ 1643) : 이탈리아 수학자, 물리학자, 천문학자
발트빈, 크리스토퍼(Christopher Baldwin, 1600 ~ 1682) : 독일 연금술사
매낭, 에마누엘(Emmanuel Maignan, 1601 ~ 1676) : 프랑스 물리학자, 신학자
키르허, 아타나시우스(Athanasius Kircher, 1602 ~ 1680) : 독일 지리학자, 천문학자, 광학자
게리케, 오토 폰(Otto von Guericke, 1602 ~ 1686) : 독일 물리학자, 기상학자
페리에, 플로린(Florin Périer, 1605 ~ 1672) : 프랑스 물리학자
토리첼리, 에반젤리스타(Evangelista Torricelli, 1608 ~ 1647) : 이탈리아 물리학자, 수학자
모레이, 로버트(Sir Robert Moray, 1609 ~ 1673) : 스코틀랜드 자연철학자
페르디난드 2세(Ferdinand II, Holy Roman Emperor, 1610 ~ 1670) : 이탈리아 물리학자
윌킨스, 존(John Wilkins, 1614 ~ 1672) : 잉글랜드 수학자
레날디니, 카르로(Carlo Renaldini, 1615 ~ 1698) : 이탈리아 물리학자
그리말디, 프란체스코 마리오(Francesco Mario Grimaldi, 1618 ~ 1663) : 이탈리아 천문학자, 광학자
올덴부르크, 헨리(Henry Oldenburg, 1618 ~ 1677) : 독일-영국 자연철학자

리치, 미켈란젤로(Michelangelo Ricci, 1619 ~ 1682) : 이탈리아 수학자

마리오트, 에듬(Edmé Mariotte, ca. 1620 ~ 1684) : 프랑스 물리학자, 성직자

리셰, 장(Jean Richer, 1620 ~ 1696) : 프랑스 천문학자

비비아니, 빈첸치오(Vincenzio Viviani, 1622 ~ 1703) : 이탈리아 물리학자, 수학자

파스칼, 블레즈(Blaise Pascal, 1623 ~ 1662) : 프랑스 수학자, 물리학자, 신학자

페티, 윌리엄(Sir William Petty, 1623 ~ 1687) : 잉글랜드 통계학자, 경제학자, 철학자

바토리누스, 에라스무스(Erasmus Bartholinus(Bartholin), 1625 ~ 1698) : 덴마크 의사, 수학자, 물리학자

카시니, 조반니 도메니코(Giovanni Domenico Cassini, 1625 ~ 1712) : 이탈리아-프랑스 수학자, 천문학자

보일, 로버트(Robert Boyle, 1627 ~ 1691) : 잉글랜드 자연 철학자

호이헨스, 크리스티안(Christiaan Huygens, 1629 ~ 1695) : 네덜란드 물리학자

렌, 크리스토퍼(Sir Christopher Wren, 1632 ~ 1723) : 잉글랜드 수학자, 천문학자, 건축가

훅, 로버트(Robert Hooke, 1635 ~ 1703) : 잉글랜드 물리학자, 수학자, 천문학자

플로트, 로버트(Robert Plot, 1640 ~ 1696) : 잉글랜드 박물학자

뉴턴, 아이작(Sir Issac Newton, 1643 ~ 1727) : 잉글랜드 물리학자, 수학자, 자연철학자, 천문학자

메이오, 존(John Mayow, 1643 ~ 1679) : 잉글랜드 의사, 화학자, 생리학자

뢰머, 오라우스 크리스텐센(Olaus Christensen Rømer, 1644 ~ 1710) : 덴마크 천문학자

라이프니츠, 고트프리트 빌헬름 폰(Gottfried Wilhelm von Leibniz, 1646 ~ 1718) : 독일 수학자

파팽, 드니(Denis Papin, 1647 ~ 1714) : 프랑스 물리학자, 수학자, 발명가

세이버리, 토머스(Thomas Savery, 1650 ~ 1715) : 잉글랜드 엔지니어

핼리, 에드먼드(Edmund Halley, 1656 ~ 1742) : 잉글랜드 천문학자, 기상학자

더럼, 윌리엄(William Derham, 1657 ~ 1735) : 잉글랜드 자연철학자, 기상학자, 곤충학자, 천문학자

슈탈, 게오르크 에른스트(Georg Ernest Stahl, 1660 ~ 1734) : 독일 화학자

아몽통, 기욤(Guillaume Amontons, 1663 ~ 1705) : 프랑스 과학 측기 발명가, 물리학자

뉴커먼, 토머스(Thomas Newcomen, 1664 ~ 1729) : 잉글랜드 발명가

혹스비, 프랜시스(Francis Hawksbee, 1666 ~ 1713) : 잉글랜드 과학자

베르누이, 요한(Johann Bernoulli, 1667 ~ 1748) : 스위스 수학자

헤일즈, 스티븐(Stephen Hales, 1677 ~ 1761) : 잉글랜드 생리학자, 화학자, 발명가

레오뮈르, 르네-앙투안(René-Antoine Ferchault de Réaumur, 1683 ~ 1757) : 프랑스 곤충학자, 기상학자

해들리, 조지(George Hadley, 1685 ~ 1768) : 잉글랜드 법률가, 기상학자

파렌하이트, 다니엘 가브리엘(Daniel Gabriel Fahrenheit, 1686 ~ 1736) : 독일 물리학자, 과학 측기 제조자

베르누이, 니콜라우스(Nicolaus Bernoull, 1687 ~ 1759) : 스위스 수학자

베르누이, 니콜라우스 2세(Nicolaus II Bernoulli, 1695 ~ 1726) : 스위스 수학자

피토, 앙리(Henri Pitot, 1695 ~ 1771) : 프랑스 수문 공학자, 발명가

부게, 피에르(Pierre Bouguer, 1698 ~ 1758) : 프랑스 지구물리학자, 측량사

베르누이, 다니엘(Daniel Bernoulli, 1700 ~ 1782) : 네덜란드-스위스 수학자, 이론물리학자

셀시우스, 안데르스(Anders Celsius, 1701 ~ 1744) : 스웨덴 천문학자, 물리학자

프랭클린, 벤저민(Benjamin Franklin, 1706 ~ 1790) : 미국 정치가, 물리학자, 발명가, 작가, 출판인

린네, 카를 폰(Carl von Linne(Carolus Linnaeus), 1707 ~ 1778) : 스웨덴 식물학자, 분류학자, 박물학자

오일러, 레온하르트(Leonhard Euler, 1707 ~ 1783) : 스위스 수학자

디드로, 드니(Denis Diderot, 1713 ~ 1784) : 프랑스 계몽사상가, 박물학자

윌슨, 알렉산더(Alexander Wilson, 1714 ~ 1786) : 스코틀랜드 천문학자

달랑베르, 장 르 롱(Jean le Rond d'Alembert, 1717 ~ 1783) : 프랑스 수학자

화이트, 길버트(Gilbert White, 1720 ~ 1793) : 잉글랜드 박물학자

르 로이, 샤를(Charles Le Roy, 1726 ~ 1799) : 프랑스 과학자

드뤽, 장-앙드레(Jean-André de Luc, 1727 ~ 1817) : 스위스 지질학자, 기상학자, 물리학자

블랙, 조지프(Joseph Black, 1728 ~ 1799) : 스코틀랜드 의사, 화학자

캐번디시, 헨리(Henry Cavendish, 1731 ~ 1810) : 프랑스-잉글랜드 화학자, 물리학자

프리스틀리, 조지프(Joseph Priestley, 1733 ~ 1804) : 잉글랜드 화학자

라그랑주, 조제프 루이(Joseph Louis Lagrange, 1736 ~ 1813) : 프랑스 수학자, 천문학자

달림플, 알렉산더(Alexander Dalrymple, 1737 ~ 1808) : 스코틀랜드 지리학자

드 소쉬르, 오라스 베네딕트(Horace Bénédict de Saussure, 1740 ~ 1799) : 스위스 물리학자, 지질학자, 기상학자

셸레, 칼 빌헬름(Karl Wilhelm Scheele, 1742 ~ 1786) : 스웨덴 화학자

라부아지에, 앙투안 로랑(Antoine Laurent Lavoisier, 1743 ~ 1794) : 프랑스 화학자

제퍼슨, 토머스(Thomas Jefferson, 1743 ~ 1826) : 미국 정치가, 철학자, 과학자

라마르크, 장 바티스트(Jean Baptiste Lamarck, 1744 ~ 1829) : 프랑스 박물학자, 생물학자, 동물학자

샤를, 자크 알렉상드르 세사르(Jacques Alexandre César Charles, 1746 ~ 1823) : 프랑스 물리학자, 수학자

러더퍼드, 대니얼(Daniel Rutherford, 1749 ~ 1819) : 스코틀랜드 식물학자, 의사, 화학자

라플라스, 피에르 시몽 마르키스 드(Pierre Simon Marquis de Laplace, 1749 ~ 1827) : 프랑스 수학자, 천문학자

포르탕, 장 니콜라(Jean Nicolas Fortin, 1750 ~ 1831) : 프랑스 물리학자, 측기제조자

픽테, 마크 오귀스트(Marc-Auguste Pictet, 1752 ~ 1825) : 스위스 물리학자, 화학자, 기상학자, 천문학자

톰프슨, 벤저민(럼퍼드 백작)(Benjamin Thompson, Count Rumford, 1753 ~ 1814) : 미국-영국 물리학자

카르노, 라자르 니콜라(Lazare Nicolas Marguerite Carnot, 1753 ~ 1823) : 프랑스 정치가, 공학자, 수학자

틸로치, 알렉산더(Alexander Tilloch, 1759 ~ 1825) : 스코틀랜드 저널리스트, 발명가

콩테, 니콜라 자크(Nicolas Jacques Conte, 1765 ~ 1805) : 프랑스 화학자, 화가

레슬리, 존(Sir John Leslie, 1766 ~ 1832) : 스코틀랜드 물리학자, 수학자

돌턴, 존(John Dalton, 1766 ~ 1844) : 잉글랜드 기상학자, 화학자

푸리에, 장 바티스트 조제프(Jean Baptiste Joseph Fourier, 1768 ~ 1830) : 프랑스 수학자, 물리학자

훔볼트, 알렉산더 폰(Alexander von Humboldt, 1769 ~ 1859) : 독일 지리학자, 지질학자, 지구물리학자

하워드, 루크(Luke Howard, 1772 ~ 1864) : 잉글랜드 약제사, 기상학자

영, 토머스(Thomas Young, 1773 ~ 1829) : 잉글랜드 의학자, 물리학자, 고고학자

브리즈번, 토머스(Sir Thomas Brisbane, 1773 ~ 1860) : 스코틀랜드-오스트레일리아 천문학자, 기상학자

로손, 헨리(Henry Lawson, 1774 ~ 1855) : 잉글랜드 천문학자, 기상학자

보퍼트, 프랜시스(Admiral Sir Francis Beaufort, 1774 ~ 1857) : 아일랜드 수로학자

비오, 장 바티스트(Jean-Baptiste Biot, 1774 ~ 1862) : 프랑스 물리학자, 천문학자, 수학자

말뤼스, 에티엔 루이(Etienne-Louis Malus, 1775 ~ 1812) : 프랑스 물리학자

앙페르, 앙드레 마리(André-Marie Ampère, 1775 ~ 1836) : 프랑스 물리학자, 수학자

아디, 알렉산더 제임스(Alexander James Adie, 1775 ~ 1859) : 스코틀랜드 기상학자

리터, 요한 빌헬름(Johann Wilhelm Ritter, 1776 ~ 1810) : 독일 물리학자

버크벡, 조지(George Birkbeck, 1776 ~ 1841) : 잉글랜드 의사, 기상학자

아보가드로, 아메데오(Amedeo Avogadro, 1776 ~ 1856) : 이탈리아 물리학자

브란데스, 하인리히 빌헬름(Heinrich Wilhelm Brandes, 1777 ~ 1834) : 독일 천문학자, 수학자, 공학자

외르스테드, 한스 크리스티안(Hans Christian Oersted, 1777 ~ 1851) : 덴마크 물리학자, 화학자

가우스, 카를 프리드리히(Carl Friedrich Gauss, 1777 ~ 1855) : 독일 수학자, 천문학자

데이비, 험프리(Sir Humphry Davy, 1778 ~ 1829) : 잉글랜드 화학자, 발명가

게이뤼삭, 조제프 루이(Joseph Louis Gay-Lussac, 1778 ~ 1850) : 프랑스 물리학자, 화학자

베르셀리우스, 옌스 야코브(Jöns Jakob Berzelius, 1779 ~ 1848) : 스웨덴 화학자

푸아송, 시메옹 드니(Siméon Denis Poisson, 1781 ~ 1840) : 프랑스 수학자

헤어, 로버트(Robert Hare, 1781 ~ 1858) : 미국 화학자

브루스터, 데이비드(Sir David Brewster, 1781 ~ 1868) : 스코틀랜드 과학자, 발명가

스터전, 윌리엄(William Sturgeon, 1783 ~ 1850) : 잉글랜드 물리학자, 발명가

리, 존(John Lee, 1783 ~ 1866) : 잉글랜드 박애주의자, 천문학자, 수학자

나비에, 클로드 루이 마리 앙리(Claude-Louis Marie Henri Navier, 1785 ~ 1836) : 프랑스 공학자

에스피, 제임스 폴러드(James Pollard Espy, 1785 ~ 1869) : 미국 기상학자

아라고, 프랑수아 장 도미니크(François Jean Dominique Arago, 1786 ~ 1853) : 프랑스

수학자, 물리학자, 천문학자

프레넬, 오귀스탱 장(Augustin Jean Fresnel, 1788 ~ 1827) : 프랑스 물리학자

로널드즈, 프랜시스(Sir Francis Ronalds, 1788 ~ 1873) : 잉글랜드 기상학자, 발명가

사빈, 에드워드(Sir Edward Sabine, 1788 ~ 1883) : 아일랜드 천문학자, 과학자, 측지학자, 탐험가

레드필드, 윌리엄(William Charles Redfield, 1789 ~ 1857) : 미국 기상학자

다니엘, 존 프레더릭(John Frederic Daniell, 1790 ~ 1845) : 잉글랜드 기상학자, 화학자, 발명가

헤라패스, 존(John Herapath, 1790 ~ 1868) : 잉글랜드 물리학자

패러데이, 마이클(Michael Faraday, 1791 ~ 1867) : 잉글랜드 물리학자, 화학자

푸이에, 클로드(Claude Servais Mathias Pouillet, 1791 ~ 1868) : 프랑스 물리학자

모스, 새뮤얼 핀리 브리즈(Samuel Finley Breese Morse, 1791 ~ 1872) : 미국 예술가, 발명가

코리올리, 가스파르 구스타브 드(Gaspard-Gustav de Coriolis, 1792 ~ 1843) : 프랑스 물리학자, 수학자, 공학자

바이런, 앤 이사벨 노엘(Lady Anne Isabella Noel Byron, 1792 ~ 1860) : 잉글랜드 여성 기상학자

리치, 조지(George Leach, 1794 ~ 1864) : 잉글랜드 기상학자

아우구스트, 에른스트 페르디난트(Ernst Ferdinand August, 1795 ~ 1842) : 독일 기상학자

모리슨, 리처드 제임스(Richard James Morrison, 1795 ~ 1874) : 잉글랜드 기상학자

카르노, 니콜라 레오나르 사디(Nicolas Léonard Sadi Carnot, 1796 ~ 1832) : 프랑스 공학자, 물리학자

케틀레, 람베르 아돌프 자크(Lambert-Adolphe-Jacques Quételet, 1796 ~ 1874) : 벨기에 천문학자, 수학자, 기상학자, 통계학자

휘트브레드, 사무엘 찰스(Samuel Charles Whitbread, 1796 ~ 1879) : 잉글랜드 정치가, 기상학자

피딩턴, 헨리(Henry Piddington, 1797 ~ 1858) : 잉글랜드 기상학자

헨리, 조지프(Joseph Henry, 1797 ~ 1878) : 미국 물리학자

레드필드, 윌리엄 찰스(William Charles Redfield, 1798 ~ 1857) : 미국 기상학자

클라페롱, 에밀 베누아 폴(Émile Benoit Paul Clapeyron, 1799 ~ 1864) : 프랑스 공학자,

과학자

쇤바인, 크리스티안 프리드리히(Christian Friedrich Schönbein, 1799 ~ 1868) : 독일-스위스 화학자

켐츠, 루트비히 프리드리히(Ludwig Friedrich Kämtz, 1801 ~ 1867) : 독일 물리학자, 기상학자

수빅, 시몬(Simon Subic, 1801 ~ 1903) : 오스트리아 물리학자, 기상학자

마그누스, 하인리히 구스타프(Heinrich Gustav Magnus, 1802 ~ 1870) : 독일 화학자, 물리학자

도플러, 요한 크리스티안(Johann Christian Doppler, 1803 ~ 1853) : 오스트리아 물리학자, 수학자

스티븐슨, 로버트(Robert Stephenson, 1803 ~ 1859) : 잉글랜드 철도 공학자, 교량 설계가, 기상학자

심퍼, 칼 프리드리히(Karl Friedrich Schimper, 1803 ~ 1867) : 독일 박물학자, 시인

켈러, 프랑수아 앙투안 에두아르(François-Antoine-Edouard Keller, 1803 ~ 1874) : 프랑스 기상학자

제임스, 헨리(Captain Henry James, 1803 ~ 1877) : 잉글랜드 기상학자

솝위드, 토머스(Thomas Sopwith, 1803 ~ 1879) : 잉글랜드 기상학자

도베, 하인리히 빌헬름(Heinrich Wilhelm Dove, 1803 ~ 1879) : 독일 물리학자, 기상학자

브룩, 찰스(Charles Brooke, 1804 ~ 1879) : 잉글랜드 의사, 기상학자

긴틀, 율리우스 빌헬름(Julius Wilhelm Gintl, 1804 ~ 1883) : 독일-오스트리아 물리학자, 기상학자

피츠로이, 로버트(Admiral Robert FitzRoy, 1805 ~ 1865) : 잉글랜드 해군 장군, 수문학자, 기상학자

비디, 루시앙(Lucien Vidie, 1805 ~ 1866) : 프랑스 과학자

모리, 매슈 폰테인(Matthew Fontain Maury, 1806 ~ 1873) : 미국 해군 장교, 해양학자

코핀, 제임스(James Coffin, 1806 ~ 1873) : 미국 수학자, 기상학자, 교육자

아가시, 장 루이 로돌프(Jean-Louis Rodolphe Agassiz, 1807 ~ 1873) : 스위스-미국 박물학자, 고생동물학자, 지질학자

마티외, 무슈(Monsieur Mathieu, 1808 ~ 1865) : 프랑스-벨기에 기상학자

부르동, 외젠느(Eugene Bourdon, 1808 ~ 1884) : 프랑스 측기제작자

드루, 존(John Drew, 1809 ~ 1857) : 잉글랜드 기상학자, 천문학자

포브스, 제임스 데이비드(James David Forbes, 1809 ~ 1868) : 스코틀랜드 물리학자

글레이셔, 제임스(James Glaisher, 1809 ~ 1903) : 잉글랜드 기구조종사, 기상학자

톰프슨, 로버트 던대스(Robert Dundas Thompson, 1810 ~ 1864) : 스코틀랜드 의사, 기상학자

밀너, 월터 랠프(Walter Ralph Milner, 1810 ~ 1868) : 잉글랜드 기상학자

르뇨, 앙리 빅토르(Henri Victor Régnault, 1810 ~ 1878) : 프랑스 화학자, 물리학자

뫼리, 아돌프(Adolph Mühry, 1810 ~ 1888) : 독일 기상학자

루미스, 엘리어스(Elias Loomis, 1811 ~ 1889) : 미국 수학자, 자연철학자, 기상학자

워커, 찰스 빈센트(Charles Vincent Walker, 1812 ~ 1882) : 잉글랜드 전기공학자, 기상학자

카셀라, 루이스 파스칼(Louis Pascal Casella, 1812 ~ 1897) : 스코틀랜드 과학 측기 제조자

가이슬러, 하인리히(Heinrich Geißler, 1815 ~ 1879) : 독일 물리학자

르누, 에밀리앙 장(Emilien Jean Renou, 1815 ~ 1902) : 프랑스 기상학자

밀러, 존 플레처(John Fletcher Miller, 1816 ~ 1856) : 잉글랜드 기상학자, 천문학자

비어더모어, 너새니얼(Nathaniel Beardmore, 1816 ~ 1872) : 잉글랜드 토목 공학자, 기상학자

그리브즈, 찰스(Charles Greaves, 1816 ~ 1883) : 잉글랜드 토목공학자, 기상학자

맨, 로버트 제임스(Robert James Mann, 1817 ~ 1886) : 잉글랜드 의사, 기상학자

바이스-발로트, 크리스토포로스 헨드릭 디데릭(Christophorus Hendrick Diderik Buys-Ballot, 1817 ~ 1890) : 네덜란드 기상학자

페렐, 윌리엄(William Ferrel, 1817 ~ 1891) : 미국 기상학자

슬래터, 존(Rev. John Slatter, 1817 ~ 1899) : 잉글랜드 천문학자, 기상학자

스티븐슨, 토머스(Thomas Stevenson, 1818 ~ 1887) : 스코틀랜드 등대 설계가, 기상학자

줄, 제임스 프레스코트(James Prescott Joule, 1818 ~ 1889) : 잉글랜드 물리학자

블라시우스, 하인리히 빌헬름(Heinrich Wilhelm Blasius, 1818 ~ 1899) : 독일-미국 기상학자

에드룬드, 에릭(Erik Edlund, 1819 ~ 1888) : 스웨덴 물리학자, 기상학자

피조, 아르망 히포리테 루이(Armand Hippolyte Louis Fizeau, 1819 ~ 1896) : 프랑스 물리학자

스토크스, 조지 가브리엘(Sir George Gabriel Stokes, 1819 ~ 1903) : 잉글랜드 수학자, 물리학자

랭킨, 윌리엄 존 매쿠온(William John Macquorn Rankine, 1820 ~ 1872) : 스코틀랜드 공학자, 물리학자

틴들, 존(John Tyndall, 1820 ~ 1893) : 아일랜드 물리학자

트라이프, 존 윌리엄(John William Tripe, 1821 ~ 1892) : 잉글랜드 의사, 기상학자

멜드럼, 찰스(Charles Meldrum,: 1821 ~ 1901) : 스코틀랜드 기상학자

캠벨, 존(John Francis Campbell, 1822 ~ 1885) : 스코틀랜드 기상학자

클라우지우스, 루돌프 율리우스 에마누엘(Rudolf Julius Emanuel Clausius, 1822 ~ 1888) : 독일 이론물리학자

웰시, 존(John Welsh, 1824 ~ 1859) : 잉글랜드 기상학자

키르히호프, 구스타프 로베르트(Gustav Robert Kirchhoff, 1824 ~ 1887) : 독일 물리학자

장쌍, 피에르 쥘 세사르(Pierre Jules Cesar Janssen, 1824 ~ 1907) : 프랑스 천문학자

톰슨, 윌리엄(켈빈 경)(William Thomson, Lord Kelvin, 1824 ~ 1907) : 아일랜드 수리물리학자, 공학자

발머, 요한 야코프(Johann Jakob Balmer, 1825 ~ 1898) : 스위스 수학자, 물리학자

로, 에드워드 조지프(Edward Joseph Lowe, 1825 ~ 1900) : 잉글랜드 식물학자, 기상학자

노이마이어, 게오르크 폰(Georg Balthazar von Neumayer, 1826 ~ 1909) : 독일 자기학자, 기상학자

스튜어트, 밸푸어(Balfour Stewart, 1828 ~ 1887) : 스코틀랜드 물리학자, 기상학자

마르세, 윌리엄(William Marcet, 1828 ~ 1900) : 스위스 의사, 기상학자

다이먼드, 윌리엄 필립(William Philip Dymond, 1829 ~ 1878) : 잉글랜드 기상학자

루벤손, 로버트(Robert Rubenson, 1829 ~ 1902) : 스웨덴 기상학자

버캔, 알렉산더(Alexander Buchan, 1829 ~ 1907) : 스코틀랜드 기상학자

로턴, 존 녹스(Sir John Knox Laughton, 1830 ~ 1915) : 잉글랜드 해군 장교, 기상학자

버넌, 조지 베너블스(George Venables Vernon, 1831 ~ 1878) : 잉글랜드 기상학자

맥스웰, 제임스 클럭(James Clerk Maxwell, 1831 ~ 1879) : 스코틀랜드 물리학자

카유테, 루이 폴(Louis Paul Cailletet, 1832 ~ 1913) : 프랑스 물리학자, 발명가

크룩스, 윌리엄(Sir William Crookes, 1832 ~ 1919) : 잉글랜드 화학자, 물리학자

스콧, 로버트 헨리(Robert Henry Scott, 1833 ~ 1916) : 아일랜드 기상학자

케이픈, 프랜시스(Francis L. Capen, 1833 ~ 1916) : 미국 기상학자

블랜퍼드, 헨리 프랜시스(Henry Francis Blanford, 1834~1893) : 잉글랜드 기상학자, 고생물학자

스토지르, 이반(Ivan Stozir, 1834~1908) : 자그레브 기상학자

이튼, 헨리 스톨크스(Henry Storks Eaton, 1834~1909) : 잉글랜드 기상학자

모흔, 헨리크(Henrik Mohn, 1835~1916) : 노르웨이 기상학자

러셀, 헨리 체임벌린(Henry Chamberlain Russell, 1836~1907) : 오스트레일리아 천문학자, 기상학자

베졸트, 빌헬름 폰(Johann Friedrich Wilhelm von Bezold, 1837~1907) : 독일 기상학자, 지구물리학자

반데르발스, 요하네스 디데리크(Johannes Diderik van der Waals, 1837~1923) : 네덜란드 물리학자

시먼스, 조지 제임스(George James Symons, 1838~1900) : 잉글랜드 기상학자

윌리엄스, 찰스 시어도어(Charles Theodore Williams, 1838~1913) : 잉글랜드 기상학자

애비, 클리블랜드(Cleveland Abbe, 1838~1916) : 미국 기상학자

힐데브란드-힐데브란드손, 휴고(Hugo Hildebrand-Hildebrandsson, 1838~1925) : 스웨덴 기상학자

기브스, 조사이어 윌러드(Josiah Willard Gibbs, 1839~1903) : 미국 수학자, 물리학자

엘리어트, 존(Sir John Eliot, 1839~1908) : 잉글랜드 기상학자

에이킨, 존(John Aitken, 1839~1919) : 스코틀랜드 물리학자, 기상학자

한, 율리우스 페르디난트 폰(Julius Ferdinand von Hann, 1839~1921) : 오스트리아 기상학자

레이, 윌리엄 클레먼트(William Clement Ley, 1840~1896) : 잉글랜드 기상학자

인워즈, 리처드(Richard Inwards, 1840~1937) : 잉글랜드 광산 기술자, 천문학자, 기상학자

아치볼드, 에드먼드 더글러스(Edmund Douglas Archibald, 1841~1913) : 잉글랜드 기상학자

휘플, 조지 매튜스(George Matthews Whipple, 1842~1893) : 잉글랜드 기상학자

애버크롬비, 랠프(Ralph Abercromby, 1842~1897) : 스코틀랜드 기상학자

레이놀즈, 오즈본(Osborne Reynolds, 1842~1912) : 아일랜드 물리학자, 공학자

보이에코프, 알렉산더(Alexander Voiekov, 1842~1916) : 러시아 기상학자, 자연지리학자

모리, 에드워드(Edward Mawley, 1842~1916) : 잉글랜드 기상학자

스트러트, 존 윌리엄(레일리 경)(John William Strutt, Lord Rayleigh, 1842 ~ 1919) : 잉글랜드 물리학자

볼츠만, 루트비히 에두아르트(Ludwig Eduard Boltzmann, 1844 ~ 1906) : 오스트리아 이론물리학자

아스만, 리하르트(Richard Assmann, 1845 ~ 1918) : 독일 병리학자, 기상학자

하틀리, 월터 노엘(Walter Noel Hartley, 1846 ~ 1913) : 잉글랜드 물리학자

쾨펜, 블라디미르 페테르(Wladimir Peter Köppen, 1846 ~ 1940) : 독일 기상학자, 기후학자

수판, 알렉산더(Alexander Supan, 1847 ~ 1922) : 오스트리아 지리학자

퍼트너, 요제프 마리아(Josef Maria Pertner, 1848 ~ 1908) : 오스트리아 기상학자

슈프룽, 아돌프(Adolf Wichard Friedrich Sprung, 1848 ~ 1909) : 독일 기상학자

외트뵈시, 롤란드 폰(Loránd Baron von Eötvös, 1848 ~ 1919) : 헝가리 물리학자

에크홀름, 닐스 구스타브(Nils Gustaf Ekholm, 1848 ~ 1923) : 스웨덴 기상학자, 북극 탐험가

캠벨-헵워스, 멜빌 윌리스(Melville Willis Campbell-Hepworth, 1849 ~ 1919) : 잉글랜드 해군 장교, 기상학자

에디, 윌리엄 애브너(William Abner Eddy, 1850 ~ 1909) : 미국 기상학자

비글로, 프랭크 하거(Frank Hagar Bigelow, 1851 ~ 1924) : 미국 기상학자

베이어드, 프랜시스 캠벨(Francis Campbell Bayard, 1851 ~ 1927) : 잉글랜드 변호사, 기상학자

몬더, 에드워드 월터(Edward Walter Maunder, 1851 ~ 1928) : 잉글랜드 천문학자

뵈른슈타인, 리하르트 레오폴트(Richard Leopold Börnstein, 1852 ~ 1913) : 독일 물리학자, 기상학자

래기, 클레멘트 린들리(Clement Lindley Wragge, 1852 ~ 1922) : 잉글랜드-오스트레일리아 기상학자

마이컬슨, 앨버트(Albert Abraham Michelson, 1852 ~ 1931) : 폴란드-미국 물리학자

스코트, 로버트 헨리(Robert Henry Scott, 1853 ~ 1921) : 아일랜드 기상학자

푸앵카레, 쥘 앙리(Jules Henri Poincaré, 1854 ~ 1912) : 프랑스 수학자, 이론물리학자

벤틀리, 리처드 (Richard Bentley, 1854 ~ 1936) : 잉글랜드 기상학자

핀리, 존 파크(John Park Finley, 1854 ~ 1943) : 미국 기상학자

쇼, 윌리엄 네이피어(Sir William Napier Shaw, 1854 ~ 1945) : 잉글랜드 기상학자

테스랑 드 보르, 레옹 필립(Léon Philippe Teisserenc de Bort, 1855 ~ 1913) : 프랑스 기상학자
다인스, 윌리엄 헨리(William Henry Dines, 1855 ~ 1927) : 잉글랜드 기상학자
래섬, 볼드윈(Baldwin Latham, 1855 ~ 1927) : 잉글랜드 기상학자
비얼스, 에드워드(Edward A. Beals, 1855 ~ 1931) : 미국 기상학자
클레이든, 아서 윌리엄(Arthur William Clayden, 1855 ~ 1944) : 잉글랜드 기상학자
마르굴레스, 막스(Max Margules, 1856 ~ 1920) : 오스트리아 기상학자
멜리쉬, 헨리(Henry Mellish, 1856 ~ 1927) : 잉글랜드 기상학자
무어, 윌리스(Willis Luther Moore, 1856 ~ 1927) : 미국 기상학자
헤르츠, 하인리히 루돌프(Heinrich Rudolf Hertz, 1857 ~ 1894) : 독일 물리학자
옹스트룀, 크누트 요한(Knut Johan Ångström, 1857 ~ 1910) : 스웨덴 물리학자
체르마크, 파울(Paul Czermak, 1857 ~ 1912) : 오스트리아 물리학자, 기상학자
스투파트, 로버트 프리데릭(Sir Robert Frederick Stupart, 1857 ~ 1940) : 캐나다-미국 기상학자
윌리스, 허버트(Herbert Sowerby Wallis, 1857 ~ 1943) : 잉글랜드 기상학자
바커, 데이비드 윌슨(Captain Sir David Wilson Barker, 1858 ~ 1941) : 잉글랜드 선장, 기상학자
마빈, 찰스 프리데릭(Charles Frederick Marvin, 1858 ~ 1943) : 미국 기상학자
플랑크, 막스(Max Karl Ernst Ludwig Planck, 1858 ~ 1947) : 독일 이론 물리학자
아레니우스, 스반테 아우구스트(Svante August Arrhenius, 1859 ~ 1927) : 스웨덴 물리화학자
헤르게젤, 휴고 폰(Hugo von Hergesell, 1859 ~ 1938) : 독일 기상학자
베르손, 아서 요제프 슈타니스라우스(Arthur Josef Stanislaus Berson, 1859 ~ 1942) : 독일 기상학자
크리, 찰스(Charles Chree, 1860 ~ 1928) : 스코틀랜드 기상학자
로취, 애보트 로런스(Abbot Lawrence Rotch, 1861 ~ 1912) : 미국 기상학자
밀, 휴 로버트(Hugh Robert Mill, 1861 ~ 1950) : 스코틀랜드 지리학자, 기상학자
클라인, 아이적 먼로(Isaac Monroe Cline, 1861 ~ 1955) : 미국 기상학자
브뤼크너, 에두아르트(Eduard Brückner, 1862 ~ 1927) : 독일 지리학자, 빙하학자, 기후학자
킴볼, 허버트 하비(Herbert Harvey Kimball, 1862 ~ 1944) : 미국 기상학자

비야크네스, 빌헬름(Vilhelm Frimann Koren Bjerknes, 1862 ~ 1951) : 노르웨이 물리학자, 기상학자

퀘일, 에드윈 토머스(Edwin Thomas Quayle, 1862 ~ 1955) : 오스트레일리아 기상학자

트라버트, 빌헬름(Wilhelm Trabert, 1863 ~ 1921) : 독일-오스트리아 기상학자.

캘런더, 휴 롱본(Hugh Longbourne Callendar, 1863 ~ 1930) : 잉글랜드 물리학자

베네트, 메이트랜드(Maitland C. Bennett, 1863 ~ 1942) : 미국 기상학자

맥아디, 알렉산더 조지(Alexander George McAdie, 1863 ~ 1943) : 미국 기상학자

빈, 빌헬름(Wilhelm Carl Werner Otto Fritz Frantz Wien, 1864 ~ 1928) : 독일 물리학자

라이온스, 헨리 조지(Sir Henry George Lyons, 1864 ~ 1944) : 잉글랜드 기상학자

벤틀리, 윌슨 앨윈(Wilson Alwyn Bentley, 1865 ~ 1931) : 미국 눈송이 사진사

딕슨, 헨리 뉴턴(Henry Newton Dickson, 1866 ~ 1922) : 스코틀랜드 지리학자, 기상학자

헌트, 헨리 앰브로즈(Henry Ambrose Hunt, 1866 ~ 1946) : 잉글랜드-오스트레일리아 기상학자

워드, 로버트(Robert De Courcy Ward, 1867 ~ 1931) : 미국 기후학자

후커, 레지널드 호돈(Reginald Hawthorn Hooker, 1867 ~ 1944) : 잉글랜드 통계학자, 기상학자

파브리, 마리 폴 오귀스트 샤를(Marie Paul Auguste Charles Fabry, 1867 ~ 1945) : 프랑스 물리학자

휘플, 프랜시스 존 웰시(Francis John Welsh Whipple, 1868 ~ 1943) : 잉글랜드 기상학자

워커, 길버트 토머스(Sir Gilbert Thomas Walker, 1868 ~ 1958) : 잉글랜드 기상학자

백센들, 조지프(Joseph Baxendall, 1869 ~ 1940) : 잉글랜드 기상학자

윌슨, 찰스 톰슨 리스(Charles Thomson Rees Wilson, 1869 ~ 1959) : 스코틀랜드 물리학자

모스먼, 로버트 콕번(Robert Cockburn Mossman, 1870 ~ 1940) : 스코틀랜드 기상학자

벤도르프, 한스(Hans Benndorf, 1870 ~ 1953) : 스위스-오스트리아 기상학자

케이브, 찰스 존 필립(Charles John Philip Cave, 1871 ~ 1950) : 잉글랜드 기상학자

존스, 이니고 오언(Inigo Owen Jones, 1872 ~ 1954) : 오스트레일리아 기상학자

티센, 알프레드(Alfred H. Thiessen, 1872 ~ 1956) : 미국 기상학자

패터슨, 존(John Patterson, 1872 ~ 1956) : 캐나다 기상학자

애보트, 찰스 그릴리(Charles Greeley Abbot, 1872 ~ 1973) : 미국 기상학자

뷔송, 앙리(Henri Buisson, 1873 ~ 1944) : 프랑스 물리학자

마르코니, 마르케세 굴리엘모(Marchese Guglielmo Marconi, 1874 ~ 1937) : 이탈리아 발명가, 물리학자

베나르, 앙리(Henri Bénard, 1874 ~ 1939) : 프랑스 물리학자

보위, 에드워드 홀(Edward Hall Bowie, 1874 ~ 1943) : 미국 기상학자

산트스트룀, 요한 빌헬름(Johan Wilhelm Sandström, 1874 ~ 1947) : 독일-스웨덴 해양물리학자, 기상학자

에크만, 방 발프리드(Vagn Walfrid Ekman, 1874 ~ 1954) : 스웨덴 해양물리학자

프란틀, 루트비히(Ludwig Prandtl, 1875 ~ 1953) : 독일 응용물리학자, 유체역학자

렘퍼트, 루돌프 구스타브 카를(Rudolf Gustav Karl Lempfert, 1875 ~ 1957) : 잉글랜드 기상학자

엑스너-에바텐, 펠릭스 마리아(Felix Maria Exner-Ewarten, 1876 ~ 1930) : 오스트리아 기상학자.

휘플, 프랜시스(Francis Whipple, 1876 ~ 1943) : 잉글랜드 지구물리학자

와트, 윌리엄(William Shand Watt, 1876 ~ 1958) : 오스트레일리아 기상학자

발렌, 악셀(Axel Wallén, 1877 ~ 1935) : 스웨덴 기상학자

링케, 프란츠(Franz Linke, 1878 ~ 1944) : 독일 기상학자, 지구물리학자

베게너, 쿠르트(Kurt Wegener, 1878 ~ 1964) : 독일 기상학자, 지구물리학자

심프슨, 조지 클라크(Sir George Clark Simpson, 1878 ~ 1965) : 잉글랜드 기상학자

고르친스키, 블라디슬라프(Wladyslaw Josef Gorcznski, 1879 ~ 1953) : 폴란드 기후학자

밀란코비치, 밀루틴(Milutin Milankovitch, 1879 ~ 1958) : 세르비아 천체물리학자

베게너, 알프레트 로타르(Alfred Lothar Wegener, 1880 ~ 1930) : 독일 기상학자, 지구물리학자

그레그, 윌리스(Willis R. Gregg, 1880 ~ 1938) : 미국 기상학자

리처드슨, 루이스 프라이(Lewis Fry Richardson, 1881 ~ 1953) : 잉글랜드 수학자, 기상학자

랭뮤어, 어빙(Irving Langmuir, 1881 ~ 1957) : 미국 물리화학자

픽커, 하인리히 폰(Heinrich von Ficker, 1881 ~ 1957) : 독일-오스트리아 기상학자, 지구물리학자, 종관기상학자

카르만, 시어도어 폰(Theodore von Kármán, 1881 ~ 1963) : 헝가리-미국 공학자, 물리학자

골드, 어니스트(Ernest Gold, 1881 ~ 1976) : 잉글랜드 기상학자
비간트, 알베르트(Albert Wigand, 1882 ~ 1932) : 독일 대기물리학자
키드슨, 에드워드(Edward Kidson, 1882 ~ 1939) : 잉글랜드-뉴질랜드 기상학자
바이크만, 루트비히(Ludwig Weickmann, 1882 ~ 1961) : 독일 지구물리학자
보나치나, 레오 클로드 월리스(Leo Claude Wallace Bonacina, 1882 ~ 1975) : 잉글랜드 기상학자
슈미트, 빌헬름(Wilhelm Schmidt, 1883 ~ 1936) : 오스트리아 기상학자
헤스, 빅터 프란츠(Victor Franz Hess, 1883 ~ 1964) : 오스트리아-미국 물리학자, 기상학자
미첼, 찰스(Chrles L. Mitchell, 1883 ~ 1970) : 미국 기상학자
크노흐, 칼 하인리히(Karl Heinrich Knoch, 1883 ~ 1972) : 독일 기후학자
후지와라, 사쿠헤이(Sakuhei Fujiwhara, 1884 ~ 1950) : 일본 기상학자
웨더번, 어니스트 맥러건(Sir Ernest MacLagan Wedderburn, 1884 ~ 1958) : 스코틀랜드 수학자, 기상학자
켄드루, 윌프레드 조지(Wilfred George Kendrew, 1884 ~ 1962) : 스코틀랜드 기후학자.
데판트, 알베르트 요제프 마리아(Albert Joseph Maria Defant, 1884 ~ 1974) : 오스트리아 기상학자, 해양학자
이드락, 피에르(Pierre Idrac, 1885 ~ 1935) : 프랑스 측기 제조자
헤셀베르그, 시오도르(Theodore Hesselberg, 1885 ~ 1966) : 노르웨이 기상학자
레츠만, 요하네스(Johannes Letzmann, 1885 ~ 1971) : 라트비아-오스트리아 기상학자
벵거, 로베르트 (Robert Wenger, 1886 ~ 1922) : 독일 기상학자.
브런트, 데이비드(Sir David Brunt, 1886 ~ 1965) : 웨일스 기상학자
테일러, 지오프리 잉그램(Geoffrey Ingram Taylor, 1886 ~ 1975) : 잉글랜드 수학자, 물리학자, 기상학자
데비크, 올라프(Olaf D. Devik, 1886 ~ 1987) : 노르웨이 기상학자
로비치, 막스(Max Robitzsch, 1887 ~ 1952) : 독일 기상학자
바우어, 프란츠(Franz Baur, 1887 ~ 1977) : 독일 기상학자
프리드만, 알렉산데르(Alexander Alexandrovich Friedmann, 1888 ~ 1925) : 러시아 지구물리학자, 기상학자
스베드럽, 하랄 울리크(Harald Ulrik Sverdrup, 1888 ~ 1957) : 노르웨이 지구물리학자,

해양학자

골디, 아치볼드 헤이먼 로버트슨(Archibald Hayman Robertson Goldie, 1888 ~ 1964) : 스코틀랜드 기상학자

게오르기, 발터(Walter Georgii, 1888 ~ 1968) : 독일 기상학자

채프만, 시드니(Sydney Chapman, 1888 ~ 1970) : 잉글랜드 지구물리학자, 수학자, 기상학자

프라우드먼, 조지프(Joseph Proudman, 1888 ~ 1975) : 잉글랜드 기상학자

옹스트룀, 안데르스 크누트손(Anders Knutson Ångström, 1888 ~ 1981) : 스웨덴 물리학자 기상학자

쾨흘러, 힐딩(Hilding Köhler, 1888 ~ 1982) : 스웨덴 기상학자

커밍스, 네피 윌러드(Nephi Willard Cummings, 1889 ~ 1949) : 미국 기상학자

구텐베르크, 베노(Beno Gutenberg, 1889 ~ 1960) : 독일-미국 지진학자, 지구물리학자

바이샬라, 빌호(Vilho Väisälä, 1889 ~ 1969) : 핀란드 기상학자

돕슨, 고든 밀러 본(Gordon Miller Bourne Dobson, 1889 ~ 1976) : 잉글랜드 물리학자, 기상학자

노먼드, 찰스 윌리엄 블리스(Sir Charles William Blyth Normand, 1889 ~ 1982) : 스코틀랜드 기상학자

틴, 아놀드 버벡(Arnold Birbeck Tinn, 1890 ~ 1962) : 잉글랜드 기상학자

킨, 버너드 아르만(Sir Bernard Arman Keen, 1890 ~ 1981) : 잉글랜드 기상학자

팀케, 에드워드 발데마르(Edward Waldemar Timcke, 1890 ~ 1982) : 오스트레일리아 기상학자, 과학 행정가

브룩스, 찰스 프랭클린(Charles Franklin Brooks, 1891 ~ 1958) : 미국 기상학자

알리소프, 보리스 파브로비치(Boris Pavlovich Alisov, 1891 ~ 1972) : 러시아 기후학자

베르셰론, 토르 하롤드 페르시발(Tor Harold Percibal Bergeron, 1891 ~ 1977) : 스웨덴 기상학자

존슨, 넬슨 킹(Sir Nelson King Johnson, 1892 ~ 1954) : 잉글랜드 기상학자

애플턴, 에드워드 빅터(Sir Edward Victor Appleton, 1892 ~ 1965) : 잉글랜드 물리학자

뷰로, 로베르(Robert Bureau, 1892 ~ 1965) : 프랑스 측기 제조자

왓슨-와트, 로버트 알렉산더(Sir Robert Alexander Watson-Watt, 1892 ~ 1973) : 스코틀랜드 공학자, 물리학자, 기상학자

뫼리코퍼, 발터(Walter Mörikofer, 1892 ~ 1976) : 스위스 기상학자

쉐레쉐브스키, 필립(Philippe L. Schereschewsky, 1892 ~1980) : 프랑스-미국 기상학자

브룩스, 엘리너 스태블러(Eleanor Stabler Brooks, 1892 ~ 1986) : 미국 여성 기상학자

톰슨, 앤드류(Andrew Thomson, 1893 ~ 1974) : 캐나다 기상학자

몰차노프, 파벨(Pavel Aleksandrovich Moltchanov, 1893 ~ 1941) : 러시아 기상학자

스보보다, 구스타브(Gustav Swoboda, 1893 ~ 1955) : 체코 기상학자

더글러스, 찰스 케니스 매키넌(Charles Kenneth Mackinnon Douglas, 1893 ~ 1982) : 스코틀랜드 기상학자

가이거, 루돌프 오스카르 로베르트 윌리엄스(Rudolf Oskar Robert Williams Geiger, 1894 ~ 1981) : 독일 기상학자, 기후학자

쇨베르그, 할보르(Halvor Sølberg, 1895 ~ 1974) : 노르웨이 기상학자

뢰베, 프리츠 필립(Fritz Philipp Loewe, 1895 ~ 1974) : 독일-오스트레일리아 기상학자, 탐험가

레이첼더퍼, 프랜시스 윌튼(Francis Wilton Reichelderfer, 1895 ~ 1983) : 미국 기상학자

베를라헤, 헨드리크 페트루스(Hendrik Petrus Berlage, Jr., 1896 ~ 1968) : 네덜란드 기상학자

호건, 존(John Hogan, 1896 ~ 1970) : 오스트레일리아 기상학자

트레워타, 글렌 토머스(Glenn Thomas Trewartha, 1896 ~ 1984) : 미국 지리학자, 기후학자

아귀레, 에르네스토(Ernesto Dominguez Aquirre, 1897 ~ 1969) : 멕시코 기상학자

비야크네스, 야코브(Jacob Bjerknes, 1897 ~ 1975) : 노르웨이-미국 기상학자

울프, 올리버 레이놀즈(Oliver Reynolds Wulf, 1897 ~ 1987) : 미국 기상학자

로스비, 칼-구스타프 아르비드(Carl-Gustav Arvid Rossby, 1898 ~ 1957) : 스웨덴 기상학자

캘런더, 가이 스튜어트(Guy Stewart Callendar, 1898 ~ 1964) : 잉글랜드 과학자, 공학자

페테르센, 스베레(Sverre Petterssen, 1898 ~ 1974) : 노르웨이-미국 기상학자

팔먼, 에릭(Friherre Erik Palmén, 1898 ~ 1985) : 핀란드 기상학자

손드웨이트, 찰스 워런(Charles Warren Thornthwaite, 1899 ~ 1963) : 미국 기후학자, 지리학자

비엘, 에드빈(Edwin R. Biel, 1899 ~ 1973) : 오스트리아-미국 기상학자

워크맨, 에벌리 존(Everly John Workman, 1899 ~ 1983) : 미국 대기과학자

뤼스고, 레오(Leo Lysgaard, 1899 ~ 1986) : 덴마크 기상학자

지키에프, 니코라이(Nikolay T. Zikeev, 1900 ~ 1981) : 러시아 수문기상학자
스태그, 제임스 마틴(James Martin Stagg, 1901 ~ 1975) : 스코틀랜드 기상학자
코시바, 알렉산더(Alexander Kosiba, 1901 ~ 1981) : 폴란드 기상학자
구드문드손, 테레시아(Teresia Gudmundsson, 1901 ~ 1983) : 노르웨이 기상학자
이즈레엘, 한스(Hans Isräel, 1902 ~ 1970) : 독일 기상학자
홈보, 외르겐(Jörgen Holmboe, 1902 ~ 1979) : 노르웨이-미국 기상학자
맨리, 고든(Gordon Manley, 1902 ~ 1980) : 영국 지리학자, 기상학자
드와이어, 월터 앤서니(Walter Anthony Dwyer, 1902 ~ 1981) : 오스트레일리아 기상학자
하르만타스, 크리스토스(Christos Harmantos, 1902 ~ 1987) : 그리스-미국 기상학자
바수, 사라딘두(Saradindu Basu, 1902 ~ 1995) : 인디아 기상학자
미들턴, 윌리엄 놀스(William Edgar Knowles Middleton, 1902 ~ 1998) : 잉글랜드-캐나다 기상학자
패턴, 제임스(James Paton, 1903 ~ 1973) : 스코틀랜드 기상학자
서턴, 올리버 그레이엄(Sir Oliver Graham Sutton, 1903 ~ 1977) : 웨일스 기상학자
윌렛, 허드 커티스(Hurd curtiss Willett, 1903 ~ 1992) : 미국 기상학자
에르텔, 한스(Hans Ertel, 1904 ~ 1971) : 독일 기상학자, 지구물리학자
크로모프, 세르게이 페트로비치(Sergei Petrovich Khromov, 1904 ~ 1977) : 러시아 기상학자
슈트클리프, 레지널드 콕크로프트(Reginald Cockcroft Sutcliffe, 1904 ~ 1991) : 웨일스 기상학자
필립스, 홀스트(Horst Philipps, 1905 ~ 1962) : 독일 기상학자
세케라, 즈덴네크(Zdenek Sekera, 1905 ~ 1973) : 체코슬로바키아-미국 기상학자
크라처, 알베르트(Albert K. Kratzer, 1905 ~ 1975) : 독일 기상학자
심머스, 리치 깁슨(Ritchie Gibson Simmers, 1905 ~ 1984) : 뉴질랜드 기상학자
하우르비츠, 베른하르트(Bernhard Haurwitz, 1905 ~ 1986) : 독일-미국 기상학자
휴턴, 헨리(Henry Garrett Houghton, 1905 ~ 1987) : 미국 기상학자
던, 고든(Gordon E. Dunn, 1905 ~ 1994) : 미국 기상학자
셀레즈네바, 에브게니야 세미온노프나(Evgeniya Semyonovna Selezneva, 1905 ~ 1997) : 러시아 기후학자
고드스케, 카를 루트비히 슈라이너(Carl Ludvig Schreiner Godske, 1906 ~ 1970) : 노르웨

이 기상학자

셸, 어빙(Irving I. Schell, 1906 ~ 1976) : 미국 기상학자

묄러, 프리츠(Fritz Georg Hermann Möller, 1906 ~ 1983) : 독일 기상학자

란트스베르크, 헬무트 에리히(Helmut Erich Landsberg, 1906 ~ 1985) : 독일-미국 기후학자

섀퍼, 빈센트 조지프(Vincent Joseph Schaefer, 1906 ~ 1993) : 미국 기상학자

홀저, 로버트(Robert E. Holzer, 1906 ~ 1994) : 미국 대기과학자

기레아트, 모르데카이 하인츠(Mordechai Heinz Gilead, 1906 ~ 1995) : 독일-이스라엘 기상학자

크릿, 어빙(Irving R. Krick, 1906 ~ 1996) : 미국 기상학자

바이어스, 호러스 로버트(Horace Robert Byers, 1906 ~ 1998) : 미국 기상학자.

드와이어, 레너드 조지프(Leonard Joseph Dwyer, 1907 ~ 1962) 오스트레일리아 기상학자

세르하크, 리하르트(Richard Scherhag, 1907 ~ 1970) : 독일 기상학자

세퍼드, 퍼시벌 앨버트(Percival Albert Sheppard, 1907 ~ 1977) : 잉글랜드 기상학자.

홀드릿지, 레슬리(Leslie Ransselaer Holdridge, 1907 ~ 1999) : 미국 식물학자, 기후학자.

부가에프, 빅토르 안토노비치(Viktor Antonovich Bugaev, 1908 ~ 1974) : 러시아 기상학자

리베, 장-르네(Jean-Rene Rivet, 1908 ~ 1984) : 프랑스 기상학자

쇼월터, 앨버트 케니스(Albert Kenneth Showalter, 1908 ~ 1986) : 미국 기상학자

보이던, 찰스 제임스(Charles James Boyden, 1908 ~ 2004) : 잉글랜드 항공기상학자

핀트아이젠, 테오도르 로베르트 발트(Theodor Robert Walter Findeisen, 1909 ~ 1945) : 독일 기상학자

스타, 빅터 폴(Victor Paul Starr, 1909 ~ 1976) : 미국 기상학자

그린널, 스튜어트(Stuart W. Grinnell, 1909 ~ 1982) : 미국 대기과학자

펜만, 하워드(Howard Penman, 1909 ~ 1984) : 잉글랜드 기상학자

슈베르트베거, 베르너(Werner Schwerdtfeger, 1909 ~ 1985) : 독일-미국 기상학자

세바스티안, 헤르만(Hermann Wilhelm Otto Sebastian, 1909 ~ 1985) : 독일 기상학자

르벨, 로저 랜돌 도건(Roger Randall Dougan Revelle, 1909 ~ 1991) : 미국 해양학자

예이츠, 도널드(Donald N. Yates, 1909 ~ 1993) : 미국 기상학자

레타우, 하인츠 헬무트(Heinz Helmut Lettau, 1909 ~ 2005) : 독일-미국 기상학자

홀츠만, 벤저민 그래드(Benjamin Grad Holzman, 1910 ~ 1975) : 미국 기상학자

나이버거, 모리스(Morris Neiburger, 1910 ~ 1986) : 독일-미국 기상학자
노이베르거, 한스(Hans H. Neuberger, 1910 ~ 1996) : 독일-미국 기상학자
티어니, 세인(Shane Tierney, 1910 ~ 1987) : 아일랜드 기상학자
루드럼, 데이비스(David M. Ludlum, 1910 ~ 1997) : 미국 기상학자
나미아스, 제로미(Jerome Namias, 1910 ~ 1997) : 미국 기상학자
몽고메리, 레이먼드(Raymond B. Montgomery, 1910 ~ 1988) : 미국 기상학자, 해양학자
쿠에트너, 요하임 파울(Joachim Paul Kuettner, 1910 ~ 2011) : 독일-미국 기상학자
웩슬러, 해리(Harry Wexler, 1911 ~ 1962) : 미국 기상학자
쇼노, 시게카타(Sigekata Syono, 1911 ~ 1969) : 일본 기상학자
파머, 클래런스(Clarence E. Palmer, 1911 ~ 1973) : 뉴질랜드-미국 기상학자
스타이니츠, 기디온(Gideon Steinitz, 1911 ~ 1975) : 독일-이스라엘 기상학자
하딩, 존(John Harding, 1911 ~ 1985) : 아일랜드 기상학자
마셜, 존 스튜어트(John Stewart Marshall, 1911 ~ 1992) : 캐나다 기상학자
길, 제럴드 찰스(Gerald Charles Gill, 1911 ~ 1993) : 캐나다-미국 기상학자
뉘베리, 알프(Alf Nyberg, 1911 ~ 1993) : 스웨덴 기상학자.
노이만, 게르하르트(Gerhard Neumann, 1911 ~ 1996) : 독일-미국 기상학자
채프만, 세빌(Seville Chapman, 1912 ~ 1976) : 미국 기상학자
호건, 존(John Hogan, 1912 ~ 1978) : 오스트레일리아 기상학자
포더, 더글러스(Douglas Highmoor Forder, 1912 ~ 1979) : 오스트리아 기상학자, 교육자
페로비치, 밀리사프(Milisav Perovic, 1912 ~ 1985) : 유고슬라비아 기상학자
캄페, 한스(Hans Joachim Aufm Kampe, 1912 ~ 1987) : 독일 기상학자
헨리, 토머스 제임스 깁슨(Thomas James Gibson Henry, 1912 ~ 1994) : 캐나다 기상학자
카플란, 헨리(Henry G. Kaplan, 1912 ~ 1995) : 미국 기상학자
융에, 크리스티안(Christian E. Junge, 1912 ~ 1996) : 독일 기상학자
니콜레, 마르셀(Marcel Nicolet, 1912 ~ 1996) : 벨기에 기상학자
플론, 헤르만(Hermann Flohn, 1912 ~ 1997) : 독일 기후학자
맥타가르트-코원, 패트릭 던컨(Patrick Duncan McTaggart-Cowan, 1912 ~ 1997) : 스코틀랜드-캐나다 기상학자
젠틸리, 조지프(Joseph Gentilli, 1912 ~ 2000) : 이탈리아-오스트레일리아 기후학자

고든, 에이드리언 유고(Adrian Hugo Gordon, 1912 ~ 2000) : 잉글랜드-오스트레일리아 기상학자

크라우스, 에릭 브래드쇼(Eric Bradshaw Kraus, 1912 ~ 2003) : 체코 기상학자

필스버리, 레지널드 케니스(Reginald Kenneth Pilsbury, 1912 ~ 2003) : 잉글랜드 기상학자

호브묄러, 에르네스트(Ernest Aabo Hovmöller, 1902 ~ 2008) :덴마크 기상학자

심프슨, 로버트 호머(Robert Homer Simpson, 1912 ~) : 미국 기상학자

스윈뱅크, 윌리엄 크리스토퍼(William Christopher Swinbank 1913 ~ 1973) : 잉글랜드 기상학자

베세물랑, 장(Jean Bessemoulin, 1913 ~ 1983) : 프랑스 기상학자

데이비스, 데이비드 아서(Sir David Arthur Davies, 1913 ~ 1990) : 웨일스 기상학자, 행정가

램, 허버트 호레이스(Hubert Horace Lamb, 1913 ~ 1991) : 잉글랜드 기후학자

로빈슨, 조지 데이비드(George David Robinson, 1913 ~ 1996) : 잉글랜드 기상학자

알라카, 미하일(Mikhail A. Alaka, 1913 ~ 1996) : 이라크-미국 기상학자

럼, 프랭크 에머슨(Frank Emerson Lumb, 1913 ~ 1999) : 잉글랜드 기상학자

피외르토프트, 라그나르(Ragnar Fjørtoft, 1913 ~ 1998) : 노르웨이 기상학자

미드, 패트릭(Patrick J. Meade, 1913 ~ 2002) :잉글랜드 기상학자

웩슬러, 레이먼드(Raymond Wexler, 1914 ~ 1990) : 미국 기상학자

클라크, 레지널드(Reginald H. Clarke, 1914 ~ 1990) : 오스트레일리아 기상학자

파스퀼, 프랭크(Frank Pasquill, 1914 ~ 1994) : 잉글랜드 기상학자

보네거트, 버너드(Bernard Vonnegut, 1914 ~ 1997) : 미국 기상학자

스미스, 라이어널 퍼시(Lionel Percy Smith, 1914 ~ 2001) : 잉글랜드 기상학자

골드브런너, 안토니오(Antonio W. Goldbrunner, 1914 ~ 2005) : 베네수엘라 기상학자

이디, 에릭(Eric T. Eady, 1915 ~ 1966) : 잉글랜드 수학자, 기상학자

콜더, 케니스(Kenneth L. Calder, 1915 ~ 1980) : 잉글랜드 기상학자

파부시, 어니스트(Ernest J. Fawbush, 1915 ~ 1982) : 미국 기상학자

라나이보손, 레이먼드(Raymond Henri Ranaivoson, 1915 ~ 1990) : 마다가스카르 기상학자

바이커만, 헬무트(Helmut Weickmann, 1915 ~ 1992) : 독일-미국 기상학자

수오미, 버너(Verner E. Suomi, 1915 ~ 1995) : 미국 기상학자

리일, 허버트(Herbert Riehl, 1915 ~ 1997) : 미국 기상학자

프리스틀리, 찰스 헨리 브라이언(Charles Henry Brian Priestley, 1915~1998) : 잉글랜드-오스트레일리아 기상학자

오스틴, 제임스(James M. Austin, 1915~2000) : 뉴질랜드-미국 기상학자

궈, 샤오 란(Hsiao-Lan Kuo, 1915~2006) : 중국-미국 기상학자

심프슨, 존 에거튼(John Egerton Simpson, 1915~2007) : 잉글랜드 기상학자

영, 존 레지널드 카스(John Reginald Cass Young, 1915~2007) : 잉글랜드 기상학자

스펭글러, 케니스(Kenneth C. Spengler, 1915~2010) : 미국 기상학자

힝켈만, 카를 하인츠(Karl-Heinz Hinkelmann, 1915~) : 독일 기상학자

반 룬, 해리(Harry van Loon, 1915~) : 덴마크-미국 기상학자

민츠, 예일(Yale Mintz, 1916~1991) : 미국 기상학자

머리, 로버트(Robert Murray, 1916~1993) : 스코틀랜드 기상학자

파머, 웨인(Wayne C. Palmer, 1916~2000) : 미국 기상학자, 기후학자

소이어, 존 스탠리(John Stanley Sawer, 1916~2000) : 잉글랜드 기상학자

브룩스, 에드워드(Edward Brooks, 1916~2002) : 미국 기상학자

깁스, 윌리엄(William J.(Bill) Gibbs, 1916~2005) : 오스트레일리아 기상학자

배넌, 존(John Kernan Bannon, 1916~2005) : 아일랜드 기상학자

라도크, 우베(Uwe Rodok, 1916~2009) : 독일-오스트레일리아 기상학자

보로비코프, 알렉산더(Alexander Borovikov, 1917~1975) : 러시아 기상학자

차니, 줄 그레고리(Jule Gregory Charney, 1917~1981) : 미국 기상학자

케이스, 랠프(Ralph W. Keith, 1917~1982) : 미국 기상학자

데이비, 에드윈(Edwin Davy, 1917~1987) : 잉글랜드 기상학자

파노프스키, 한스(Hans A. Panofsky, 1917~1988) : 독일-미국 기상학자

모릴라스, 호세(Jose Maria Rubiato Morillas, 1917~1990) : 스페인 기상학자

카플란, 루이스 다비드(Lewis David Kaplan, 1917~1999) : 미국 기상학자

코비, 조지 아서(George Arthur Corby, 1917~2003) : 잉글랜드 기상학자

젠킨슨, 아서 프리데릭(Arthur Frederick Jenkinson, 1917~2004) : 잉글랜드 기상학자

셰이핑(Yi-Ping Hsieh, 1917~1995) : 중국 기상학자

사피어, 허버트(Herbert Saffir, 1917~2007) : 미국 구조 공학자

켈로그, 윌리엄(William Welch Kellogg, 1917~2007) : 미국 기상학자

로렌츠, 에드워드 노튼(Edward Norton Lorenz, 1917~2008) : 미국 기상학자
워너, 베일 잭(Vale Jack Warner, 1917~2008) : 뉴질랜드-오스트레일리아 대기과학자
말론, 토머스 프랜시스(Thomas Francis Malone, 1917~) : 미국 기상학자
발렌, 카를 크리스티안(Carl Christian Wallén, 1917~) : 스웨덴 기후학자
구스타프슨, 아서 프리데릭(Arthur Frederick Gustafson, 1918~1986) : 미국 기상학자
스파, 제로미(Jerome Spar, 1918~2001) : 미국 기상학자
스펜서, 넬슨(Nelson Spencer, 1918~2002) : 미국 기상학자
루빈, 몰튼(Morton Rubin, 1918~2004) : 미국 기상학자
슈뢰더, 마틴(Martin Schroeder, 1918~2004) : 미국 기상학자
리드, 로버트(Robert G. Read, 1918~2005) : 미국 기상학자
밀러, 데이비드(David H. Miller, 1918~2006) : 미국 기상학자
오브코프, 알렉산더 미하일로비치(Alexander Mikhailovich Obukhov, 1918~2006) : 러시아 기상학자
플리글, 로버트(Robert Guthrie Fleagle, 1918~) : 미국 기상학자
마니, 아나(Anna Mani, 1918~) : 방글라데시 기상학자
헤어, 프리데릭 케니스(Frederick Kenneth Hare, 1919~2002) : 잉글랜드-캐나다 기상학자
클라인, 윌리엄(William H. Klein, 1919~2002) : 미국 기상학자
슈만, 프리데릭 게일(Frederick Gale Shuman, 1919~2005) : 미국 기상학자
새플리, 앨런(Alan Horace Shapley, 1919~2006) : 미국 기상학자
블랙엄, 아서(Captain Arthur Blackham, 1919~2008) : 스코틀랜드 기상학자
존슨, 아서 윌리엄(Arthur "Art" William Johnson, 1919~2011) : 미국 기상학자
카르시아, 호날도(Rolando V. Garcia, 1919~) : 아르헨티나 기상학자
맥도널드, 제임스 에드워드(James Edward McDonald, 1920~1971) : 미국 기상학자
리드, 로렌스(Lawrence J. Reed, 1920~1974) : 미국 기상학자
루드럼, 프랑크 헨리(Franck Henry Ludlam, 1920~1977) : 잉글랜드 기상학자
미첼, 로이드(Lloyd V. Mitchell, 1920~1978) : 미국 기상학자
헤스, 시모어(Seymour L. Hess, 1920~1982) : 미국 기상학자
마추시타, 사다미(Sadami Matsushita, 1920~1984) : 일본-미국 기상학자
스토멜, 헨리 멜슨(Henry Melson Stommel, 1920~1992) : 미국 해양학자

라도스, 로버트(Robert M. Rados, 1920 ~ 1993) : 미국 기싱학자
비토리, 오타비오(Ottavio Vittori, 1920 ~ 1993) : 이탈리아 기상학자
차녹, 헨리(Henry Charnock, 1920 ~ 1997) : 잉글랜드 기상학자, 해양학자
밀러, 로버트(Robert C. Miller, 1920 ~ 1998) : 미국 기상학자
오르비그, 스벤(Svenn Orvig, 1920 ~ 1998) : 노르웨이-캐나다 기상학자
후지타, 테추야 시오도르(Tetsuya Theodore Fujita, 1920 ~ 1998) : 일본-미국 기상학자
부디코, 미하일 이바노비치(Mikhail Ivanovich Budyko, 1920 ~ 2001) : 벨로루스 물리학자, 기상학자
드뢰슬러, 얼(Earl G. Droessler, 1920 ~ 2001) : 미국 기상학자
프리먼, 존(John C. Freeman, 1920 ~ 2004) : 미국 기상학자
새들러, 제임스(James C. Sadler, 1920 ~ 2005) : 미국 기상학자
콘드라티에프, 키릴(Kirill Ya. Kondratyev, 1920 ~ 2006) : 러시아 기상학자
플라츠만, 조지(George W. Platzman, 1920 ~ 2008) : 미국 기상학자
크레스먼, 조지 팔머(George Palmer Cressman, 1920 ~ 2008) : 미국 기상학자
슈바르츠, 유리(Uri Schwarz, 1920 ~ 2010) : 오스트리아-캐나다 기상학자
브라이슨, 리드(Reid A. Bryson, 1920 ~ 2008) : 미국 기상학자
뉴턴, 체스터(Chester Whitter Newton, 1920 ~) : 미국 기상학자
로프, 브라이언(Bryan Rofe, 1921 ~ 1971) : 오스트레일리아 기상학자
월링턴, 찰스(Charles Wallington, 1921 ~ 1992) : 잉글랜드 기상학자
맥케이, 고든 알렉산더(Gordon Alexander McKay, 1921 ~ 1995) : 캐나다 기상학자
간딘, 레프(Lev S. Gandin, 1921 ~ 1997) : 러시아-미국 기상학자.
스미스, 고든(C. Gordon Smith, 1921 ~ 1999) : 잉글랜드 기후학자
풀츠, 데이브(Dave Fultz, 1921 ~ 2002) : 미국 기상학자
오그던, 리처드(Richard John Ogden, 1921 ~ 2004) : 잉글랜드 기상학자
브라엄, 로스코(Roscoe R. Braham Jr., 1921 ~) : 미국 기상학자
모솝, 스탠리(Stanley C. Mossop, 1922 ~ 1987) : 오스트레일리아 기상학자
헤븐스, 본(A. Vaughn Havens, 1922 ~ 1993) : 미국 기상학자
페이소토, 호세 핀토(Jose Pinto Peixoto, 1922 ~ 1996) : 포르투갈 기상학자
갤웨이, 조지프(Joseph G. Galway, 1922 ~ 1998) : 미국 기상학자

슈발츠, 프랜시스 케니스 (Francis Kenneth Schwarz, 1922 ~ 1999) : 미국 기상학자

스튜어드, 케니스(Kenneth H. Stewart, 1922? ~ 2004) : 잉글랜드 기상학자

기퍼드, 프랭클린(Franklin A. Gifford Jr., 1922 ~ 2007) : 미국 기상학자

리드, 리처드 제임스(Richard James Reed, 1922 ~ 2008) : 미국 기상학자

되스, 보(Bo R. Döös, 1922 ~ 2010) : 스웨덴 기상학자

단스고, 윌리(Willi Dansgaard, 1922 ~ 2011) : 덴마크 고기후학자

노르되, 잭(Jack Nordø, 1923 ~ 1983) : 노르웨이 기상학자

페테리스, 피에터(Pieter J. Feteris, 1923 ~ 1986) : 네덜란드-미국 기상학자

배탄, 루이스 조지프(Louis Joseph Battan, 1923 ~ 1986) : 미국 기상학자

반데르호번, 아이적(Isaac Van der Hoven, 1923 ~ 1995) : 네덜란드-미국 기상학자

벌토트, 프란츠(Franz Bultot, 1923 ~ 1995) : 벨기에 기상학자

파페, 헨리(Henry M. Papee, 1923 ~ 2000) : 폴란드-캐나다 기상학자

구트만, 레프(Lev Gutman, 1923 ~ 2001) : 이스라엘 기상학자

도널드슨, 랠프(Ralph J. Donaldson Jr., 1923 ~ 2006) : 미국기상학자

샌더스, 프리데릭(Frederick Sanders, 1923 ~ 2006) : 미국 기상학자

라우어, 빌헬름(Wilhelm Lauer, 1923 ~ 2007) : 독일 지리학자, 기후학자

심프슨, 조안 말커스(Joanne Malkus Simpson, 1923 ~ 2010) : 미국 여성 기상학자

메이슨, 존(Sir Basil John Mason, 1923 ~) : 잉글랜드 기상학자

필립스, 노먼(Norman A. Phillips, 1923 ~) : 미국 기상학자

화이트, 로버트(Robert M. White, 1923 ~) : 미국 기상학자

베르크토르손, 팔(Pall Bergthorsson, 1923 ~) : 아이슬란드 기상학자

아라카와, 아키오(Akio Arakawa, 1923 ~) : 일본-미국 기상학자

혼, 라일(Lyle H. Horn, 1924 ~ 1989) : 미국 기상학자

무리노, 빈센트 스탠리(Vincent Stanley Murino, 1924 ~ 1993) : 미국 기상학자

맥도널드, 노먼(Norman J. MacDonald, 1924 ~ 2002) : 미국 기상학자

부시비, 프레드(Fred H. Bushby, 1924 ~ 2004) : 잉글랜드 기상학자

존슨, 데이비드(David Simonds Johnson, 1924 ~ 2004) : 미국 기상학자

크녹스, 조지프(Joseph B. Knox, 1924 ~ 2005) : 미국 기상학자

스마고린스키, 조지프(Joseph Smagorinsky, 1924 ~ 2005) : 러시아-미국 기상학자

우들리, 켄(Ken Woodley, 1924 ~ 2009) : 잉글랜드 기상학자

빈-닐센, 악셀 크리스토퍼(Aksel Christopher Wiin-Nielsen, 1924 ~ 2010) : 덴마크 기상학자

아틀라스, 데이비드(David Atlas, 1924 ~) : 미국 기상학자

싱어, 시그프리드 프레데릭(Siegfried Frederick Singer, 1924 ~) : 오스트리아-미국 대기과학자

고바야시, 테사쿠(Teisaku Kobayashi, 1925 ~ 1987) : 일본 기상학자

부린, 버트(Bert Richard Johannes Bolin, 1925 ~ 2007) : 스웨덴 기상학자

마르추크, 구리 이바노비치(Guri Ivanovich Marchuk, 1925 ~) : 러시아 기상학자

다이어, 아서 제임스(Arthur James Dyer, 1925 ~) : 오스트레일리아 미기상학자

호슬러, 찰스(Charles L. Hoster, 1925 ~) : 미국 기상학자

오레드숀, 라르스(Lars Oredsson, 1926 ~ 1984) : 스웨덴 기상학자

니메이어, 로렌스(Lawrence E. Niemeyer, 1926 ~ 1990) : 미국 기상학자

그리피스스, 존 프리데릭(John Frederick Griffiths, 1926 ~ 2003) : 잉글랜드-미국 기상학자

루이스, 로데릭(Roderick Pyrs Waldo Lewis, 1926 ~ 2004) : 웨일스 기상학자

본너, 윌리엄(William D. Bonner, 1926 ~ 2009) :미국 기상학자

모턴, 브루스(Bruce Morton, 1926 ~) : 뉴질랜드-오스트레일리아 기상학자

브런디지, 케니스 클라우드(Kenneth Cloud Brundidge, 1927 ~ 1992) : 미국 기상학자

드레제, 안드레(Andre Dreze, 1927 ~ 1994) : 벨기에 기상학자

롤런드, 셔우드(Frank Sherwood Rowland, 1927 ~ 2012) : 미국 화학자

액커먼, 버니스(Bernice Ackerman, 1928 ~ 1995) : 미국 여성 기상학자

킬링, 찰스 데이비드(Charles David Keeling, 1928 ~ 2005) : 미국 대기화학자

챈들러, 토니 존(Tony John Chandler, 1928 ~ 2008) : 잉글랜드 기상학자

디어돌프, 제임스(James W. Deardorff, 1928 ~) : 미국 기상학자

게이츠, 윌리엄 로렌스(William Lawrence Gates, 1928 ~) : 미국 기상학자

무파티, 아서(Arthur H. J. Muffatti, 1929 ~ 1979) : 오스트레일리아 기상학자

세하크, 콘라트(Konrad Cehak, 1929 ~ 1987) : 오스트리아 기상학자

쯔둔코프스키, 윌포드(Wilford G. Zdunkowski, 1929 ~ 2009) : 독일-미국 기상학자

리드, 조지 콜빈(George Colvin Reid, 1929 ~ 2011) : 스코틀랜드-캐나다-미국 대기과학자

라스무손, 유진 마틴(Eugene Martin Rasmusson, 1929 ~) : 미국 기상학자

릴리, 더글러스(Douglas K. Lilly, 1929 ~) : 미국 기상학자.

몬테이스, 존 레녹스(John Lennox Monteith, 1929 ~) : 스코틀랜드 기상학자

무미노프, 파티크(Fatikh Abdumalikovich Muminov, 1930 ~ 1996) : 우즈베키스탄 농업기상학자

듀릭, 두산(Dusan Djuric, 1930 ~ 2004) : 세르비아-미국 기상학자

바움, 베르너(Werner A. Baum, 1930 ~ 2006) : 미국 기상학자

크로우더, 로버트 버너드(Robert Bernard Crowder, 1930 ~ 2006) : 오스트레일리아 기상학자

이즈라엘, 유리(Yuri A. Izrael, 1930 ~) : 우즈베키스탄-러시아 기상학자

터커, 길버트 브라이언(Gilbert Brian Tucker, 1930 ~) : 웨일스-오스트레일리아 기상학자, 과학 행정가

살츠만, 세리(Sarry Saltzman, 1931 ~ 2001) : 미국 기후학자

조지프, 조아힘(Joachim Joseph, 1931 ~ 2008) : 이스라엘 대기과학자

엡스타인, 에드워드(Edward S. Epstein, 1931 ~ 2008) : 미국 대기과학자

마나베, 슈쿠로(Syukuro Manabe, 1931 ~) : 일본-미국 기상학자

휴턴, 존(Sir John Theodore Houghton, 1931 ~) : 웨일스 기상학자

바이런-스콧, 로랜드(Roland A. D. Byron-Scott, 1932 ~ 2004) : 오스트레일리아 기상학자

스미스, 프랭크 배리(Frank Barry Smith, 1932 ~ 2005) : 잉글랜드 기상학자

오빌, 해롤드 듀발(Harold Duvall Orville, 1932 ~ 2011) : 미국 대기과학자

홀그렌, 리처드(Richard E. Hallgren, 1932 ~) : 미국 기상학자

오바시, 고드윈 오루 패트릭(Godwin Olu Patrick Obasi, 1933 ~ 2007) : 나이지리아 기상학자

올리버, 존(John E. Oliver, 1933 ~ 2010) : 잉글랜드-미국 기후학자

크뤼첸, 파울(Paul Crutzen, 1933 ~) : 네덜란드 대기화학자

야나이, 미치오(Michio Yanai, 1934 ~ 2010) : 일본-미국 기상학자

라이언스, 리처드(Richard D. Lyons, 1936 ~ 1990) : 미국 기상학자

홉스, 피터(Peter V. Hobbs, 1936 ~ 2005) : 미국 기상학자

섀클턴, 니콜라스 존(Sir Nicholas John Shackleton, 1937 ~ 2006) : 잉글랜드 지질학자, 기후학자

홀턴, 제임스 리드(James Reed Holton, 1938 ~ 2004) : 미국 기상학자
질먼, 존 윌리엄(John William Zillman, 1939 ~) : 오스트레일리아 기상학자, 과학 행정가
쇤비제, 크리스티안-디트리히(Christian-Dietrich Schönwiese, 1940 ~) : 독일 기후학자
갈첸, 츠비(Tzvi Gal-Chen, 1941 ~ 1994) : 이스라엘-미국 기상학자
맥인타이어, 마이클(Michael E. McIntyre, 1941 ~) : 오스트레일리아-잉글랜드 기상학자
섬머빌, 리처드(Richard C. J. Somerville, 1941 ~) : 미국 기상학자
버로우즈, 윌리엄 제임스(William James Burroughs, 1942 ~ 2008) : 잉글랜드 대기물리학자
데소자, 러셀(Russell L. DeSouza, 1943 ~ 1997) : 미국 기상학자
홀링스워스, 앤서니(Anthony "Tony" Hollingsworth, 1943 ~ 2007) : 아일랜드 기상학자
몰리나, 마리오(Mario Molina, 1943 ~) : 멕시코-미국 대기화학자
플레밍, 제임스 로저(James Rodger Fleming, 1944 ~) : 미국 기상역사학자
트렌버스, 케빈(Kevin E. Trenberth, 1944 ~) : 뉴질랜드-미국 대기과학자
슈나이더, 스티븐 헨리(Stephen Henry Schneider, 1945 ~ 2010) : 미국 대기과학자, 기후과학자
호스킨스, 브라이언(Sir Brian J. Hoskins, 1945 ~) : 잉글랜드 기상학자
라마나단, 베에라브하드란(Veerabhadran Ramanathan, 1945 ~) : 인디아-미국 대기과학자
필케, 로저 앨빈(Roger Alvin Pieke, Sr., 1946 ~) : 미국 기상학자
카우프만, 요람(Yoram Janusz Kaufman, 1948 ~ 2006) : 폴란드-미국 대기물리학자
배론, 에릭(Eric J. Barrun, 1949 ~) : 미국 기후학자
슬링고, 앤서니(Anthony Slingo, 1950 ~ 2008) : 잉글랜드 대기과학자
에이버리, 수잔 캐서린(Susan Kathryn Avery, 1950 ~) : 미국 여성 대기과학자
카를, 토머스(Thomas R. Karl, 1951 ~) :미국 대기과학자
헨더슨-셀러스, 앤(Ann Henderson-Sellers, 1952 ~) : 잉글랜드-오스트레일리아 지리학자, 기후학자
리치먼, 마이클(Michael B. Richman, 1954 ~) : 미국 기상학자
커롤리, 데이비드(David J. Karoly, 1955 ~) : 오스트레일리아 기후학자
에마누엘, 케리(Kerry Emanuel, 1955 ~) : 미국 기상학자
솔로몬, 수잔(Susan Solomon, 1956 ~) : 미국 여성 대기화학자